U0836440

高等教育管理科学与工程类专业

GAODENG JIAOYU GUANLI KEXUE YU GONGCHENG LEI ZHUANYE 系列教材

建设工程招投标与合同管理

JIANSHE GONGCHENG ZHAOTOUBIAO YU HETONG GUANLI

主　编 / 严　波　刘文娟
副主编 / 杨美文　李　华　赵正禄
主　审 / 潘晓丽

重庆大学出版社

内容提要

本书根据工程招投标与合同管理的相关法律法规，结合建造师、造价工程师、监理工程师等执业资格考试相关内容编写而成。全书共分9章，主要内容包括建设工程招投标概述与合同管理概述、合同法律基础、合同法律制度、建设工程招标投标管理、建设工程勘察设计合同、建设工程施工合同、建设工程监理合同、建设工程合同索赔管理、建设工程合同风险管理。全书每章都设有学习目标、案例导入、评析及思考与练习等板块，并针对重要知识点设有例题、案例及相应解析，力求以理论知识为基础，培养学生的专业应用能力，落实立德树人根本任务。

本书可作为应用型本科院校、高等职业院校工程管理、工程造价、土木工程等专业的专业课教材，也可作工程招投标、合同管理方面专业技术人员的参考阅读书籍。

图书在版编目(CIP)数据

建设工程招投标与合同管理 / 严波，刘文娟主编
. -- 重庆 ：重庆大学出版社，2023.8(2025.1 重印)
高等教育管理科学与工程类专业系列教材
ISBN 978-7-5689-4076-4

Ⅰ. ①建… Ⅱ. ①严… ②刘… Ⅲ. ①建筑工程—招标—高等学校—教材②建筑工程—投标—高等学校—教材③建筑工程—合同—管理—高等学校—教材 Ⅳ. ①TU723

中国国家版本馆 CIP 数据核字(2023)第 140661 号

高等教育管理科学与工程类专业系列教材
建设工程招投标与合同管理
主　编　严　波　刘文娟
副主编　杨美文　李　华　赵正禄
主　审　潘晓丽
策划编辑：刘颖果
责任编辑：张红梅　　版式设计：刘颖果
责任校对：关德强　　责任印制：赵　晟
*
重庆大学出版社出版发行
出版人：陈晓阳
社址：重庆市沙坪坝区大学城西路21号
邮编：401331
电话：(023)88617190　88617185(中小学)
传真：(023)88617186　88617166
网址：http://www.cqup.com.cn
邮箱：fxk@cqup.com.cn (营销中心)
全国新华书店经销
重庆亘鑫印务有限公司印刷
*
开本：787mm×1092mm　1/16　印张：19.25　字数：494千
2023年8月第1版　2025年1月第3次印刷
印数：5 001— 10 000
ISBN 978-7-5689-4076-4　定价：49.00元

本书如有印刷、装订等质量问题，本社负责调换

版权所有，请勿擅自翻印和用本书
制作各类出版物及配套用书，违者必究

前言

“十四五”时期，国家已开启全面建设社会主义现代化国家的新征程，如何适应这一新时代变革，贯彻新发展理念，引领和实现招标投标领域高质量发展成为当务之急。培养具备信息化、数字化工程招投标操作能力和合同管理能力的新时代应用型人才迫在眉睫。

为进一步推动应用型本科高校建设，提升人才培养质量，大力推动专业设置与产业需求、课程内容与职业标准、教学过程与生产过程“三对接”，积极推进学历证书和职业资格证书“双证书”制度，做到学以致用，适应社会对高质量应用型人才的需求，本书结合土建类专业的特色和教学要求编写而成。

本书以《中华人民共和国民法典》《中华人民共和国招标投标法》《中华人民共和国建筑法》等为基础，以建筑工程实践为背景，结合最新的法律法规、合同示范文本等规范性文件，阐述了合同法律制度、工程招标投标、勘察设计合同、施工合同、监理合同、工程索赔、合同风险管理等理论与实务。每个章节理论教学与案例(例题)教学相结合，通过例题、案例分析强化理论知识点的学习和理解，突出应用性与操作性。书中的例题、案例融入了大量全国工程类注册执业资格考试的内容，以培养学生适应岗位的能力。

本书对学习目标提出了思政要求，每章以“案例导入”融合思政元素，有助于学生树立正确的世界观、人生观和价值观。

本书由严波、刘文娟担任主编，由潘晓丽担任主审。本书具体编写分工如下：第1—3章由严波编写；第4章由刘文娟编写；第5、第7章由李华编写；第6、第8章由杨美文编写；第9章由赵正禄编写。在本书的编写过程中，编者查阅和参考了相关资料，在此向有关作者表示诚挚的谢意。

囿于编者水平，书中难免存在不足，敬请使用本书的师生及其他读者提出批评、修改意见，以便及时改正。意见可发至邮箱 469972411@ qq. com。

编 者

2023年3月

目　录

1

建设工程招投标概述与合同管理概述

【学习目标】

(1)了解工程招标与投标的概念;

(2)了解合同管理在建筑工程中的作用;

(3)能区分建筑市场的主体与客体;

(4)了解建筑市场的主体的资质管理;

(5)了解招投标制度的发展历程,坚定"改革开放是我们的强国之路"的理想信念。

【案例导入】

再忆"鲁布革"

鲁布革水电站地处云南省中东部罗平县与贵州兴义市交界处,总装机容量 60 万 kW,多年平均年发电量 28.49 亿 kW·h,是南盘江左岸支流黄泥河梯级电站的最后一级,其下游与南盘江干流的天生桥一级水电站水库相衔接。工程采取高坝、长引水道的混合式开发,为高水头地下式发电站。

当时正值改革开放的初期,鲁布革工程又是我国第一个利用世界银行贷款的基本建设项目,根据与世界银行的使用贷款协议,鲁布革部分项目实行国际招标。因此,工程三大部分之一的引水隧洞工程必须进行国际招标。在中国、日本、挪威、意大利、美国、德国、南斯拉夫、法国八国承包商的竞争中,日本大成公司中标,其金额比标底低了 43%。"鲁布革冲击波"由此引发。

国际招标带来了合同制管理模式。当时,在鲁布革项目中存在两种管理体制:一种是以云南电力局为业主,鲁布革工程管理局为业主代表及"工程师机构",日本大成公司为承包方的合同制管理体制;另一种是以鲁布革工程管理局为甲方,以中国水利水电第十四局为乙方的投资包干管理体制。日本大成公司按照合同制管理,对工人按效率给工资。日本大成公司派到中国的是一支仅三十多人的管理队伍,从中国水利水电第十四局雇了 400 多名工人。他们开挖了两三个月,单头月平均进尺 222.5 m,相当于我国当时同类工程的 2 至 2.5 倍。1986 年 8 月,日本大成公司在开挖直径 8.8 m 的圆形发电隧洞中,创造出单头进尺 373.7 m 的世界纪录。1986 年 10 月 30 日,隧洞全线贯通,工程质量优良,比合同计划提前了 5 个月。

评析:鲁布革工程是中国水电建设改革史上的里程碑之一,在中国改革开放史上占有一席之地。鲁布革工程管理经验的精髓是改革、发展和创新,“鲁布革冲击波”带来了思想的解放。我国水电建设率先实行业主负责、招标承包和建设监理制度,推广项目法施工经验。这种新的管理模式带来了效率的极大提升,加快了我国水电开发进程,促进了中国水电建设管理体制改革,对我国工程建筑领域的管理体制、劳动生产率和报酬分配等方面产生了重大影响——从此我国大小施工工程开始试行招投标制与合同制管理,并且它的影响早已超出水电系统本身,对人们的思想产生了强烈冲击。

1.1 概 述

1.1.1 招标投标概念

招标投标是招标与投标的统称。招标投标是指由交易活动的发起方在一定范围内公布标的特征和部分交易条件,按照依法确定的规则和程序,对多个响应方提交的报价及方案进行评审,择优选择交易主体并确定全部交易条件的一种交易方式。

招标投标是一种在市场经济条件下进行工程建设、货物买卖、财产出租、中介服务等经济活动的竞争形式和交易方式,是一种引入竞争机制订立合同的法律形式。

建设工程招标是招标人在发包建设项目之前,公开招标或邀请投标人,投标人根据招标人的意图和要求提出报价,招标人择日当场开标,以便从中择优选定中标人的经济活动。

建设工程投标是建设工程招标的对称概念,是具有合法资格和能力的投标人根据招标条件,经过初步研究和估算,在指定期限内填写标书,提出报价,接受评审,等候中标的经济活动。

从法律意义上讲,建设项目招标一般是建设单位(或业主)就拟建的工程发布通告,用法定方式吸引建设项目的承包单位参加竞争,进而通过法定程序从中选择条件优越者来完成工程建设任务的法律行为。建设项目投标一般是经过特定审查而获得投标资格的建设项目承包单位,按照招标文件的要求,在规定的时间内向招标单位填报投标书,并争取中标的法律行为。

1.1.2 建设工程合同概述与特点

1)建设工程合同概述

建设工程合同是承包人进行工程建设,发包人支付价款的合同。建设工程合同实质上是一种特殊的承揽合同。

《中华人民共和国民法典》(以下简称《民法典》)规定,建设工程合同包括工程勘察、设计、施工合同。

施工合同是建设工程合同的重要部分,是指施工人(承包人)根据发包人的委托,完成建设工程项目的施工工作,发包人接受工作成果并支付报酬的合同。

2)建设工程合同特点

(1)建设工程合同的标的物一般仅限于基本建设工程

建设工程合同中的“工程”,是指土木建筑工程和建筑业范围内的线路、管道、设备安装工程的新建、扩建、改建及大型的建筑装修装饰活动,主要包括房屋、铁路、公路、机场、港口、桥梁、矿井、水库、电站、通信线路等。

(2)建设工程合同的主体应具备相应的条件

由于建设工程具有投资大、周期长、质量要求高、技术力量要求全面等特点,一般民事主体不易完成,因此,建设工程合同的双方主体资格是有限制的。根据《中华人民共和国建筑法》(以下简称《建筑法》)第十二条的规定,从事建筑活动的建筑施工企业、勘察单位、设计单位和工程监理单位,应当具备下列条件:一是有符合国家规定的注册资本;二是有与其从事的建筑活动相适应的具有法定执业资格的专业技术人员;三是有从事相关建筑活动所应有的技术装备;四是法律、行政法规规定的其他条件。从事建筑活动的建筑施工企业、勘察单位、设计单位和工程监理单位,按照其拥有的注册资本、专业技术人员、技术装备和已完成的建筑工程业绩等资质条件,划分为不同的资质等级,经资质审查合格,取得相应等级的资质证书后,方可在其资质等级许可的范围内从事建筑活动。

(3)建设工程活动具有较强的国家管理性

由于建设工程的标的物为不动产,工程建设对国家和社会生活的各方面影响较大,因此在建设工程合同的订立和履行上,具有强烈的国家干预的色彩。

(4)建设工程合同的要式性

根据《民法典》规定,建设工程合同应当采用书面形式。因此,建设工程合同为要式合同。

▶ 1.1.3 建设工程合同管理的作用

建设工程合同管理是指对合同的订立、履行、变更及解除等各项内容进行管理。由于建设工程项目本身具有技术要求高、对社会影响大、投资数额巨大、生产周期长等一系列特性,除此之外合同当事人各项的权利义务也较复杂,因此建设工程合同的管理工作就变得尤为重要。

1)合同是发包人和承包人双方活动的准则

合同是发包人和承包人双方活动的准则,合同双方必须按合同办事,全面履行合同所规定的权利和义务以及承担所分配风险。合同双方的行为都要受合同约束,一旦违约,均要承担法律责任。

2)合同是双方解决纠纷的依据

在建设过程中出现纠纷是难免的。正确解决这些纠纷,一是要以合同条款为判定依据,即应由谁对纠纷负责以及应负什么样的责任;二是必须按照合同所规定的方式和程序解决这一纠纷。

3)合同是协调并统一各建设参与者行动的重要手段

建设工程参与单位有发包人和勘察设计、施工、咨询、监理单位,有设备和物资供应、运输、加工单位,有银行、保险公司等金融单位,还有政府部门等。项目管理者要通过与各单位签订合同,使各单位的活动和合同规定的活动在内容上、技术上、组织上、时间上协调一致,形成一个完整、周密、有序的体系,以保证工程有序地按计划进行,顺利地实现工程总目标。

1.2 建筑市场

1.2.1 建筑市场概述

建筑市场是指以建筑工程承发包交易活动为主要内容的市场,也称作建设市场或建筑工程市场。建筑市场可分为狭义建筑市场和广义建筑市场。狭义建筑市场一般指有形建筑市场,有固定的交易场所。广义建筑市场是工程建设生产和交易关系的总和,包括有形建筑市场和无形建筑市场,由以下几方面内容组成:

①与工程建设有关的技术、租赁、劳务等各种要素市场;

②为工程建设专业服务的有关组织体系和通过各种方式成交的交易活动;

③建筑商品生产过程及流动过程的经济联系和经济关系等。

1.2.2 建筑市场的主体与客体

1)建筑市场的主体

参与建筑生产交易过程的各方称为建筑市场的主体,包括业主、承包商、分包商、材料供应商、设计单位、设备供应单位、咨询机构、商品混凝土供应单位、构配件生产商、机械租赁商等。

2)建筑市场的客体

建筑市场的客体一般称作建筑产品,是建设市场的交易对象,既包括有形建筑产品,也包括无形产品,即各类智力型服务。

【例题1】下列选项中,属于建筑市场的主体的是(　　)。

A.建设单位　　B.建筑产品　　C.承包商　　D.勘察设计企业　　E.工程监理公司

解析:建筑产品属于建设市场的客体。

答案:ACDE

1.2.3 建筑市场主体的资质管理

建筑活动的专业性、技术性都很强,而且建设工程投资大、周期长,一旦发生问题,将对社会和人民的生命财产安全造成极大损失。因此,为保证建设工程的质量和安全,必须对从事建设活动的单位和专业技术人员实行从业资格审查,即资质管理。建筑工程市场中的资质管理包括两类:一类是对从业企业的资质管理;另一类是对专业人士的资格管理。

1)从业企业的资质管理

《建筑法》规定,对从事建筑活动的建筑施工企业、勘察单位、设计单位和工程监理单位实行资质管理。

(1)工程勘察设计资质管理

我国工程勘察设计资质分为工程勘察资质和工程设计资质。

①工程勘察资质管理。根据中华人民共和国住房和城乡建设部(以下简称“住房和城乡建设部”)制定的《工程勘察资质标准》,工程勘察资质分为工程勘察综合资质、工程勘察专业资质、工程勘察劳务资质。

②工程设计资质管理。根据《建设工程勘察设计资质管理规定》,工程设计资质分为工程设计综合资质、工程设计行业资质、工程设计专业资质和工程设计专项资质四类。

从事建设工程勘察、工程设计活动的企业,应当按照其拥有的注册资本、专业技术人员、技术装备和勘察设计业绩等条件申请资质,经审查合格,取得建设工程勘察、工程设计资质证书后,方可在资质等级许可范围内从事建设工程勘察、工程设计活动。

(2)建筑业企业资质管理

建筑业企业是指从事土木工程、建筑工程、线路管道设备安装工程、装修工程的新建、扩建、改建等活动的企业。建筑业企业应当按照其拥有的注册资本、专业技术人员、技术装备和已完成的建筑工程业绩等条件申请资质,经审查合格,取得建筑业企业资质证书后,方可在资质许可的范围内从事建筑施工活动。国务院建设主管部门及各地建设主管部门负责建筑业企业资质的统一监督管理。

根据《施工企业资质标准》的规定,施工资质分为施工综合资质、施工总承包资质、专业承包资质和专业作业资质四个序列。

2020年,《建设工程企业资质管理制度改革方案》经国务院常务会议审议通过,其中10类施工总承包企业特级资质被调整为施工综合资质,可承担各行业、各等级施工总承包业务;12类施工总承包资质被保留,民航工程的专业承包资质被整合为施工总承包资质;36类专业承包资质被整合为18类;施工劳务企业资质被改为专业作业资质,由审批制改为备案制。综合资质和专业作业资质不分等级;施工总承包资质、专业承包资质等级原则上压减为甲、乙两级(部分专业承包资质不分等级),其中施工总承包甲级资质在本行业内承揽业务规模不受限制。

①施工总承包企业可以承揽的业务范围。施工总承包企业可以承接施工总承包工程。建筑工程总承包单位可以将承包工程中的部分工程发包给具有相应资质条件的分包单位。禁止承包单位将其承包的全部建筑工程转包给他人,禁止承包单位将其承包的全部建筑工程肢解以后以分包的名义分别转包给他人。施工总承包的,建筑工程主体结构的施工必须由总承包单位自行完成。

②专业承包企业可以承揽的业务范围。专业承包企业可以承接施工总承包企业分包的专业工程和建设单位依法发包的专业工程。专业承包企业可以对所承接的专业工程全部自行施工,也可以将劳务作业依法分包给具有相应资质的劳务分包企业。

③劳务分包企业可以承揽的业务范围。劳务分包企业可以承接施工总承包企业或专业承包企业分包的劳务作业。

【例题2】在某型钢-混凝土组合结构工程中,征得建设单位同意的下列分包情形属于违法分包的是(　　)。

A. 总承包单位将其承包的钢结构工程进行分包

B. 总承包单位将其承包的地下室混凝土浇筑作业进行分包

C. 钢结构专业分包单位将其承包的全部劳务作业进行分包

D. 劳务分包单位将其承包的部分劳务作业进行分包

解析：劳务分包是施工行业的普遍做法，在一定范围内是被法律所允许的，但劳务公司将承揽到的劳务分包再转包或者分包给其他的公司是法律所禁止的，属于违法行为。

答案：D

2）专业人士的资格管理

在建筑市场中，通常把具有从事工程咨询资格的专业工程师称为专业人士。专业人士在建筑市场管理中起着非常重要的作用。由于他们的工作水平对工程项目建设具有重要的影响，因此专业人士的资格条件要求很高。目前，我国建筑业已经确定的专业人士有注册建造师、注册建筑师、注册结构工程师、注册监理工程师、注册造价工程师和注册咨询工程师等。专业人士注册条件为：大学专科以上的专业学历；参加全国统一考试，成绩合格；相关专业的实践经验。值得注意的是，近年来，随着国务院不断深化简政放权、放管结合，一些职业资格许可和认定事项被取消了，这是降低制度性交易成本、推进供给侧结构性改革的重要举措，为大中专毕业生就业创业提供了更多机会。

思考与练习

一、单选题

1. 下列对房屋建筑工程施工总承包企业概念的理解正确的是（　　）。

A. 房屋建筑工程是指公共建筑工程

B. 房屋建筑工程的内容中不包括内、外部的装饰装修工程和上下水工程

C. 获得施工总承包资质的企业，可以对工程实行施工总承包或者对主体工程实行施工承包

D. 承担施工总承包的企业不可以对所承接的工程全部自行施工

2. 我国建筑企业承揽工程或从事建筑活动的范围，取决于（　　）。

A. 企业自身的资质等级　　B. 合作单位的资质等级

C. 企业经营能力　　D. 挂靠单位的资质等级

3. 下列工程承包属于违法分包的是（　　）。

A. 分包专业工程的承包人，将其中的劳务作业任务分包给有相应资质的劳务分包公司

B. 总承包人将劳务作业任务分包给以自然人为包工头的农民工建筑队

C. 总承包人将设备安装任务分包给有相应资质的设备制造厂商

D. 总承包人将合同额 200 万元的模板工程施工作业任务分包给有相应资质但注册资金仅为 100 万元的劳务分包公司

二、多选题

1. 建筑业企业资质的法定条件主要包括有符合规定的（　　）。

A. 注册资本　　B. 从业人员

C. 专业技术人员　　D. 技术装备

E. 已完成的建筑工程业绩

2. 下列选项中属于建筑业企业资质的是(　　)。

A. 施工总承包资质　　B. 施工综合资质

C. 专业承包资质　　D. 专业作业资质

E. 行业资质

三、简答题

1. 什么是招标?
2. 什么是投标?
3. 建筑企业资质是如何规定的?

2

合同法律基础

【学习目标】

(1)了解合同的法律关系;

(2)掌握委托代理、转代理和表见代理的概念与特征;

(3)熟悉担保的种类和相关概念;

(4)通过典型施工案例,激发爱国热情,树立职业自豪感和使命感。

【案例导入】

港珠澳大桥

港珠澳大桥位于我国广东省珠江口伶仃洋海域,是《国家高速公路网规划》中的重要交通建设项目。港珠澳大桥桥面为双向6车道高速公路,设计行车速度100 km/h,设计使用寿命120年。港珠澳大桥全长55 km,其中:主体工程长29.6 km,包括22.9 km桥梁、6.7 km海底隧道;主体工程隧道两端的人工岛各长625 m(面积各约10万m^2);香港口岸人工岛面积约130万m^2;珠澳口岸人工岛面积约217万m^2;香港连接线长约12 km;珠海连接线长约13.9 km。

港珠澳大桥由跨海大桥、海底隧道和人工岛组成。可以说,每一项建设任务都充满了未知的挑战。大桥的建设者们靠自主创新、攻坚克难,解决了多个世界难题,涉及的专利多达几百项,填补了众多国内行业标准空白,也刷新了多个世界纪录。例如由于基槽回淤,两次沉管失败,使工程严重受阻,无数参与大桥建设的工作人员为此付出了不为人知的艰辛。沉管的生产、运输、安装等每个环节都是困难重重。整个海底隧道主体由33节巨型沉管和一个合龙段接头组成,沉管单节重约8万t,相当于一艘航母的重量。沉管安装一方面缺乏相关经验;另一方面天气恶劣,大风大浪的环境给施工造成了很大困难。工程团队经过无数个日夜的研究、探索、实践,终于摸索出一项自主沉管隧道安装技术,使得整个隧道工程顺利完成,并最终实现了工程设计零借鉴、安装零失误。

2018 年 10 月 23 日上午,港珠澳大桥开通仪式在广东珠海举行。习近平总书记出席仪式并宣布大桥正式开通,他强调,港珠澳大桥建设创下了许多世界之最,非常了不起,体现了一个国家逢山开路、遇水架桥的奋斗精神,体现了我国综合国力、自主创新能力,体现了勇创世界一流的民族志气。

评析:港珠澳大桥总体工程几乎囊括了交通工程的所有领域,堪称世界桥梁建造史上的新典范,为世界桥梁史写下了绝美华章。建筑大师不畏艰险的职业精神和爱国情怀,为我们树立了光辉的榜样。港珠澳大桥岛隧工程项目总经理、总工程师林鸣说,桥的价值在于承载,人的价值在于担当。敢于担当,不断创新,这种新时代职业精神和爱国情怀值得我们学习。

2.1 合同法律关系

法律关系是一定的社会关系在相应的法律规范的调整下形成的权利义务关系。法律关系的实质是法律关系主体之间存在的特定的权利义务关系。合同法律关系是一种重要的法律关系。

2020 年,第十三届全国人民代表大会第三次会议通过了《民法典》,并自 2021 年 1 月 1 日起施行。原《中华人民共和国民法通则》《中华人民共和国民法总则》《中华人民共和国担保法》《中华人民共和国合同法》《中华人民共和国物权法》等同时废止,这些部门法的相关内容都由《民法典》继承或进行重要修订。

2.1.1 合同法律关系

合同法律关系是指由合同法律规范调整的当事人在民事流转过程中形成的权利义务关系,由合同法律关系主体、合同法律关系客体、合同法律关系内容 3 个要素构成。缺少这 3 个要素中的任何一个都不能构成合同法律关系,改变其中任何一个要素都会改变原来设定的法律关系。

1)合同法律关系主体

合同法律关系主体,是在合同法律关系中,依法享有权利并承担义务的当事人或参加者。合同法律关系主体可以是自然人、法人、非法人组织。

①自然人:基于自然规律而产生的有生命的人。按照年龄、智力、精神健康状况不同,自然人可分为完全民事行为能力人、限制民事行为能力人和无民事行为能力人。作为合同法律关系主体的自然人必须具有相应的民事权利能力和民事行为能力。

②法人:具有民事权利能力和民事行为能力,依法独立享有民事权利和承担民事义务的组织。法人分为营利法人、非营利法人和特别法人三大类。

③非法人组织:包括个人独资企业、合伙企业;法人之间的合伙型联营企业;中国人民银行、各专业银行、中国人民保险公司设在各地的分支机构等。

2)合同法律关系客体

合同法律关系客体,是指法律关系主体的权利和义务所指向的对象。在法律关系中,主体之间的权利义务之争总是围绕着一定的对象展开的,没有一定的对象,也就没有权利义务之分,当然也就不会存在法律关系。合同法律关系客体包括物、财、行为、智力成果。

①物:法律意义上的物是指可为人们控制并具有经济价值的生产资料和消费资料。物可区分为动产和不动产,也可区分为流通物、限制流通物和禁止流通物。

②财:法律意义上的财是指为人们所控制并且具有经济价值的物质财富,包括货币和有价证券。货币的价值表现为资金;有价证券是用以表明各类财产所有权或债权并且可以自由让渡的证券,诸如支票、汇票、债券、股票等。

③行为:法律意义上的行为是指人的有意识的活动,包括作为和不作为。例如,建筑施工合同、勘察设计合同、工程咨询合同的客体分别为完成施工、勘察设计等建设活动和提供工程咨询服务。

④智力成果:人们脑力劳动所产生的成果,如专利、发明、科技成果、创作成果等。

3)合同法律关系内容

合同法律关系内容是指合同约定和法律规定的权利和义务。合同权利与合同义务相依而存,具有相对性、对等性。

合同权利是指合同法律主体在法定范围内,根据合同的约定有权按照自己的意志做出某种行为。权利主体也可以要求义务主体做出一定行为或不做出一定行为,以实现自己的有关权利。当权利受到侵害时,有权得到法律的保护。

合同义务是指法定义务人应当依照合同权利人要求做出一定行为或不做出一定行为,以满足权利人利益的法律手段。

▶ 2.1.2 法人制度

法人是与自然人相对应的概念,是法律赋予社会组织具有法律人格的一项制度。这一制度为确立社会组织的权利、义务,便于社会组织独立承担责任提供了基础。

1)法人应当具备的条件

①依法成立。法人不能自然产生,它的产生必须经过法定程序。法人的设立目的和方式必须符合法律的规定。设立法人,法律、行政法规规定须经有关机关批准的,依照其规定。

②应当有自己的名称、组织机构、住所、财产或者经费。法人的名称是法人相互区别的标志和法人进行活动时使用的代号。法人的组织机构是指对内管理法人事务,对外代表法人进行民事活动的机构。法人的住所则是法人进行业务活动的所在地,也是确定法律管辖的依据。法人以其主要办事机构所在地为住所。依法需要办理法人登记的,应当将主要办事机构所在地登记为住所。有必要的财产或者经费是法人进行民事活动的物质基础。它要求法人的财产或者经费必须与法人的经营范围或者设立目的相适应,否则将不能被批准设立或者核准登记。

③能够独立承担民事责任。法人必须能够以自己的财产或者经费承担在民事活动中的债务,在民事活动中给其他主体造成损失时能够承担赔偿责任。法人以其全部财产独立承担民事责任。

④有法定代表人。依照法律或者法人章程的规定,代表法人从事民事活动的负责人,为法人的法定代表人。法定代表人以法人名义从事的民事活动,其法律后果由法人承受。法人章程或者法人权力机构对法定代表人代表权的限制,不得对抗善意相对人。法定代表人因执

行职务造成他人损害的，由法人承担民事责任。法人承担民事责任后，依照法律或者法人章程的规定，可以向有过错的法定代表人追偿。

2)法人制度的作用

我国确立法人制度具有十分重要的意义。法人制度尽管是私有制和商品经济的产物，但这种法律形式同样可以为社会主义市场经济的发展服务。我国确立法人制度的意义主要表现在以下3个方面：

①实行法人制度有利于加深改革和落实政企分开、两权分离的经济体制，保证具有法人条件的各种社会组织独立地享有民事权利和承担民事义务，从而增强企业活力，搞活国民经济。

②法人制度有利于维护社会主义经济秩序，加速社会主义市场经济的发展。实行法人制度，可以保障市场经济即法治经济的健康发展。国家主管机关和工商行政管理机关通过审批、核准、登记等法定程序，确认法人的法律地位、权利能力和行为能力，并依法监督法人的各种活动，保障其合法权益，制止或制裁其违法行为，保证社会主义市场经济秩序。

③法人制度有利于适应涉外经济活动的需要。在发展对外经济贸易活动中，认真贯彻执行法人制度是一项十分重要的经济法制工作。在对外经贸或工程承包活动中，我国的国有企业是独立的企业法人，依法独立地享有民事权利和承担民事义务，从而可以消除某些外国经贸伙伴的担忧。此外，为更好地吸引外资，引进先进技术，开设“三资”企业，以及签订涉外经济技术合同，都需要有法人制度方面的法律规范加以调整和制约。

3)法人在建设工程中的地位

在建设工程中，大多数建设活动主体都是法人。施工单位、勘察单位、设计单位、监理单位通常是具有法人资格的组织。建设单位一般也应当具有法人资格。但有时候，建设单位也可能是没有法人资格的其他组织。

法人在建设工程中的地位表现在其具有民事权利能力和民事行为能力。依法独立享有民事权利和承担民事义务，方能承担民事责任。在法人制度产生前，只有自然人才具有民事权利能力和民事行为能力。随着社会生产活动的扩大和专业水平的提高，许多社会活动必须由自然人合作完成。因此，法人是出于需要，由法律将其拟制为自然人以确定团体利益的归属，即所谓“拟制人”。法人是社会组织在法律上的人格化，是法律意义上的“人”，而不是实实在在的生命体。建设工程规模浩大，需要众多的自然人合作完成。法人制度的产生，使这种合作成为常态。这是建设工程发展到当今的规模和专业程度的基础。

【例题1】下列关于法人的法定代表人的说法，正确的是(　　)。

A.法定代表人应当具有相应的职业技术资格

B.因过错履行职务造成他人损害的，由法定代表人自行承担责任

C.法定代表人是自然人，代表法人从事民事活动

D.公司章程对法定代表人代表权的限制，可以对抗善意相对人

解析：法定代表人以法人名义从事的民事活动，其法律后果由法人承受。法人章程或者法人权力机构对法定代表人代表权的限制，不得对抗善意相对人。

答案：C

【例题2】甲施工企业与乙公司共同出资设立了丙公司，丁公司欠付丙公司一笔到期货

款,丙公司与戊银行订了一个借款合同,该借款合同由己公司作为担保人。借款到期后丙公司无力偿还,戊银行可以要求(   )承担还款责任。

A. 甲公司　　B. 乙公司　　C. 丙公司　　D. 丁公司　　E. 己公司

解析:法人能够独立承担民事责任,故戊银行可以要求丙公司承担还款责任。当事人在保证合同中对保证方式没有约定或者约定不明确的,按照一般保证承担保证责任,一般保证为债务人不能履行债务时,由保证人承担保证责任,故戊银行还可要求己公司承担还款责任。

答案:CE

▶ 2.1.3　合同法律关系的产生、变更和消灭

1)合同法律关系的产生

合同法律关系的产生是指合同法律关系的主体之间形成了一定的权利和义务关系。比如,某建设单位与某施工单位签订了工程建设承包合同,主体双方便产生了相应的权利和义务。

2)合同法律关系的变更

合同法律关系的变更包括主体变更、客体变更、内容变更。主体变更是指合同法律关系的主体数目增多或减少,也可以是主体改变,主体改变又称为合同转让。客体变更是指合同法律关系中权利和义务所指向的客体发生变化。客体变更可以是范围变更,也可以是性质变更。合同法律关系中主体与客体的变更,必然导致相应权利和义务的变更,即内容变更。

3)合同法律关系的消灭

合同法律关系的消灭,是指合同法律关系主体之间的权利和义务不复存在,彼此丧失了约束力,包括自然消灭、协议消灭以及违约消灭。

合同法律关系自然消灭,是指合同法律关系所规范的权利和义务顺利得到履行,合同主体分别取得了各自的利益,从而使该法律关系达到完结。合同法律关系协议消灭,是指合同法律关系主体之间协商解除合同法律关系规范的权利和义务,致使该法律关系归于消灭。合同法律关系违约消灭,是指合同法律关系主体一方违约,或发生不可抗力,致使合同法律关系规范的权利不能实现而告终结。

4)法律事实

能够引起合同法律关系产生、变更和消灭的客观现象称为法律事实。法律事实包括法律事件和法律行为。

法律事件是指不以合同法律关系主体的主观意志为转移而发生的,能够引起合同法律关系产生、变更、消灭的客观现象。这些客观现象出现与否,是当事人无法预见和控制的。法律事件包括两种:一种是不可抗力事件,指合同订立时不能预见、不能避免并且不能克服的客观情况,包括自然灾害(如地震、洪水、台风等);另一种为社会事件(政府行为,如征收、征用)和社会异常事件(如罢工、骚乱等)。

法律行为是指合同法律关系主体有意识的,能够引起合同法律关系产生、变更、消灭的活动。法律行为是以人的意志为转移的法律事实,可分为合法行为和违法行为。

【例题3】法律关系产生、变更和消灭的原因是(   )。

A. 法律主体　　B. 法律客体　　C. 法律内容　　D. 法律事实

解析:法律关系的产生、变更和消灭是由法律事实引起的。

答案:D

2.2 代理行为

2.2.1 代理概念和类型

1)代理的概念

代理是指代理人在被授予的代理权限范围内,以被代理人的名义与第三人实施民事法律行为,被代理人对代理人的代理行为承担民事责任的法律制度。代理涉及三方当事人,即被代理人、代理人和代理关系所涉及的第三人。

2)代理的法律特征

(1)代理人必须在代理权限范围内实施代理行为

代理人实施代理活动的直接依据是代理权。因此,代理人必须在代理权限范围内与第三人或相对人实施代理行为。

(2)代理人以被代理人的名义实施代理行为

《民法典》规定,"代理人在代理权限内,以被代理人名义实施的民事法律行为,对被代理人发生效力"。如果代理人以自己的名义实施法律行为,则不属于代理行为,所设定的权利和义务只能由代理人自己享有和承担。

(3)代理人在被代理人的授权范围内独立地表现自己的意志

在被代理人的授权范围内,代理人以自己的意志积极地为实现被代理人的利益和意愿进行具有法律意义的活动。它具体表现为代理人有权自行决定如何向第三人做出意思表示,或者是否接受第三人的意思表示。

(4)代理行为的法律后果归属于被代理人

代理人在代理权限内,以被代理人的名义同相对人进行具有法律意义的行为,在法律上产生与被代理人自己的行为同样的后果。因而,被代理人对代理人的代理行为承担民事责任。

3)代理的种类

根据代理产生的依据不同,代理可分为委托代理和法定代理。

(1)委托代理

委托代理按照被代理人的委托行使代理权。因委托代理中,被代理人是以意思表示的方法将代理权授予代理人的,故又称"意定代理"或"任意代理"。

委托代理授权采用书面形式的,授权委托书应当载明代理人的姓名或者名称、代理事项、权限和期间,并由被代理人签名或者盖章。数人为同一代理事项的代理人的,应当共同行使代理权,但是当事人另有约定的除外。

(2)法定代理

法定代理是指根据法律的规定而发生的代理。例如,《民法典》规定,无民事行为能力人、限制民事行为能力人的监护人是其法定代理人。

【例题4】某学校委托教务人员王某购买一批电教器材。王某到百货公司购买时，正好遇到该公司举行有奖销售，规定购买商品若干元可得到奖券一张。王某代购电教器材，得到五张奖券，他自己把这几张奖券收了起来。后来百货公司抽奖，这几张奖券中的一张中了头奖，可得到彩色电视机一台，该电视机应当(　　)。

A. 归学校所有　　B. 归学校所有，但应当给王某以适当补偿

C. 归王某所有　　D. 归学校与王某共有

解析：代理行为的法律后果归属于被代理人。

答案：A

2.2.2　代理权设立和终止

1)代理权设立

建设工程活动中涉及的代理行为比较多，如工程招标代理、材料设备采购代理以及诉讼代理等。建设工程活动的代理行为不仅要依法实施，有些还要受到法律的限制。《民法典》规定，“依照法律规定、当事人约定或者民事法律行为的性质，应当由本人亲自实施的民事法律行为，不得代理”，如建设工程的承包活动不得委托代理。

2)代理权终止

《民法典》对委托代理终止、法定代理终止分别作了专门的规定。在建筑活动中主要发生的是委托代理，因此下面仅就委托代理的终止事由作叙述。

《民法典》规定，有下列情形之一的，委托代理终止：

①代理期限届满或者代理事务完成；

②被代理人取消委托或者代理人辞去委托；

③代理人丧失民事行为能力；

④代理人或者被代理人死亡；

⑤作为代理人或者被代理人的法人、非法人组织终止。

但是《民法典》对于被代理人死亡后，有下列情形之一的，委托代理人实施的代理行为有效：

①代理人不知道且不应当知道被代理人死亡；

②被代理人的继承人予以承认；

③授权中明确代理权在代理事务完成时终止；

④被代理人死亡前已经实施，为了被代理人的继承人的利益继续代理。

【例题5】在工程招标过程中，下列关于招标代理机构的行为及后果，说法正确的是(　　)。

A. 招标代理机构应当以自己的名义发布招标公告和组织评标

B. 招标代理机构在招标人授权范围内实施的行为，与招标人承担连带责任

C. 招标代理机构有权随时辞去委托，但造成招标人损失的，应当赔偿损失

D. 招标代理机构需要将招标事务转委托他人代理的，不必经过招标人同意

解析：选项A，代理人以被代理人的名义实施代理行为。选项B，招标代理机构在招标人

授权范围内实施的行为，行为后果由招标人承担。选项C，被代理人取消委托或者代理人辞去委托，代理权终止，但造成损失的，应当赔偿损失。选项D，转委托代理，应当取得被代理人的同意或者追认。

答案：C

【例题6】导致委托代理终止的情形是（　　）。

A. 代理期间届满但代理事务未能完成
B. 被代理人丧失民事行为能力
C. 代理人因防疫需要被隔离观察
D. 作为被代理人的法人进入破产程序

解析：参见委托代理终止的5种情形。

答案：A

2.2.3 转委托代理

代理人需要转委托第三人代理的，应当取得被代理人的同意或者追认。转委托代理经被代理人同意或者追认的，被代理人可以就代理事务直接指示转委托的第三人，代理人仅就第三人的选任以及对第三人的指示承担责任。转委托代理未经被代理人同意或者追认的，代理人应当对转委托的第三人的行为承担责任，但是在紧急情况下代理人为了维护被代理人的利益需要转委托第三人代理的除外。

2.2.4 无权代理

《民法典》规定，行为人没有代理权、超越代理权或者代理权终止后，仍然实施代理行为，未经被代理人追认的，对被代理人不发生效力。

相对人可以催告被代理人自收到通知之日起30日内予以追认。被代理人未作表示的，视为拒绝追认。行为人实施的行为被追认前，善意相对人有撤销的权利。撤销应当以通知的方式作出。

行为人实施的行为未被追认的，善意相对人有权请求行为人履行债务或者就其受到的损害请求行为人赔偿。但是，赔偿的范围不得超过被代理人追认时相对人所能获得的利益。

相对人知道或者应当知道行为人无权代理的，相对人和行为人按照各自的过错承担责任。

《民法典》第五百零三条规定："无权代理人以被代理人的名义订立合同，被代理人已经开始履行合同义务或者接受相对人履行的，视为对合同的追认。"

【例题7】甲委托乙前往丙厂采购男装，乙很看好丙生产的女装，便自作主张以甲的名义向丙订购。丙未问乙的代理权限，便与之订立了买卖合同。根据《民法典》的规定，下列选项中正确的是（　　）。

A. 甲有追认权　　B. 丙有催告权　　C. 乙有撤销权　　D. 构成表见代理

解析：选项A、B，行为人在无权代理的情况下以被代理人名义订立的合同，相对人可以催告被代理人在30日内予以追认，被代理人表示同意的，由被代理人承担合同责任；选项C，合同被追认之前，善意相对人（丙而非乙）有撤销的权利；选项D，丙不是在"有理由相信"行为人有代理权的情况下签订的合同，不构成表见代理。

答案：AB

【案例1】王某夫妻俩准备在城里买一套房子，便委托自己在城里居住的亲戚孙某留心是否有每平方米10 000元左右的房子。后孙某发现在一个非常好的地段有一套每平方米15 000元的房子准备出售,因来不及和王某夫妻俩商量,就自己出资100万元以王某的名义订下了这套房子。

问题:假如王某夫妻二人认为该房子的价格高于自己预期,能不能不要房,而让孙某自己承担这100万元的损失?

分析:孙某的代理行为属于无权代理行为。无权代理是指行为人没有代理权、超越代理权范围或代理权终止以后实施的代理行为。无权代理行为如事后得到被代理人的承认,可为有效。在本案例中,王某夫妻俩委托孙某留意房源,而孙某超越代理权限为其购买了房屋,属于无权代理,但此代理行为并不必然无效,孙某的代理行为经过王某的事后追认可转化为有效代理。

▶ 2.2.5 表见代理

表见代理是指行为人虽无权代理,但行为人的某些行为造成了足以使善意相对人相信其有代理权的表象,而与善意相对人进行的、由被代理人承担法律后果的代理行为。《民法典》规定:"行为人没有代理权、超越代理权或者代理权终止后,仍然实施代理行为,相对人有理由相信行为人有代理权的,代理行为有效。"

表见代理特别构成要件:

①须存在足以使相对人相信行为人具有代理权的事实或理由。这是构成表见代理的客观要件。通常情况下,行为人持有被代理人发出的证明文件,如被代理人发出的委任状、已加盖公章的空白合同书或者具有代理权的通知函告等。

②须被代理人存在过失。其过失表现为被代理人表达了足以使相对人相信有授权意思的表示,或者实施了足以使相对人相信有授权意义的行为,发生了外表授权的事实。

③须相对人为善意且无过失,即相对人不知道行为人的行为系无权代理行为。这是构成表见代理的主观条件。如果相对人明知行为人无代理权而仍与之实施民事行为,则相对人为主观恶意,不构成表见代理。

表见代理依法产生有权代理的法律效力,即无权代理人与相对人之间实施的民事法律行为对于被代理人具有法律约束力。被代理人不得以无权代理为由,主张代理行为无效,被代理人的损失可以向无权代理人追偿。

同时,并非所有的表见代理的法律后果都必然对被代理人不利。当表见代理的法律后果是使被代理人从中受益时,根据公平原则,权利义务应当对等,无权代理人有权要求被代理人支付因实施代理行为而支出的相关合理费用。

【例题8】甲单位与采购员乙因矛盾解除代理关系,但有两份盖有甲单位公章的空白授权书未收回。乙为泄愤,持授权书向供应商丙、丁高价采购材料。丙、丁均及时发货至施工现场。经查,丙不知乙离职,而丁知乙离职。关于本案,下列说法正确的是(　　)。

A. 甲有权拒绝向丙、丁承担责任

B. 由于甲单位存在过失,两份合同均属于表见代理

C. 由于乙行为违法,两份合同均属于无效合同

D. 甲对丙应承担付款义务

解析:善意相对人丙(丙不知乙离职)有足够的理由(盖有甲单位公章的空白授权书)相

信乙具有代理权，构成表见代理，甲应对丙承担付款义务。甲承担表见代理行为所产生的责任后，可以向无权代理人乙追偿因代理行为而遭受的损失。但丁明知乙离职，还与乙实施民事行为对甲造成损害，不构成表见代理，由丁与乙负连带责任。

答案：D

【案例2】某百货公司委托业务员李某到上海购买冰箱500台。李某到上海后，很快与一冰箱生产厂家签订了标的为500台冰箱的合同。之后，李某在上海看到山地自行车很畅销，于是使用盖有某百货公司公章的空白介绍信和合同书，以百货公司的名义与一自行车厂签订了山地自行车的购销合同。合同约定：百货公司购买山地自行车1 000辆，货款总计50万元，自行车厂在合同签订后的10天内发货。李某回到单位向公司领导告知了订购山地自行车一事。公司领导认为订购50万元的山地自行车，一是占用公司大量流动资金，影响了公司的资金流动；二是山地自行车在本市的销路不是很好，于是要求李某速去上海撤销购销合同。与此同时，百货公司也向自行车厂发去书面通知，表示要撤销此合同。然而，自行车厂在与李某签订合同的第5天就已经发货。李某到上海后，合同所涉及的1 000辆山地自行车已经发货，自行车厂要求百货公司支付货款。而百货公司拒付，表示李某未得到购买山地自行车的授权，订立该项合同超越了公司的授权范围，且李某的越权代理公司不追认。故该合同所产生的一切后果与百货公司无关，应由李某自己承担。双方交涉未果后，于是起诉到人民法院。

问题：自行车生产厂的诉讼请求能否得到人民法院的支持？

分析：本案例的实质是表见代理问题。表见代理是指代理人员虽然没有代理权，但是表面上具有使无过错的第三人相信其有权代理被代理人的正当理由。《民法典》第一百七十二条规定："行为人没有代理权、超越代理权或者代理权终止后，仍然实施代理行为，相对人有理由相信行为人有代理权的，该代理行为有效。"表见代理具有与有权代理同样的效力，代理行为的法律后果直接归属于被代理人。被代理人承担表见代理的法律后果，如果因此遭受损失，有权向表见代理人请求赔偿。关于表见代理和无权代理的区别，《民法典》第一百七十一条规定："行为人没有代理权、超越代理权或者代理权终止后，仍然实施代理行为，未经被代理人追认的，对被代理人不发生效力。""相对人可以催告被代理人自收到通知之日起三十日内予以追认。被代理人未作表示的，视为拒绝追认。行为人实施的行为被追认前，善意相对人有撤销的权利。撤销应当以通知的方式作出。"由此可见，两者的区别是：无权代理的效力对于被代理的当事人来说，既可以追认也可以拒绝；表见代理的后果必须由被代理的人承担，之后，被代理人再向表见代理人追偿。

综上所述，本案例中李某超越百货公司授予的代理权，擅自与自行车厂签订自行车购销合同的行为实际上是一种表见代理行为。虽然李某没有代理权，但李某持有盖有百货公司公章的空白介绍信和空白合同书，足以使自行车厂认为李某有相应的代理权。自行车厂正是基于这种信赖而与李某签订了合同，因此本合同是有效的，其效力自然及于百货公司，故百货公司不能拒付货款。百货公司事后撤销合同的意思表示也并不影响该合同的效力，不能构成对李某代理权的否认。根据《民法典》的有关规定，百货公司在向自行车厂承担了合同责任后，可以要求李某赔偿其受到的损失。

2.2.6 代理中不当或违法行为应承担的法律责任

(1)损害被代理人利益应承担的法律责任

《民法典》第一百六十四条规定,代理人不履行或者不完全履行职责,造成被代理人损害的,应当承担民事责任。代理人和相对人恶意串通,损害被代理人合法利益的,代理人和相对人应当承担连带责任。

(2)相对人故意行为应承担的法律责任

相对人明知行为人没有代理权、超越代理权或者代理权终止,还与行为人实施民事行为给他人造成损害的,相对人和行为人应当承担连带责任。

(3)违法代理行为应承担的法律责任

《民法典》第一百六十七条规定,代理人知道或者应当知道代理事项违法仍然实施代理行为,或者被代理人知道或者应当知道代理人的代理行为违法未作出反对表示的,被代理人和代理人应当承担连带责任。

【例题9】下列关于代理行为中有关连带责任的说法,正确的是(　　)。

A.代理人在委托授权范围内实施的民事行为,由被代理人和代理人承担连带责任

B.经被代理人同意的转委托代理,由被代理人和代理人承担连带责任

C.表见代理的民事责任,由被代理人和代理人连带承担

D.被代理人知道代理人行为违法而不反对的,由被代理人和代理人承担连带责任

解析:选项A,由被代理人承担责任。选项B,转委托代理经被代理人同意或者追认的,被代理人可以就代理事务直接指示转委托的第三人,代理人仅就第三人的选任以及对第三人的指示承担责任。选项C,由被代理人向相对人担责,其损失可向行为人追偿。

答案:D

2.3 合同担保

担保是指当事人根据法律规定或者双方约定,为促使债务人履行债务实现债权人权利的法律制度。担保通常由当事人双方订立担保合同。担保合同可以是单独订立的书面合同(包括当事人之间具有担保性质的信函、传真等),也可以是主合同的担保条款。

《民法典》规定,债权人在借贷、买卖等民事活动中,为保障实现其债权,需要担保的,可以依照本法和其他法律的规定设定担保物权。第三人为债务人向债权人提供担保的,可以要求债务人提供反担保。反担保适用本法和其他法律的规定。担保合同是主债权债务合同的从合同,主债权债务合同无效,担保合同无效,但法律另有规定的除外。担保合同被确认无效后,债务人、担保人、债权人有过错的,应当根据其过错各自承担相应的民事责任。担保活动应遵循平等、自愿、公平、诚实信用的原则。担保方式是指法律规定的用担保权责实现的方式,包括保证、抵押、质押、留置和定金5种。

2.3.1 保证

1)保证的概念

保证是指保证人和债权人约定,当债务人不履行债务时,保证人按照约定履行债务或者承担责任的行为。保证法律关系中至少有三方当事人参加,即保证人、被保证人(债务人)和债权人。保证合同中的当事人是保证人和债权人。

2)保证方式

保证的方式有一般保证和连带责任保证两种。

一般保证是指当事人在保证合同中约定,债务人不能履行债务时,由保证人承担保证责任的保证。在一般保证合同中,保证人享有先诉抗辩权(在连带保证合同中,保证人不享有这项权利)。所谓先诉抗辩权,是指在债权人要求保证人代为履行时,保证人可以要求债权人先就主债务人的财产诉请强制执行,只有在主债务人的财产不足以清偿债务时,保证人才应承担保证责任。如果债权人未先对主债务人的财产诉请强制执行而直接要求保证人代为履行,保证人就可以行使先诉抗辩权。

连带责任保证是指当事人在保证合同中约定保证人与债务人对债务承担连带责任的保证。连带责任保证的债务人在主合同规定的债务履行期届满时没有履行债务的,债权人可以要求债务人履行债务,也可以要求保证人在其保证范围内承担保证责任。

《民法典》规定,"当事人在保证合同中对保证方式没有约定或者约定不明确的,按照一般保证承担保证责任"。

3)保证人资格

具有代为清偿债务能力的法人、其他组织或者公民,可以作保证人。机关法人不得为保证人,但是经国务院批准为使用外国政府或者国际经济组织贷款进行转贷的除外。以公益为目的的非营利法人、非法人组织不得为保证人。

4)保证责任

保证合同生效后,保证人就应当在合同规定的保证范围和保证期间承担保证责任。

保证范围是指保证人所担保的债权范围,也是保证人承担保证责任的范围,包括主债权及利息、违约金、损害赔偿金和实现债权的费用。保证合同另有约定的,按照约定。当事人对保证担保的范围没有约定或者约定不明确的,保证人应当对全部债务承担责任。

保证期间是确定保证人承担保证责任的期间。债权人与保证人可以约定保证期间,但是约定的保证期间早于主债务履行期限同时届满的,视为没有约定;没有约定或者约定不明确的,保证期间为主债务履行期限届满之日起6个月。在保证期间,债权人应当向债务人提起诉讼或仲裁(在一般保证中)或向保证人主张权利(在连带责任保证中)。逾此期限,债权人未提起上述主张的,保证人则不承担保证责任。《民法典》第六百九十三条规定,一般保证的债权人未在保证期间对债务人提起诉讼或者申请仲裁的,保证人不再承担保证责任。连带责任保证的债权人未在保证期间请求保证人承担保证责任的,保证人不再承担保证责任。

5)建设工程施工常用的担保种类

在建设工程中,保证是最常用的一种担保方式。由于对保证人的信誉要求比较高,所以建设工程中的保证人往往是银行或者信用较高的其他担保人,如担保公司。在建设工程中,习惯把银行出具的保证称为保函,而把其他保证人出具的书面保证称为保证书。建设工程施工常用的担保种类有施工投标保证金、施工合同履约保证金、业主工程款支付担保和预付款担保等。

【例题 10】下列关于保证责任的说法,正确的是(   )。

A. 当事人在保证合同中约定,债务人不能履行债务时,由保证人承担保证责任的,为连带责任保证

B. 当事人对保证方式没有约定或者约定不明确的,按照一般保证承担保证责任

C. 当事人对保证的范围没有约定,保证人仅以主债权及利息为限承担保证责任

D. 一般保证的保证人未约定保证期间的,保证期间为主债务履行期限届满前 6 个月

解析:选项 A,为一般保证。选项 C,当事人对保证的范围没有约定或者约定不明确的,保证人应当对全部债务承担责任。选项 D,保证人与债权人未约定保证期间或者约定不明确的,保证期间为主债务履行期限届满之日起 6 个月。

答案:B

▶ 2.3.2 抵押

1)抵押的概念

《民法典》规定,"为担保债务的履行,债务人或者第三人不转移财产的占有,将该财产抵押给债权人的,债务人不履行到期债务或者发生当事人约定的实现抵押权的情形,债权人有权就该财产优先受偿"。提供抵押财产的债务人或者第三人为抵押人,债权人为抵押权人,提供担保的财产为抵押财产。

《民法典》规定,"设立抵押权,当事人应当采用书面形式订立抵押合同"。

【例题 11】公司甲以其名下的一栋办公楼为抵押物,为公司乙向银行申请贷款作担保,并在登记机关办理了抵押登记。在该担保法律关系中,抵押人是(   ),抵押权人是(   ),被担保人是(   ),担保人是(   )。

A. 公司甲 B. 公司乙 C. 银行 D. 登记机关

解析:提供抵押财产的债务人或者第三人为抵押人,债权人为抵押权人,提供担保的财产为抵押财产。例题中,公司甲提供抵押物为公司乙向银行申请贷款作担保,所以公司甲既是抵押人,又是担保人,公司乙是被担保人,银行是抵押权人。

答案:A;C;B;A

2)抵押财产

(1)可以抵押的财产

债务人或者第三人有权处分的下列财产可以抵押:建筑物和其他土地附着物;建设用地使用权;海域使用权;生产设备、原材料、半成品、产品;正在建造的建筑物、船舶、航空器;交通运输工具;法律、行政法规未禁止抵押的其他财产。抵押人可以将上述所列财产一并抵押。

以建筑物抵押的,该建筑物占用范围内的建设用地使用权一并抵押;以建设用地使用权抵押的,该土地上的建筑物一并抵押。

(2)不得抵押的财产

下列财产不得抵押:土地所有权;宅基地、自留地、自留山等集体所有土地的使用权,但是法律规定可以抵押的除外;学校、幼儿园、医疗机构等为公益目的成立的非营利法人的教育设施、医疗卫生设施和其他公益设施;所有权、使用权不明或者有争议的财产;依法被查封、扣押、监管的财产;法律、行政法规规定不得抵押的其他财产。

3)抵押权设立

(1)抵押权登记设立

以建筑物和其他土地附着物、建设用地使用权、海域使用权以及正在建造的建筑物抵押的,应当办理抵押登记。抵押权自登记时设立。如果义务人没有履行抵押登记手续,抵押权并没有设立,未办理物权登记的,合同对方不能享有物权的优先受偿权。

(2)抵押权合同生效时设立

以动产抵押的,抵押权自抵押合同生效时设立;未经登记,不得对抗善意第三人。以动产抵押的,不得对抗正常经营活动中已经支付合理价款并取得抵押财产的买受人。

4)抵押担保的范围

抵押担保的范围包括主债权及利息、违约金、损害赔偿金和实现抵押权的费用。当事人也可以在抵押合同中约定抵押担保的范围。

5)抵押人的权利义务

抵押权人的权利是指抵押权人拥有的权利,包括保全、处分和受偿权。抵押人的义务为抵押期间妥善保管抵押物并保证其价值。

抵押期间,抵押人可以转让抵押财产。当事人另有约定的,按照其约定。抵押财产转让的,抵押权不受影响。抵押人转让抵押财产的,应当及时通知抵押权人。抵押权人能够证明抵押财产转让可能损害抵押权的,可以请求抵押人将转让所得的价款向抵押权人提前清偿债务或者提存。转让的价款超过债权数额的部分归抵押人所有,不足部分由债务人清偿。

抵押权与其担保的债权同时存在。抵押权不得与债权分离而单独转让或者作为其他债权的担保。债权转让的,担保该债权的抵押权一并转让,但是法律另有规定或者当事人另有约定的除外。

6)抵押权的实现

债务履行期限届满,抵押权人未受清偿的,可以与抵押人协议以抵押物折价或者以拍卖、变卖该抵押物所得的价款优先受偿;协议不成的,抵押权人可以请求人民法院拍卖、变卖抵押财产。抵押物折价或者拍卖、变卖后,其价款超过债权数额的部分归抵押人所有,不足部分由债务人清偿。

同一财产向两个以上债权人抵押的,拍卖、变卖抵押财产所得的价款依照下列规定清偿:

①抵押权已经登记的,按照登记的时间先后确定清偿顺序;

②抵押权已经登记的先于未登记的受偿;

③抵押权未登记的,按照债权比例清偿。

其他可以登记的担保物权,清偿顺序参照上述规定。

【例题12】3月5日,甲为借贷,将自有厂房和设备抵押给乙,并签订抵押合同;3月20日,双方向有关部门办理抵押登记。则厂房和设备抵押权设立的时间分别为(　　)。

A. 3 月 5 日,3 月 20 日　　B. 3 月 20 日,3 月 20 日

C. 3 月 5 日,3 月 5 日　　D. 3 月 20 日,3 月 5 日

解析:以不动产抵押的,应当办理抵押登记,抵押权自登记时设立。以动产抵押的,抵押权自抵押合同生效时设立。例题中厂房为不动产,其抵押权设立时间为办理抵押登记的时间;设备为动产,其抵押权设立时间为抵押合同生效时间。

答案:D

【例题 13】甲将自有房产(如是机械设备)同时向乙、丙和丁作了抵押,但乙的抵押没有办理登记。由于甲不能按时偿还债务,其房产被拍卖后所得价款的正确清偿顺序为(　　)。

A. 乙、丙、丁按比例受偿

B. 乙无权优先受偿,丙和丁按比例受偿

C. 乙无权优先受偿,丙和丁按照登记先后顺序受偿

D. 丙和丁按照登记先后顺序受偿后,剩余款项乙有权优先受偿

解析:房产为不动产,其抵押权设立时间为办理抵押登记的时间,抵押权设立则抵押权人获得优先受偿权。例题中丙和丁获得优先受偿权,而乙的抵押没有办理登记,故乙没有获得优先受偿权。再结合清偿顺序,抵押权已经登记的,按照登记的时间先后确定清偿顺序,所以丙和丁按照登记先后顺序受偿。

答案:C(如是机械设备,答案为 D)

▶ 2.3.3　质押

1)质押的概念

质押是指债务人或者第三人将其动产或权利移交债权人占有,将该动产或权利作为债权的担保。债务人不履行到期债务或者发生当事人约定的实现质权的情形时,债权人有权依照法律规定以该动产或权利折价或者以拍卖、变卖该动产或权利的价款优先受偿。质权是一种约定的担保物权,以转移占有为特征。债务人或者第三人为出质人,债权人为质权人,移交的动产或权利为质物。

2)质押的分类

质押分为动产质押和权利质押。

①动产质押:债务人或者第三人将其动产移交债权人占有,将该动产作为债权的担保。法律、行政法规禁止转让的动产不得出质。质权自出质人交付质押财产时设立。

②权利质押:将权利凭证交付质押人或办理出质登记的担保。债务人或者第三人可以将有权处分的下列权利出质:汇票、本票、支票;债券、存款单;仓单、提单;可以转让的基金份额、股权;可以转让的注册商标专用权、专利权、著作权等知识产权中的财产权;现有的以及将有的应收账款;法律、行政法规规定可以出质的其他财产权利。以汇票、本票、支票、债券、存款单、仓单、提单出质的,质权自权利凭证交付质权人时设立;没有权利凭证的,质权自办理出质登记时设立。法律另有规定的,依照其规定。

【例题 14】债务人将仓单、提单移交给债权人占有,以担保债权实现的方式是(　　)。

A. 保证　　B. 质押　　C. 抵押　　D. 留置

解析:权利质押是质押的一种,可以以汇票、本票、支票、债券、存款单、仓单、提单出质。

答案:B

▶ 2.3.4 留置(法定担保)

留置权是指债权人按照合同约定占有债务人的动产,债务人不按照合同约定的期限履行债务的,债权人有权依照法律规定留置该财产,以该财产折价或者以拍卖、变卖该财产的价款优先受偿的权利。

《民法典》规定,留置权人与债务人应当约定留置财产后的债务履行期限;没有约定或者约定不明确的,留置权人应当给债务人60日以上履行债务的期限,但是鲜活易腐等不易保管的动产除外。

债务人逾期未履行的,留置权人可以与债务人协议以留置财产折价,也可以就拍卖、变卖留置财产所得的价款优先受偿。

留置权人负有妥善保管留置物的义务。因保管不善致使留置物灭失或者毁损的,留置权人应当承担民事责任。

由于留置是一种比较强烈的担保方式,必须依法行使,所以,留置一般仅适用于保管合同、运输合同和加工承揽合同的债权担保。

【例题15】下列关于留置的说法,正确的是(　　)。

A.留置的标的是不动产或动产

B.买卖合同中,债务人不履行债务时,债权人可依法行使留置权

C.加工承揽合同中可以约定不得留置的标的

D.留置期间留置物毁损、灭失的,由债务人承担

解析:选项A,留置的标的是动产。选项B,留置一般仅适用于保管合同、运输合同和加工承揽合同的债权担保。选项D,留置期间留置物毁损、灭失的,由债权人承担。

答案:C

▶ 2.3.5 定金

定金是指当事人双方为了保证债务的履行,约定由当事人一方向对方先行支付一定数额的货币作为担保。债务人履行债务的,定金应当抵作价款或者收回。给付定金的一方不履行债务或者履行债务不符合约定,致使不能实现合同目的的,无权请求返还定金;收受定金的一方不履行债务或者履行债务不符合约定,致使不能实现合同目的的,应当双倍返还定金。

定金应当以书面形式约定。定金合同自实际交付定金之时起生效。定金的数额由当事人约定,但是不得超过主合同标的额的20%,超过部分不产生定金的效力。实际交付的定金数额多于或者少于约定数额的,视为变更约定的定金数额。

【例题16】6月1日,甲乙双方签订建材买卖合同,总价款为100万元,约定由买方交付定金30万元。由于资金周转困难,买方于6月10日实际交付了25万元,卖方予以签收。对此下列说法正确的(　　)。

A.买卖合同是主合同,定金合同是从合同

B.买卖合同自6月1日成立

C.定金合同自6月1日成立

D.若卖方不能交付货物,应返还50万元

E. 若买方放弃购买,仍可以要求卖方返还 5 万元

解析:定金数额不得超过主合同标的额的 20%,超过的部分无效,不适用双倍返还。若卖方不能交付货物,应返还 100×20%×2+5=45(万元)。

答案:ABE

思考与练习

一、单选题

1. 某建设单位拖欠某施工单位的工程款,则下列关于这笔工程款的说法正确的是(　　)。

A. 这笔工程款是工程建设法律关系主体

B. 这笔工程款是工程建设法律关系客体

C. 这笔工程款是工程建设法律关系的内容

D. 这笔工程款是工程建设法律关系内容中的义务

2. 建设单位甲与施工单位乙签订了一份建设工程施工合同,合同约定,施工单位乙授权王某担任该工程项目经理。王某随后组建了项目经理部,并与施工单位乙签订了独立核算的项目责任目标协议。对此,下列说法正确的是(　　)。

A. 甲不必具有法人资格　　B. 项目经理部是乙企业下属的常设机构

C. 项目经理部独立核算,因此具有法人资格　　D. 项目经理部的行为由王某负民事责任

3. 2022 年 4 月 12 日,工商行政管理部门为某新设立的建筑公司签发营业执照,4 月 15 日该建筑公司领取营业执照,11 月 3 日建设行政主管部门核准该建筑公司的资质证书,11 月 25 日安全生产监督管理部门核发该建筑公司的安全生产许可证。则该建筑公司取得法人资格的时间和能够承揽工程从事建筑活动的时间分别为(　　)。

A. 4 月 12 日,11 月 3 日　　B. 4 月 15 日,11 月 25 日

C. 11 月 3 日,11 月 25 日　　D. 4 月 12 日,11 月 25 日

4. 施工企业甲与公司乙共同出资设立了公司丙,丙欠付公司丁一笔到期货款且无力偿还,则丁可以要求(　　)承担还款责任。

A. 甲　　B. 乙　　C. 丙　　D. 甲乙共同承担

5. 代理人在委托代理权限内与第三人签订合同的法律特征表现为(　　)。

A. 代理人以自己的名义与对方签订合同

B. 代理人在谈判过程中有独立进行意思表示的权利

C. 合同内应包括有代理人权利和义务的条款

D. 所形成的合同由代理人和被代理人共同履行

6. 下列选项不属于无权代理行为的是(　　)。

A. 没有代理权　　B. 超越代理权　　C. 代理权授权不明确　　D. 代理权终止

7. 甲委托乙购买设备,乙以自己的名义与丙签订了设备购买合同。由于甲的原因,乙未支付丙设备款,并向丙说明了情况。下列关于丙的权利的说法,正确的是(　　)。

A. 只能要求甲支付　　B. 只能要求乙支付

C. 可以要求甲或乙支付　　D. 甲和乙承担连带责任

8. 公司甲的业务员张某被开除后，为泄愤，便用盖有公司公章的空白合同书与公司乙订立了一份建材购销合同。公司乙并不知情，并按时将货物送至公司甲所在地，公司甲拒绝接收，引起纠纷。下列关于该案代理与合同效力的说法，正确的是(　　)。

A. 张某的行为为无权代理，合同无效　　B. 张某的行为为表见代理，合同无效

C. 张某的行为为委托代理，合同有效　　D. 张某的行为为表见代理，合同有效

9. 下列关于无权代理的说法，正确的是(　　)。

A. 无权代理行为不能转化为合法的代理行为

B. 无权代理是无代理权的行为人以自己的名义进行民事和经济活动

C. 代理权终止后继续行使代理行为

D. 被代理人不可以对无权代理行使追认权

10. 下列关于担保的说法，正确的是(　　)。

A. 担保合同无效，则主合同也无效　　B. 主合同有效，则担保合同也有效

C. 主合同无效，担保合同效力不受影响　　D. 主合同无效，担保合同可以另外约定为有效

11. 某建设单位和承包商签订了施工合同 A，承包商和分包商签订了分包合同 B。为保证施工合同 A 的认真履行，建设单位要求承包商提供保证人，则保证合同的当事人是(　　)。

A. 承包商和分包商　　B. 承包商和保证人

C. 建设单位和保证人　　D. 建设单位和承包商

12. 企业甲与银行乙签订了一份 50 万元的贷款合同，企业丙在贷款合同的担保人栏目中加盖了企业公章，现企业甲逾期未还款。下列关于该债务清偿的表述，正确的是(　　)。

A. 由于保证方式、范围、期间均没有明确约定，所以该保证合同无效

B. 银行乙只有在通过司法途径要求企业甲承担责任后，才可要求企业丙承担责任

C. 银行乙仅有权要求企业丙对 50 万元债务本金承担责任

D. 银行乙有权直接要求企业丙对 50 万元债务及利息、罚息承担责任

13. 下列关于保证的说法，正确的是(　　)。

A. 保证的法律关系只有两方参加

B. 对债权人而言，一般保证比连带责任保证更能保护其利益

C. 如果合同未约定保证方式，则按一般保证处理

D. 债权人应当在要求债务人履行债务之前先要求保证人履行债务

14. 下列关于连带责任保证的说法，正确的是(　　)。

A. 当事人没有明确约定保证方式的，保证人应按连带责任保证承担责任

B. 连带责任保证的债务人在债务履行期满没有履行债务时，债权人即可要求保证人承担保证责任

C. 主合同的债务人经审判应履行债务，债权人才可以要求连带责任保证人承担保证责任

D. 主合同的债务人经审判应履行债务，且债务人财产依法强制执行仍不能履行，债权人才可以要求连带责任保证人承担保证责任

15. 下列关于保证期间的说法，正确的是(　　)。

A. 债权人承担保证的期间　　B. 保证人承担保证责任的期间

C. 债权人与保证人共同承担保证责任的期间　　D. 保证合同生效的期间

16. 不得抵押的财产是(　　)。

A. 建设用地使用权　B. 正在建造的建筑物　C. 原材料　　D. 公立学校的教育设施

17. 抵押期间抵押人转让已经办理登记的抵押物,并及时通知了抵押权人,则根据《民法典》,(　　)。

A. 抵押权人有权主张该转让行为无效

B. 转让所得价款应当由抵押权人所有

C. 抵押权人有权请求抵押人将转让所得价款提存

D. 转让所得价款只能提前清偿债务

18. 下列合同中,债务人不履行债务,债权人有留置权的是(　　)。

A. 买卖合同　　B. 运输合同　　C. 施工合同　　D. 租赁合同

19. 必须由第三人为当事人提供担保的方式是(　　)。

A. 保证　　B. 抵押　　C. 留置　　D. 定金

20. 施工企业甲与建筑材料公司乙订立了建筑材料买卖合同,合同总价款 300 万元,双方约定定金为 80 万元。合同订立后,甲仅向乙交付了 55 万元定金。下列关于本合同中定金的说法,正确的是(　　)。

A. 定金合同自合同订立时成立　　B. 甲应当补交合同定金 5 万元

C. 甲应当补交合同定金 25 万元　　D. 定金数额视作变更为 55 万元

21. 下列关于质权的说法,正确的是(　　)。

A. 质押分为动产质押、不动产质押和权利质押

B. 设立动产质押,出质人可以不移交该动产

C. 以汇票、本票、支票出质的,应当办理登记

D. 以应收工程款出质的,应当办理登记

二、多选题

1. 公司甲委托业务员乙到某地采购电视机,乙到该地后发现公司丙生产的计算机非常畅销,于是就用盖有公司公章的空白介绍信和空白合同与公司丙签订了购买 300 台某品牌计算机的合同。双方约定货到付款。货到后,甲公司拒绝付款,则下列说法正确的有(　　)。

A. 乙购买某品牌计算机的行为没有代理权

B. 乙购买某品牌计算机的行为构成表见代理,产生有权代理的法律后果

C. 公司甲应接受货物并向公司丙付款

D. 若公司甲受到损失,则有权向乙追偿

E. 公司甲可以拒绝收货付款

2. 下列关于建设工程代理的说法,正确的有(　　)。

A. 建设工程中,应当由本人亲自实施的行为,不得委托代理

B. 施工企业委托快递公司代为送达投标书,属于代理

C. 建设工程招标,必须委托招标代理机构

D. 建设工程诉讼,可以委托没有律师资格的员工代理

E. 建设工程采购代理,被代理人欠付货款时,代理人须负连带责任

3. 下列关于抵押权的说法，正确的有（　　）。

A. 抵押物可以是债务人本人的物　　B. 同一财产不得设定两个及以上抵押权

C. 动产的抵押权自抵押合同生效时设立　　D. 抵押物转让的，抵押权终止

E. 抵押权可以与被担保的债权分离

4. 下列选项中，属于不得抵押的财产的有（　　）。

A. 土地所有权　　B. 农村集体宅基地土地使用权

C. 汽车　　D. 在建工程

E. 被扣押的房屋

5. 同一财产向两个以上债权人抵押的，拍卖、变卖抵押财产所得价款，债权人受偿的原则是（　　）。

A. 抵押权已登记的，按照登记的时间先后确定清偿顺序

B. 抵押权无论是否登记，均按照债权比例受偿

C. 抵押权已登记的，先于未登记的受偿

D. 抵押权已登记的，按照债权比例清偿

E. 抵押权未登记的，按照债权比例受偿

6. 下列关于保证方式的说法，正确的有（　　）。

A. 保证方式有一般保证和连带责任保证

B. 当事人没有约定保证方式的，则为一般保证

C. 当事人没有约定保证方式的，则为连带责任保证

D. 一般保证是指债务人没有按约定履行债务时，债权人可直接要求保证人履行

E. 一般保证是指债权人必须首先要求债务人履行

7. 在没有特别约定的情况下，保证责任的范围包括（　　）。

A. 主债权及利息　　B. 损害赔偿金　　C. 违约金　　D. 实现债权的费用　　E. 定金

三、案例分析

2023 年 3 月 1 日，某生产厂甲为扩大生产，决定向银行乙贷款 200 万元，期限 5 个月。由公司丙向银行乙为甲的借款合同作一般保证。2023 年 7 月 31 日借款期限届满，甲无力偿还，乙要求丙替甲偿还借款，丙拒绝。

请回答下列问题：

（1）丙拒绝向乙偿还甲的借款是否合法？为什么？

（2）如保证合同未约定保证期间，乙应在什么期限内要求保证人承担保证责任？否则，会产生什么后果？

（3）如丙与乙的保证合同约定为连带责任保证，借款期限届满，甲无力偿还，若乙要求丙承担保证责任，丙能否拒绝？为什么？

3

合同法律制度

【学习目标】

(1)熟悉合同的基本概念、分类及基本原则；

(2)掌握合同的订立程序、履约规则及合同效力；

(3)掌握合同变更、转让、终止的含义，合同解除的概念，以及违约责任的承担；

(4)了解施工合同司法解释的内容；

(5)将个人梦和中国梦相结合，培养担当意识，担负起责任与使命，刻苦学习、全面发展。

【案例导入】

巴基斯坦拉合尔轨道交通橙线项目投入运营

2020 年 10 月 25 日，由中国国家铁路集团有限公司和兵器工业集团旗下中国北方工业有限公司联合承建的巴基斯坦拉合尔轨道交通橙线项目，在中国北京和巴基斯坦旁遮普省首府拉合尔市以视频连线方式举行运营开通仪式。随着巴基斯坦全国首列地铁鸣笛发车，该国正式驶入地铁时代。橙线项目位于巴基斯坦第二大城市拉合尔市，全长 27 km，设有 26 个站点，于 2015 年 4 月 20 日正式签约，是“一带一路”倡议下中巴经济走廊首个签约实施的大型轨道交通项目。该项目由中国铁路国际有限公司和北方国际合作股份有限公司具体实施，中国进出口银行提供融资支持。项目建设的 5 年时间里，中巴工作团队按照两国政府“高标准推进中巴经济走廊建设，建设好、运营好现有能源、交通基础设施、产业园区和民生项目，把走廊打造成高质量共建‘一带一路’的示范工程”的要求，克服施工工期紧张、基础设施薄弱、环境安全风险等一系列困难和挑战，实现项目竣工移交，高质量完成“中巴经济走廊”重点项目建设任务。

评析：“一带一路”倡议，有利于促进沿线各国经济繁荣与区域经济合作，加强不同文明交流互鉴，促进世界和平发展，是一项造福世界各国人民的伟大事业。要把握“一带一路”倡议带来的新机遇，积极拓展建筑业海外市场，发挥我国建筑业企业在高速铁路、高层建筑等工程建设方面的优势,加大市场拓展力度,打造"中国制造"品牌。

3.1 合同法律制度概述

3.1.1 合同概述

1)合同的概念

《民法典》规定,合同是民事主体之间设立、变更、终止民事法律关系的协议。

合同作为一种协议,其本质是一种合意,必须是两个以上意思表示一致的民事法律行为。合同当事人作出的意思表示必须合法,这样才能具有法律约束力。合同中当事人所确立的权利义务,必须是当事人依法可以享有的权利和能够承担的义务,这是合同具有法律效力的前提。如果在订立合同过程中存在违法行为,当事人不仅达不到预期的目的,还会根据违法情况承担相应的法律责任。

2)合同的法律特征

(1)合同是一种民事法律行为

民事法律行为是一种重要的法律事实,是能够引起民事权利和民事义务产生、变更或终止的合法行为,以意思表示为成立要件,没有意思表示,就没有民事法律行为。只有在合同当事人所作出的意思表示合法、符合要求的情况下,合同才具有法律约束力,并应受到国家法律的保护。如果当事人作出了违法的意思表示,即使达成协议,也不能产生合同效力。

(2)合同是双方或者多方的民事法律行为

民事法律行为有双方法律行为和单方法律行为之分。仅有一方当事人的意思表示,法律行为即可成立的,是单方法律行为,如立遗嘱。当事人双方意思表示一致,法律行为才可以成立的,属于双方法律行为。

合同是典型的双方意思表示一致的行为。所谓意思表示一致,是指一方作出订立合同提议的意思表示,其他当事人作出完全同意对方提出的建议的意思表示。合同的主体必须是两个或者两个以上,否则当事人进行的意思表示就失去了对象,达不到预期的法律后果。但仅仅只是双方或者多方当事人的意思表示,合同并不一定能成立,还要求各方当事人的意思表示相同,形成合意,合同才能成立。

(3)合同的目的在于设立、变更或终止民事法律关系

订立合同都要产生、变更、终止民事权利义务关系。无论当事人订立合同旨在达到何种目的,只要当事人达成的协议依法成立并生效,就会对当事人产生法律约束力,当事人也必须依照合同规定享有权利和履行义务。

(4)合同当事人的法律地位平等

合同是当事人在平等自愿的基础上订立的,各方当事人应当自愿协商,充分表达自己的真实意思,一方当事人不得把自己的意志强加给对方。在合同履行过程中,当事人的法律地位仍然是平等的。

(5)合同具有相对性

合同的效力仅存在于合同当事人之间。《民法典》规定，依法成立的合同，仅对当事人具有法律约束力，但是法律另有规定的除外。

▶ 3.1.2 合同的订立原则

(1)平等原则

合同当事人法律地位平等，即享有民事权利和承担民事义务的资格是平等的，一方不得将自己的意志强加给另一方。不论合同主体的所有制性质如何、规模大小、有无隶属关系、个人职位高低，只要是合同主体，都是以平等法律身份进入合同关系。合同当事人平等地享有权利与承担义务，其合法权益平等地受法律保护。

(2)自愿原则

《民法典》第五条规定："民事主体从事民事活动，应当遵循自愿原则，按照自己的意思设立、变更、终止民事法律关系。"根据该条规定，当事人依法享有自愿订立合同的权利，任何单位和个人不得非法干预。自愿原则贯穿合同活动的全过程，包括订不订立合同自愿，与谁订立合同自愿，合同内容由当事人在不违法的情况下自愿约定，在合同履行过程中当事人可以协议补充、协议变更有关内容，双方也可以协议解除合同、约定违约责任，以及自愿选择解决争议的方式。

(3)公平原则

《民法典》第六条规定："民事主体从事民事活动，应当遵循公平原则，合理确定各方的权利和义务。"公平原则主要包括：订立合同时，根据公平原则确定双方的权利和义务，不得欺诈，不得假借订立合同恶意进行磋商；根据公平原则确定风险的合理分配；根据公平原则确定违约责任。

合同当事人应当遵循公平原则确定双方的权利和义务关系。对内容有重大误解或者显失公平的合同，一方当事人有权变更或者撤销。在合同履行过程中，具体问题的处理要遵循公平原则，合同违约责任的确定也要遵循公平原则。约定的违约金低于造成的损失的，人民法院或者仲裁机构可以根据当事人的请求予以增加；约定的违约金过分高于造成的损失的，人民法院或者仲裁机构可以根据当事人的请求予以适当减少。

(4)诚实信用原则

《民法典》第七条规定："民事主体从事民事活动，应当遵循诚信原则，秉持诚实，恪守承诺。"诚信原则主要包括：订立合同时，不得有欺诈或其他违背诚信的行为；履行合同义务时，当事人应当根据合同的性质、目的和交易习惯，履行及时通知、协助、提供必要条件、防止损失扩大、保密等义务；合同终止后，当事人应当根据交易习惯，履行通知、协助、保密等义务，也称为后契约义务。

(5)合法及不得违背公序良俗原则

《民法典》第八条规定："民事主体从事民事活动，不得违反法律，不得违背公序良俗。"一般来讲，合同的订立和履行，属于合同当事人之间的民事权利义务关系，只要当事人的意思不与法律规范、社会公序良俗相抵触，即承认合同的法律效力。

(6)有利于节约资源、保护生态环境原则

《民法典》第九条规定："民事主体从事民事活动，应当有利于节约资源、保护生态环境。"

有利于节约资源、保护生态环境原则是一项限制性的“绿色原则”,即民事主体在从事民事行为过程中,不仅要遵循平等、自愿、公平、诚信原则,不得违反法律和公序良俗,还必须要兼顾社会环境公益,有利于节约资源和生态环境保护。否则,将不能得到法律的保护与支持。

【例题1】《民法典》规定:“约定的违约金过分高于造成的损失的,人民法院或者仲裁机构可以根据当事人的请求予以适当减少。”这体现了合同订立的(　　)。

A. 平等原则　　B. 自愿原则　　C. 公平原则　　D. 诚实信用原则

解析:合同订立的公平原则。

答案:C

【例题2】《民法典》规定:“当事人一方违约后,对方应当采取适当措施防止损失的扩大;没有采取适当措施致使损失扩大的,不得就扩大的损失要求赔偿。”这体现了合同履行的(　　)。

A. 平等原则　　B. 自愿原则　　C. 公平原则　　D. 诚实信用原则

解析:非违约方的减损义务。

答案:D

3.1.3 合同的分类

合同的分类是指按照一定的标准,将合同划分成不同的类型。合同的分类,有利于当事人找到能实现自己交易目的的合同类型,订立符合自己愿望的合同条款,便于合同的履行,也有助于司法机关在处理合同纠纷时准确地适用法律,进而正确地处理纠纷。

1)有名合同与无名合同

根据法律是否明文规定了一定合同的名称,可以将合同分为有名合同与无名合同。

有名合同,又称典型合同,是指法律上已经确定了一定的名称及具体规则的合同。《民法典》中规定的19类合同就是有名合同,包括买卖合同,供用电、水、气、热力合同,赠与合同,借款合同,保证合同,租赁合同,融资租赁合同,保理合同,承揽合同,建设工程合同,运输合同,技术合同,保管合同,仓储合同,委托合同,物业服务合同,行纪合同,中介合同,合伙合同。

无名合同,又称非典型合同,是指法律上尚未确定一定的名称与规则的合同。合同当事人可以自由决定合同的内容,即使当事人订立的合同不属于有名合同的范围,只要不违背法律的禁止性规定和社会公共利益,仍然是有效的。无名合同应直接适用《民法典》合同编通则,参照适用《民法典》合同编分则。

2)双务合同与单务合同

根据合同当事人是否互相负有给付义务,可以将合同分为双务合同和单务合同。

双务合同,是指当事人双方互负对待给付义务的合同,即双方当事人互享债权、互负债务,一方的合同权利正好是对方的合同义务,彼此形成对价关系。例如,建设工程施工合同中,承包人有获得工程价款的权利,而发包人则有按约支付工程价款的义务。大部分合同都是双务合同。

单务合同,是指合同当事人中仅有一方负担义务,而另一方只享有合同权利的合同。例如,在赠与合同中,受赠人享有接受赠与物的权利,但不负担任何义务。无偿委托合同、无偿保管合同均属于单务合同。

区分单务合同和双务合同的意义在于:判断是否适用同时履行抗辩权规则、风险如何分担,以及因一方过错导致合同不履行的后果。

3)诺成合同与实践合同

根据合同的成立是否需要交付标的物,可以将合同分为诺成合同和实践合同。

诺成合同,又称不要物合同,是指当事人双方意思表示一致就可以成立的合同,如建设工程合同、买卖合同、租赁合同等。

实践合同,又称要物合同,是指除当事人双方意思表示一致以外,尚需交付标的物才能成立的合同,如保管合同、定金合同。

4)要式合同与非要式合同

根据法律对合同的形式是否有特定要求,可以将合同分为要式合同与非要式合同。

要式合同,是指根据法律规定必须采取特定形式的合同。如《民法典》规定,建设工程合同应当采用书面形式。

非要式合同,是指当事人订立的合同依法并不需要采取特定的形式,当事人可以采取口头方式,也可以采取书面形式或其他形式。

要式合同与非要式合同的区别,实际上是一个关于合同成立与生效的条件问题。如果法律规定某种合同必须经过批准才能生效,则合同未经批准便不生效;如果法律规定某种合同必须采用书面形式才成立,则当事人未采用书面形式时合同便不成立。

5)有偿合同与无偿合同

根据合同当事人之间的权利义务是否存在对价关系,可以将合同分为有偿合同与无偿合同。

有偿合同,是指一方通过履行合同义务而给对方某种利益,对方要得到该利益必须支付相应代价的合同,如建设工程合同。无偿合同,是指一方给付对方某种利益,对方取得该利益时并不支付任何代价的合同,如赠与合同。

无偿合同是等价有偿原则在适用中的例外现象,在实践中应用较少。在无偿合同中,一方当事人虽不向对方支付任何报酬,但并非不承担任何义务。有些无偿合同,当事人也要承担义务,如借用人无偿借用他人物品,负有正当使用和按期返还物品的义务。有偿合同与无偿合同只能在财产关系中作出区分,在身份关系中一般不涉及有偿与无偿问题。合同的有偿与无偿的划分,与合同的单务与双务的划分,并非完全等同。一般来说,有偿合同都是双务合同,而无偿合同多为单务合同。

6)主合同与从合同

根据合同相互间的主从关系,可以将合同分为主合同与从合同。

主合同是指能够独立存在的合同;依附于主合同方能存在的合同为从合同。例如,对于保证合同来说,设立主债务的合同就是主合同,保证合同相对于主债务合同而言即为从合同。由于从合同主要依赖主合同的存在而存在,所以从合同又被称为“附属合同”。从合同的特点在于其附属性,即它不能独立存在,必须以主合同的存在并生效为前提。主合同不能成立,从合同就不能生效。主合同转让,从合同不能单独存在。主合同被宣布无效或被撤销,从合同也随之失去效力。主合同终止,从合同亦随之终止。

【例题3】依据不同的合同划分标准,建设工程施工合同属于(　　)。

A. 要式合同　　B. 实践合同　　C. 单务合同　　D. 有偿合同　　E. 有名合同

解析：根据不同的标准，合同可以有不同的分类。

答案：ADE

【例题4】要式合同是指(　　)的合同。

A. 法律上已经确定了一定的名称和规则　　B. 当事人双方互相承担义务

C. 根据法律规定必须采用特定形式　　D. 当事人双方意思表示一致即告成立

解析：要式合同，是指根据法律规定必须采取特定形式的合同。

答案：C

▶ 3.1.4　合同的形式

合同形式是体现合同的内容、明确当事人权利义务的方式，它是双方当事人意思表示一致的外在表现，是合同内容的载体。只有通过合同的形式，才能证明合同的客观存在，合同的内容也才能为人所知晓。《民法典》第四百六十九条规定："当事人订立合同，可以采用书面形式、口头形式或者其他形式。"

(1)书面形式

书面形式是以合同书、信件、电报、电传、传真等可以有形地表现所载内容的形式。以电子数据交换、电子邮件等方式能够有形地表现所载内容，并可以随时调取查用的数据电文，视为书面形式。

书面形式主要优点在于，它能够通过文字凭据确定当事人之间的权利义务，既有利于当事人依据该文字凭据作出履行，也有利于在发生纠纷时有据可查，准确地确定当事人之间的权利、义务和责任，从而能够合理公正地解决纠纷。

(2)口头形式

法律允许当事人采用口头形式缔约，即运用语言对话的方式缔约。口头形式在实践中运用较广泛，一般对即时结清的买卖、服务和消费合同大都采取口头形式订立。口头形式的优点主要在于简便易行、快捷迅速。但其固有的缺点是缺乏文字凭据，一旦发生纠纷，就会使当事人面临不能就合同关系的存在以及合同内容作出举证的风险。但是，对于一些重要的交易，当事人可以采用录音的方式将双方的对话内容录制下来，这样可以作为一种有效的证据来使用。

(3)其他形式

其他形式是指不同于书面形式和口头形式的公证形式、鉴证形式等。其他形式合同可以根据当事人的行为或者特定情形推定合同的成立，也可以称之为默示合同。默示合同是当事人未用语言、文字进行意思表示，而是仅用行为向对方表示要约，对方通过一定的行为作出承诺，从而使合同成立。

【例题5】下列关于合同形式的说法，正确的是(　　)。

A. 书面形式合同是指纸质合同　　B. 当事人的行为可以构成默示合同

C. 书面形式是主要的合同形式　　D. 未依法采用书面形式订立合同的，合同无效

解析：选项A，书面形式是指以合同书、信件、电报、电传、传真等有形地表现所载内容的合同形式。选项C，口头合同也是主要的合同形式。选项D，法律、行政法规规定或者当事人约定合同应当采用书面形式订立，当事人未采用书面形式但是一方已经履行主要义务，对方

接受时,该合同成立。

答案:B

▶ 3.1.5 合同的内容

合同的内容由当事人约定,一般应当包括以下主要条款:

①当事人的名称或者姓名和住所。该条款包括当事人的姓名(自然人)或名称(经济组织)、法定代表人(负责人)、委托代理人、住所(自然人的户口所在地或经常居住地、经济组织的主要办事机构或主要经营场地)、电话、传真、银行账号等。

②标的。标的是合同当事人双方权利和义务共同指向的对象。标的的表现形式为物、劳务、行为、智力成果、工程项目等。

③数量。数量应选择使用共同接受的计量单位、计量方法和计量工具。施工合同中的数量主要体现工程量的大小。

④质量。建设工程中的质量标准大多是强制性的,当事人的约定不能低于这些强制性的标准。

⑤价款或者报酬。价款或者报酬是当事人一方向交付标的的另一方支付的货币。合同条款中应写明有关银行结算和支付方法的条款。

⑥履行的期限、地点和方式。

⑦违约责任。违约责任是任何一方当事人不履行或者不适当履行合同规定的义务而应当承担的法律责任。

⑧解决争议的方法。在合同履行过程中不可避免地会产生争议,为使争议发生后能够有一个双方都能接受的解决办法,应当在合同条款中对此作出规定。如双方当事人可在合同中约定定金、违约金、赔偿金额以及赔偿金等的计算方法。

《民法典》第七百九十五条规定:"施工合同的内容一般包括工程范围、建设工期、中间交工工程的开工和竣工时间、工程质量、工程造价、技术资料交付时间、材料和设备供应责任、拨款和结算、竣工验收、质量保修范围和质量保证期、相互协作等条款。"

3.2 合同订立的程序

合同订立,是指缔约人进行意思表示并达成一致意见的状态。它描述的是缔约各方从接触、协商到达成合意的动态过程和静态协议。当事人可以参照各类合同的示范文本订立合同。《民法典》第四百七十一条规定:"当事人订立合同,可以采取要约、承诺方式或者其他方式。"

▶ 3.2.1 要约与要约邀请

1)要约的概念

《民法典》规定,要约是希望与他人订立合同的意思表示。发出要约的人称为要约人,接受要约的人称为受要约人。

2)要约的构成

要约的该意思表示应当符合下列条件：

①内容具体确定。所谓具体，是指要约的内容须具有足以使合同成立的主要条款。如果没有包含合同的主要条款，受要约人难以作出承诺，即使作出了承诺，也会因为双方的这种合意不具备合同的主要条款而使合同不能成立。所谓确定，是指要约的内容须明确，不能含糊不清，否则无法承诺。

②表明经受要约人承诺，要约人即受该意思表示约束。要约须具有订立合同的意图，表明一经受要约人承诺，要约人即受该意思表示的约束。要约的内容已经包含了可以得到履行的合同成立所需要具备的基本条件。

3)要约的生效

以对话方式作出的要约，相对人知道其内容时生效。以非对话方式作出的要约，到达相对人时生效。以非对话方式作出的采用数据电文形式的要约，相对人指定特定系统接收数据电文的，该数据电文进入该特定系统时生效；未指定特定系统的，相对人知道或者应当知道该数据电文进入其系统时生效。当事人对采用数据电文形式的要约的生效时间另有约定的，按照其约定。要约的有效期间由要约人在要约中规定。要约人如果在要约中定有存续期间，那么受要约人必须在此期间内承诺。

4)要约的法律效力

要约的法律效力是指要约生效后发生的法律后果，分为对要约人的效力和对受要约人的效力两个方面。

①对要约人的效力。要约人发出要约，一般应当在要约中指明要约答复的期限。这个期限，又称为要约的有效期限。在要约有效期限内，要约人受要约的约束。主要表现在：受要约人如果接受要约，要约人有签订合同的义务；要约人在要约有效期限内不得随意撤销或变更要约，因为在要约的有效期限内受要约人可能因接到该要约而拒绝了第三人发来的相同内容的要约，或者为承诺要约后的合同履行已经作了准备，如果允许要约人随意撤销或变更要约，则可能使受要约人受到损失。

②对受要约人的效力。要约生效后，受要约人取得承诺的权利。受要约人没有承诺的义务。受要约人不作出承诺的，合同不能成立，并不负任何责任。除法律有特别规定或者双方事先另有约定外，受要约人不承诺时也不负通知的义务；即使要约人单方在要约中表明不作通知即为承诺，该声明对受要约人也没有拘束力。

5)要约邀请

《民法典》第四百七十三条规定“要约邀请是希望他人向自己发出要约的表示”。要约邀请可以是向特定人发出，也可以是向不特定的人发出。

要约邀请并不是合同成立的必经过程，它是当事人订立合同的预备行为，要约邀请只是邀请他人向自己发出要约，只有他人向自己发出要约且经过自己承诺合同才成立，因此要约邀请在法律上无须承担责任。要约邀请的内容往往不确定，不含有合同得以成立的主要内容，也不含相对人同意后受其约束的表示。

《民法典》第四百七十三条规定“拍卖公告、招标公告、招股说明书、债券募集办法、基金招募说明书、商业广告和宣传、寄送的价目表等为要约邀请”。商业广告和宣传的内容符合要约条件的,构成要约。在建设工程招标投标活动中,招标文件是要约邀请,投标文件是要约,中标通知书是承诺。

要约邀请不同于要约。要约邀请在前,要约在后,要约邀请人无须对自己的行为承担法律责任;而要约却具有法律约束力。

6)要约的撤回与撤销

要约撤回是指要约在发生法律效力之前,欲使其不发生法律效力而取消要约的意思表示。撤回要约的通知应当在要约到达受要约人之前或与要约同时到达受要约人。

要约撤销是指要约在发生法律效力之后,要约人欲使其丧失法律效力而取消该要约的意思表示。撤销要约的意思表示以对话方式作出的,该意思表示的内容应当在受要约人作出承诺之前为受要约人所知道;撤销要约的意思表示以非对话方式作出的,应当在受要约人作出承诺之前到达受要约人。

下列要约不得撤销:要约人确定承诺期限或者以其他形式明示要约不可撤销;受要约人有理由认为要约是不可撤销的,并已经为履行合同做了合理准备工作。

7)要约的失效

要约失效是指要约丧失了法律约束力,不再对要约人和受要约人产生拘束。要约失效以后,受要约人也丧失了承诺的权利,即使其向要约人表示了承诺,也不能导致合同成立。要约失效的情形主要有以下几种:

①拒绝要约的通知到达要约人;

②要约人依法撤销要约;

③承诺期限届满,受要约人未作出承诺;

④受要约人对要约的内容作出实质性的变更。

【例题6】某日,供货商甲致电施工单位乙,问乙是否愿意以3万元购买其剩余的一批钢材(100 t,Q235-AF),乙未作答复。次日,乙打电话给甲表示同意以3万元的价格购买其钢材,此时甲告知乙该批钢材已以相同价钱卖与丙。问次日乙在电话中表示愿意以3万元的价格购买钢材的意思表示为(　　)。

A. 承诺　　B. 要约　　C. 要约邀请　　D. 确认买卖合同

解析:要约是当事人一方向对方发出的希望与对方订立合同的意思表示。因在乙于电话中向甲表示愿意以3万元的价格购买钢材的意思表示当中,当事人确定(甲和乙),乙向希望与之缔结合同的相对人甲发出明确要求(以3万元的价格买钢材),故该行为为要约(过期的承诺是新要约)。

答案:B

【例题7】下列选项中不属于要约邀请的是(　　)。

A. 寄送的价目表　　B. 拍卖公告　　C. 张贴的悬赏广告　　D. 商业广告

解析:商业广告和宣传的内容符合要约条件的,构成要约。

答案:C

【例题8】承包商为追赶工期,向水泥厂紧急发函要求按市场价格订购42.5R级硅酸盐水泥100 t,并要求3日内运抵施工现场。则该承包商的订购行为(　　)。

A. 属于要约邀请,随时可以撤销

B. 属于要约，在水泥运抵施工现场前可以撤回

C. 属于要约，在水泥运抵施工现场前可以撤销

D. 属于要约，而且不可撤销

解析：选项 A，承包商的发函内容具体明确，是要约。选项 B，撤回要约的通知应当在要约到达受要约人之前或与要约同时到达受要约人。选项 C、D，要约人确定承诺期限，要约不可撤销。

答案：D

▶ 3.2.2　承诺

(1)承诺的概念

《民法典》第四百七十九规定："承诺是受要约人同意要约的意思表示。"承诺的法律效力在于一经承诺并送达要约人，合同便告成立。受要约人必须完全同意要约人提出的主要条件，如果对要约人提出的主要条件并没有表示接受，则意味着拒绝了要约人的要约，并形成了一项新的要约。

(2)承诺应具备的条件

承诺一旦生效，将导致合同成立，因此承诺产生法律效力必须具备如下条件：

①承诺必须由受要约人发出。只有受要约人(或其授权的代理人)才能作出承诺。第三人不是受要约人，第三人向要约人作出的承诺，视为要约。

②承诺必须向要约人作出。既然承诺是对要约人发出的要约所作的答复，因此只有向要约人作出承诺，才能导致合同成立。如果向要约人以外的其他人作出承诺，则只能视为对他人发出要约，不能产生承诺的效力。

③承诺必须在规定的期限内到达要约人。承诺只有到达要约人时才能生效，而到达也必须具有一定的期限，即只有在规定的期限内到达的承诺才是有效的。

④承诺的内容应当与要约的内容一致。受要约人对要约的内容作出实质性变更的，为新要约。有关合同标的、数量、质量、价款或者报酬、履行期限、履行地点和方式、违约责任和解决争议方法等的变更，是对要约内容的实质性变更。

(3)承诺的方式

《民法典》第四百八十条规定："承诺应当以通知的方式作出；但是，根据交易习惯或者要约表明可以通过行为作出承诺的除外。"这里的行为通常是履行行为，如预付价款、工地上开始施工等。

(4)承诺的生效

《民法典》第四百八十三条规定："承诺生效时合同成立，但是法律另有规定或者当事人另有约定的除外。"以通知方式作出的承诺，相对人知道其内容时生效。以非对话方式作出的承诺，到达相对人时生效。承诺不需要通知的，根据交易习惯或者要约的要求作出承诺的行为时生效。

(5)承诺的撤回

承诺撤回，是指承诺发出之后、生效之前，承诺人阻止承诺发生法律效力的意思表示。承诺可以撤回，撤回承诺的通知应当在承诺通知到达要约人之前到达或与承诺通知同时到达要约人。需要注意的是，要约可以撤回，也可以撤销；承诺只可以撤回，不可以撤销。

(6)迟到的承诺

超过承诺期限到达的承诺称为迟到的承诺。承诺的期限通常是由要约规定的,如果要约中未规定承诺时间,则受要约人应在合理期限作出承诺。超出承诺期限作出承诺,该承诺不产生效力。承诺的迟延可以分为主观的迟延和客观的迟延两种。

①主观的迟延。《民法典》第四百八十六条规定:"受要约人超过承诺期限发出承诺,或者在承诺期限内发出承诺,按照通常情形不能及时到达要约人的,为新要约;但是,要约人及时通知受要约人该承诺有效的除外。"这就是说,对于迟到的承诺,要约人可以承认其有效,但要约人应及时通知受要约人。如果受要约人不愿承认其承诺有效,则该迟到的承诺为新要约。

②客观的迟延。《民法典》第四百八十七条规定:"受要约人在承诺期限内发出承诺,按照通常情形能够及时到达要约人,但是因其他原因致使承诺到达要约人时超过承诺期限的,除要约人及时通知受要约人因承诺超过期限不接受该承诺外,该承诺有效。"法律之所以作出此种规定,是因为受要约人在承诺期限内作出了承诺,但因为其他原因没有按期到达,迟延的并不是承诺人的过错造成的,因此不应当由受要约人承担承诺迟延的责任,这是完全符合过错责任原则的精神的。同时,从鼓励交易的角度出发,承认此种承诺构成有效承诺,有利于交易达成。而承认此种承诺的效力也不损害要约人的利益,因为如果要约人拒绝接受此种承诺,可以及时通知受要约人。

【例题9】建筑公司甲向供货商乙发出购买100 t钢材的要约,3 500元/t,乙收到要约后直接将110 t钢材送进现场,甲接受并使用于工程。以下说法正确的是( )。

A. 乙公司的行为构成承诺

B. 乙公司的行为属于新要约

C. 甲公司接收钢材并使用于工程,构成承诺

D. 双方的合同已经成立

E. 乙的行为违背了甲公司的真实意思,合同不成立

解析:选项A、B,受要约人对要约的内容作出实质性变更的,为新要约。选项C,甲公司接收钢材并使用于工程,构成承诺。选项D、E,合同的成立一般要经过要约和承诺两个阶段。

答案:BCD

【例题10】某施工企业向某材料供应商发出了要约,材料供应商在对施工企业的答复中仅仅要求将交货时间推迟2天。材料供应商的答复是对施工企业要约的( )。

A. 实质性变更,该承诺有效

B. 非实质性变更,视为新要约

C. 实质性变更,不构成承诺

D. 非实质性变更,不构成承诺

解析:受要约人对履行期限的变更,是对要约内容的实质性变更,视为新要约。

答案:C

【例题11】关于要约和承诺的说法,正确的是( )。

A. 撤回要约的通知应当在要约到达受要约人之后到达受要约人

B. 承诺的内容应当与要约的内容一致

C. 要约邀请是合同成立的必经过程

D. 撤回承诺的通知应当在要约确定的承诺期限内到达要约人

解析:选项A,撤回要约的通知应当在要约到达受要约人之前或与要约同时到达受要约

人。选项C,合同的成立一般要经过要约和承诺两个阶段。选项D,撤回要约的通知应当在要约到达受要约人之前或与要约同时到达受要约人。

答案:B

【案例1】某施工单位需购买100 t水泥(52.5R硅酸盐水泥),便向供货商甲发出传真,要求以300元/t的价格购买该型号水泥100 t,并要求甲在半个月内送货上门。传真发出后,施工单位收到了供货商乙的广告,其同型号水泥价格比甲的价格低5%,并且能马上送货上门。于是,施工单位立即要求乙送货上门。收货后,施工单位想起自己曾经答应购买甲的水泥,便立即打电话联系退货,因电话没有打通,便派专人到供货商甲经营地联系退货事宜。施工单位派出的专人刚走,甲发来一传真,称同意施工单位意见,半个月内按时送货。施工单位派出的专人到供货商甲经营地后,甲表示不能退货。半个月后,甲的水泥送到施工单位,可是施工单位拒收。于是供货商甲提起诉讼。

问:施工单位是否应承担责任?

解析:本案涉及要约的撤销。

①要约可以撤销,撤销要约的通知应当在受要约人发出承诺通知之前到达要约人。在本案例中,施工单位向供货商甲发出的传真符合要约的构成要件,甲发来的承诺属于承诺。施工单位对要约的撤销并不符合"撤销要约的通知应当在受要约人发出承诺通知之前到达要约人"的条件,且属于要约不可撤销的情形——要约人确定了承诺期限。所以施工单位对要约的撤销不能成立。

②在本案例中,施工单位的要约并未失效,要约和承诺均已生效,合同成立,而依法成立的合同自合同成立时生效,所以施工单位不能单方面解除合同。综上所述,施工单位应当承担违约责任。

3.3 格式条款

3.3.1 格式条款的含义

1)格式条款的概念

《民法典》第四百九十六条规定:"格式条款是当事人为了重复使用而预先拟定,并在订立合同时未与对方协商的条款。"制定格式条款的一方多为固定提供某种商品和服务的公用事业部门、企业和有关的社会团体等,也有格式条款文件是由有关政府部门为企业制定的,如常见的电报稿上的发报须知、飞机票上的说明等。格式条款的制定,从经济上看有助于降低交易费用,因为许多交易活动是不断重复进行的,许多公用事业服务具有既定的要求,所以通过格式条款的方式可以使订约基础明确、费用节省、时间节约,从而大大降低交易费用,适应现代市场经济高度发展的要求。

根据《民法典》第四百九十六条的规定,采用格式条款订立合同的,提供格式条款的一方应当遵循公平原则确定当事人之间的权利和义务,并采取合理的方式提示对方注意免除或者减轻其责任等与对方有重大利害关系的条款,按照对方的要求,对该条款予以说明。提供格式条款的一方未履行提示或者说明义务,致使对方没有注意或者理解与其有重大利害关系的条款的，对方可以主张该条款不成为合同的内容。格式条款虽由一方预先制定，但制定方必须在承诺方承诺以前明确呈示其条款；若明确呈示其书面文件有困难，则应将合同条款悬挂于订约所在地的清晰可见之处，并且向承诺人指明，从而使承诺人能明确了解合同条款的内容。若在承诺人承诺前，格式条款不能为承诺人所知道，则不能订立合同。

格式条款是一方与不特定的相对人订立的，因而，格式条款在订立之前，要约方总是特定的，而承诺方都是不特定的，这就与一般合同当事人双方都是特定人有所不同。如果一方根据另一方的要求而起草供对方承诺的合同文件，仍然是一般合同文件而不是格式条款文件。在格式条款的订立中，与条款的制定人、订立合同的人，都是社会上分散的消费者，他们具有不特定性。当然，在不特定的相对人实际进入订约过程以后，他事实上已由不特定人变成特定的承诺人。正是因为格式条款适用于广大的消费者，因此对格式条款加以规范，对保护广大消费者的利益具有十分重要的作用。

讨论格式条款的概念时，应当将格式条款与示范合同加以区别。在实践中，格式条款常与示范合同相混淆。所谓示范合同，是指根据法规和惯例而确定的具有示范使用作用的文件。在我国，房屋的买卖、租赁、建筑等许多行业正在逐渐推行各类示范合同，如施工合同示范文本、监理委托合同示范文本、勘察设计示范文本等。示范合同的推广对于完善合同条款、明确当事人的权利义务、减少因当事人欠缺合同法律知识而产生的各类纠纷具有一定的作用。但由于示范合同只是当事人双方签约时的参考文件，对当事人无强制约束力，双方可以修改其条款形式和格式，也可以增减条款，因此它不是格式条款。

2）格式条款的特点

（1）格式条款的内容具有定型化的特点

所谓定型化，是指格式条款具有稳定性和不变性。一方面，格式条款文件普遍适用于一切要与条款的制定人订立合同的不特定的相对人，不会因相对人不同而有所区别；相对人对合同的内容只能表示完全同意或拒绝，而不能修改、变更合同的内容。因此，格式条款也就是指在订立合同时不能协商的条款。另一方面，格式条款的定型化是指在格式条款的适用过程中，要约人和承诺人双方的地位是固定的，而不像一般合同那样，在订立过程中，要约方和承诺方的地位可以随时改变。

（2）在格式条款合同的签订过程中，相对人居于附从地位

相对人并不参与协商过程，只能对一方制定的格式条款概括地予以接受，而不能就合同条款讨价还价，因而相对人在合同关系中处于附从地位。格式条款的这一特点使得它与某些双方协商参与制定的格式条款不同，后一种合同虽然外观形式上属于格式条款，但其内容是由双方协商确定的，因此仍然是一般合同而不是格式条款。

正是因为相对人不能与条款的制定人就格式条款的具体内容进行协商，因此格式条款的运用使契约自由受到了限制，而且也极易对消费者造成损害，因为消费者通常是弱者，条款的制定人通常是大公司、大企业，它们有可能垄断一些经营与服务事业，消费者在与其进行交易时通常别无选择，只能接受其提出的不合理的格式条款。因此，格式条款的制定对制定人来说是自由的，而对相对人来说则是不自由的。这就形成了格式条款的弊端，因此就有必要对格式条款在法律上进行控制。当然，对于相对人来说，虽然他们不具有充分表达自己意志的自由。但从法律上看，他们仍然享有是否接受格式条款的权利，因此仍享有一定程度的合同自由。

▶ 3.3.2 格式条款的无效

根据《民法典》第四百九十七条的规定，有以下情形之一的，该格式条款无效：

①具有《民法典》第一编第六章第三节规定的无效情形。

②具有《民法典》第五百零六条规定的无效情形。

③提供格式条款一方不合理地免除或者减轻其责任、加重对方责任、限制对方主要权利。《民法典》第四百九十六条规定，提供格式条款的一方负有提请对方注意免责条款的义务，这是因为格式条款完全是由一方制定并决定的，免责条款是对未来可能发生的责任予以免除。应该注意的是，《民法典》第四百九十七条所规定的免除责任，是指条款制定人在格式条款中已经不合理、不正当地免除其应当承担的责任，而且所免除的不是未来的责任，而是现在所应承担的责任。因此，《民法典》中这两个条款所规定的免除责任的情况是有区别的。

④提供格式条款一方排除对方主要权利。这一规定对格式条款内容的要求体现为两方面：一方面，格式条款的内容必须公平、合理，而公平合理的标准是平等、自愿、公平、诚实信用等原则；另一方面，不得损害对方利益，不公平合理的、存在排除或限制对方权利的格式条款是无效的。

▶ 3.3.3 格式条款的解释

格式条款的解释，是指根据一定的事实，遵循有关的原则，对格式条款的含义作出说明。一般来说，如果格式条款的各项条款明确、具体、清楚，而当事人对条款的理解不完全一致，因此而发生争执，便涉及合同中的解释问题。《民法典》第四百九十八条规定："对格式条款的理解发生争议的，应当按通常理解予以解释。对格式条款有两种以上解释的，应当作出不利于提供格式条款一方的解释。格式条款和非格式条款不一致的，应当采用非格式条款。"该条款对于正确确定当事人之间的权利义务，保护各方当事人的合法权益，并使格式条款保持合法性和公平性是十分必要的。

【例题 12】根据《民法典》的规定，下列关于格式条款的说法，不正确的是（　　）。

A. 提供格式条款的一方有提示说明的义务

B. 提供格式条款的一方免除其责任，加重对方的责任，排除对方主要权利的条款无效

C. 对格式条款有两种以上解释的，应当作出不利于提供格式条款一方的解释

D. 格式条款和非格式条款不一致的，应当采用格式条款

解析：格式条款和非格式条款不一致的，应当采用非格式条款。

答案：D

3.4 缔约过失责任

▶ 3.4.1 缔约过失责任的概念

缔约过失责任是指在合同订立过程中，一方违背其依据诚实信用原则和法律规定所应承担的义务，致另一方的信赖利益损失时应承担的损害赔偿责任。缔约过失责任是违反义务的

法律后果。这种义务不是合同义务,而是先合同义务。

所谓先合同义务,是指在合同订立过程中,合同成立之前所发生的、应由合同双方当事人各自承担的法律义务。这是一项建立在诚实信用原则、公平原则上的法律义务,是诚实信用原则、公平原则的具体化。

在缔约阶段,当事人因接触而进入可以彼此影响的范围,依据诚实信用原则(通知、告知、协助、保密、减损等),当事人应尽交易上的必要注意,以维护他人的财产和人身利益。因此,当事人在缔约阶段应当遵循诚实信用的原则,认真履行其所负有的义务,不得因无合同约束而随意撤回要约或实施其他致人损害的不正当行为。否则,不仅将严重妨碍合同的依法成立和生效,影响交易安全,也将影响人与人之间正常关系的建立。

▶ 3.4.2 缔约过失责任的构成要件

根据《民法典》的规定,缔约过失责任的成立须具备以下条件:

1)缔约上的过失发生在合同订立过程中,合同尚未成立之前

缔约过失责任与违约责任的基本区别在于,此种责任发生在缔约过程中,而不是发生在合同成立以后。只有在合同尚未成立,或者虽然成立,但因不符合法定的生效要件而被确认为无效或被撤销时,缔约人才承担缔约过失责任。若合同已经成立,则因一方当事人的过失而致他方损害,就不适用缔约过失责任。

2)一方违背了依据诚实信用原则规定所应尽的义务

诚实信用原则是民法典中的基本原则之一,民事主体在从事民事活动时,应诚实、守信。依据诚实信用原则而产生的协助、保密等附随义务,是依法产生的,是一种法定义务。当事人一方如不履行这种义务,不仅会给他方造成损害,也会妨碍社会经济秩序,更不利于市场经济的诚信制度的建立。

3)因一方的缔约过失造成另一方的信赖利益损失

如果没有损失,就不会存在赔偿问题。而所谓信赖利益损失,指相对人因信赖合同会有效成立却由于合同最终不成立或无效而受到的利益损失,这种信赖利益必须是基于合理的信赖而产生的利益,即在缔约阶段因为一方的行为已使另一方足以相信合同能成立生效。若从客观的事实中不能对合同的成立或生效产生信赖,即使已经支付了大量费用,但是因缔约人自身判断失误造成的损失,则不能视为信赖利益损失。

4)缔约当事人存在过错

这里的过错既包括故意,也包括过失。无论是故意还是过失,只要是在缔约阶段因违反诚实信用原则而产生的附随义务,并对合同最终不能成立或被确认无效或被撤销负有过错,就应当承担缔约过失责任。

5)缔约当事人的过错行为与该损失存在因果关系

缔约当事人的过错行为与该损失存在因果关系,是指相对方的信赖利益损失是由行为人的缔约过失行为造成的,而不是其他行为造成的。如果两者之间不存在因果关系,则不能让其承担缔约过失责任,这是该责任制度的内在要求。

▶ 3.4.3 缔约过失责任的形式

1)假借订立合同,恶意进行磋商

假借就是根本没有与对方订立合同的诚意,与对方进行谈判只是一个借口,目的是损害对方或者他人利益。恶意是指假借磋商、谈判,而故意给对方造成损害。恶意必须包括两个方面:一是行为人主观上并没有谈判意图;二是行为人主观上具有给对方造成损害的目的和动机。

2)故意隐瞒与订立合同有关的重要事实或者提供虚假情况

故意隐瞒与订立合同有关的重要事实或者提供虚假情况,属于缔约过程中的欺诈行为。所谓欺诈,是指一方当事人故意实施某种欺骗他人的行为,使他人陷入错误而订立的合同。

3)泄露或不正当地使用商业秘密

《民法典》第五百零一条规定:"当事人在订立合同过程中知悉的商业秘密或者其他应当保密的信息,无论合同是否成立,不得泄露或者不正当地使用;泄露、不正当地使用该商业秘密或者信息,造成对方损失的,应当承担赔偿责任。"该条款要求当事人在缔约阶段承担保密义务,一方面是为了进一步加强对商业秘密的保护,从而加强对智力成果的保护,激励发明创造与提高经济效益;另一方面也是为了维护商业道德,防止一方不劳而获,破坏人与人之间的信任关系,并使诚实信用原则得到切实遵守。

4)其他违背诚实信用原则的行为

现实生活中,有些违背诚实信用原则的行为,法律未进行列举,但在实际缔结合同中又确实存在。例如,在合同订立过程中,要约人以某一特定物向某个特定的人发出要约以后,在要约的有效期限内,又向其他人发出同样的要约。在这个过程中,要约人是可以预见其中一个受约人可能看到要约并为了发出承诺而为要约作一定的准备,但要约人不与其签订合同,受要约人就可能会存在损失。要约人在订立合同过程中就应该承担缔约过失责任。

【例题13】下列关于缔约过失责任的表述,正确的是(   )。

A. 一方当事人假借订立合同恶意进行磋商,给他人造成损失的,可成立缔约过失责任

B. 缔约过失责任仅在合同成立时适用

C. 缔约过失责任赔偿的是可得利益损失

D. 缔约过失责任的赔偿额通常大于违约责任

解析:缔约过失责任亦称缔约过错责任,是指合同当事人在订立合同过程中,因故意或过失致使合同未成立或者虽然成立,但因为不符合法定的生效要件而被确认为无效或被撤销时,给他人造成损失而应承担的损害赔偿责任,选项B错误。缔约过失赔偿的是信赖利益的损失,而违约责任赔偿的是可得利益的损失。可得利益的损失要大于或者等于信赖利益的损失,选项C、D错误。

答案:A

【例题14】公司甲与公司乙就某新型建筑材料购销协议进行洽谈,其间乙采取了保密措施的市场开发计划被甲得知。甲遂推迟与乙签约,开始有针对性地吸引乙的潜在客户,导致乙的市场份额锐减。对此,下列说法正确的是(   )。

A. 甲的行为属于正常的市场竞争行为

B. 甲的行为违反了先合同义务

C. 甲的行为侵犯了乙的商业秘密

D. 甲应承担缔约过失责任

E. 甲应承担违约责任

解析：选项 B，先合同义务是指在要约生效后合同生效前的缔约过程中，缔约双方基于诚实信用原则而应负有的告知、协助、保护、保密等的合同附随义务。选项 C、D，缔约过失责任的形式包括泄露或不正当地使用商业秘密。选项 E，合同未成立生效，不承担违约责任。

答案：BCD

3.5 合同的效力

合同的效力，是指已经成立的合同在当事人之间产生的一定的法律约束力。合同成立之后，有可能有效、无效、可撤销或效力待定。有效合同对当事人具有法律约束力，国家法律予以保护；无效合同不具有法律效力。

3.5.1 合同成立

1）合同成立的概念和条件

合同成立，是指订约当事人就合同的主要条款达成合意。《民法典》规定，承诺生效时合同成立，但是法律另有规定或者当事人另有约定的除外。

合同成立应具备以下条件：

①合同主体必须是双方或多方当事人。合同是一种合意，必须体现双方或者多方当事人的意思，主体为一方的，根本不能成立合同。无主体之间的合意，也就无所谓合同。

②订约当事人对合同主要条款达成一致意见，是合同成立的根本标志。

③合同的成立必须经过要约与承诺两个阶段。要约和承诺是合同成立的基本规则，也是合同成立必须经过的两个阶段。对实践合同来说，应以实际交付标的物作为合同成立的要件；而对要式合同来说，则应履行一定的方式才能成立。

2）合同成立的时间

通常情况下，承诺生效时合同成立。承诺生效是合同成立的实质要件，也是判断合同成立时间的标准。承诺是对要约的接受，承诺生效，两个意思表示取得一致，合同成立。

当事人采用合同书形式订立合同的，自当事人均签名、盖章或者按指印时合同成立。在签名、盖章或者按指印之前，当事人一方已经履行主要义务，对方接受时，该合同成立。

法律、行政法规规定或者当事人约定合同应当采用书面形式订立，当事人未采用书面形式但是一方已经履行主要义务，对方接受时，该合同成立。

当事人采用信件、数据电文等形式订立合同要求签订确认书的，签订确认书时合同成立。

当事人一方通过互联网等信息网络发布的商品或者服务信息符合要约条件的，对方选择该商品或者服务并提交订单成功时合同成立，但是当事人另有约定的除外。

【例题 15】根据《民法典》的规定，下列选项中，属于合同成立的情形是（　　）。

A. 甲向乙发出要约，乙作出承诺，该承诺除对履行地点提出异议外，其余内容均与要约

一致

B. 甲于5月1日向乙发出要约，规定乙应在5月5日前回复，乙于5月7日发出承诺信函，甲收到后未予理睬

C. 甲乙谈妥合同条款后约定三日内签订合同书，后来甲将合同寄送给乙，乙反悔，没有在合同书上签字盖章

D. 甲乙未依法订立书面施工合同，但甲按约定支付了备料款，乙随即进场施工

解析：选项A，受要约人对要约的内容作出实质性变更的，为新要约。选项B，过期的承诺是新要约。选项C，当事人采用合同书形式订立合同的，自当事人均签名、盖章或者按指印时合同成立，乙应承担缔约过失责任。选项D，法律、行政法规规定或者当事人约定合同应当采用书面形式订立，当事人未采用书面形式但是一方已经履行主要义务，对方接受时，该合同成立。

答案：D

▶ 3.5.2 合同生效

1）合同生效的概念和条件

合同生效，即当事人的合同权利受法律保护，当事人的合同义务具有法律上的强制性。合同之所以具有法律拘束力，并非来源于当事人的意志，而是来源于法律的赋予。合同的效力本身介入了国家意志。如果合同不符合国家意志，该合同将被宣告无效或被撤销。

合同生效需要具备以下条件：

①订立合同的当事人必须具有相应民事权利能力和民事行为能力；

②意思表示真实；

③不违反法律、行政法规的强制性规定，不违背公序良俗；

④具备法律所要求的形式。

2）合同生效的时间

依法成立的合同，自成立时生效，但是法律另有规定或者当事人另有约定的除外。

依照法律、行政法规的规定，合同应当办理批准等手续的，依照其规定。未办理批准等手续影响合同生效的，不影响合同中履行报批等义务条款以及相关条款的效力。应当办理申请批准等手续的当事人未履行义务的，对方可以请求其承担违反该义务的责任。

3）合同成立与生效的关系

合同成立，即当事人就合同的主要条款达成合意，主要表现了当事人的意志。合同的成立只是解决了当事人之间是否存在合意的问题，并不意味着已经成立的合同都能产生法律拘束力。换言之，即使合同已经成立，如果不符合法律规定的生效条件，仍然不能产生法律效力。依法成立的合同自成立时起就具有法律效力，而违法合同虽然成立但不会发生法律效力。由此可见，合同成立后并不是当然生效，合同是否生效，取决于其是否符合国家意志和社会公共利益。

因此，合同成立是合同生效的前提，只有已经成立的合同，才存在是否生效的问题，即生效的合同必然已经成立，但成立的合同未必已经生效。

【例题16】招标人5月30日向投标人甲发出中标通知书。双方6月10日签订书面施工

合同,并约定在主管机关办理备案后合同生效。6 月 15 日招标人办理合同备案,该工程于 6 月 25 日开工。该施工合同成立的时间是(　　)。该施工合同生效的时间是(　　)。

A.5 月 30 日　　B.6 月 10 日　　C.6 月 15 日　　D.6 月 25 日

解析:选项 B,当事人采用合同书形式订立合同的,自当事人均签名、盖章或者按指印时合同成立。选项 C,依法成立的合同,自成立时生效,但是法律另有规定或者当事人另有约定的除外。依照法律、行政法规的规定,合同应当办理批准等手续的,依照其规定。

答案:BC

4)附条件与附期限的合同

(1)附条件的合同

附条件的合同,是指当事人在合同中特别规定一定的条件,以条件的是否成就作为合同效力的发生或消灭的根据的合同。根据《民法典》第一百五十八条的规定,当事人对合同的效力可以约定附条件。附生效条件的合同,自条件成就时生效。附解除条件的合同,自条件成就时失效。

一般来说,依法成立的合同在当事人意思表示成立时就应该发生效力。但在有的情况下,行为人基于某些特殊的要求,并不希望合同一经成立就产生效力。当事人通过订立附条件的合同,在行为开始时并不使合同立即生效,而等到一定的条件成就后,才使其生效,从而尽量减少当事人可能遭受的风险和损失,使合同能够更好地达到当事人所预期的效果。

在附条件的合同中,条件具有限制合同效力的作用。但合同中所附的条件必须具备如下要求:第一,条件必须是将来发生的事实。第二,条件是不确定的事实。条件在将来是否发生,当事人是不能肯定的。如果在合同成立时,当事人已经确定作为条件的事实必然发生,那么当事人只需在合同中附期限,而不必在合同中附条件。第三,条件是由当事人议定的而不是法定的。第四,条件必须合法。附条件合同中的条件必须符合法律的规定,必须符合公序良俗。第五,条件不得与合同的主要内容相矛盾。

(2)附期限的合同

附期限的合同,是指当事人以将来客观确定到来之期限(事实)作为合同的条款,并在该期限(事实)到来时合同的效力发生或者终止的合同。根据《民法典》第一百六十条的规定,当事人对合同的效力可以约定附期限。附生效期限的合同,自期限届至时生效。附终止期限的合同,自期限届满时失效。

合同的当事人在合同中规定一定的期限,把期限的到来作为合同生效和失效的根据,期限的到来是当事人所预知的,所以期限是确定的事实。当事人在签订合同时,对于确定的事实只能在合同中附期限,而不能附条件。

3.5.3　效力待定合同

1)效力待定合同的概念

效力待定合同是指合同虽然已经成立,但因其不完全符合有关生效要件的规定,其合同效力能否发生尚未确定,一般需经有权人追认才能生效。

2)限制行为能力人订立的合同

《民法典》规定,限制民事行为能力人实施的纯获利益的民事法律行为或者与其年龄、智力、精神健康状况相适应的民事法律行为有效;实施的其他民事法律行为经法定代理人同意或者追认后有效。

相对人可以催告法定代理人自收到通知之日起30日内予以追认。法定代理人未作表示的,视为拒绝追认。民事法律行为被追认前,善意相对人有撤销的权利。撤销应当以通知的方式作出。

3)无权代理人订立的合同

《民法典》规定,行为人没有代理权、超越代理权或者代理权终止后,仍然实施代理行为,未经被代理人追认的,对被代理人不发生效力。相对人可以催告被代理人自收到通知之日起30日内予以追认。被代理人未作表示的,视为拒绝追认。行为人实施的行为被追认前,善意相对人有撤销的权利。撤销应当以通知的方式作出。

行为人实施的行为未被追认的,善意相对人有权请求行为人履行债务或者就其受到的损害请求行为人赔偿。但是,赔偿的范围不得超过被代理人追认时相对人所能获得的利益。

相对人知道或者应当知道行为人无权代理的,相对人和行为人按照各自的过错承担责任。无权代理人以被代理人的名义订立合同,被代理人已经开始履行合同义务或者接受相对人履行的,视为对合同的追认。

▶ 3.5.4 无效合同

1)无效合同的概念与特征

无效合同是指合同虽然成立,但因合同内容或者形式违反法律、行政法规的强制性规定和公序良俗,而不能产生法律约束力,不受法律保护的合同。

无效合同的特征是:

①具有违法性。无效合同的种类很多,但都具有违法性。所谓违法性是指违反法律和行政法规的强制性规定以及公序良俗。

②实行国家干预。例如无效合同的确认权归人民法院或者仲裁机构,合同当事人或其他任何机构均无权认定合同无效。

③具有不可履行性。当事人在订立无效合同以后,不得依合同实际履行,也不承担不履行合同的责任。

④自订立之时就不具有法律效力。由于无效合同从本质上违反了法律规定,因此国家不承认此类合同的法律效力。合同已经确认无效,合同自订立之时起(自始无效)就不具有法律效力。

2)无效合同的种类

归纳起来,下列合同无效:

①违反法律、行政法规的强制性规定的合同。在建设工程领域,违反《建筑法》《中华人民共和国城乡规划法》等法律的强制性规定而订立的合同是无效合同。

②违背公序良俗的合同。

③行为人与相对人恶意串通,损害他人合法权益的合同。行为人和相对人之间必须具有意思联络、共同恶意,方构成恶意串通。如果只有一方具有损害他人权益的主观恶意,另一方不知情或者虽然知情但并无主观恶意的,不构成恶意串通。

④以虚假的意思表示实施的合同。行为人与相对人以虚假的意思表示实施的民事法律行为无效。

⑤无民事行为能力人实施的民事法律行为(订立的合同)。

3)无效的免责条款

免责条款是指当事人在合同中约定免除或者限制其未来责任的合同条款。免责条款无效是指没有法律约束力的免责条款。《民法典》规定,合同中的下列免责条款无效:

①造成对方人身损害的;

②因故意或者重大过失造成对方财产损失的。

4)建设工程无效施工合同的主要情形

《最高人民法院关于审理建设工程施工合同纠纷案件适用法律问题的解释(一)》(法释〔2020〕16 号)规定,建设工程施工合同具有下列情形之一的,应当依据《民法典》第一百五十三条第一款的规定,认定无效:

①承包人未取得建筑业企业资质或者超越资质等级的;

②没有资质的实际施工人借用有资质的建筑施工企业名义的;

③建设工程必须进行招标而未招标或者中标无效的;

④承包人因转包、违法分包建设工程与他人签订的建设工程施工合同,应当依据《民法典》第一百五十三条第一款及第七百九十一条第二款、第三款的规定,认定无效。

5)无效施工合同的工程款结算

《民法典》规定,建设工程施工合同无效,但是建设工程经验收合格的,可以参照合同关于工程价款的约定折价补偿承包人。建设工程施工合同无效,且建设工程经验收不合格的,按照以下情形处理:

①修复后的建设工程经验收合格的,发包人可以请求承包人承担修复费用;

②修复后的建设工程经验收不合格的,承包人无权请求参照合同关于工程价款的约定折价补偿。发包人对因建设工程不合格造成的损失有过错的,应当承担相应的责任。

【例题 17】下列合同的免责条款中,无效的是(　　)。

A. 因重大过失造成对方财产损失的免责条款

B. 因轻微过失违约无须承担违约责任的条款

C. 因不可抗力造成对方财产损失的免责条款

D. 因市场价格波动造成对方财产损失的免责条款

解析:《民法典》第五百零六条规定:“合同中的下列免责条款无效:(一)造成对方人身损害的;(二)因故意或者重大过失造成对方财产损失的。”

答案:A

【例题 18】甲与乙于 4 月 1 日签订一份施工合同。合同履行中双方发生争议,甲于 5 月 20 日单方要求解除合同。5 月 30 日乙遂向法院提起诉讼,法院于 6 月 30 日判定该合同无效。则该合同自(　　)起无效。

A. 4 月 1 日　　B. 5 月 20 日　　C. 5 月 30 日　　D. 6 月 30 日

解析:合同已经确认无效,合同自订立之时起(自始无效)就不具有法律效力。

答案:A

3.5.5 可撤销合同

1)可撤销合同的概念与特征

可撤销合同是指当事人在订立合同时，因意思表示不真实，法律允许撤销权人通过行使撤销权而使已经生效的合同归于无效的合同。

可撤销合同的效力取决于当事人的意志，其有效与否取决于有撤销权的一方当事人是否行使撤销权。只有人民法院或者仲裁机构有权撤销合同。可撤销合同是一种相对有效的合同，可撤销的合同在被撤销前是有效的，被撤销后自始无效。

可撤销合同的法律特征如下：

①是意思表示不真实的合同；

②须由撤销权人主动行使撤销权；

③可撤销合同在被撤销以前仍然是有效的；

④可撤销合同中的撤销权人可以撤销或变更合同。

2)可撤销合同的种类

(1)因重大误解订立的合同

《民法典》第一百四十七条规定："基于重大误解实施的民事法律行为，行为人有权请求人民法院或者仲裁机构予以撤销。"

所谓重大误解，是指误解者作出意思表示时，对涉及合同法律效果的重要事项存在着认识上的显著缺陷，其后果是误解者的利益受到较大的损失，或者达不到误解者订立合同的目的。这种情况的出现并不是因为行为人受到对方的欺诈、胁迫或者是对方利用本方处于危困状态、缺乏判断能力等情形下签订的合同，而是因为行为人自己的大意、缺乏经验或者信息不通造成的。

(2)在订立合同时显失公平的合同

《民法典》第一百五十一条规定："一方利用对方处于危困状态、缺乏判断能力等情形，致使民事法律行为成立时显失公平的，受损害方有权请求人民法院或者仲裁机构予以撤销。"

所谓显失公平，是指一方当事人利用对方处于危困状态、缺乏判断能力等情形，使当事人之间享有的权利和承担的义务严重不对等。

(3)以欺诈手段订立的合同

《民法典》第一百四十八条规定："一方以欺诈手段，使对方在违背真实意思的情况下实施的民事法律行为，受欺诈方有权请求人民法院或者仲裁机构予以撤销。"第一百四十九条规定："第三人实施欺诈行为，使一方在违背真实意思的情况下实施的民事法律行为，对方知道或者应当知道该欺诈行为的，受欺诈方有权请求人民法院或者仲裁机构予以撤销。"

(4)以胁迫手段订立的合同

《民法典》第一百五十条规定："一方或者第三人以胁迫手段，使对方在违背真实意思的情况下实施的民事法律行为，受胁迫方有权请求人民法院或者仲裁机构予以撤销。"

3)合同撤销权的行使

合同撤销权由重大误解的误解人、显失公平的受害人、被欺诈方、被胁迫方行使。只有这些合同当事人才有权行使合同撤销权，对方当事人不享有撤销权。撤销权人有权提出变更合同，请求变更的权利也是撤销权人享有的一项权利。如果当事人仅提出变更合同而没有要求撤销合同，该合同仍然是有效的，法院或者仲裁机构不得撤销该合同。

4)合同撤销权的消灭

《民法典》第一百五十二条规定，有下列情形之一的，撤销权消灭：

①当事人自知道或者应当知道撤销事由之日起1年内、重大误解的当事人自知道或者应当知道撤销事由之日起90日内没有行使撤销权；

②当事人受胁迫，自胁迫行为终止之日起1年内没有行使撤销权；

③当事人知道撤销事由后明确表示或者以自己的行为表明放弃撤销权；

④当事人自民事法律行为发生之日起5年内没有行使撤销权的，撤销权消灭。

5)无效合同及合同被撤销后的法律后果

《民法典》规定，无效的或者被撤销的民事法律行为自始没有法律约束力。民事法律行为（合同）部分无效，不影响其他部分效力的，其他部分仍然有效。

合同不生效、无效、被撤销或者终止的，不影响合同中有关解决争议方法的条款的效力。

民事法律行为（合同）无效、被撤销或者确定不发生效力后，行为人因该行为取得的财产，应当予以返还；不能返还或者没有必要返还的，应当折价补偿。有过错的一方应当赔偿对方由此所受到的损失；双方都有过错的，应当各自承担相应的责任。

【例题19】下列关于合同撤销的说法，正确的是（　　）。

A.被撤销的合同自法院判决生效之日起失去法律约束力

B.供货商将国产设备假冒进口出售，买受人可以选择撤销合同，也可以放弃撤销权追究供应商违约责任

C.因业主隐瞒实际地质条件，施工单位请求法院撤销施工合同的，应当自合同订立1年行使撤销权

D.合同被法院撤销的，该合同自法院决定撤销之日起无效

解析：选项A、D，可撤销的合同在被撤销前是有效的，被撤销后自始无效。选项C，当事人自知道或者应当知道撤销事由之日起1年内行使撤销权。

答案：B

3.6 合同的履行

3.6.1 合同履行的规则

1)合同履行的原则

合同履行是指合同各方当事人按照合同的规定，全面履行各自的义务，实现各自的权利，使各方的目的得以实现的行为。合同依法成立，当事人就应当按照合同的约定，全部履行自己的义务。签订合同的目的在于履行，通过合同的履行而取得某种权益。合同的履行以有效的合同为前提和依据，因为无效合同从订立之时起就没有法律效力，不存在合同履行的问题。

合同履行原则如下：

①全面履行的原则。当事人应当按照约定全面履行自己的义务,即按合同约定的标的、价款、数量、质量、地点、期限、方式等全面履行各自的义务。按照约定履行自己的义务,既包括全面履行义务,也包括正确适当履行合同义务。

②诚实信用原则。诚实信用原则是指在合同履行过程中,合同当事人讲究信用,恪守信用,以善意的方式履行其合同义务,不滥用权利及规避法律或者合同规定的义务。合同的履行应当严格遵循诚实信用原则,一方面,当事人除了应履行法律和合同规定的义务,还应当履行依据诚实信用原则所产生的各种附随义务,包括相互协作和照顾义务、瑕疵的告知义务、使用方法的告知义务、重要事情的告知义务、忠实的义务等;另一方面,在法律和合同规定的内容不明确或者欠缺规定的情况下,当事人应当依据诚实信用原则履行义务。

2)合同漏洞的救济

合同生效后,当事人就质量、价款或者报酬、履行地点等内容没有约定或者约定不明的,可以协议补充,不能达成补充协议的,按照合同有关条款或者交易习惯确定。按照合同有关条款或者交易习惯确定,一般只能适用于部分常见条款欠缺或者不明确的情况,因为只有这些内容才能形成一定的交易习惯。

如果按照上述办法仍不能确定合同如何履行的,适用下列规定进行履行:

①质量要求不明的,按国家标准、行业标准履行,没有国家、行业标准的,按通常标准或者符合合同目的的特定标准履行。

②价款或报酬不明的,按订立合同时履行地的市场价格履行;依法应当执行政府定价或政府指导价的,按规定履行。

③履行地点不明确的,给付货币的,在接收货币一方所在地履行;交付不动产的,在不动产所在地履行;其他标的在履行义务一方所在地履行。

④履行期限不明确的,债务人可以随时履行,债权人也可以随时要求履行,但应给对方必要的准备时间。

⑤履行方式不明确的,按照有利于实现合同目的的方式履行。

⑥履行费用的负担不明确的,由履行义务一方承担。

【例题20】公司甲、乙于2023年3月10日在某交易会上签订了建筑材料的买卖合同,双方约定于6月20日在北京验货和收款,但合同中对价款没有做出明确规定。合同生效后,双方通过协商也未达成一致,因此应按照(　　)的市场价格履行。

A.2023年3月10日广东　　B.2023年6月20日广东

C.2023年3月10日北京　　D.2023年6月20日北京

解析:价款或报酬不明的,按订立合同时履行地的市场价格履行。

答案:C

3)执行政府定价或政府指导价的合同履行规则

执行政府定价或者政府指导价的,在合同约定的交付期限内政府价格调整时,按照交付时的价格计价。逾期交付标的物的,遇价格上涨时,按照原价格执行;价格下降时,按照新价格执行。逾期提取标的物或者逾期付款的,遇价格上涨时,按照新价格执行;价格下降时,按照原价格执行。

【例题21】某建筑公司向供货商采购某种国家定价的特种材料,合同签订时价格为3 000

元/t,约定6月1日运至某工地。后供货商迟迟不予交货,8月下旬,国家调整该特种材料的价格为4 200元/t,供货商急忙交货。双方为结算价格产生争议。下列说法正确的是(　　)。

A. 应按合同约定的价格3 000元/t结算

B. 应按国家确定的最新价格4 200元/t结算

C. 应当按新旧价格的平均值结算

D. 双方协商确定,协商不成的应当解除合同

解析:执行政府定价或者政府指导价的,逾期交付标的物,遇价格上涨时,按照原价格执行;价格下降时,按照新价格执行。

答案:A

4)第三人履行合同规则

第三人履行合同,包括债务人向第三人履行债务和第三人向债权人履行债务两种情况。

法律规定债权人和债务人可以变更债务履行,并不会影响当事人的合法权益。从一定意义上讲,债权人或债务人依法约定变更债务履行,有利于债权人实现其债权和债务人履行其债务。依据法律规定,合同履行中,当事人约定由债务人向第三人履行债务或者由第三人向债权人代为履行债务,原债权人与债务人的债务法律关系并不因此而变更。

(1)由第三人代为履行的合同

由第三人代为履行债务是指经当事人双方约定由第三人代替债务人履行债务,当事人的法律地位不变,第三人并不因履行合同而成为合同的当事人。第三人代为履行债务,只要不违反法律规定和合同约定,且未给债权人造成损失或增加费用,此种履行在法律上是有效的。

《民法典》规定,当事人约定由第三人向债权人履行债务,第三人不履行债务或者履行债务不符合约定的,债务人应当向债权人承担违约责任。第三人不是合同当事人,因此第三人不履行债务或者履行债务不符合约定时,只能由债务人承担违约责任。

通常情况下,合同必须由当事人亲自履行。但根据法律的规定及合同的约定,可以在合同性质不抵触的情况下,由第三人代为履行。承包单位可将承包的工程部分分包给其他单位,签订分包合同。承包单位对发包单位负责,分包单位对承包单位负责。分包单位履行合同,对发包单位来说,就是第三人代为履行。

(2)向第三人履行的合同

在第三人代替债权人接受履行时,第三人也为履行主体。一般情况下,债权人都可以指定债务人向其指定的第三人履行义务,即由第三人代替债权人接受履行。但是,债权人指定由第三人代其接受履行的,不得因此而使债务人增加履行费用的负担。第三人代替债权人接受履行不适当或因此造成债务人损失的,应由债权人承担违约责任。

《民法典》规定,当事人约定由债务人向第三人履行债务,债务人未向第三人履行债务或者履行债务不符合约定的,应当向债权人承担违约责任。法律规定或者当事人约定第三人可以直接请求债务人向其履行债务,第三人未在合理期限内明确拒绝,债务人未向第三人履行债务或者履行债务不符合约定的,第三人可以请求债务人承担违约责任;债务人对债权人的抗辩,可以向第三人主张。

5)电子合同标的交付时间

通过互联网等信息网络订立的电子合同的标的为交付商品并采用快递物流方式交付的,

收货人的签收时间为交付时间。电子合同的标的为提供服务的,生成的电子凭证或者实物凭证中载明的时间为提供服务时间;前述凭证没有载明时间或者载明时间与实际提供服务时间不一致的,以实际提供服务的时间为准。

电子合同的标的物为采用在线传输方式交付的,合同标的物进入对方当事人指定的特定系统且能够检索识别的时间为交付时间。

电子合同当事人对交付商品或者提供服务的方式、时间另有约定的,按照其约定。

▶ 3.6.2 双务合同履行中的抗辩权

抗辩权是指在双务合同履行过程中,当发生法定条件或出现法定事由时,一方当事人依法享有的对抗对方请求或否认对方权利主张的权利。履行抗辩权的设置,使当事人可以在法定情况下对抗对方的请求权,而且当事人的拒绝履行行为不仅不构成违约,还可以更好地维护当事人的合法权益。双务合同履行中的抗辩权主要包括同时履行抗辩权、先履行抗辩权和不安抗辩权。

(1)同时履行抗辩权

同时履行抗辩权是指双务合同的当事人,履行义务没有先后顺序,一方在对方未履行前,有权拒绝先履行合同义务。一方在对方履行义务不符合约定时,有权拒绝其相应的履行要求。

《民法典》第五百二十五条规定:"当事人互负债务,没有先后履行顺序的,应当同时履行。一方在对方履行之前有权拒绝其履行请求。一方在对方履行债务不符合约定时,有权拒绝其相应的履行请求。"据此,同时履行抗辩权是指当事人互负债务且没有先后履行顺序,一方当事人在他方未对待给付之前,有拒绝履行自己的合同债务的权利。

(2)先履行抗辩权

先履行抗辩权是指双务合同中的当事人履行义务有先后顺序,先履行义务的一方当事人未履行时,后履行一方的当事人有权拒绝对方请求自己履行义务。

《民法典》第五百二十六条规定:"当事人互负债务,有先后履行顺序,应当先履行债务一方未履行的,后履行一方有权拒绝其履行请求。先履行一方履行债务不符合约定的,后履行一方有权拒绝其相应的履行请求。"

(3)不安抗辩权

不安抗辩权是指在双务合同中的当事人履行义务有先后顺序,先履行义务的一方当事人,有证据证明后履行一方当事人财产状况明显恶化或者欠缺信用,不能保证正常履行合同义务时,在对方当事人未恢复履行能力或提供适当担保之前,有暂时中止履行合同义务的权利。

《民法典》第五百二十七条规定,应当先履行债务的当事人,有确切证据证明对方有下列情形之一的,可以中止履行:经营状况严重恶化;转移财产、抽逃资金,以逃避债务;丧失商业信誉;有丧失或者可能丧失履行债务能力的其他情形。当事人没有确切证据中止履行的,应当承担违约责任。

当事人依据前条规定中止履行的,应当及时通知对方。对方提供适当担保的,应当恢复履行。中止履行后,对方在合理期限内未恢复履行能力且未提供适当担保的,视为以自己的行为表明不履行主要债务,中止履行的一方可以解除合同并可以请求对方承担违约责任。

【例题 22】甲与乙签订一份买卖合同，双方约定，甲向乙提供一批货物，货到后一个月内付款。合同签订后甲迟迟没有发货，乙催问甲，甲称由于资金紧张，暂无法购买生产该批货物的原材料，要求乙先付货款，乙拒绝了甲的要求。乙拒绝先付货款的行为在法律上称为行使（　　）。

A. 先履行抗辩权　　B. 不安抗辩权　　C. 同时履行抗辩权　　D. 撤销权

解析：查看先履行抗辩的定义，乙行使的是先履行抗辩权 。

答案：A

【例题 23】生产商甲与原材料供货商乙签订一份建筑材料买卖合同，约定提货时付款。甲提货时称公司出纳员突发急病，支票一时拿不出来，要求先提货，过两天再把货款送来，乙拒绝了甲的要求。乙行使的这种权利在法律上称为（　　）。

A. 不安抗辩权　　B. 先履行抗辩权　　C. 后履行抗辩权　　D. 同时履行抗辩权

解析：由同时履行抗辩权的定义可知，乙行使的是同时履行抗辩权。

答案：D。

【例题 24】甲与乙于 7 月 1 日订立合同，规定甲应于 8 月 1 日交货，乙应于 8 月 7 日付款。7 月底，甲发现乙财产状况恶化，无支付货款之能力，并有确切证据。基于上述因素，甲于 8 月 1 日未按约定交货。依据《民法典》的有关规定，下列关于该案的正确表述是（　　）。

A. 甲有权不按合同约定交货，除非乙提供了相应的担保

B. 甲无权不按合同约定交货，但可以要求乙提供相应的担保

C. 甲无权不按合同约定交货，但可以仅先交付部分货物

D. 甲应当按合同约定交货，如乙不支付货款，可追究其违约责任

解析：甲行使的是不安抗辩权。

答案：A

【例题 25】甲与乙订立建材买卖合同，约定乙先向甲发货，甲后付款。一周后，乙在交货前有确切证据表明甲经营状况严重恶化。乙采取了下列措施，其中符合合同法律制度规定的有（　　）。

A. 可以提出中止履行合同并及时通知甲

B. 可以要求甲提供适当担保

C. 乙可以直接通知甲解除合同

D. 中止履行合同后，若甲在合理期限内未恢复履行能力且未提供适当担保，乙可以解除合同

E. 可以提出中止履行合同无须通知甲

解析：选项 A、E，当事人行使不安抗辩权中止履行的，应当及时通知对方。选项 B，对方提供适当担保的，应当恢复履行。选项 D，中止履行后，对方在合理期限内未恢复履行能力且未提供适当担保的，视为以自己的行为表明不履行主要债务，中止履行的一方可以解除合同并可以请求对方承担违约责任。

答案：ABD

【案例 2】2022 年 8 月 20 日，加工厂甲和施工单位乙订立了一份承揽合同。合同约定，甲按乙要求，为乙加工 300 套设备，交货时间为 10 月 1 日。乙应在合同成立之日起 10 日内支付加工费 10 万元人民币。合同成立后，甲积极组织加工。但乙没有按约定期限支付加工费。

同年9月2日，当地消防部门认为甲生产车间存在严重的安全隐患，要求其停工整顿。甲因此无法按合同约定期限交货。乙在得知这一情形后，遂于同年9月10日向人民法院提起诉讼，要求甲承担违约责任。甲答辩称，合同尚未到履行期限，其行为不构成违约。即使其在合同履行期限届满时不能交货，也不是其责任，而是因为消防部门要求其停工。并且乙至今未能按合同约定支付加工费，其行为已构成违约，因此提起反诉，要求乙承担违约责任。

问题：本案例中乙要求甲承担违约责任能否得到支持？后甲要求乙承担违约责任能否得到支持？

解析：在本案例中，乙作为先履行合同的一方当事人未按合同约定支付加工款，其行为应属违约，但是甲在乙未能按合同约定期限支付加工费时，并没有提出解除合同，因此加工合同仍然对双方存在法律拘束力，乙仍应先行支付加工费，而甲也有义务交付货物。但由于当地消防部门认为甲生产车间存在严重的安全隐患，要求其停工整顿，因此可明知甲将无法按合同约定期限交货。根据《民法典》规定，乙有权主张不安抗辩，中止履行其义务。反之，如果要求乙先行支付加工费，由于甲已明显不能履行合同，乙利益将受到严重损害。

但是，乙并不能请求甲承担违约责任。因为根据《民法典》规定，当事人一方在丧失履行债务能力的时候，另一方当事人只能中止履行其义务，并且在中止履行后，还应当立即通知对方，在对方提供适当担保时，恢复履行。在中止履行后，对方在合同期限内未恢复履行能力并且未提供适当担保的，中止履行的一方才可以解除合同。因此，乙在得知甲将不能履行合同时，只能中止履行其支付加工费的义务，而不能直接请求甲承担违约责任。

▶ 3.6.3 情势变更抗辩

《民法典》第五百三十三条规定，合同成立后，合同的基础条件发生了当事人在订立合同时无法预见的、不属于商业风险的重大变化，继续履行合同对于当事人一方明显不公平的，受不利影响的当事人可以与对方重新协商；在合理期限内协商不成的，当事人可以请求人民法院或者仲裁机构变更或者解除合同。情势变更对于合同的履行来说相当重要，人民法院或者仲裁机构应当结合案件的实际情况，根据公平原则变更或者解除合同。

3.7 合同的保全

法律为防止因债务人的财产不当减少或不增加而给债权人带来伤害，允许债权人行使代位权或撤销权，以保护其债权，这就是合同的保全。合同的保全分为代位权与撤销权两种。

▶ 3.7.1 代位权

1）代位权的概念和特征

代位权是指因债务人怠于行使其债权或者与该债权有关的从权利，影响债权人的到期债权实现的，债权人可以向人民法院请求以自己的名义代位行使债务人对相对人的权利，但是该权利专属于债务人自身的除外。因此，代位权的行使是为了保护债务人的财产，即旨在对责任财产采取法律措施予以保护。代位权作为一种法定的权利，其特点主要有：

①行使代位权针对的是债务人怠于行使权利的行为；

②行使代位权是债权人以自己的名义行使债务人的债权；

③行使代位权是债权人向人民法院提出请求；

④债权人的代位权是一种权利而不是义务。

2）代位权行使的条件

代位权行使的条件有：

①债权人对债务人的债权合法；

②债务人怠于行使其到期债权，对债权人造成损害；

③债务人的债权已经到期；

④债务人的债权不是专属于债务人自身的债权。专属于债务人自身的债权，是指基于扶养关系、抚养关系、赡养关系、继承关系产生的给付请求权和劳动报酬、退休金、养老金、抚恤金、安置费、人寿保险、人身伤害赔偿请求权等权利。

3）代位权的行使范围与费用的负担

代位权的行使范围以债权人的到期债权为限。债权人行使代位权的必要费用，由债务人负担。相对人对债务人的抗辩，可以向债权人主张。

【例题 26】2021 年，公司甲向银行乙借款 20 万元，借款期限为 2 年。借款期满后，甲无力偿还借款本息。此时公司甲对公司丙享有到期债权 10 万元，却不积极主张。银行乙拟行使代位权。下列关于银行乙行使代位权的表述中，符合合同法律制度规定的是（　　）。

A. 银行乙可以直接以公司甲的名义行使对公司丙的债权

B. 银行乙行使代位权应取得公司甲的同意

C. 银行乙应自行承担行使代位权所支出的必要费用

D. 银行乙必须通过诉讼方式行使代位权

解析：债权人应当以自己的名义行使代位权，选项 A 错误；债权人行使代位权无需债务人同意，选项 B 错误；债权人行使代位权的必要费用，由债务人负担，选项 C 错误。

答案：D

3.7.2 撤销权

1）撤销权的概念

债权人的撤销权是指因债务人实施减少其财产的行为对债权人造成损害的，债权人可以请求人民法院撤销该行为的权利。由于撤销权的行使必须依一定的诉讼程序进行，也就是说，行使撤销权必须由债权人向法院起诉，由人民法院作出撤销债务人行为的判决才能产生撤销的效果。债权人撤销权行使包括债务人无偿处分时的债权人撤销权行使和债务人以不合理价格交易时的债权人撤销权行使。

债务人无偿处分时的债权人撤销权行使，是指债务人以放弃其债权、放弃债权担保、无偿转让财产等方式无偿处分财产权益，或者恶意延长其到期债权的履行期限，影响债权人的债权实现的，债权人可以请求人民法院撤销债务人的行为。

债务人以不合理价格交易时的债权人撤销权行使，是指债务人以明显不合理的低价转让财产、以明显不合理的高价受让他人财产或者为他人的债务提供担保，影响债权人的债权实现，债务人的相对人知道或者应当知道该情形的，债权人可以请求人民法院撤销债务人的行为。

债务人影响债权人的债权实现的行为被撤销的,自始没有法律约束力。

2)撤销权行使的范围

撤销权的行使范围以债权人的债权为限。债权人行使撤销权的必要费用,由债务人负担。撤销权自债权人知道或者应当知道撤销事由之日起1年内行使。自债务人的行为发生之日起5年内没有行使撤销权的,该撤销权消灭。

撤销权与代位权不同。撤销权的行使旨在债务人的财产,防止因责任财产的不当减少而给债务人造成伤害。债权人行使代位权,一般是在债权人与债务人之间的债务已经到期的情况下。因此,债权人行使代位权以后,如果没有其他人向债务人主张权利,债权人可以直接获得财产。但是,债权人行使撤销权以后,第三人向债务人返还了财产,该财产不能直接交给债权人,而应当由法院代为保管,待债务到期以后,再交付给债权人。

【例题27】甲公司欠乙公司30万元货款,一直无力偿付。现与甲公司有关联关系的丙公司欠甲公司20万元且已到期,但甲公司明示放弃对丙公司的债权。对于甲公司放弃债权的行为,下列关于乙公司拟行使撤销权的表述中,正确的是(　　)。

A. 乙公司可以请求人民法院判令丙公司偿还乙公司20万元

B. 乙公司可以请求人民法撤销甲公司放弃债权的行为

C. 乙公司行使撤销权的必要费用应由丙公司承担

D. 乙公司应在知道或应当知道甲公司放弃债权的2年行使撤销权

解析:选项A、B,题目中是"债务人放弃债权"的行为,是适用撤销权,不适用代位权,因此选项A错误,选项B正确。选项C,行使撤销权的必要费用由债务人承担。选项D,撤销权自债权人"知道或者应当知道"撤销事由之日起1年内行使;自债务人的"行为发生之日"起5年内没有行使撤销权的,该撤销权消灭。

答案:B

3.8 合同变更和转让

3.8.1 合同变更

1)合同变更的含义

当事人协商一致,可以变更合同。法律、行政法规规定变更合同应当办理批准、登记等手续的,依照其规定。当事人对合同变更的内容约定不明确的,推定为未变更。

(1)合同变更须经当事人双方协商一致

如果双方当事人就变更事项达成一致意见,则变更后的内容取代原合同的内容,当事人应当按照变更后的内容履行合同。如果一方当事人未经对方同意就改变合同的内容,不仅变更的内容对另一方没有约束力,其做法还是一种违约行为,应当承担违约责任。

(2)合同变更须遵循法定的程序

法律、行政法规规定变更合同事项应当办理批准、登记手续的,应当依法办理相应手续。

如果没有履行法定程序,即使当事人已协议变更了合同,其变更内容也不产生法律效力。如原合同为书面形式,变更合同也应采取书面形式;如原合同为口头形式,变更合同既可以采取口头形式,也可以采取书面形式。

(3)对合同变更内容约定不明确的推定

合同变更的内容必须明确约定。如果当事人对于合同变更的内容没有约定或者约定不明确,则将被推定为未变更。任何一方不得就约定不明的变更内容要求对方履行。

2)合同变更的特点

(1)协议变更合同

合同的变更必须经当事人双方协商一致,并在原合同的基础上达成新的协议。合同的任何内容都是经过双方协商达成的,因此,变更合同的内容须经过双方协商同意。任何一方未经过对方同意,无正当理由擅自变更合同的内容,不仅不能对合同的另一方产生约束力,反而将构成违约行为。由于合同的变更必须经过双方协商,所以,在协议未达成以前,原合同关系仍然有效。

值得注意的是,强调变更在原则上必须经过双方协商一致,并非意味着变更只能由约定产生,而不存在着法定的变更事由。事实上,在特殊情况下,依据法律规定可以使一方享有法定变更合同的权利,如在重大误解、显失公平的情况下,受害人享有请求法院或仲裁机构变更合同内容的权利。在出现了法定的变更事由以后,一方将依法享有请求法院变更合同的权利,但享有请求变更权的人必须实际请求法院或仲裁机构变更合同,且法院或仲裁机构经过审理,确认了变更的请求,合同才能发生变更。任何一方当事人即使享有请求变更的权利,也不得不经诉讼而单方面变更合同。

(2)合同变更是指合同内容的变化

合同变更仅指合同的内容发生变化,不包括合同主体的变更。合同内容发生变化是合同变更不可或缺的条件。合同的变更包括合同性质的变更、履行条款的变更、合同担保的变更等。

(3)合同变更也会产生新的有关债权债务的内容

当事人在变更合同以后,需要增加新的内容或改变合同的某些内容。合同变更以后,不能完全以原合同内容来履行,而应按变更后的权利义务关系来履行。当然,这并不是说在变更时必须首先消灭原合同的权利义务关系。事实上,合同的变更是指在保留原合同的实质内容的基础上产生一种新的合同关系,它仅是在变更的范围内使原债权债务关系消灭,而变更之外的债权债务关系仍继续生效。所以从这个意义上讲,合同变更是使原合同关系相对消灭。

【例题28】下列关于合同变更的说法,正确的是(　　)。

A. 合同变更内容约定不明确,推定为未变更　B. 施工合同变更与工程设计变更范围一致

C. 合同变更应当采用书面形式　　　　　　D. 非实质性的条款变更无须协商一致

解析:选项B,如对施工合同的工期罚款变更就不属于工程设计变更。选项C,如原合同为书面形式,变更合同也应采取书面形式;如原合同为口头形式,变更合同既可以采取口头形式,也可以采取书面形式。选项D,合同的任何内容都是经过双方协商达成的。

答案:A

▶ 3.8.2 合同转让

合同转让也就是合同设定的权利义务的转让，是指在不改变合同内容的情形下，当事人可以将合同中的全部或者部分权利或义务转让或者转移给第三人的法律行为。合同转让是合同的主体发生了变化，是由新的合同当事人代替原合同的当事人，而合同的内容没有改变。合同转让有三种基本形式：合同权利的转让、合同义务的转让和合同权利义务的一并转让。

(1)合同权利转让

合同权利(债权)转让是指不改变合同权利的内容，由债权人将权利转让给第三人。权利转让的当事人是债权人和第三人。当权利转让时，债权人应当及时通知债务人，未经通知，该转让对债务人不发生效力，但债权人债权的转让无须得到债务人的同意。债权转让的通知不得撤销，但是经受让人同意的除外。

这种权利的转让既可以是全部转让，也可以是部分转让。在权利全部转让时，受让人将完全取代让与人的地位而成为合同当事人，原合同关系消灭，而产生一个新的合同关系。在权利部分转让情况下，受让人作为第三人将加入到原合同关系中，与原债权人共同享有债权。不管采取何种方式转让，都不得因权利的转让而增加债务人的负担，因债权转让增加的履行费用由让与人负担。

债务人履行合同时，应当向受让人履行债务，不得向让与人即原债权人履行债务。在合同权利转让之后，债务人对原债权人所享有的抗辩权仍然可以对抗受让人即新的债权人。

债权人转让债权的，受让人取得与债权有关的从权利，但是该从权利专属于债权人自身的除外。受让人取得从权利不因该从权利未办理转移登记手续或者未转移占有而受到影响。

债权人可以将债权的全部或者部分转让给第三人，但是有下列情形之一的除外：根据债权性质不得转让；按照当事人约定不得转让；依照法律规定不得转让。

(2)合同义务转让

合同义务(债务)转让是指不改变合同义务的内容，由债务人将义务转让给第三人。义务转让的当事人是债务人和第三人。《民法典》规定，债务人将债务的全部或者部分转移给第三人的，应当经债权人同意。债务人或者第三人可以催告债权人在合理期限内予以同意，债权人未作表示的，视为不同意。

债务转移分为两种情况：一是债务的全部转移，在这种情况下，新的债务人完全取代了旧的债务人，新的债务人负责全面履行债务；另一种情况是债务的部分转移，即新的债务人加入到原债务中，与原债务人一起向债权人履行义务。无论是转移全部债务还是部分债务，债务人都需要征得债权人同意。未经债权人同意，债务人转移债务的行为对债权人不发生效力。

债务人转移债务的，新债务人可以主张原债务人对债权人的抗辩；原债务人对债权人享有债权的，新债务人不得向债权人主张抵销。

债务人转移债务的，新债务人应当承担与主债务有关的从债务，但是该从债务专属于原债务人自身的除外。

法律、行政法规规定转让权利或者转移义务应当办理批准、登记等手续的，依其规定。

(3)权利和义务一并转让

《民法典》规定，当事人一方经对方同意，可以将自己在合同中的权利和义务一并转让给第三人。合同的权利和义务一并转让的，适用债权转让、债务转移的有关规定。

权利和义务一并转让,是指合同一方当事人将其权利和义务一并转移给第三人,由第三人全部承担这些权利和义务。权利义务一并转让的后果,导致原合同关系的消灭,第三人取代了转让方的地位,产生一种新的合同关系。只有经对方当事人同意,才能将合同的权利和义务一并转让。如果未经对方同意,一方当事人擅自一并转让权利和义务的,其转让行为无效,对方有权就转让行为对自己造成的损害,追究转让方的违约责任。

【例题29】2022年9月15日,建材公司甲与设备租赁公司丙订立书面协议转让其对施工单位乙的30万元材料款债权,9月25日甲将该债权转让通知了乙。12月30日丙向乙主张到期的30万元债权。但乙认为甲之前提供的材料质量不合格拒绝支付。下列关于本案的说法,正确的是(　　)。

A. 甲与丙之间的债权转让协议于9月25日生效

B. 该债权转让协议9月25日起对乙发生效力

C. 乙对甲的抗辩,不能向丙主张

D. 丙不能取得与该债权相关的利息、违约金

解析:选项A,依法成立的合同,自成立时生效,所以甲与丙之间的债权转让协议于9月15日生效。选项B,债权人应当及时通知债务人,通知到达对债务人发生效力。选项C,在合同权利转让之后,债务人对原债务人享有的抗辩权仍然可以对抗受让人,即新的债权人。选项D,债权人转让债权的,受让人取得与债权有关的从权利。

答案:B

【例题30】施工企业甲拖欠劳务公司乙一笔劳务费,甲与公司丙商定由丙负责向乙偿还,并通知了乙。则该债务转让协议(　　)。

A. 自始无效

B. 对乙不发生效力

C. 自通知到达乙时生效

D. 如果征得乙同意,甲仍需承担还款责任

解析:选项A,依法成立的合同,自成立时生效,所以甲与丙之间的债务转让协议于两者协商一致时生效。选项B、C,债务人将债务的全部或者部分转移给第三人的,应当经债权人同意,如债权人不同意,甲与丙之间的债务转让协议对乙不发生效力。选项D,债务的全部转移,在这种情况下,新的债务人完全取代了旧的债务人,新的债务人负责全面履行债务。

答案:B

3.9 合同终止

3.9.1 合同终止的效力与情形

1)合同终止的概念

合同终止,是指依法生效的合同,因具备法定的或当事人约定的情形,合同的债权债务归于消灭,债权人不再享有合同的权利,债务人也不必再履行合同的义务。

2)合同终止的效力

①合同当事人之间的权利义务消灭。合同的终止意味着合同权利义务的消灭,债权人不

再享有合同的债权，债务人也不再承担合同的债务，合同上的主债权与债务归于消灭。

②债权债务终止时，债权的从权利同时消灭，但是法律另有规定或者当事人另有约定的除外。担保物权、保证债权、违约金债权、利息债权等，在合同关系消灭时，当然也消灭。因为这些权利有些属于主合同的从合同，主合同已经消灭了，从合同也随之消灭。

③合同当事人必须承担合同终止后的附随义务。《民法典》规定，债权债务终止后，当事人应当遵循诚信等原则，根据交易习惯履行通知、协助、保密、旧物回收等义务。这就是合同终止后的附随义务。合同终止后的附随义务不因合同的终止而消灭。

④合同终止不影响合同中结算和清理条款的效力。《民法典》第五百六十七条规定："合同的权利义务关系终止，不影响合同中结算和清理条款的效力。"

3）合同终止的情形

《民法典》规定，有下列情形之一的，债权债务终止：

①债务已经履行；

②合同关系已解除；

③债务相互抵销；

④债务人依法将标的物提存；

⑤债权人免除债务；

⑥债权债务同归于一人；

⑦法律规定或者当事人约定终止的其他情形。

▶ 3.9.2 合同解除

1）合同解除的概念

合同解除，是指合同成立生效后，尚未履行或未完全履行，当发生法律规定的或者双方约定的合同解除的条件时，享有解除权的一方或双方行使解除权，从而使合同关系归于消灭的行为。

2）合同解除的种类

合同的解除包括约定解除和法定解除。

(1)约定解除

约定解除是当事人通过行使约定的解除权或者双方协商决定而进行的合同解除。约定解除是双方的法律行为，单方行为不能导致合同的解除。

①当事人协商一致，可以解除合同：合同当事人双方经协商后，一致同意解除合同，而不是单方行使解除权的解除。

②约定一方解除合同事由的解除：当事人可以约定一方解除合同的事由。解除合同的事由发生时，解除权人可以解除合同。

(2)法定解除

法定解除是法律直接规定解除合同的条件，当条件具备时，解除权人可直接行使解除权。

《民法典》规定，有下列情形之一的，当事人可以解除合同：

①因不可抗力致使不能实现合同目的；

②在履行期限届满前，当事人一方明确表示或者以自己的行为表明不履行主要债务；

③当事人一方迟延履行主要债务,经催告后在合理期限内仍未履行;

④当事人一方迟延履行债务或者有其他违约行为致使不能实现合同目的;

⑤法律规定的其他情形。

以持续履行的债务为内容的不定期合同,当事人可以随时解除合同,但是应当在合理期限之前通知对方。

3)合同解除的程序

《民法典》规定,当事人一方依法主张解除合同的,应当通知对方。合同自通知到达对方时解除;通知载明债务人在一定期限内不履行债务则合同自动解除,债务人在该期限内未履行债务的,合同自通知载明的期限届满时解除。对方对解除合同有异议的,任何一方当事人均可以请求人民法院或者仲裁机构确认解除行为的效力。当事人对合同解除的异议期限有约定的依照约定,没有约定的,最长期限3个月。

当事人一方未通知对方,直接以提起诉讼或者申请仲裁的方式依法主张解除合同,人民法院或者仲裁机构确认该主张的,合同自起诉状副本或者仲裁申请书副本送达对方时解除。

4)合同解除权行使期限

法律规定或者当事人约定解除权行使期限,期限届满当事人不行使的,该权利消灭。

法律没有规定或者当事人没有约定解除权行使期限,自解除权人知道或者应当知道解除事由之日起一年内不行使,或者经对方催告后在合理期限内不行使的,该权利消灭。

5)合同解除的效力

合同解除后,尚未履行的,终止履行;已经履行的,根据履行情况和合同性质,当事人可以请求恢复原状或者采取其他补救措施,并有权请求赔偿损失。

合同因违约解除的,解除权人可以请求违约方承担违约责任,但是当事人另有约定的除外。

主合同解除后,担保人对债务人应当承担的民事责任仍应当承担担保责任,但是担保合同另有约定的除外。

6)施工合同的解除

①发包人解除施工合同。《民法典》规定,承包人将建设工程转包、违法分包的,发包人可以解除合同。

②承包人解除施工合同。《民法典》规定,发包人提供的主要建筑材料、建筑构配件和设备不符合强制性标准或者不履行协助义务,致使承包人无法施工,经催告后在合理期限内仍未履行相应义务的,承包人可以解除合同。

③施工合同解除的法律后果。《民法典》规定,合同解除后,已经完成的建设工程质量合格的,发包人应当按照约定支付相应的工程价款;已经完成的建设工程质量不合格的,参照《民法典》第七百九十三条(注:指施工合同无效)的规定处理。

【例题31】某工程建设项目,建设单位迟迟未按合同约定支付进度款,施工单位无法正常施工,经催告无效后,便通知解除承包合同。建设单位接到通知后对此通知的效力产生怀疑,以下理解中正确的是(　　)。

A.施工单位提出解除合同尚不具备法定条件

B.解除合同应双方协商一致,不得单方行使

C. 施工单位提出解除合同,应当经过建设行政主管部门批准

D. 建设单位或施工单位均可以在 3 个月内请求法院或仲裁确认该解除的效力

解析:选项 A、B,符合法定解除条款:当事人一方迟延履行主要债务,经催告后在合理期限内仍未履行,当具备法定解除条件时,解除权人可直接行使解除权。选项 D,对方对解除合同有异议的,任何一方当事人均可以请求人民法院或者仲裁机构确认解除行为的效力。当事人对异议期限有约定的依照约定,没有约定的,最长期限 3 个月。

答案:D

【例题 32】某地 6 月 12 日发生强烈地震,在建工程全部被毁。6 月 15 日发包人向承包人发出书面通知,解除承包合同。6 月 17 日承包人收到该通知,6 月 18 日承包人作出了同意解除合同的回复。依据《民法典》,该施工合同解除的时间应为(　　)。

A. 6 月 12 日　　B. 6 月 15 日　　C. 6 月 17 日　　D. 6 月 18 日

解析:当事人一方依法主张解除合同的,应当通知对方。合同自通知到达对方时解除。

答案:C

【案例 3】2023 年 2 月,上海某空调器厂与浙江某机械厂签订了一份购销合同。合同规定:机械厂向空调器厂提供本厂生产空调所需的风扇叶、外罩及面板各 5 000 件。合同对每种配套件的价格都作了详细规定。合同还约定,交货时间为同年 4 月 30 日前,货到付款,每种配套件不合格产品不得超过 1%。合同签订后,机械厂于 4 月中旬交付了货物,经空调器厂检验,外罩及面板都符合质量要求,但风扇页不合格率达到 30%。为保证本厂的产品质量,空调器厂提出解除全部合同,要求机械厂支付违约金,赔偿损失。而机械厂要求空调器厂付清交付的 3 种配套件的所有货款。双方很难达成一致意见,空调器厂向法院提起诉讼。

问:法院在查明案件事实的基础上,应如何正确使用法律?

解析:本案例涉及出卖人交付的标的物为数物,但有一物不符合约定时,买受人如何行使解除权的问题。实践中,出卖人交付的标的物为数物的情形是很常见的。如果出卖人对其中一种标的物不进行交付或交付的内容不符合约定,买受人是否享有解除合同的权利,在多大范围内享有解除合同的权利,是法律需要解决的一个重要问题。《民法典》第六百三十二条规定:"标的物为数物,其中一物不符合约定的,买受人可以就该物解除。但是,该物与他物分离使标的物的价值显受损害的,买受人可以就数物解除合同。"

在本案例纠纷中,机械厂为空调器厂加工的 3 种配套件可以相互独立存在,风扇叶的质量问题不会影响外罩及面板的价值,且每种配套件的价格合同中也有约定。因此,空调器厂要求解除全部合同的请示不能予以支持,该厂只能就风扇叶一项部分解除合同。至于机械厂提供的风扇叶质量不合格,影响空调器生产计划问题,则另当别论,或是机械厂给予更换,或是赔偿部分损失。

3.9.3 债务相互抵销

债务相互抵销是指当事人双方相互负有给付义务,将两项债务相互充抵,使其相互在对等额内消灭。在抵销中,主张抵销的债务人的债权,称为主动债权。被抵销的权利即债权人的债权,称为被动债权。

法定抵销是指当事人互负债务,该债务的标的物种类、品质相同的,任何一方可以将自己的债务与对方的到期债务抵销;但是,根据债务性质、按照当事人约定或者依照法律规定不得

抵销的除外。当事人主张抵销的，应当通知对方。通知自到达对方时生效。抵销不得附条件或者附期限。

合意抵销又称为契约上抵销，是指当事人互负债务，标的物种类、品质不相同的，经双方协商一致，双方合意所为的抵销。合意抵销是由当事人自由约定的，其效力决定于当事人双方的约定。

3.9.4 合同的提存

1）提存的概念

提存是指债务人于债务已届履行期时，将无法给付的标的物提交给提存机关，以消灭合同债务的行为。在合同的履行中，当事人应坚持协作履行原则，债权人应对债务人的履行予以协助。如果债权人不协助债务人的履行，对债务人的履行拒不接受，或者债务人无法向债权人履行，债务人就不能清偿债务。在这种情况下，尽管债权人可能要承担受领迟延责任，但债务人将因债权人不受领给付而继续承担清偿责任，这对债务人是不公平的。因此，法律设立了提存制度。

通过提存，债务人就可以将其无法给付的标的物提交给提存机关保存，以代替向债权人的给付，从而免除自己的清偿责任。债务人提存后，债务人的债务即归消灭，因此提存是合同终止的原因。

2）标的物提存的条件

《民法典》规定，有下列情形之一，难以履行债务的，债务人可以将标的物提存：

①债权人无正当理由拒绝受领。在债务人履行不适当的情况下，债权人拒绝受领有正当理由，债务人就不能提存。

②债权人下落不明。债权人下落不明，包括债权人地址不清或不详，债务人通过正常途径无法得知，从而无法向债权人履行的情形。如果债权人下落不明，债务人仍可履行债务的，如债务人可向债权人的代理人或第三人履行，则债务人就不能提存。

③债权人死亡未确定继承人、遗产管理人，或者丧失民事行为能力未确定监护人。

④法律规定的其他情形。

标的物不适于提存或者提存费用过高的，债务人依法可以拍卖或者变卖标的物，提存所得的价款。

3）提存成立及提存对债务人效力

债务人将标的物或者将标的物依法拍卖、变卖所得价款交付提存部门时，提存成立。提存成立的，视为债务人在其提存范围内已经交付标的物，即提存之债从提存之日即告清偿。提存后，债务人与债权人之间的债的关系即告消灭，债务人不再负清偿责任，提存物的所有权也因提存而转移给债权人。

4）提存通知

标的物提存后，债务人应当及时通知债权人或者债权人的继承人、遗产管理人、监护人、财产代管人。

5）提存对债权人效力

债务人提存后，提存物的所有权归债权人所有。因此，标的物提存后，毁损、灭失的风险由债权人承担。提存期间,标的物的孳息归债权人所有。提存费用由债权人负担。

6)提存物的受领及受领权消灭

债权人可以随时领取提存物。但是,债权人对债务人负有到期债务的,在债权人未履行债务或者提供担保之前,提存部门根据债务人的要求应当拒绝其领取提存物。

债权人领取提存物的权利,自提存之日起5年内不行使而消灭,提存物扣除提存费用后归国家所有。但是,债权人未履行对债务人的到期债务,或者债权人向提存部门书面表示放弃领取提存物权利的,债务人负担提存费用后有权取回提存物。

【例题33】根据《民法典》的规定,下列关于提存的法律效果的表述,正确的是(　　)。

A.标的物提存后,毁损、灭失的风险由债务人承担

B.提存费用由债权人负担

C.债权人提取提存物的权利,自提存之日起2年内不行使则消灭

D.提存期间,标的物的孳息归债务人所有

【解析】选项A,标的物提存后,毁损、灭失的风险由债权人承担。选项C,债权人领取提存物的权利,自提存之日起5年内不行使而消灭,提存物扣除提存费用后归国家所有。选项D,提存期间,标的物的孳息归债权人所有。

答案:B

▶ 3.9.5 债权人免除债务

债务免除是指债权人免除债务人的债务而使合同权利义务部分或全部终止的意思表示。债务免除成立后,债务人就不再负担被免除的债务,债权人的债权也就不再存在。因此,债务免除为合同终止的原因之一。

债权人免除债务人部分或者全部债务的,债权债务部分或者全部终止,但是债务人在合理期限内拒绝的除外。债权人以单方法律行为免除债务的,债权人向受债务免除的债务人作出免除的意思表示,即可发生免除的效力。而且一旦债权人作出免除债务的意思表示,即不得撤回。债权人以合同免除债务的,债权人和债务人应明确约定免除债务的范围。

免除的效力是使合同关系消灭。债务全部免除的,合同关系就全部消灭;债务部分免除的,合同关系于免除的范围内部分消灭。主债务因免除而消灭的,从债务也随之消灭。但从债务因免除而消灭的,并不影响主债务的存在,主债务并不随之消灭。

▶ 3.9.6 债权债务同归于一人即混同

混同是指债权与债务同归于一人,而使合同关系消灭的事实。《民法典》第五百七十六条规定:“债权和债务同归于一人的,债权债务终止,但是损害第三人利益的除外。”混同分为概括承受与特定承受。

1)概括承受

概括承受是指合同关系的一方当事人概括承受他方的权利义务。具体包括:

①企业合并,合并前的两个企业之间的债权债务因同归于合并后的企业而消灭;

②债权人继承债务人,例如父亲向儿子借钱后死亡,儿子继承父亲的债权和债务;

③债务人继承债权人,例如儿子向父亲借钱后,父亲死亡,儿子继承父亲的财产;

④第三人继承债权人和债务人,例如儿子甲向父亲乙借钱后,因意外事件二人同时死亡,由甲的儿子丙继承他们二人的财产。

2)特定承受

特定承受是指债权人承受债务人对自己的债务,或者债务人受让债权人对自己的债权时而发生的混同。具体包括:

①债务人受让债权人的债权。例如债权人甲与债务人乙签订合同后,甲将合同权利转让给乙。

②债权人承受债务人的债务。例如甲乙二人签订合同后,债务人乙的债务转移给债权人甲。

混同的效力是导致合同关系绝对消灭,并且主债消灭。例如保证债务因主债务人与债权人混同而消灭,从债也随之消灭。在连带债务人中,一人与债权人混同时,债仅在该连带债务人应负担的债务额限度内消灭,其他连带债务人对剩余部分的债务仍负连带债务。在连带债权人中,一人与债务人混同时,债也仅在该连带债权人所享有的债权额限度内消灭,其他连带债权人对剩余部分的债权仍享有连带债权。

混同虽然能产生合同终止的效力。但是,在例外情形下即涉及第三人利益时,虽然债权人和债务人发生混同,合同也不消灭。例如公司甲与公司乙签订了房屋预售合同,甲交纳了一定比例的预付款后,取得了对预售房屋的权利。随后甲将取得的预售房屋抵押给了丙。半年后,甲乙二公司合并,如果此时合同终止,甲不必取得对预售房屋的所有权,就会损害抵押权人丙的利益,此种情况,甲乙双方的合同不能终止。

3.10 违约责任

3.10.1 违约责任的含义

1)违约责任的概念

违约责任也称为违反合同的民事责任,是指当事人不履行合同义务或者履行合同义务不符合约定时,依照法律规定或者合同约定所承担的法律责任。违约责任是财产责任,这种财产责任表现为支付违约金、支付定金、赔偿损失、继续履行、采取补救措施等。

合同一旦生效,即在当事人之间产生法律拘束力,当事人应按照合同约定全面、严格地履行合同义务,任何一方当事人违反合同规定的义务均应承担违约责任。所以,违约责任是违反有效合同所规定的义务的后果。《民法典》第五百七十七条规定:“当事人一方不履行合同义务或者履行合同义务不符合约定的,应当承担继续履行、采取补救措施或者赔偿损失等违约责任。”但是,违约责任的本质不在于对违约方的制裁,而在于对被违约方的补偿,更主要表现为补偿性。

2)违约责任的特点

①违约责任的产生以合同当事人不履行合同义务为条件。合同债务是违约责任发生的前提,违约责任是债务不履行的后果,债务是因,责任是果,无债务则无责任。

②违约责任具有相对性。合同关系的相对性决定了违约责任的相对性。违约责任只能在特定的当事人之间，即合同关系的当事人之间发生，合同关系以外的人不负违约责任。合同当事人也不对合同关系以外的人承担违约责任。

③违约责任主要具有补偿性。违约责任的补偿性是指违约责任的目的在于弥补或补偿违约行为造成的损害后果。当然，强调违约责任的补偿不能完全否认违约责任，有时也具有惩罚性的特征。

④违约责任可以由当事人约定。当事人可以在法律规定的范围内，也可以在合同中对违约责任做出事先约定。当事人可以约定一定数额的违约金，可以约定损害赔偿的计算方法，也可以通过约定免责条款以限制或免除其在将来可能的责任。对违约责任的事先约定，从根本上说是由合同自由原则决定的。

⑤违约责任是民事责任的一种形式。刑事责任、行政责任中不存在违约责任这种责任形式，违约责任属于民事责任所特有的一种责任形式。

3）违约责任的构成要件

违约责任的构成要件有以下 4 个：

①违约行为的存在。违约行为是合同当事人不履行或不完全履行合同义务的行为。

②有损害后果。损害必须是实际已经发生的，尚未发生的损害不能赔偿。损害又是可以计算的，只有可以计算的才能赔偿。

③违约行为与损害后果之间有因果关系。损害后果是由违约行为直接造成的，因此，不仅决定了违约责任的成立，而且决定了承担违约责任的范围。

④不存在法定或者约定的免责事由。在违约行为发生以后，违约当事人并不是在任何情况下都应当承担违约责任。如果具有法定的或者约定的免责事由，则当事人虽然实施了违约行为，也不一定承担违约责任。

4）法定或者约定的免责事由

在合同履行过程中，因出现了法定的或合同约定的免责条件而导致合同不能履行，违约人将被免除履行义务、免于承担违约责任，这些法定的或约定的免责条件被统称为免责事由。合同责任的免责事由既包括法定的责任事由（不可抗力），也包括当事人约定的责任事由（免责条款）。在合同关系中，法律完全允许当事人自愿确定权利义务关系，也可通过设定免责条款而限制、免除其未来的责任。只有在法定的免责事由和约定的免责事由导致合同不能履行时，才能使债务被免除。

法定的免责事由仅指不可抗力。不可抗力是指在合同订立时不能预见、不能避免并不能克服的客观情况，包括自然灾害（如台风、地震、洪水、冰雹）、政府行为（如征收、征用）、社会异常事件（如罢工、骚乱）等。《民法典》第五百九十条规定：“当事人一方因不可抗力不能履行合同的，根据不可抗力的影响，部分或者全部免除责任，但是法律另有规定的除外。因不可抗力不能履行合同的，应当及时通知对方，以减轻可能给对方造成的损失，并应当在合理期限内提供证明。当事人迟延履行后发生不可抗力的，不免除其违约责任。”

在某些情况下，不可抗力的事由只是导致合同部分不能履行或暂时不能履行，这样，当事人只能部分被免除责任，或者暂时停止履行，在不可抗力事由消除以后如能够履行还要继续履行。因此，不可抗力是否应导致当事人被免除责任，应视具体情况而定。在不可抗力事件发生以后，当事人一方因不可抗力而不能履行合同，应及时向对方通报合同不能履行或者需要迟延履行、部分履行的事由，并应取得有关证明。同时也应当尽最大努力消除事件的影响，减少因不可抗力造成的损失。

【例题 34】施工合同履行过程中出现以下情况时，当事人一方可以免除违约责任的是（　　）。

A. 因为三通一平工期拖延，发包方不能在合同约定的时间内给承包商提供施工场地

B. 因为发包方拖延提供图纸，导致工期拖延

C. 因为发生洪灾，承包方无法在合同约定的工期内竣工

D. 因为承包方自有设备损坏，导致工期拖延

解析：选项 A、B、D 都符合违约责任的构成要件。选项 C，不可抗力属于法定的免责事由。

答案：C

5）违约行为的形态

（1）预期违约

预期违约也称先期违约，是指在合同履行期限届满之前，当事人一方明确表示不履行合同（明示毁约），或者以其行为表示将不可能履行合同（默示毁约，非违约方需有足够的证据证明）。对于预期违约，对方可以在履行期限届满之前要求其承担违约责任。预期违约制度的设立，可以使受害方提前得到法律上的救济，防止其蒙受本来可以避免的损失，如等到合同规定的履行期到来再采取行动，就丧失了与其他人进行交易的机会，或者为即将到来合同的履行进行必要的准备而造成的损失。

（2）实际违约

在履行期届至后，当事人不履行或不完全履行合同义务的，将构成实际违约。一旦合同履行期届至，当事人未履行合同义务或者履行合同义务不适当，无须经对方当事人催告，即构成违约。实际违约行为主要有：

①拒绝履行，是指在合同期限到来以后，一方当事人无正当理由拒绝履行合同规定的全部义务。

②迟延履行，是指合同当事人的履行违反了履行期限的规定。

③不适当履行，是指当事人交付的标的物不符合合同规定的质量要求，也就是说履行具有瑕疵。

④部分履行，是指合同虽然履行但履行不符合数量的规定，或者履行在数量上存在着不足。

⑤其他不完全履行的行为，如履行地点、方法等不适当，也属于违约行为。

【例题 35】某建筑材料采购合同于 2022 年 9 月 1 日订立，合同约定设备供应方应当于 2022 年 9 月 20 日交货。由于该供应商近期订单很多，2022 年 9 月 10 日供货方通知买货方，不能按期交货，请买货方考虑其他采购渠道。下列说法正确的是（　　）。

A. 供货方属于预期违约

B. 供货方属于实际违约

C. 供货方承担缔约过失责任

D. 买方只能在 9 月 20 日起追究其违约责任

E. 买方可以从 9 月 10 日起追究其违约责任

解析:选项A、B、C,预期违约是指在合同履行期限届满之前,当事人一方明确表示不履行合同,或者以其行为表示将不可能履行合同。选项C、D,对于预期违约,对方可以在履行期限届满之前要求其承担违约责任。

答案:AE

▶ 3.10.2 违约责任的类型

根据《民法典》的规定,当事人一方不履行合同义务或者履行合同义务不符合约定的,应当承担继续履行、采取补救措施或者赔偿损失等违约责任。违约责任的承担形式主要有继续履行、采取补救措施、赔偿损失、支付违约金或定金等。具体适用哪种违约责任承担形式,由当事人根据自己的要求加以选择。

1)继续履行

继续履行,又称为实际履行、强制实际履行,是指当事人不履行合同义务或履行合同义务不符合约定时,对方当事人可请求人民法院或者仲裁机构强制违约方实际履行合同义务。

继续履行是一种违约后的补救方式,就是说,在一方违反合同后,另一方有权要求违约方继续履行合同,也有权要求其承担支付违约金和损害赔偿等责任。是否请求实际履行是非违约方的一项权利。

不过对继续履行的适用,《民法典》区分了金钱债务和非金钱债务两种情况。对于金钱债务,当事人一方未支付价款、报酬、租金、利息,或者不履行其他金钱债务的,对方可以请求其支付。而对于非金钱债务,当事人一方不履行非金钱债务或者履行非金钱债务不符合约定的,对方可以请求履行,但是有下列情形之一的不能再继续履行:法律上或者事实上不能履行;债务的标的不适于强制履行或者履行费用过高;债权人在合理期限内未请求履行。有前款规定的除外情形之一,致使不能实现合同目的的,人民法院或者仲裁机构可以根据当事人的请求终止合同权利义务关系,但是不影响违约责任的承担。

继续履行可以与违约金、损害赔偿和定金责任并用,但不能与解除合同的方式并用。因为解除合同旨在使合同关系不复存在,债务人不再负履行义务,所以它是与继续履行对立的补救方式。

2)采取补救措施

采取补救措施是指违约方所采取的旨在消除违约后果的补救方式。这种补救方式不同于继续履行、赔偿损失、支付违约金、支付定金等违约责任承担方式。

《民法典》第五百八十二条规定:"履行不符合约定的,应当按照当事人的约定承担违约责任。对违约责任没有约定或者约定不明确,依据本法第五百一十条的规定仍不能确定的,受损害方根据标的的性质以及损失的大小,可以合理选择请求对方承担修理、重作、更换、退货、减少价款或者报酬等违约责任。"

《民法典》第五百八十三条规定:"当事人一方不履行合同义务或者履行合同义务不符合约定的,在履行义务或者采取补救措施后,对方还有其他损失的,应当赔偿损失。"根据这一规定,采取补救措施是可以和赔偿损失并用的。

3)赔偿损失

(1)赔偿损失的概念和特征

赔偿损失,是指合同违约方因不履行或不完全履行合同义务而给对方造成的损失,依法或依据合同约定赔偿对方所蒙受损失的一种违约责任承担形式。赔偿损失具有以下特征:

①是合同违约方违反合同义务所产生的责任形式。

②具有补偿性,是强制违约方给非违约方所受损失的一种补偿。从等价交换原则出发,任何民事主体一旦造成他人损害都必须以等量的财产予以补偿。一方违约后必须赔偿对方因违约遭受的全部损害,赔偿损失也应完全符合这一交易原则。这就是说,赔偿损失应当具有补偿性,其主要目的在于弥补或填补债权人因违约行为所遭受的损害后果。

③具有一定的任意性。当事人订立合同时,可以预先约定违约赔偿损失的计算方法,或者直接约定违约方付给非违约方一定数额的金钱。当事人也可以事先约定免责的条款。

④以赔偿非违约方实际遭受的全部损害为原则。只有赔偿全部损失才能使非违约方在经济上获得相当于合同得到正常履行情况下的同等收益,由此才能督促当事人有效地履行合同。

(2)赔偿损失的范围

《民法典》第五百八十四条规定:"当事人一方不履行合同义务或者履行合同义务不符合约定,造成对方损失的,损失赔偿额应当相当于因违约所造成的损失,包括合同履行后可以获得的利益;但是,不得超过违约一方订立合同时预见到或者应当预见到的因违约可能造成的损失。"根据这一规定,只有当违约所造成的损害是违约方在订约时可以预见的情况下,才能认为损害结果与违约之间具有因果关系,违约方才应当对这些损害负赔偿责任。如果损害不可预见,则违约方不应赔偿。采用可预见性规则的根本原因在于,只有在交易发生时,订约当事人对其未来的风险和责任可以预测,才能计算其费用和利润,并能够正常地从事交易活动。如果未来的风险过大,那么当事人就难以从事交易活动,因此,可预见性规则将违约当事人的责任限制在可预见的范围之内,这对促进交易活动的发展、保障交易活动的正常进行具有重要意义。

所谓可得利益,是指合同在履行以后可以实现和取得的利益。可得利益是一种必须通过合同的实际履行才能实现的未来的利益,是当事人订立合同时能够合理预见到的利益,因此尽管它没有为当事人所实际享有,但只要合同如期履行就会由当事人所获得。在确定可得利益损失的赔偿时,受害人不仅要证明其遭受的可得利益损失确实是因为违约方的违约行为造成的,而且要证明这些损失是违约方在签订合同时能够合理预见的,同时受害人的可得利益损失与违约行为之间应当具有直接的因果关系。

赔偿损失包括直接损失和间接损失。直接损失是指财产上的直接减少;间接损失,又称所失利益,是指失去的可以预期取得的利益。可以预期取得的利益也称可得利益,是指利润而不是营业额。

【例题36】《民法典》规定的赔偿损失是一种常见的违约责任。赔偿损失既包括直接损失,也包括间接损失。工程施工中,因发包人原因停建,承包人依法解除合同,其可以要求发包人赔偿的间接损失是(　　)。

A. 机械设备退场时拆除不当导致工人受伤　　B. 未使用建筑材料积压、处置产生的损失

C. 未完工程的营业额　　D. 未完工程的计划利润

解析:选项 A,该损失是违约方不可预见的,则违约方不应赔偿。选项 B,属于直接损失。选项 C、D,间接损失(又称所失利益)是指失去的可以预期取得的利益。可以预期取得的利益(也称可得利益),是指利润而不是营业额。

答案:D

(3)约定赔偿损失与法定赔偿损失

《民法典》第五百八十五条规定:“当事人可以约定一方违约时应当根据违约情况向对方支付一定数额的违约金,也可以约定因违约产生的损失赔偿额的计算方法。约定的违约金低于造成的损失的,人民法院或者仲裁机构可以根据当事人的请求予以增加;约定的违约金过分高于造成的损失的,人民法院或者仲裁机构可以根据当事人的请求予以适当减少。”

法定赔偿损失,是指根据法律规定的赔偿范围、损失计算原则与标准,确定赔偿损失的金额。一般来说,赔偿损失的主要形式是法定赔偿损失,而约定赔偿损失是为了弥补法定赔偿损失的不足。在确定了适用约定赔偿损失还是法定赔偿损失时,原则上约定赔偿损失优先于法定赔偿损失。作为约定赔偿损失,一旦发生违约并造成受害人的损害以后,受害人不必证明其具体损害范围即可依据约定赔偿损失条款而获得赔偿。

(4)赔偿损失的限制

①赔偿损失的可预见性原则。《民法典》规定,损失赔偿额应当相当于因违约所造成的损失,包括合同履行后可以获得的利益;但是,不得超过违约一方订立合同时预见到或者应当预见到的因违约可能造成的损失。如果损害是不可预见的,则违约方不应赔偿。

②非违约方负有采取适当措施防止损失扩大的义务。《民法典》规定,当事人一方违约后,对方应当采取适当措施防止损失的扩大;没有采取适当措施致使损失扩大的,不得就扩大的损失请求赔偿。当事人因防止损失扩大而支出的合理费用,由违约方承担。

【例题 37】乙方当事人的违约行为导致工程受到损失,甲方没有采取任何措施减损,导致损失扩大到 5 万元。甲乙双方就此违约事实发生纠纷,经过鉴定机构鉴定,乙方的违约给甲方造成的损失是 2 万元,乙方应该向甲方赔偿损失(　　)万元。

A. 1　　B. 2　　C. 3　　D. 5

解析:非违约方负有采取适当措施防止损失扩大的义务。

答案:B

4)支付违约金

(1)违约金的概念

违约金是指按照当事人的约定或者法律规定,一方当事人违约时应当根据违约情况向对方支付一定数额的货币。《民法典》规定,当事人可以约定一方违约时应当根据违约情况向对方支付一定数额的违约金,也可以约定因违约产生的损失赔偿额的计算方法。

(2)违约金的特点

①违约金可由当事人协商确定。当事人约定违约金的权利是我国法律所确立的合同自由原则的具体体现。在现实经济生活中,当事人订立和履行合同的条件各不相同,当事人受到的损失也只有当事人自己最清楚。因此,对各种合同关系中的违约金如果都由法律做出规定是不可能,也是不必要的。允许当事人约定违约金,实际上是尊重合同当事人自由约定合同条款的权利,以及在违约发生时保护自身利益的权利。所以,约定违约金的存在价值是法定违约金所不可替代的。

②违约金的数额具有预先确定性。违约金预先确定的赔偿数额具有以下特点:第一,作为违约以后对于损失的补偿,非常简便迅速,免去了受害人一方在另一方违约后就实际损失所负的举证责任,同时也省去了法院和仲裁机构在计算实际损失方面的麻烦。第二,由于违约金数额是预先确定的,它事先向债务人指明了违约后所应承担责任的具体范围,从而能督促债务人履行合同。所以,从这个意义上说,违约金具有的担保作用是其他担保形式所不可能替代的。第三,违约金还具有限制当事人的风险和责任的功能。因为违约金数额是预先约定的,它可以把风险和责任限制在预先确定的范围内,从而有利于当事人在订约时计算风险和成本,有利于合同确定未来的利益,也有利于鼓励交易。

③违约金是一种违约后适用的责任方式。违约金的设立旨在督促当事人履行债务,因此也具有担保的功能。然而违约金作为对违约行为的制裁措施,表明其主要是作为一种违约后的责任形式而存在的。如果合同当事人按照合同约定已经履行了合同义务,没有违约行为发生,这种责任条款是不能实现的。

④违约金的支付是独立于履行行为之外的给付。我国法律和司法实践不允许以支付违约金替代实际履行。违约金不同于附条件的合同。在某些附条件的合同中,当事人也往往规定当某种条件成立时,将导致一笔金钱的支付。这种金钱支付的义务是主债务,而违约金条款所规定的因一方不履行所产生的金钱支付的义务并不是主债务,而是一种从债务,是独立于履行行为以外的一种金钱给付。

(3)违约金的国家干预性

违约金的约定尽管属于当事人合同自由约定的范围,但这种自由不是绝对的,而是受限制的。《民法典》第五百八十五条规定,约定的违约金低于造成的损失的,当事人可以请求人民法院或者仲裁机构予以增加;约定的违约金过分高于造成的损失的,当事人可以请求人民法院或者仲裁机构予以适当减少。当事人就迟延履行约定违约金的,违约方支付违约金后,还应当履行债务。

从实践来看,人民法院和仲裁机构对违约金的干预是必要的。因为违约金是事先约定的,它与违约发生后所造成的实际损失不可能完全一致。与实际损失相比,如果当事人约定的违约金数额过低,则难以起到制裁违约行为和补偿受害人损失的作用;如果当事人约定的违约金过高,不仅会使受害人获得不正当的利益,在一定程度上还会恶化违约方的财产状况,而且任由当事人订立数额过高的违约金将使违约金的约定变成一种赌博,这等于鼓励当事人依靠不正当的方式取得一定的利益和收入。人民法院和仲裁机构对违约金数额的调整,一方面必须由一方当事人提出要求,而不得由人民法院和仲裁机构主动调整;另一方面,调整的数额与实际损失相比过高或过低,均会违反公平和诚实信用原则。因此,在调整的过程中必须以公平和诚实信用原则为依据。

【例题38】甲与乙订立了一份大额合同,其中规定,任何一方违约,应当支付守约方违约金10万元。现由于甲违约,给乙造成直接经济损失7万元,预期的可得利益损失5万元,甲应当赔偿乙(　　)万元。

A.7　　B.10　　C.12　　D.15

解析:《民法典》规定,约定的违约金低于造成的损失的,当事人可以请求人民法院或仲裁机构予以增加。本案中,乙的损失为12万元,而双方约定违约金为10万元。根据上述规定,甲应赔偿乙12万元。

答案:C

5)定金责任

定金是指为保证合同的履行,合同双方当事人约定的由一方预先向对方给付的一定数量的货币作为合同的担保。定金合同自实际交付定金时成立。

《民法典》规定,债务人履行债务的,定金应当抵作价款或者收回。给付定金的一方不履行债务或者履行债务不符合约定,致使不能实现合同目的的,无权请求返还定金;收受定金的一方不履行债务或者履行债务不符合约定,致使不能实现合同目的的,应当双倍返还定金。定金的数额由当事人约定。但是,不得超过主合同标的额的20%,超过部分不产生定金的效力。实际交付的定金数额多于或者少于约定数额的,视为变更约定的定金数额。

违约金存在于主合同之中,定金存在于从合同之中。它们可能单独存在,也可能同时存在。《民法典》第五百八十八条规定:"当事人既约定违约金,又约定定金的,一方违约时,对方可以选择适用违约金或者定金条款。定金不足以弥补一方违约造成的损失的,对方可以请求赔偿超过定金数额的损失。"

【例题 39】甲与乙订立了一份材料购销合同,约定甲向乙交付相应的材料,货款为 80 万元,乙向甲支付定金 4 万元,同时约定任何一方不履行合同应支付违约金 6 万元。合同到期后,甲无法向乙交付材料,乙为了最大限度保护自己的利益,应该请求(　　)。

A. 甲双倍返还定金 8 万元

B. 甲双倍返还定金 8 万元,同时请求甲支付违约金 6 万元

C. 甲支付违约金 6 万元,同时请求返还支付的定金 4 万元

D. 甲支付违约金 6 万元

解析:如适用定金罚则,乙可以得到 4 万元×2=8 万元;如适用违约金罚则,乙可以得到 6 万元。从表面上看,适用定金罚则得到的金额高于适用违约金罚则,但定金罚则中的 4 万元是乙先行支付的,所以从最大限度保护乙的利益出发,选择违约金 6 万元,同时定金 4 万元由甲返还给乙。

答案:C

【案例 4】2022 年 3 月 15 日,某供货商与某施工单位签订一份建材买卖合同,双方约定:由供货商于 4 月 15 日前提供 42.5R 硅酸盐水泥 1 000 t,单价 90 元/t,施工单位先支付价款 8 万元,并于 5 月 20 日将货款一次性全部支付。4 月 15 日,施工单位通知供货商按合同约定时间交货,供货商回函言:因设备老化,按时交付有一定困难,请求暂缓履行。施工单位因为要抢工期,没有同意供货商迟延履行的要求。4 月 25 日,因供货商没有履行合同,施工单位致函供货商,要求供货商最迟在 5 月 10 日前履行合同,否则解除合同。5 月 20 日,供货商仍未履行合同,施工单位只好从别的渠道用 100 元/t 的价格购买了同型号水泥 1 000 t,总价款 10 万元,同时通知供货商解除合同,返还 8 万元货款及利息,并要求供货商赔偿误工损失及购买水泥多支付的 1 万元价款。8 月 10 日,供货商要求履行合同,称施工单位解除合同没有征得供货商的同意,因而合同没有解除,施工单位应当接收货物。在遭到拒绝后遂起诉至法院。问题:(1)施工单位是否有权解除合同?

(2)法院能否支持供货商的主张?

(3)施工单位能否要求损害赔偿?

解析:(1)施工单位有权解除合同。依照《民法典》规定,当事人迟延履行主要债务,经催

告后仍不履行的，当事人可以解除合同。本案例中，供货商迟延履行主要债务，在施工单位催告后，在合理的期限内仍未履行，因此施工单位有权解除合同。

(2)法院不能支持供货商的主张。依照《民法典》规定，当事人一方依法主张解除合同的，应当通知对方。合同自通知到达对方时解除。本案例中，施工单位在解除合同时通知了供货商，供货商对此没有提出异议，依照法律规定，合同自解除的通知到达供货商时就已经生效，不需要供货商的同意。因此供货商的主张，法院不能支持。

(3)施工单位可以要求损害赔偿。依据《民法典》有关规定，解除合同与损害赔偿可以并存，当事人解除合同后如果有其他损失的仍可以要求赔偿损失。

【案例5】公司甲与公司乙于2022年4月10日签订了设备买卖合同，甲为买方，乙为卖方。双方约定：

(1)由公司乙于8月31日前分两批向甲公司提供设备10套，价款总计为200万元；

(2)公司甲向公司乙给付定金30万元；

(3)如一方迟延履行，应向另一方支付违约金50万元。

合同依法生效后，公司甲因故未向公司乙给付定金。6月10日，乙向甲交付了4套设备，甲支付了80万元货款。7月，该种设备价格大幅上涨，乙向甲提出变更合同，要求将剩余的6套设备价格提高到每套10万元，甲不同意，随后乙通知甲解除合同。

9月1日，甲仍未收到剩余的6套设备，从而严重影响了其正常生产，并因此遭受了100万元的经济损失。于是甲诉至法院，要求乙增加违约金数额并继续履行合同。

问题：(1)合同约定甲向乙给付30万元定金是否合法？定金是否生效？说明理由。

(2)乙通知甲解除合同是否合法？说明理由。

(3)甲要求增加违约金数额依法能否成立？说明理由。

(4)甲要求乙继续履行合同依法能否成立？说明理由。

解析：(1)合同约定甲向乙给付30万元定金合法。定金数额由当事人约定，但不得超过主合同标的额的20%。在本案例中，甲与乙订立的合同约定的定金为30万元，占主合同标的额的15%，符合法律规定。但由于定金合同从实际交付定金之日起生效，甲因故未向乙给付定金，因此，定金合同未生效。

(2)乙通知甲解除合同不合法。依法订立的合同成立后即具有法律约束力，任何一方当事人都不得擅自变更或解除合同，当事人协商一致可以解除合同，而甲、乙双方没有协商一致。当事人的情况也不符合法定解除情形，因此，乙通知甲解除合同于法无据。

(3)甲要求增加违约金数额依法成立。约定的违约金低于造成损失的，当事人可以请求人民法院或仲裁机构予以增加。甲、乙双方约定的违约金为50万元，而甲的损失达100万元，因此，甲可以请求人民法院予以增加。

(4)甲要求乙继续履行合法成立。一方违约，对方当事人可以要求继续履行，违约方应当承担继续履行的违约责任。

3.11 建设工程施工合同纠纷案件司法解释相关规定

2020年12月25日，最高人民法院审判委员会第1825次会议通过《最高人民法院关于审理建设工程施工合同纠纷案件适用法律问题的解释(一)》(以下简称《新施工合同司法解释一》),自2021年1月1日起与《民法典》配套并同步施行。《新施工合同司法解释一》结合了《最高人民法院关于审理建设工程施工合同纠纷案件适用法律问题的解释》(法释〔2004〕14号)与《最高人民法院关于审理建设工程施工合同纠纷案件适用法律问题的解释(二)》(法释〔2018〕20号)的相关规定,并吸收了《民法典》的最新规定,对我国建设工程领域有深远影响,深入学习与准确理解《新施工合同司法解释一》的各个条文,有助于各参建方做好工程项目的全过程法律风险防控的相关工作。

▶ 3.11.1　关于工程质量问题

(1)工程质量问题

建设工程质量达标合格是施工的核心,不合格工程不能交付使用。对有质量缺陷的工程,一般应由施工方承担修复、返工、更换等责任。《新施工合同司法解释一》规定,因承包人原因造成建设工程质量不符合约定,承包人拒绝修理、返工或者改建,发包人请求减少支付工程价款的,人民法院应予支持。《民法典》第八百零一条规定,因施工人的原因致使建设工程质量不符合约定的,发包人有权请求施工人在合理期限内无偿修理或者返工、改建。经过修理或者返工、改建后,造成逾期交付的,施工人应当承担违约责任。

《新施工合同司法解释一》对发包人的过错情形予以了明确,规定发包人具有下列情形之一,造成建设工程质量缺陷,应当承担过错责任:

①提供的设计有缺陷;

②提供或者指定购买的建筑材料、建筑构配件、设备不符合强制性标准;

③直接指定分包人分包专业工程。

承包人有过错的,也应当承担相应的过错责任。这里所说的承包人过错是指:

①承包人知道或应当知道工程设计缺陷,没有提出,继续施工的;

②承包人对发包人提供或指定购买的建筑材料、建筑构配件和设备,未进行检验或经检验不合格仍然使用的;

③对发包人提出的违反法律、法规和建筑工程质量安全标准规定,降低工程质量的要求不予拒绝的。

因勘察、设计造成的工程质量缺陷,属于承包人的免责范围,应当由发包人先对承包人承担责任,再由发包人依据约定向勘察、设计方主张权利。

对于工程质量缺陷原因不明的,要通过鉴定,查明原因,分清责任主体。

(2)发包人擅自使用建设工程后出现质量问题的处理

建设工程未经竣工验收,发包人擅自使用后,又以使用部分质量不符合约定为由主张权利的,法院不予支持。但承包人应当在建设工程的合理使用寿命内对地基基础工程和主体结构质量承担民事责任。

▶ 3.11.2　关于工期问题

《建设工程施工合同(示范文本)》(GF-2017-0201)规定,工期是指在合同协议书约定的承包人完成工程所需的期限,包括按照合同约定所作的期限变更。

(1)开工日期及开工通知

开工日期包括计划开工日期和实际开工日期。

经发包人同意后,监理人发出的开工通知应符合法律规定。监理人应在计划开工日期7天前向承包人发出开工通知,工期自开工通知中载明的开工日期起算。

《新施工合同司法解释一》规定,当事人对建设工程开工日期有争议的,人民法院应当分别按照以下情形予以认定:

①开工日期为发包人或者监理人发出的开工通知载明的开工日期;开工通知发出后,尚不具备开工条件的,以开工条件具备的时间为开工日期;因承包人原因导致开工时间推迟的,以开工通知载明的时间为开工日期。

②承包人经发包人同意已经实际进场施工的,以实际进场施工时间为开工日期。

③发包人或者监理人未发出开工通知,亦无相关证据证明实际开工日期的,应当综合考虑开工报告、合同、施工许可证、竣工验收报告或者竣工验收备案表等载明的时间,并结合是否具备开工条件的事实,认定开工日期。

(2)工期顺延

当事人约定顺延工期应当经发包人或者监理人签证等方式确认,承包人虽未取得工期顺延的确认,但能够证明在合同约定的期限内向发包人或者监理人申请过工期顺延且顺延事由符合合同约定,承包人以此为由主张工期顺延的,人民法院应予支持。

当事人约定承包人未在约定期限内提出工期顺延申请视为工期不顺延的,按照约定处理,但发包人在约定期限后同意工期顺延或者承包人提出合理抗辩的除外。

(3)竣工日期

《建设工程施工合同(示范文本)》(GF-2017-0201)规定,竣工日期包括计划竣工日期和实际竣工日期。

《新施工合同司法解释一》规定,当事人对建设工程实际竣工日期有争议的,人民法院应当分别按照以下情形予以认定:

①建设工程经竣工验收合格的,以竣工验收合格之日为竣工日期;

②承包人已经提交竣工验收报告,发包人拖延验收的,以承包人提交验收报告之日为竣工日期;

③建设工程未经竣工验收,发包人擅自使用的,以转移占有建设工程之日为竣工日期。

【例题40】根据《新施工合同司法解释一》,下列关于建设工程开工日期的确认,说法正确的是(　　)。

A. 开工通知发出后,尚不具备开工条件的,以开工通知载明的时间为开工日期

B. 开工通知发出后,尚不具备开工条件的,以条件具备的时间为开工日期

C. 因承包人原因导致开工时间推迟的,以开工通知载明的时间为开工日期

D. 因承包人原因导致开工时间推迟的,以实际进场施工时间为开工日期

E. 发包人或监理人未发出开工通知,以实际进场施工时间为开工日期

解析:开工通知发出后,尚不具备开工条件的,以条件具备的时间为开工日期。发包人或者监理人未发出开工通知,亦无相关证据证明实际开工日期的,应当综合考虑。

答案:BC

【例题41】当事人对建设工程实际竣工日期有争议,下列关于人民法院认定竣工日期的

说法,正确的是(　　)。

A. 建设工程经竣工验收合格的,以承包人提交竣工验收报告之日为竣工日期

B. 承包人已经提交竣工验收报告,发包人拖延验收的,以承包人提交验收报告之日为竣工日期

C. 建设工程未经竣工验收,承包人向发包人交付工程,发包人拒绝接收的,以承包人申请交付之日为竣工日期

D. 建设工程未经竣工验收,发包人通知承包人交付工程,并实际占有使用工程,以发包人通知到达之日为竣工日期

解析:选项A,建设工程经竣工验收合格的,以竣工验收合格之日为竣工日期。选项D,建设工程未经竣工验收,发包人擅自使用的,以转移占有建设工程之日为竣工日期。

答案:B

3.11.3　工程价款支付

按照合同约定的时间、金额和支付条件支付工程价款,是发包人的主要合同义务,也是承包人的主要合同权利。

1)合同价款的确定

招标工程的合同价款由发包人、承包人依据中标通知书中的中标价格在协议书内约定。非招标工程的合同价款由发包人、承包人依据工程预算书在协议书内约定。合同价款在协议书内约定后,任何一方不得擅自改变。

对于"黑白合同"的纠纷,《新施工合同司法解释一》规定,招标人和中标人另行签订的建设工程施工合同约定的工程范围、建设工期、工程质量、工程价款等实质性内容,与中标合同不一致,一方当事人请求按照中标合同确定权利义务的,人民法院应予支持。招标人和中标人在中标合同之外就明显高于市场价格购买承建房产、无偿建设住房配套设施、让利、向建设单位捐赠财物等另行签订合同,变相降低工程价款,一方当事人以该合同背离中标合同实质性内容为由请求确认无效的,人民法院应予支持。

2)解决工程价款结算争议的规定

(1)视为发包人认可承包人的单方结算价

《新施工合同司法解释一》规定,当事人约定,发包人收到竣工结算文件后,在约定期限内不予答复,视为认可竣工结算文件的,按照约定处理。承包人请求按照竣工结算文件结算工程价款的,人民法院应予支持。

(2)对工程量有争议的工程款结算

《新施工合同司法解释一》规定,当事人对工程量有争议的,按照施工过程中形成的签证等书面文件确认。承包人能够证明发包人同意其施工,但未能提供签证文件证明工程量发生的,可以按照当事人提供的其他证据确认实际发生的工程量。

当事人就同一建设工程订立的数份建设工程施工合同均无效,但建设工程质量合格,一方当事人请求参照实际履行的合同关于工程价款的约定折价补偿承包人的,人民法院应予支持。实际履行的合同难以确定,当事人请求参照最后签订的合同关于工程价款的约定折价补偿承包人的,人民法院应予支持。

当事人签订的建设工程施工合同与招标文件、投标文件、中标通知书载明的工程范围、建设工期、工程质量、工程价款不一致,一方当事人请求将招标文件、投标文件、中标通知书作为结算工程价款的依据的,人民法院应予支持。

3)欠付工程款的利息支付

《新施工合同司法解释一》规定,当事人对欠付工程价款利息计付标准有约定的,按照约定处理。没有约定的,按照同期同类贷款利率或者同期贷款市场报价利率计息。

利息从应付工程价款之日开始计付。当事人对付款时间没有约定或者约定不明的,下列时间视为应付款时间:

①建设工程已实际交付的,为交付之日;

②建设工程没有交付的,为提交竣工结算文件之日;

③建设工程未交付,工程价款也未结算的,为当事人起诉之日。

4)工程垫资的处理

《保障中小企业款项支付条例》规定,政府投资项目所需资金应当按照国家有关规定确保落实到位,不得由施工单位垫资建设。

《新施工合同司法解释一》规定,当事人对垫资和垫资利息有约定,承包人请求按照约定返还垫资及其利息的,人民法院应予支持,但是约定的利息计算标准高于垫资时的同类贷款利率或者同期贷款市场报价利率的部分除外。

当事人对垫资没有约定的,按照工程欠款处理。当事人对垫资利息没有约定,承包人请求支付利息的,人民法院不予支持。

【例题42】下列关于建设工程施工工程垫资的说法,正确的是(　　)。

A.垫资的法律性质为当事人之间的借款

B.政府投资项目禁止由施工企业垫资施工

C.当事人之间关于垫资的约定无效

D.当事人对垫资利息没有约定,承包人请求参照金融机构贷款市场报价利率计算利息,人民法院应予支持

解析:选项A,当事人对垫资没有约定的,按照工程欠款处理。选项C,根据《新施工合同司法解释一》规定,垫资条款不再作无效处理。选项D,当事人对垫资利息没有约定,承包人请求支付利息的,人民法院不予支持。

答案:B

▶ 3.11.4　承包人工程价款的优先受偿权

《民法典》规定,发包人未按照约定支付价款的,承包人可以催告发包人在合理期限内支付价款。发包人逾期不支付的,除根据建设工程的性质不宜折价、拍卖外,承包人可以与发包人协议将该工程折价,也可以请求人民法院将该工程依法拍卖。建设工程的价款就该工程折价或者拍卖的价款优先受偿。《新施工合同司法解释一》规定:

①承包人根据《民法典》第八百零七条规定享有的建设工程价款优先受偿权优于抵押权和其他债权。

②装饰装修工程具备折价或者拍卖条件,装饰装修工程的承包人请求工程价款就该装饰

装修工程折价或者拍卖的价款优先受偿的，人民法院应予支持。

③建设工程质量合格，承包人请求其承建工程的价款就工程折价或者拍卖的价款优先受偿的，人民法院应予支持。

④未竣工的建设工程质量合格，承包人请求其承建工程的价款就其承建工程部分折价或者拍卖的价款优先受偿的，人民法院应予支持。

⑤承包人建设工程价款优先受偿的范围依照国务院有关行政主管部门关于建设工程价款范围的规定确定。一般包括承包人为建设工程应当支付的工作人员报酬、材料款等实际支出的费用。承包人就逾期支付建设工程价款的利息、违约金、损害赔偿金等主张优先受偿的，人民法院不予支持。

⑥承包人应当在合理期限内行使建设工程价款优先受偿权，但最长不得超过 18 个月，自发包人应当给付建设工程价款之日起算。

⑦发包人与承包人约定放弃或者限制建设工程价款优先受偿权，损害建筑工人利益，发包人根据该约定主张承包人不享有建设工程价款优先受偿权的，人民法院不予支持。

【例题 43】下列关于建设工程价款优先受偿权的说法，正确的是(　　)。

A. 优先受偿权的行使期限为 12 个月，自工程实际完工之日起算

B. 抵押权优先于承包人优先受偿权

C. 优先受偿权的范围包括逾期支付建设工程价款的违约金

D. 未竣工工程或装饰工程质量合格的，承包人可以请求拍卖后就该工程款优先受偿

解析：选项 A，优先受偿权的行使期限为 18 个月，自发包人应当给付建设工程价款之日起算。选项 B，建设工程价款优先受偿权优于抵押权和其他债权。选项 C，查看承包人建设工程价款优先受偿的范围。

答案：D

▶ 3.11.5 质量保证金返还时间

根据《新施工合同司法解释一》，有下列情形之一，承包人请求发包人返还工程质量保证金的，人民法院应予支持：

①当事人约定的工程质量保证金返还期限届满。

②当事人未约定工程质量保证金返还期限的，自建设工程通过竣工验收之日起满 2 年。

③因发包人原因建设工程未按约定期限进行竣工验收的，自承包人提交工程竣工验收报告 90 日后当事人约定的工程质量保证金返还期限届满；当事人未约定工程质量保证金返还期限的，自承包人提交工程竣工验收报告 90 日后起满 2 年。

发包人返还工程质量保证金后，不影响承包人根据合同约定或者法律规定履行工程保修义务。

思考与练习

一、单选题

1.某施工企业于2017年承建某单位办公楼,2018年4月竣工验收合格并交付使用,2023年5月,甲致函该单位,说明屋面防水保修期满及以后使用维护的注意事项。此事体现合同法的(　　)原则。

A.公平　　B.自愿　　C.诚实信用　　D.平等

2.下列合同中,属于实践合同的是(　　)。

A.保管合同　　B.运输合同　　C.租赁合同　　D.建设工程合同

3.根据《民法典》,应当采用书面形式的合同是(　　)。

A.设备租赁合同　　B.建设工程合同　　C.承揽合同　　D.货物买卖合同

4.经过招投标程序,建设单位甲与施工单位乙签订一份建设工程施工合同,该施工合同具有的法律特征是(　　)。

A.甲、乙均必须具有法人资格

B.合同应当采用书面形式或其他形式

C.合同必须采用示范文本

D.合同主要条款应当与招标文件和中标人投标文件内容一致

5.某公司于6月1日通过邮局向B公司发去一要约,并请对方在6月29日前作出答复。该要约于6月6日到达B公司所在地邮局,邮局于6月7日送至B公司传达室,B公司业务人员于6月8日看到该要约。要约的生效时间是(　　)。

A.6月8日　　B.6月7日　　C.6月6日　　D.6月1日

6.公司甲因建楼急需水泥,遂向水泥厂乙发函,称:我公司愿购贵厂××型水泥50 t,单价300元/t,货到付款。第二天乙即向甲发出货物。下列说法正确的是(　　)。

A.甲发函的行为是要约邀请

B.乙发货的行为不构成承诺,因为承诺须以通知的方式发出

C.乙发货行为构成承诺,货物到达甲时承诺生效

D.乙发货行为构成承诺,货物发出时承诺生效

7.关于要约和承诺,下列表述错误的是(　　)。

A.要约和承诺是合同订立的必经程序　　B.书面要约和承诺都是到达时生效

C.要约可以撤回,承诺也可以撤回　　D.要约可以撤销,承诺也可以撤销

8.公司甲向公司乙购买了一批钢材,双方约定采用合同书的方式订立合同,由于施工进度紧张,在公司甲的催促之下,双方在未签字盖章之前,公司乙将钢材送到了公司甲,公司甲接受并投入工程使用。甲、乙公司之间的买卖合同(　　)。

A.无效　　B.成立　　C.可变更　　D.可撤销

9.格式条款是当事人为了重复使用而预先拟订,并在订立合同时未与对方协商的条款。采用格式条款订立合同的,提供格式条款一方应当遵循公平原则确定当事人之间的权利和义

务，并采取合理方式提示对方注意免除或减轻其责任等与对方有重大利害关系的条款，对格式条款发生争议时，下列理解错误的是（　　）。

A. 正确格式条款理解有争议，应当按照通常理解解释

B. 有两种以上的解释，应当做出有利于提供格式条款一方解释

C. 格式条款和非格式条款不一致的，应当按照非格式条款

D. 提供格式条款一方不合理减轻其责任的，该格式条款无效

10. 甲、乙同为建材供货生产商。施工单位丙急需一批钢材，并与甲商谈进货事宜，乙知道后向丙提出更优惠条件，并指使丁假借订货与甲接洽，报价高于丙以阻止甲与丙签约。丙经比较与乙签约，丁随即终止与甲的谈判，甲因此遭受损失。对此，下列说法正确的是（　　）。

A. 乙应对甲承担缔约过失责任　　B. 丙应对甲承担缔约过失责任

C. 丁应对甲承担缔约过失责任　　D. 乙、丙、丁无须对甲承担缔约过失责任

11. 下列情形中，应承担缔约过失责任的是（　　）。

A. 公司甲拒绝了受要约人迟到的承诺

B. 采购方要求公司乙以低于市场价 10% 的价格供货，公司乙予以拒绝，与他人订立了买卖合同

C. 公司丙收到中标通知书后不与招标人签订合同，造成招标人经济损失

D. 公司丁未按合同约定提交履约保证金

12. 甲委托乙采购建筑材料，授权委托书中没注明委托期限。甲 5 月 1 日通知乙取消委托，并要求乙交回授权委托书，乙因故未交。6 月，乙以甲的名义与丙订立了一份价值 20 万元的钢材合同。对此，下列说法错误的是（　　）。

A. 如果丙能提供甲的授权委托书，乙的代理行为有效，甲应履行与丙的合同

B. 如果丙不能提供甲的授权委托书，乙的代理行为属于无权代理行为，若经甲追认可发生效力

C. 如果丙不能提供甲的授权委托书，丙可以催告甲在 1 个月内予以追认，甲在此期间未表示，视为拒绝

D. 若丙明知乙的代理权已终止而仍与之订立该合同，由此给甲造成损失，则只能由丙对甲承担责任

13. 公司甲委托王某购买水泥，王某在建材市场发现钢材价格非常便宜，仅 2 000 元/t，就以甲的名义与供货商乙签订了 200 t 钢材供货合同。随后乙催告甲予以追认，而甲未置可否。一个多月后，钢材价格涨到 2 400 元/t，甲要求乙按照合同约定供货 200 t，乙拒绝。下列说法正确的是（　　）。

A. 乙拒绝供货构成违约　　B. 合同已经生效，甲有权要求乙履行合同

C. 王某代签的合同已经失效　　D. 王某的行为构成表见代理

14. 某工程施工合同约定价款为 1 亿元，施工成本为 0.9 亿元，按发包人核算造价为 0.95 亿元。后该合同无效，但建设工程经竣工验收合格，则该施工企业能获得法院支持的最高结算价款为（　　）亿元。

A. 1　　B. 0.9　　C. 0.95　　D. 不予结算

15. 根据《民法典》，下列情形中，撤销权消灭的是（　　）。

A. 当事人自知道或应当知道撤销事由之日起6个月内没有行使撤销权的

B. 重大误解的当事人自知道之日起30日没有行使撤销权的

C. 当事人受胁迫,自胁迫行为开始之日起1年内没有行使撤销权的

D. 当事人自民事行为发生之日起5年内没有行使撤销权的

16. 合同生效后,当事人就质量没有约定或者约定不明确的,可以采用的确定相关内容方式有:①按照交易习惯确定;②签订补充协议;③按合同法其他相关规定执行。3种方式的先后顺序是(　　)。

A. ①②③　　B. ③②①　　C. ②①③　　D. ②③①

17. 在合同履行过程中,如逾期交货又遇到标的物的价格发生变化,则处理的原则是(　　)。

A. 遇价格上涨,按原价执行;遇价格下降,按新价执行

B. 遇价格上涨,按新价执行;遇价格下降,按原价执行

C. 无论价格上涨还是下降都按原价执行

D. 无论价格上涨还是下降都按新价执行

18. 当事人约定由第三人向债权人履行债务的,若第三人不履行债务,则(　　)。

A. 债务人应当向债权人承担违约责任

B. 第三人应当向债权人承担违约责任

C. 债务人和第三人共同向债权人承担违约责任

D. 债权人选择确定承担违约责任的主体

19. 我国《民法典》规定了3种抗辩权,即同时履行抗辩权、先履行抗辩权和不安抗辩权。下列表述正确的是(　　)。

A. 3种抗辩权都是发生在双务合同的履行时期

B. 3种抗辩权当事人有不同的履行顺序

C. 3种抗辩权都必须通过人民法院行使

D. 3种抗辩权都不一定解除合同

20. 甲、乙双方订立买卖合同,甲为出卖人,乙为买受人,约定收货后10日内付款。甲在交货前有确切证据证明乙经营状况严重恶化。根据《民法典》的规定,甲可采取的措施是(　　)。

A. 行使同时履行抗辩权　　B. 行使先履行抗辩权

C. 行使不安抗辩权　　D. 行使撤销权

21. 下列关于债权人代位权的说法,正确的是(　　)。

A. 债权人必须以债务人的名义行使代位权

B. 债权人代位权必须通过诉讼程序行使

C. 债权人代位权的行使必须取得债务人的同意

D. 代位权行使的费用必须由债权人自己承担

22. 在债务人已无力清偿债务时,下列情形中,债权人不能行使撤销权的是(　　)。

A. 债务人以明显不合理的低价转让其房产

B. 债务人放弃了对第三方的到期债权

C. 债务人捡到他人的钱包后返还,并且拒绝他人给付的酬金

D. 债务人将其自有机器设备无偿赠送给其他同行

23. 下列关于建设工程合同变更的说法，正确的是(　　)。

A. 一方当事人可以根据交易习惯直接变更双方已达成的合同约定

B. 双方当事人协商变更后的内容取代原合同的内容

C. 双方当事人对合同变更的内容约定不明确的，先提出变更的一方有权要求对方按其要求履行

D. 合同订立时的市场环境发生变化后，一方当事人即可以向法院主张变更原合同约定

24. 根据《民法典》，下列合同转让合法生效的是(　　)。

A. 某明星与房地产开发商约定楼盘销售时出席剪彩，但因当天临时有急事，便让自己的助理代为出席

B. 甲因急需用钱便将对乙享有的一万元债权转让给了第三人，然后打电话通知了乙

C. 业主到期不能支付工程款，书面通知施工企业其已将债务转让给第三人，请施工企业向第三人主张

D. 监理单位将监理合同概括转让给其他具有相应监理资质的监理单位

25. 债权与债务同归于一人而使合同关系终止的事实称为(　　)。

A. 提存　　B. 混同　　C. 抵销　　D. 免除债务

26. 甲欠乙 500 元，后乙对甲表示不用偿还。该债务消灭的原因是(　　)。

A. 提存　　B. 混同　　C. 抵销　　D. 免除

27. 施工合同履行中，总包单位将土方开挖分包给了甲分包商，将基础部分分包了乙分包商，但是甲分包商工期延误，乙分包商为此应向(　　)提出要求承担违约责任。

A. 发包方　　B. 总包方　　C. 甲分包商　　D. 监理单位

28. 下列不属于违约责任承担方式的选项是(　　)。

A. 赔偿损失　　B. 继续履行　　C. 采取补救措施　　D. 接受处罚

29. 当事人既约定违约金，又约定定金的，一方违约时，对方可以采取的追究违约责任的方式是(　　)。

A. 只能适用定金条款

B. 只能适用违约金条款

C. 合并适用违约金和定金条款

D. 选择适用违约金或者定金条款

30. 下列有关缔约过失责任和违约责任区别的表述，错误的是(　　)。

A. 缔约过失赔偿的是信赖利益的损失；违约责任赔偿的是可期待利益的损失

B. 缔约过失责任适用于合同未成立、合同未生效、合同无效等情况；违约责任适用于生效合同

C. 缔约过失责任赔偿的损失要大于或等于违约责任赔偿的损失

D. 缔约过失责任发生在合同成立之前；而违约责任产生于合同生效之后

31. 根据《新施工合同司法解释一》，建设工程施工合同对付款时间没有约定或约定不明的，应付款时间为(　　)。

A. 建设工程已竣工验收的，为竣工验收合格之日

B. 工程价款确定之日

C. 建设工程未交付的,为竣工结算完成之日

D. 建设工程未交付,工程价款也未结算的,为当事人起诉之日

32. 发包人和承包人在合同中约定垫资但没有约定垫资利息,后双方因垫资返还发生纠纷诉至法院。下列关于该垫资的说法,正确的是(　　)。

A. 法律规定禁止垫资,双方约定的垫资条款无效

B. 发包人应返还承包人垫资,但可以不支付利息

C. 双方约定的垫资条款有效,发包人应返还承包人垫资并支付利息

D. 垫资违反相关规定,应予以没收

二、多选题

1. 关于要约邀请,下列说法正确的是(　　)。

A. 要约邀请是希望他人向自己发出要约的意思表示

B. 要约邀请是合同成立过程中的必经过程

C. 要约邀请是当事人订立合同的预备行为

D. 要约邀请表示的内容往往不确定,在法律上无须承担责任

E. 含有合同得以成立的主要内容和相对人同意后受其约束的表示

2. 要约可以撤销,但下列要约中不得撤销的是(　　)。

A. 要约人确定了承诺期限或者以其他形式明示要约不可撤销

B. 受要约人有理由认为要约是不可撤销的,并已经为履行合同做了准备工作

C. 撤销要约的通知以非对话方式做出的,在受要约人作出承诺通知之后到达受要约人

D. 撤销要约的通知在与承诺通知同时到达要约人

E. 撤销要约的通知以非对话方式作出的,应当在受要约人作出承诺之前到达受要约人

3. 下列关于要约和承诺的说法,错误的是(　　)。

A. 书面承诺在通知发出时生效

B. 书面要约在到达受要约人生效

C. 要约可以撤回,但不可以撤销

D. 承诺只能在承诺通知到达要约人时撤回

E. 建筑工程合同的投标书是要约

4. 下列属于缔约过失责任构成条件的是(　　)。

A. 当事人有过错。若无过错,则不承担责任

B. 有损害后果的发生。若无损失,亦不承担责任

C. 当事人的过错行为与造成的损失有因果关系

D. 缔约过失责任发生在合同的履行过程中

E. 一方违反合同约定

5. 关于违约金条款的适用,下列说法正确的是(　　)。

A. 约定的违约金低于造成的损失的,当事人可以请求人民法院或者仲裁机构予以增加

B. 违约方支付迟延履行违约金后,另一方仍有权要求其继续履行

C. 当事人既约定违约金,又约定定金的,一方违约时,对方可以选择适用违约金条款或定金条款

D. 当事人既约定违约金,又约定定金的,一方违约时,对方可以同时适用违约金条款及定金条款

E. 约定的违约金过分高于造成的损失的，当事人可以请求人民法院或者仲裁机构按实际损失金额调减

6. 关于建设工程施工合同纠纷的处理，下列说法正确的是（　　）。

A. 贷款银行对建筑工程享有的抵押权优于承包人工程款的优先受偿权

B. 工程未经验收发包人擅自使用的，承包人不再承担任何质量违约责任

C. 合同约定按照固定价格结算的，人民法院不应支持当事人的造价鉴定请求

D. 建设工程经修复后验收合格的，发包人可以请求承包人承担修复费用

E. 建设工程未经竣工验收擅自使用的，以转移占有建设工程之日为竣工日期

7. 公司甲承包了某建设工程施工任务，其将装饰工程分包给了公司乙。乙以甲的名义与不知情的公司丙签订了材料供货合同，随后丙催告甲在30日内予追认，而甲未作表示。对此，下列说法正确的是（　　）。

A. 在甲未追认合同之前，丙有撤销合同的权利

B. 合同已经生效，甲应当履行合同

C. 丙可以请求乙履行债务，但不得请求乙赔偿其受到的损害

D. 丙可以请求乙赔偿，但赔偿的范围不得超过甲追认时丙所能获得的利益

E. 若甲未作表示，但已经接受丙履行合同的，视为对合同的追认

8. 下列关于无效合同的说法，正确的是（　　）。

A. 违反法律、行政法规、地方性法规规定的合同都属于无效合同

B. 合同中有包含造成对方人身伤害或财产损失的免责条款均无效

C. 合同无效的，不影响解决争议方法的条款的效力

D. 建设工程施工合同无效，但建设工程经竣工验收合格的，承包人请求按实结算的，应予支持

E. 建设工程施工合同无效，建设工程经竣工验收不合格，承包人应承担相应的修复费用

9. 施工单位由于重大误解，在订立买卖合同时将想购买的A型钢材误写为B型钢材。对此，下列说法正确的是（　　）。

A. 施工单位可以与卖方协商变更为A型钢材

B. 可以与卖方协商撤销该合同

C. 可以起诉撤销该合同

D. 可以通过仲裁机构撤销该合同

E. 施工单位不可以放弃撤销权

10. 下列关于代位权与撤销权的表述，正确的是（　　）。

A. 债权人的债权就代位权行使的结果有优先受偿权，但撤销权中不存在优先受偿权

B. 行使代位权要求债务人的债权和债权人的债权均到期，而行使撤销权并不要求债权到期

C. 代位权与撤销权均以债权人自己的名义行使，且均需以向法院提起诉讼的方式实现，但代位权诉讼的被告为第三人，撤销权诉讼的被告为债务人

D. 债权人胜诉的，代位权中由次债务人承担诉讼费，从实现的债权中优先支付，其他必要费用由债务人承担；债权人行使撤销权所支付的律师代理费、差旅费等必要费用，由债务人负担，第三人有过错的，应适当分担

E. 代位权是债权人怠于行使其到期债务，撤销权是债权人不当减少自己财产的行为

11. 下列各项中，属于合同法定解除条件的是（　　）。

A. 因不可抗力致使不能实现合同目的

B. 在履行期届满之前，当事人一方明确表示或者以自己的行为表明不履行主要债务

C. 当事人一方迟延履行主要债务，经催告后在合理期限内仍未履行

D. 当事人双方协商一致解除合同人

E. 当事人一方迟延履行债务或者有其他违约行为致使不能实现合同目的

12. 下列关于提存的说法，正确的有（　　）。

A. 自提存之日起，债务人的债务视为履行完毕

B. 自债权人领取提存物之日起，提存物所有权转归债权人

C. 自提存之日起，提存物损毁、灭失的风险转归债权人

D. 如债权人对债务人负有未到期债务的，在债权人未履行债务或者提供担保之前，提存部门根据债务人的要求应当拒绝其领取提存物

E. 债权人领取提存物的权利，自提存之日起五年内不行使而消灭

三、案例分析

1. 甲建材市场准备于10月1日开业。为了尽可能多地吸引客户，甲建材市场印制了大量广告彩页，派人在各个街道发放。广告将建材市场出售的各种材料的名称、品牌、图案、价格详尽地列出，并作了下述说明："为了庆祝本建材市场开业，10月1日至3日全场价格优惠，具体商品价格请见本广告内页。数量有限，售完为止，欢迎广大顾客惠顾。"供货商乙发现广告将某品牌防水卷材的价格标为128元/卷，而这种品牌的防水卷材在其他几个市场都要卖到2 000元/卷以上。15岁学生丙发现这个建材市场的某品牌某型号钢材比其家里订购的同品牌同型号钢材价格便宜很多。

10月1日，乙到甲建材市场购买了10卷某品牌防水卷材，在付款时建材市场发现广告将该品牌防水卷材的价格印错了，实际价格为1280元/卷，遂要求乙补足价款，遭到乙的拒绝。

10月2日，丙到甲建材市场购买了12 000元的钢材，其父母知道后大怒，要求建材市场退货，遭到建材市场的拒绝。

问题：(1)甲建材市场广告的法律性质是什么？为什么？

(2)甲、乙之间合同的性质是什么？如何处理？

(3)甲、丙之间合同的性质是什么？为什么？如何处理？

2. 某施工单位甲为即将开工的项目做准备，急需一批钢材，于7月与某供货商乙签订一份买卖合同。合同约定：乙向甲于8月27日前提供某型号钢材1 000 t，合同价款10万元，由供货商乙送货到甲的工地现场，合同约定违约金为0.5万元。甲签署合同后静候乙送货，不料直到8月28日迟迟不见乙送货，也无履约消息；于是甲在8月28日当天电话催促，要求乙最迟8月29日上午将钢材送达合同约定地点，供货商乙回应还需要10天才能交货，而甲施工单位称9月1日要开工，要求供货商乙不要送货了，但遭到乙的反对，双方未达成一致。甲便从另一供货商处花12万元购进1 000 t同型号钢材。9月6日供货商乙将钢材送到甲的工地现场；甲施工单位拒收，并要求供货商乙承担违约金0.5万元并赔偿其损失2万元；而乙称

甲不履行合同,应承担违约金 3 000 元。

问题:(1)甲施工单位可以解除原合同吗？为什么？

(2)甲施工单位的要求合理吗？为什么？

(3)该纠纷的责任应由哪一方承担？如何承担？

4

建设工程招标投标管理

【学习目标】

(1)掌握工程招投标的含义、作用、特点和基本原则;

(2)掌握工程招标的范围、分类、方式和组织形式;

(3)掌握工程施工招标投标的程序;

(4)掌握招标文件的主要内容与编制方法;

(5)熟悉资格预审文件及资格预审申请文件的主要内容与编制方法;

(6)掌握投标文件的组成内容和编制要求;

(7)熟悉投标报价技巧,掌握不平衡报价法;

(8)掌握编制招标文件应遵守的法律法规,树立遵纪守法的意识;

(9)掌握编制“有效”投标文件的各个细节,树立严谨负责的职业道德观。

【案例导入】

长江三峡水利枢纽工程建设中的招投标管理

长江三峡水利枢纽工程(简称“三峡工程”)是在中国长江中上游段建设的大型水利工程项目。三峡工程控制流域面积约100万 km^2,是世界上规模最大的水电站,也是中国有史以来建设的最大型的工程项目。三峡工程是治理和开发长江的关键性骨干工程,具有防洪、发电、航运、水资源利用等巨大的综合效益。

三峡工程敢于创新,遵循市场经济规律,全面推行项目招标承包机制,建立既符合市场机制,又符合三峡工程特点的招标投标体系。在《中华人民共和国招标投标法》(以下简称《招标投标法》)颁布实施后,中国长江三峡工程开发总公司*(以下简称“三峡总公司”)成立了

---

* 1993年9月27日,为建设三峡工程、开发治理长江,经国务院批准,中国长江三峡工程开发总公司正式成立;2009年9月27日更名为中国长江三峡集团公司。

招标委员会，负责组织、领导三峡工程的招标工作，并制定了《总公司招标管理办法及实施细则》。部分内容如下：

一是严格规范招标文件编制工作，将重要项目招标文件的编制工作交由三峡总公司总工程师、总会计师、总经济师亲自主持。结合三峡工程建设的实际，吸收当时世界银行贷款工程所用的 FIDIC 条款范本来编制招标文件。成文后，再提交总经理办公会审议批准。在不断总结实践经验的基础上，吸纳国家各行业的成熟做法，逐渐修订完善并最终形成了具有三峡工程特点的招标范本。

二是加强标底的编制和管理，以控制项目的投资。三峡总公司一般采用 AB 法确定评标标底，把业主标底和市场价格综合起来，以求更加公平合理地评价投标人报价水平。对货物采购不常设标底，但要事先做市场调查，了解市场行情，做到心中有数。

三是不断研究科学规范的评标方法，使各评分因素的权重设计更合理，评分力求科学，减少人为因素。

四是建立评标专家库，科学合理地选取专家评标。鉴于一般的行业或地方政府专家库无法满足三峡工程的需要，三峡总公司便自行建立了自己的专家库，可根据需要随机抽取专家。

五是坚持集体决标。对所有重大项目的招标，三峡总公司领导总是充分尊重专家们的意见，在专家评标组提供的《评标报告》的基础上，集体决标。这样确保了招标投标的科学、公正，既避免了行政干预、暗箱操作，杜绝了"条子""面子""走后门""拉关系"等弊端，又避免了招标决标中的失误。

全面推行项目招投标机制，丰富和完善了我国招投标法的具体内容，成为三峡工程最成功的经验之一，为高质量、高速度地建设好三峡工程，打下了一个良好的基础。自 1993 年至 2003 年 5 月末，三峡工程主要项目招标 570 个，招标合同金额 336.89 亿元，占三峡工程同类合同的 80.7%。所有公开招标的项目，工程质量均达到设计要求。

评析：招投标制度的选择，为竞标者创造了公平竞争的市场环境，吸引全国乃至全世界优秀的建筑施工企业、物资供应商和设备制造商参与竞标，从而实现了资源的优化配置，并保障了国有资金的有效使用。同时，这些企业和厂商通过三峡工程建设的锻炼，提高了企业本身的素质，为进一步开拓市场打下了基础。

实行招投标制度为三峡工程建设带来的效益是显著的。从宏观方面看，工程进度符合总体要求，质量满足设计要求，概算控制良好，完成投资比例略小于实际工程量完成比例，投资略有节余，对工程进度、质量、造价"三控制"起到了重要作用。从保证项目质量来看，通过招标投标，选择真正符合要求的承包商和供货商，使项目的质量得以保证。

招标投标制度给三峡工程建设带来了无限的生机和活力。三峡工程招标投标的成功运用，为中国的招投标立法提供了有益的借鉴。

4.1 建设工程招标与投标概述

建设工程招标与投标是在市场经济条件下，工程建设发包与承包常用的一种交易方式，是建设单位对拟建的建设工程项目通过法定的程序和方法吸引承包单位进行公平竞争，并从中选择条件优越者来完成建设工程任务的法律行为。工程建设的招标与投标，是建筑市场中一对相互依存的经济活动。

4.1.1 建设工程招标与投标的含义

建设工程招标是指招标人对拟建的工程项目通过公告或邀请书的方式提出建设项目的要求,吸引投标人参加竞争,并根据招标文件的条件和要求提出实施方案和报价进行投标,招标人从中选择条件优越者来完成工程建设任务的法律行为。招标人是指在招标投标活动中以择优选择中标人为目的提出招标项目、进行招标的法人或者其他组织。

建设工程投标是指响应招标人的要求参加投标竞争,经过特定审查而获得投标资格的建筑项目承包单位,按照招标文件的要求,在规定的时间内向招标单位填报投标书,争取中标的法律行为。

从性质上来说,一般认为,建设工程招标是要约邀请,投标是要约,中标通知书是承诺。

4.1.2 建设工程招投标的作用

1)提高经济效益和社会效益

我国社会主义市场经济的基本特点是充分发挥竞争机制的作用,使市场主体在平等条件下公平竞争,优胜劣汰,从而实现资源的优质配置。招投标是市场竞争的一种重要方式,通过招标采购,让众多投标人进行公平竞争,以最低或较低的价格获得最优的货物、工程或服务,从而达到提高经济效益和社会效益、提高招标项目质量、推动各行业管理体制改革的目的。

2)提升企业竞争力

促进企业转变经营机制,提升企业的创新活动,积极引进先进技术和管理,提高企业生产、服务的质量和效率,不断提升企业的市场信誉和竞争力。

3)健全建筑市场经济体系

维护和规范建筑市场竞争秩序,保护当事人的合法权益,提高建筑市场交易的公平性、满意度和可信程度,促进社会和企业的法治、信用建设,促进政府转变职能,提高行政效率,建立健全现代市场经济体系。

4)打击贪污腐败

有利于保护国家和社会公共利益,保障合理、有效使用国有资金和其他公共资金,防止其浪费和流失,构建从源头预防腐败交易的社会监督制约体系。在世界各国的公共采购制度建设初期,招投标制度由于其程序的规范性和公开性,往往能对打击贪污腐败起到立竿见影的作用。

4.1.3 建设工程招投标的特点

建设工程招投标有以下特点:

1)竞争性

工程招投标的核心是竞争,按规定每一次招标必须有3家及以上的投标者,这就形成了投标者之间的竞争,他们要以各自的实力、信誉、服务、质量、报价等优势,战胜其他的投资者。竞争是市场经济的本质要求,也是招投标的根本特点。

2)程序性

招投标活动必须遵循严格规范的法律程序。《招标投标法》及相关法律政策,对招标人从确定招标范围、招标方式、招标组织形式直至选择中标人并签订合同的招投标全过程每一环节的时间、顺序都有严格规范的限定,不能随意改变。任何违反法律程序的招投标行为,都可能侵害其他当事人的权益,因此都必须承担相应的法律后果。

3)规范性

《招标投标法》、《中华人民共和国招标投标法实施条例》(以下简称《招投标法实施条例》)等法律法规,对招投标各个环节的工作条件、内容、范围、形式、标准以及参与主体的资格、行为和责任都作出了严格的规定。

4)一次性

一次性特点包含三个层面的意思:第一层是"一标一投",同一个工程,每一个投标人只能递交一份投标文件,不允许递交多份投标文件;第二层是"一次性报价",双方不得在招标过程中就实质性内容进行协商谈判,讨价还价,这也是工程招投标与询价采购、谈判采购以及拍卖竞价的主要区别;第三层是招标成功后,不得重新招标或二次招标,确定中标人后,招标人和中标人应及时签订合同,不允许反悔或放弃、剥夺中标权利。

5)技术性与经济性

工程招投标具有不同程度的技术性,包括标的的使用功能和技术标准以及建造、生产和服务过程的技术与管理要求等,特别是招标文件中与工程计价相关的术语和内容需要工程造价专业人员草拟或把控。工程招投标的经济性则体现在中标价格是招标人预期投标目标和投标人竞争期望值的综合平衡。

【例题1】工程招投标的特点中,根本性特点是( )。

A.程序性 B.竞争性 C.规范性 D.一次性

解析:工程招投标的核心是竞争,竞争是市场经济的本质要求,也是招投标的根本特点。

答案:B

【例题2】招标文件中与工程计价相关的内容需要工程造价专业人员草拟,体现了工程招投标的( )。

A.竞争性 B.技术经济性 C.程序性 D.规范性

解析:工程招投标具有不同程度的技术性,特别是招标文件中与工程计价相关的术语和内容需要工程造价专业人员草拟或把控。

答案:B

【例题3】关于工程招投标的作用,下列说法错误的是( )。

A.提高经济效益和社会效益 B.不利于中小型建筑企业成长

C.健全建筑市场经济体系 D.有利于打击贪污腐败

解析:工程招投标具有提高经济效益和社会效益,提升企业竞争力,健全建筑市场经济体系,打击贪污腐败等积极作用。

答案:B

【例题4】招投标制度由于其程序的( ),往往能对打击贪污腐败起到立竿见影的作用。

A. 规范性　　B. 灵活性　　C. 公开性　　D. 时效性　　E. 法令性

解析：招投标制度由于其程序的规范性和公开性，往往能对打击贪污腐败起到立竿见影的作用。

答案：AC

4.1.4 建设工程招投标的基本原则

建设工程招投标行为是市场经济的产物，并随着市场的发展而发展，必须遵循市场经济活动的基本原则。

1）公开原则

公开原则是指招标活动要具有较高的透明度，在招标过程中要将招标信息、招标程序、评标办法、中标结果等按相关规定公开。

①招标信息公开。招标活动的公开原则，首要就是将工程项目招标的信息公开。依法必须公开招标的工程项目，应当在国家或者地方指定的报刊、信息网络或者其他媒介上发布招标公告。现阶段，各级地方政府网站或指定的建设工程交易中心网站可以发布工程项目招标公告。

②招标投标条件公开。招标人必须将建筑工程项目的资金来源、资金准备情况、项目前期工作进展情况、项目实施进度计划、招标组织机构、对投标单位的资格要求向社会公开，以便潜在投标人决定是否参加投标和接受社会监督。

③招标程序公开。招标人应在招标文件中将招标投标程序和招标投标活动的具体时间、地点、安排表述清楚，以便投标人准时参加各项招标投标活动，并对招标投标活动加以监督。开标应当公开进行，开标的时间和地点应当与招标文件中预先确定的一致。开标由招标人主持，邀请所有投标人和监督管理相关单位代表参加。招标人对在招标文件中要求提交投标文件的截止时间前收到的所有密封完好的投标文件进行开标，开标时应当众予以拆封、宣读，并做好记录以便封档备查。

④评标办法和标准公开。评标办法和标准应当在招标文件中载明，评标应严格按照招标文件确定的办法和标准进行，不得将招标文件未列明的其他任何标准和办法作为评标依据。招标人不得与投标人就投标价格、投标方案等实质性内容进行谈判。

⑤中标结果公开。确定中标人必须以评标委员会出具的评标报告为依据，严格按照法定的程序在规定的时间内完成，并向中标人发出中标通知书。

2）公平原则

公平原则要求给予所有投标人平等的机会，使其享有同等的权利并履行相应的义务，不歧视任何一方，不设置地域或行业的保护条件，杜绝一方把自己的意志强加于对方。招标人在工程招投标过程中不得有收受贿赂、回扣等不正当竞争行为；投标人在工程招投标过程中不得以行贿、提供回扣等不正当手段承揽工程。同时，《招标投标法实施条例》明确规定，招标人不得以不合理的条件限制、排斥潜在投标人或投标人。属于以不合理条件限制、排斥潜在投标人或者投标人的行为有以下几种：

①就同一招标项目向潜在投标人或者投标人提供有差别的项目信息；

②设定的资格、技术、商务条件与招标项目的具体特点和实际需要不相适应或者与合同

履行无关；

③依法必须进行招标的项目以特定行政区域或者特定行业的业绩、奖项作为加分条件或者中标条件；

④对潜在投标人或者投标人采取不同的资格审查或者评标标准；

⑤限定或者指定专利、商标、品牌、原产地或者供应商；

⑥依法必须进行招标的项目非法限定潜在投标人或者投标人的所有制形式或者组织形式；

⑦以其他不合理条件限制、排斥潜在投标人或者投标人。

3）公正原则

在招标过程中，招标人的行为应当公正，对所有的投标竞争者都应平等对待，不能有特殊倾向。建设行政主管部门依法对工程招标投标活动实施监督，评标时，评标标准和评标办法应当严格执行招标文件的规定，不得在评标时修改、补充。对所有在投标截止时间后送达的投标书及密封不完好的投标书都应拒收。投标人、投标主要负责人的近亲属、项目主管部门或者行政监督部门的人员，以及与投标人有经济利益或者其他社会关系等可能影响投标文件公正评审的人员，不得作为评标委员会的成员。评标委员会成员不得发表任何具有倾向性、诱导性的见解，不得对评标委员会其他成员的评审意见施加任何影响。任何单位和个人不得非法干预、影响评标的过程和结果。

4）诚实信用原则

遵循诚实信用原则要求招标投标当事人在招标投标活动中应当以诚实守信的态度行使权利、履行义务，不得通过弄虚作假、欺骗他人来争取不正当利益，不得损害对方、第三方或者社会公共利益。

招标投标双方信守要约和承诺的法律规定，履行各自的义务，不得规避招标、串通哄抬投标、泄露标底、骗取中标、非法转包分包等。

【例题5】在招标活动的基本原则中，招标人不得以任何方式限制或者排斥本地区、本系统以外的法人或者其他组织参加投标，体现了（　　）。

A. 公开原则　　B. 公平原则　　C. 公正原则　　D. 诚实信用原则

解析：公平原则要求给予所有投标人平等的机会，使其享有同等的权利并履行相应的义务，不歧视任何一方，不设置地域或行业的保护条件，杜绝一方把自己的意志强加于对方。

答案：B

【例题6】依据《招标投标法实施条例》，招标人以不合理的条件限制、排斥投标人的行为有（　　）。

A. 就同一招标项目向投标人提供有差别的项目信息

B. 招标项目指定专利作为中标条件

C. 招标项目将获得鲁班奖工程业绩作为加分条件

D. 依照招标项目的总体特点设定专门的技术条件

E. 就同一招标项目对投标人采取不同的资格审查标准

解析：选项C，鲁班奖是一项由中华人民共和国住房和城乡建设部指导、中国建筑业协会实施评选的奖项，是中国建筑行业工程质量颁发的最高荣誉奖；选项D，招标人可以依据招标项目的具体特点和实际需要设定与之相适应的资格、技术、商务条件。

答案:ABE

【例题7】招标文件下列规定中,不属于以不合理条件限制、排斥潜在投标人或者投标人的是(　　)。

A. 投标企业如果曾经获得本地区优质工程奖,评标时可以加2分

B. 投标企业必须在最近3年承建过2个类似项目,项目经理必须至少有1项类似工程业绩

C. 投标人必须从招标人指定的3个建筑材料品牌中选择供应商

D. 限定投标人必须采用某种施工专利技术,但该技术完全可以通过其他技术替代实施

解析:选项A,依法必须进行招标的项目以特定行政区域或者特定行业的业绩、奖项作为加分条件或者中标条件,属于;选项C、D,限定或者指定特定的专利、商标、品牌、原产地或者供应商,属于。

答案:B

▶ 4.1.5 建设工程招标的范围和分类

1)建设工程招标的范围

(1)必须进行招标的工程项目范围

根据《招标投标法》第三条的规定,在中华人民共和国境内进行下列工程建设项目,包括项目的勘察、设计、施工、监理以及与工程建设有关的重要设备、材料等的采购,必须进行招标*:

①大型基础设施、公用事业等关系社会公共利益、公众安全的项目,包括:

a. 煤炭、石油、天然气、电力、新能源等能源基础设施项目;

b. 铁路、公路、管道、水运,以及公共航空和A1级通用机场等交通运输基础设施项目;

c. 电信枢纽、通信信息网络等通信基础设施项目;

d. 防洪、灌溉、排涝、引(供)水等水利基础设施项目;

e. 城市轨道交通等城建项目。

②全部或者部分使用国有资金投资或者国家融资的项目,包括:

a. 使用预算资金200万元人民币以上,并且该资金占投资额10%以上的项目;

b. 使用国有企业事业单位资金,并且该资金占控股或者主导地位的项目。

③使用国际组织或者外国政府贷款、援助资金的项目,包括:

a. 使用世界银行、亚洲开发银行等国际组织贷款、援助资金的项目;

b. 使用外国政府及其机构贷款、援助资金的项目。

《工程建设项目招标范围和规模标准规定》第七条规定,在上述三类项目满足以下规模标准时,该项目必须进行招标。

①施工单项合同估算价在400万元人民币以上;

* 国家发展和改革委员会于2018年出台了《必须招标的工程项目规定》和《必须招标的基础设施和公用事业项目范围规定》,对必须招标项目的范围作出了具体的规定

②重要设备、材料等货物的采购，单项合同估算价在200万元人民币以上；

③勘察、设计、监理等服务的采购，单项合同估算价在100万元人民币以上。

同一项目中可以合并进行的勘察、设计、施工、监理以及与工程建设有关的重要设备、材料等的采购，合并估算价达到第①②③项相应标准的，必须招标。“同一项目中可以合并进行”是指根据项目实际以及行业标准或行业惯例，符合科学性、经济性、可操作性要求，同一项目中适宜放在一起进行采购的同类采购项目。

【案例1】2022年8月，某市市政道路进行改造，私有投资1 000万元，财政预算资金投入190万元。

问题：该项目是否必须招标？若将市政道路建设变为公路建设，请问是否必须招标？

分析：本案例属于使用混合资金进行工程建设的项目。是否必须招标，要从两个方面审查判定，一方面是资金性质；另一方面是项目属性。本案例私有投资1 000万元，财政预算资金投入190万元，不属于国有资金占控股或者主导地位的项目，并且根据《必须招标的工程项目规定》，预算资金未达到200万元，所以从资金性质角度不属于必须招标的工程项目。再根据《必须招标的基础设施和公用事业项目范围规定》来判定是否必须招标。必须招标的基础设施和公用事业项目具体范围包括：(一)煤炭、石油、天然气、电力、新能源等能源基础设施项目；(二)铁路、公路、管道、水运，以及公共航空和A1级通用机场等交通运输基础设施项目；(三)电信枢纽、通信信息网络等通信基础设施项目；(四)防洪、灌溉、排涝、引(供)水等水利基础设施项目；(五)城市轨道交通等城建项目。法律法规中对“等”字未作特别说明的，按等内不等外理解。城建项目除城市轨道交通外，其他城建项目不属于必须招标的基础设施和公用事业项目。因此，私有投资1 000万元，财政预算资金投入190万元，进行市政道路改造，无论是从资金性质还是项目性质上看，都不属于必须招标的工程项目，可以不招标。若将市政道路建设变为公路建设，尽管资金性质上不属于必须招标的项目，但项目性质属于必须招标的基础设施和公用事业项目，且达到了《必须招标的工程项目规定》第五条规定的规模标准，因此，必须招标。

【案例2】某县政府投资新建30 km县级公路，拟分两个标段进行施工监理招标。一标段14 km，监理合同估算价80万元，计划2022年7月30日招标。二标段16 km，监理合同估算价90万元，计划2023年1月30日招标。

问题：该项目监理是否必须招标？

分析：在本案例中，同一项目是30 km县级公路，划分为两个标段并没有违反国家法律法规对划分标段的原则性规定。依据《必须招标的工程项目规定》第五条的规定，同一项目中可以合并进行的勘察、设计、施工、监理以及与工程建设有关的重要设备、材料等的采购，合同估算价合计达到必须招标规定标准的，必须招标。据此两个标段监理合同估算价应当合并计算。标段1与标段2监理合并后单项合同估算价为170万元，达到了必须招标的标准，因此，应当必须招标。如果两个标段同时进行招标，可以将监理合并招标，当然分开招两个监理单位进行监理也可以，并没有违反法律法规强制性规定。

【例题8】下列属于招标范围内的项目是(　　)。

A. 使用预算资金300万元，并且占项目总投资额5%

B. 国有企业资金投入占项目总投资额30%

C. 使用外资商业银行贷款资金的项目

D. 使用亚洲开发银行援助资金建设的项目

解析:选项 A,使用预算资金 200 万元人民币以上,并且该资金占投资额 10% 以上的,属于招标范围内的项目;选项 B,使用国有企业事业单位资金,并且该资金占控股或者主导地位(50% 以上)的,属于招标范围内的项目;选项 C,使用世界银行、亚洲开发银行等国际组织贷款、援助资金或使用外国政府及其机构贷款、援助资金的,属于招标范围内的项目。

答案:D

【例题 9】下列建设项目中,可以不招标的是(　　)。

A. 个人捐赠的教育项目中合同估算价为 120 万元的监理合同

B. 使用财政预算资金的体育项目中合同估算价为 180 万元的材料采购合同

C. 外商投资的供水项目中合同估算价为 1 000 万元的施工合同

D. 上市公司投资的商品房项目中估算价为 500 万元的材料采购合同

解析:参见必须招标的项目范围和规模标准。选项 B 中,重要设备、材料等货物的采购,单项合同估算价在 200 万元人民币以上才属于必须招标项目。

答案:B

(2)可以不进行招标的工程项目范围

根据《招标投标法实施条例》《工程建设项目施工招标投标办法》(2013 年修订)的规定,有下列情形之一的,可以不进行招标:

①涉及国家安全、国家秘密、抢险救灾或者属于利用扶贫资金实行以工代赈需要使用农民工等特殊情况,不适宜进行招标;

②施工主要技术采用不可替代的专利或者专有技术;

③已通过招标方式选定的特许经营项目投资人依法能够自行建设;

④采购人依法能够自行建设;

⑤在建工程追加的附属小型工程或者主体加层工程,原中标人仍具备承包能力,并且其他人承担将影响施工或者功能配套要求;

⑥国家规定的其他情形。

招标人为适用以上规定弄虚作假的,属于《招标投标法》规定的规避招标行为。

【例题 10】依法应当招标的项目,在下列情形中,可以不进行施工招标的情形是(　　)。

A. 技术复杂,有特殊要求的

B. 已通过招标方式选定的特许经营项目投资人依法能够自行施工的

C. 采购人的子公司具备相应资质可以自行施工的

D. 需要向原中标人采购,否则将增加成本的

解析:选项 A,可以采用邀请招标;选项 C,采购人依法能够自行建设的可以不招标;选项 D,在建工程追加的附属小型工程或者主体加层工程,原中标人仍具备承包能力,并且其他人承担将影响施工或者功能配套要求的可以不招标。

答案:B

【例题 11】下列关于项目招标的说法,错误的是(　　)。

A. 施工单项合同估算价在 400 万元人民币以上的项目必须招标

B. 个人投资的项目不需要招标

C. 施工主要技术采用特定专利的项目可以招标

D. 涉及到公众安全的项目必须招标

E. 符合工程招标范围，重要材料采购单项合同估算价在200万元人民币以上的项目必须招标

解析：选项A，不一定属于必须招标范围；选项B、E，项目范围和规模标准同时具备才需要招标；选项C，可以不招标；选项D，不一定达到招标规模。

答案：ABCD

(3)重新招标的情形

重新招标是指招标人在招标项目招标失败后依法对招标项目进行重新招标。在下列情况下，招标人应当重新招标：

①资格预审合格的潜在投标人不足3个的；

②在投标截止时间前提交投标文件的投标人少于3个的；

③所有投标均被当作废标处理或被否决的；

④评标委员会界定为不合格标或废标后，因有效投标人不足3个使得投标明显缺乏竞争，评标委员会决定否决全部投标的；

⑤同意延长投标有效期的投标人少于3个的。

招标人重新招标后，发生以上5种情形之一的，属于按照国家规定需要政府审批的项目，报经原项目审批部门批准后可以不再进行招标；其他工程建设项目，招标人可自行决定不再进行招标。

2)建设工程招标的分类

工程招标按标的内容可分为总承包招标、工程勘察设计招标、建设工程监理招标、工程施工招标以及建设工程材料、设备供应招标。

▶ 4.1.6 建设工程招标的方式

1)招标方式的分类和区别

按照竞争开放程度，招标方式分为公开招标和邀请招标两种方式。招标项目应依据法律规定、项目规模、技术与管理要求、投标人的选择空间以及实施的紧迫程度等选择合适的招标方式。依法必须招标的项目一般应采用公开招标方式，如符合条件，确实需要采用邀请招标方式的，须经有关行政主管部门核准。

(1)公开招标

①公开招标的定义。

公开招标又称竞争性招标，是指由招标人通过依法指定的媒介发布招标公告，吸引不特定的法人或其他组织参加投标，招标人从中选择条件优越的中标人的招标方式。公开招标不受地区限制，凡对此感兴趣的承包企业，通过资格预审后，都有权力购买招标文件，积极参加投标活动。

按照《招标投标法》和《招标投标法实施条例》的规定，凡是《招标投标法》规定依法必须招标的项目和国有资金占控股或主导地位的依法必须进行招标的项目，应当公开招标。

②公开招标的优缺点。

公开招标是最具有竞争性的招标方式。其优点是：有较多的投标人参与竞争，招标人有

较大的选择余地,可以获取较为价廉而优质的报价,有利于降低工程造价,保证工程质量和缩短工期。其缺点是:由于投标人较多,竞争激烈,程序复杂,组织招标和参加投标需要做的准备工作和需要处理的实际事务比较多,招标工作量大,组织工作复杂,需投入较多的人力、物力,招标过程所需时间较长,并且可能出现少数承包人为了中标,故意采取压低报价的手段,力图排挤那些持严肃认真态度的投标人的现象。

(2)邀请招标

①邀请招标的定义。

邀请招标又称有限竞争性招标,是指招标人以投标邀请书的方式邀请特定法人或其他组织参加投标的一种方式。招标人根据自己的经验和所掌握的各种信息,向有承担该项工程施工能力的 3 个以上(含 3 个)承包人发出投标邀请书,收到邀请书的可以不参加投标。

《工程建设项目施工招标投标办法》规定,具有下列情形之一的,可以进行邀请招标:

a. 项目技术复杂或有特殊要求,或者受自然地域环境限制,只有少量潜在投标人可供选择;

b. 涉及国家安全、国家秘密或者抢险救灾,适宜招标但不宜公开招标;

c. 采用公开招标方式的费用占项目合同金额的比例过大。

②邀请招标的优缺点。

邀请招标的优点是:参与的投标人数目可由招标人控制,经过选定的投标人在施工经验、施工技术和信誉上都比较可靠,且招标的组织工作比较容易,工作量比较小。其缺点是:由于参与的投标人相对较少,竞争的范围较小,招标人对投标人的选择余地较小;如果招标人在选择被邀请的投标人前所掌握的信息不足,则会失去发现最适合承担该项目的投标人的机会。

国家重点建设项目的邀请招标,应当经国务院发展计划部门批准;地方重点建设项目的邀请招标,应当经各省、自治区、直辖市人民政府批准。全部使用国有资金投资或者国有资金投资占控股或者主导地位的并需要审批的工程建设项目的邀请招标,应当经项目审批部门批准,但项目审批部门只审批立项的,由有关行政监督部门审批。

(3)公开招标和邀请招标

公开招标与邀请招标的区别见表 4.1。

表 4.1　公开招标与邀请招标的区别

序号	区别内容	招标方式	
		公开招标	邀请招标
1	信息发布方式	按照《招标投标法》的规定,在指定的媒体发布招标公告	采用投标邀请书的形式发布
2	选择范围	有最大可能的选择范围,包括一切潜在的对招标项目感兴趣的法人或其他组织,招标人事先不知道投标人数量	针对已经了解的法人或其他组织,而且事先已经知道投标者的数量
3	竞争范围	最具有竞争性,竞争性体现得比较充分,容易获得最佳招标效果	投标人数量有限,竞争范围有限,有可能将某些在技术上或报价上更有竞争力的承包人漏掉

续表

序号	区别内容	招标方式	
		公开招标	邀请招标
4	公开程度	所有活动都必须严格按照预先规定并为大家所知的程序和标准公开进行,大大降低了作弊的可能	公开程度要逊色一些,产生不法行为的机会多一些
5	时间和费用	程序复杂,耗时较长,费用也非常高	无须发布招标公告,招标文件只发给几个投标人,缩短了整个招投标时间,费用相对较少

【例题12】下列施工项目中,属于经批准可以采用邀请招标方式发包的是(　　)。

A. 受自然地域环境限制的

B. 涉及国家安全、国家秘密,不适宜进行招标的

C. 施工主要技术需要使用某项特定专利的

D. 技术复杂,仅有几家投标人满足条件的

E. 公开招标费用与项目的价值相比不值得的

解析:选项A、D、E,在邀请招标的项目范围内。选项B,涉及国家安全、国家秘密,不适宜进行招标的,可直接发包;涉及国家安全、国家秘密,适宜招标但不宜公开招标的,可邀请招标。选项C,可以不招标。

答案:ADE

【例题13】根据《招标投标法》,下列项目宜采用公开招标方式确定承包人的是(　　)。

A. 大型基础设施项目

B. 部分使用国有资金投资的项目

C. 使用国际组织援助资金的项目

D. 关系公众安全的公共事业项目

E. 技术复杂且潜在投标人较少的项目

解析:选项A、B、C、D属于必须招标项目。选项E可以邀请招标。

答案:ABCD

【例题14】下列关于招标方式的说法,正确的是(　　)。

A. 公开招标是招标人以招标公告的方式邀请特定的法人或者其他组织投标

B. 邀请招标是指招标人以投标邀请书的方式邀请5个以上特定的法人或者其他组织投标

C. 某省重点工程项目技术复杂难度高,一般施工队伍难以胜任 ,经省级人民政府批准可以进行邀请招标

D. 国有资金占控股或者主导地位的依法必须进行招标的项目一律公开招标

解析:选项A,公开招标,招标人通过依法指定的媒介发布招标公告,吸引不特定的法人或其他组织参加投标。选项B,邀请招标,招标人向有承担该项工程施工能力的3个以上(含3个)承包人发出投标邀请书。选项C,地方重点建设项目的邀请招标,应当经各省、直辖市、自治区人民政府批准。选项D,项目范围和规模标准同时具备才需要招标。

答案:C

【例题15】邀请招标与公开招标相比,其缺点是(　　)。

A. 评标工作量较大　B. 竞争的激烈程度相对较差　C. 招标时间长　D. 招标费用高

解析：邀请招标与公开招标比较，评标工作量较小，竞争激烈程度相对较差，招标时间较短，费用较低。

答案：B

2）招标方式的核准和变更

（1）招标方式的核准

《招标投标法实施条例》第七条规定，按照国家有关规定需要履行项目审批、核准手续的依法必须进行招标的项目，其招标范围、招标方式、招标组织形式应当报项目审批、核准部门审批、核准。项目审批、核准部门应当及时将审批、核准确定的招标范围、招标方式、招标组织形式通报有关行政监督部门。

（2）招标方式的变更

公开招标方式一旦确定就不应更改，但在某些情况下，如果公开招标失败，不能满足招标人的期望，就需要变更招标方式。在目前的操作实践中，各地关于招标方式有比较严格的规定。例如，有的地方就严格规定，只有在公开招标失败两次以后，才能改变招标方式，并且对重新招标（第二次招标）的合格投标人的数量做了调整，不需要满足 3 个合格投标人的限制要求。

▶ 4.1.7　建设工程招标的组织形式

应当招标的工程建设项目，办理报建登记手续后，凡已满足招标条件的，均可组织招标，办理招标事宜。招标组织者组织招标必须具有相应的组织招标的资质。根据招标人是否具有招标资质，可以将组织招标分为自行组织招标和委托代理招标两种情况。

1）自行组织招标

招标人自行办理招标事宜所应当具备的具体条件：

①具有项目法人资格（或者法人资格）；

②具有与招标项目规模和复杂程度相适应的工程技术、概预算、财务和工程管理等方面专业技术力量；

③有从事同类工程建设项目招标的经验；

④设有专门的招标机构或者拥有 3 名以上专职招标业务人员；

⑤熟悉和掌握招标投标法及有关法规规章。

同时，《招标投标法》还规定，依法必须进行招标的项目，招标人自行办理招标事宜的，应当向有关行政监督部门备案。招标人如不具备自行组织招标的能力条件，应当选择委托代理招标的组织形式。

2）委托代理招标

由于招投标活动的周期一般比较长，过程也比较复杂，涉及的法律法规和政策性文件较多，在实际操作中，招标人或投标人往往委托专业化的公司即招投标代理机构来运作。招标人应该根据招标项目的行业和专业类型、规模标准，选择具有相应资格的招标代理机构，委托其代理招标采购业务。

招标人与招标代理机构是一种委托代理关系。招标代理机构是依法设立、从事招标代理业务并提供相关服务的社会中介组织。

招标代理机构应当具备的条件：

①有从事招标代理业务的营业场所和相应资金；

②有能够编制招标文件和组织评标的相应专业力量。

招标代理机构在招标人委托的范围内办理招标事宜并遵守《招标投标法》及《招标投标法实施条例》关于招标人的规定。

【例题16】下列关于招标代理的说法，正确的是（　　）。

A. 招标代理机构是社会中介组织

B. 招标人如果想要委托招标代理机构办理招标事宜，需要经有关行政主管部门批准

C. 招标代理机构应当拥有一定数量的具备编制招标文件、组织评标等相应能力的专业人员

D. 招标代理机构应当在招标人委托的范围内办理招标事宜

E. 招标代理机构可以在所代理的招标项目中投标或者代理投标

解析：招标代理机构作为社会中介组织，委托招标代理机构是民事行为，不需要行政主管部门的批准，只需要备案。招标代理机构应当具备的条件：有从事招标代理业务的营业场所和相应资金；有能够编制招标文件和组织评标的相应专业力量。招标代理机构在委托的范围内办理招标工作事宜。招标代理机构不得在所代理的招标项目中投标或者代理投标，也不得为所代理的招标项目的投标人提供咨询。

答案：ACD

4.2　建设工程施工招标

4.2.1　建设工程施工招标程序

招标投标活动涉及招标人和投标人两个方面，且是一个整体活动。因此，在工程项目招标活动中必然涉及投标活动的内容。工程项目施工招标程序如图4.1所示。

1）建设工程项目报建

建设工程项目报建是工程项目招标活动的前提。工程项目建设单位或个人，在工程项目确立后的一定期限内向建设行政主管部门（建设工程招投标管理机构）申报工程项目，办理项目登记手续，并由当地建设行政主管部门进行审批。凡未报建的建设工程项目，不得办理招标投标手续和发放施工许可证，施工单位不得承接该项目的施工任务。属于依法必须招标的工程项目都必须报建。

建设工程项目报建内容主要包括工程名称、建设地点、投资规模、资金来源、当年投资额、工程规模、发包方式、计划开竣工日期和工程筹建情况等。报建范围包括各类房屋建筑、土木工程设备安装、管道线路敷设、装饰装修等固定资产投资的新建、扩建、改建、及技改等建设项目。

2）审查建设项目和招标人资质

按照《工程建设项目施工招标投标办法》第八条规定，依法必须招标的工程建设项目，应当具备下列条件才能进行施工招标。

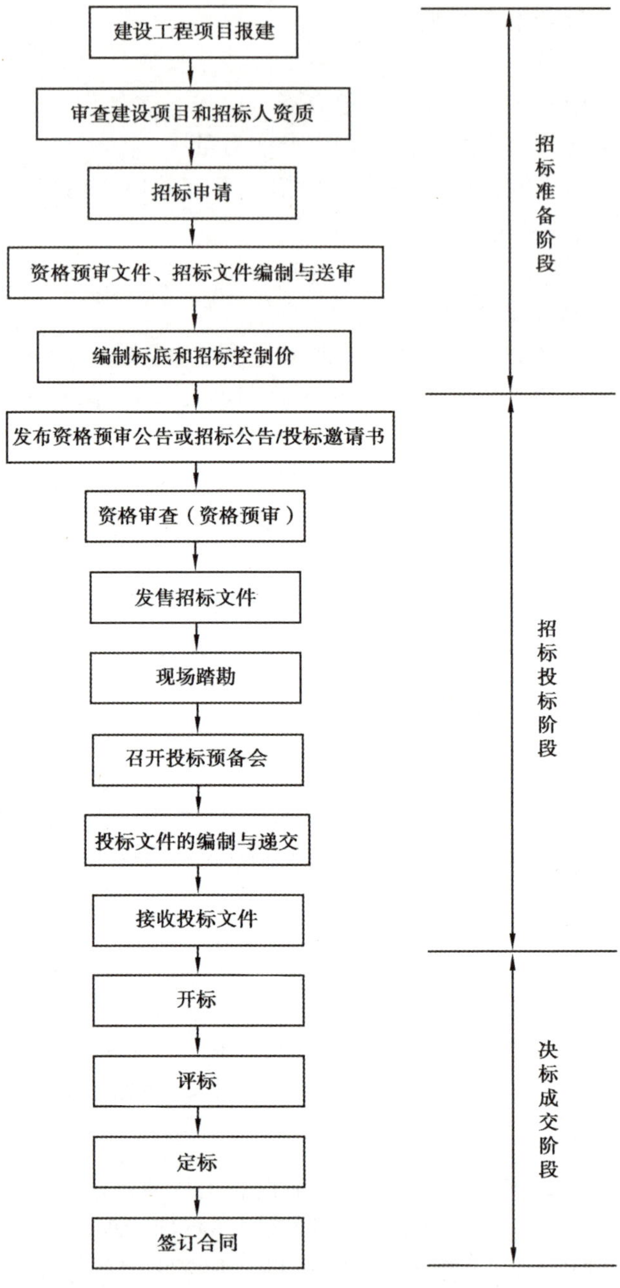

图4.1　工程项目施工招标程序

(1)招标人已经依法成立

①招标人是招标的主体,必须是法人或其他组织,自然人不能成为招标人;

②招标人必须是提出招标项目,进行招标的人。招标人通常为该项工程的投资人,即项目业主;对国家投资的工程建设项目,招标人通常为依法设立的项目法人(就经营性建设项目而言)或者项目的建设单位(就非经营性建设项目而言)。

(2)已履行必要的审批、核准或者备案手续

①初步设计及概算应当履行审批手续的,已经批准;

②按照国家有关规定需要履行项目审批、核准手续的，依法必须进行施工招标的工程建设项目，其招标范围、招标方式、招标组织形式应当报项目审批部门审批、核准。项目审批、核准部门应当及时将审批、核准确定的招标内容通报有关行政监督部门。

依据国家有关规定应批准而未经批准的项目，或违反审批权限批准的项目，均不得进行招标。在项目审批前擅自开始招标工作，因项目未被批准而造成损失的，招标人应当自行承担法律责任。

(3)招标项目资金或资金来源已经落实

①招标人应当有实施招标项目的相应资金或者有确定的资金来源，这是招标人对项目进行招标并最终完成该项目的物质保证。招标项目所需的资金是否落实，不仅关系到招标项目能否顺利实施，而且与投标人的利益关系重大。

②招标人在招标时，必须确实拥有相应的资金或者有能证明其资金来源已经落实的合法性文件，并应当在招标文件中将资金数额和资金来源如实载明。招投标活动作为一种民事活动，必须坚持诚实信用原则，招标文件所载内容必须真实，招标人不得作假。

③资金来源已经落实是指资金虽然没有到位，但其来源已经落实，如银行已承诺贷款。在招标文件中如实载明，是为了让投标人了解这方面的真实情况，作为其是否参加投标的决策依据。

(4)有招标所需的设计图纸及技术资料

有满足施工招标所需的设计文件及其他技术资料。大型复杂工程初步设计完成后即可开始招标，以便缩短建设周期，但要求前期所需的单位工程施工图设计已完成并经过审批。

审查招标人资质主要是审查招标人是否具备招标条件，不具备招标条件的招标人必须委托具有相应资质的中介机构代理招标。招标人与中介机构签订委托代理招标协议后，应报招标管理部门备案。

【例题17】建设工程施工招标应当具备的条件有(　　)。

A. 有编制招标文件和组织评标的能力

B. 招标人已经依法成立

C. 有相应资金或资金来源已经落实

D. 初步设计及概算应当履行审批程序的，已经批准

E. 有招标所需的设计图纸及技术资料

解析：参见建设工程施工招标应该具备的条件。

答案：BCDE

【例题18】根据《招标投标法实施条例》，按照国家有关规定需要履行项目审批、核准手续的，依法必须进行招标的项目，其(　　)应当报项目审批核准部门审批、核准。

A. 招标范围　　B. 招标文件　　C. 招标方式

D. 招标组织形式　　E. 招标代理机构

解析：按照国家有关规定需要履行项目审批、核准手续的，依法必须进行施工招标的工程建设项目，其招标范围、招标方式、招标组织形式应当报项目审批部门审批、核准。

答案：ACD

3)招标申请

招标人须向建设行政主管部门办理申请招标手续。招标单位填写"建设工程施工招标申

请表”，有上级主管部门的须经其批准同意后，连同“工程建设项目报建登记表”报招标管理机构审批。

招标申请表包括工程名称、建设地点、招标建设规模、结构类型、招标范围、招标方式、要求施工企业等级、施工前期准备情况（土地征用、拆迁情况，勘察设计情况，施工现场条件等）、招标机构组织情况等内容。招标单位的招标申请得到招标管理机构批准同意后，即可编制资格预审文件和招标文件。

4）资格预审文件、招标文件编制与送审

资格审查的方式通常分为资格预审和资格后审两种。公开招标采用资格预审时，只有资格预审合格的建筑施工企业才可以参加投标；不采用资格预审的公开招标应进行资格后审，即在开标后进行资格后审。

资格预审文件是招标单位根据招标项目本身的要求，单方面阐述自己对资格审查的条件和具体要求的书面表达形式。

招标文件是招标单位根据招标项目的特点和需要，单方面阐述招标条件和具体要求的书面材料，是招标人确定、修改和解释有关招标事项的书面表达形式的统称。

资格预审文件和招标文件须报招投标管理机构审查，审查同意后可刊登资格预审公告、招标公告。

5）编制标底和招标控制价

标底是指由招标单位自行编制或委托具有编制标底资格和能力的代理机构代理编制，并按规定经审定的招标工程的预期价格。其主要反映招标单位对工程质量、工期、造价等的预期控制要求。

在现行体制下建设工程招投标中要弱化标底的作用，《建设工程工程量清单计价规范》（GB 50500—2013）确定了招标控制价的新概念。招标控制价，是指招标人根据国家或省级、行业建设主管部门颁发的有关计价依据和办法，以及拟定的招标文件和招标工程量清单，结合工程具体情况编制的招标工程的最高投标限价。

6）发布资格预审公告或招标公告/投标邀请书

依法必须招标项目的招标公告和公示信息应当在“中国招标投标公共服务平台”或者项目所在地省级电子招标投标公共服务平台（以下统一简称为“发布媒介”）发布。发布媒介应当免费提供依法必须招标项目的招标公告和公示信息发布服务，并允许社会公众和市场主体免费、及时查阅前述招标公告和公示的完整信息。

拟发布的招标公告和公示信息文本应当由招标人或其招标代理机构盖章，并由主要负责人或其授权的项目负责人签名。采用数据电文形式的，应当按规定进行电子签名。招标人或其招标代理机构发布招标公告和公示信息，应当保证招标公告内容的真实、准确和完整，并遵守招标投标法律法规关于时限的规定。

依法必须招标项目的招标公告和公示信息除在发布媒介发布外，招标人或其招标代理机构也可以同步在其他媒介公开，并确保内容一致。其他媒介可以依法全文转载依法必须招标项目的招标公告和公示信息，但不得改变其内容，同时必须注明信息来源。

对公开招标发布招标公告有两种做法：一是实行资格预审（即在投标前进行资格审查）的，用资格预审公告代替招标公告，即只发布资格预审公告即可；二是实行资格后审（即在开

标后进行资格审查)的,不发布资格预审公告,而只发布招标公告。

采用邀请招标方式的,招标人应当向3个以上具备承担招标项目的能力、资信良好的特定的法人或者其他组织发出投标邀请书,邀请他们申请投标资格审查,参加投标。

(1)资格预审公告

根据《工程建设项目施工招标投标办法》和《中华人民共和国标准施工招标资格预审文件》(以下简称《标准施工招标资格预审文件》)的规定,工程建设项目资格预审公告内容包括:

①招标项目的条件,包括项目审批、核准或备案机关名称、资金来源、项目出资比例、招标人的名称和地址等;

②项目概况与招标范围,包括本次招标项目的建设地点、规模、计划工期、招标范围、标段划分等;

③对申请人的资格要求,包括资质等级与业绩,是否接受联合体申请、申请标段数量;

④资格预审方法,表明是采用合格制还是有限数量制;

⑤资格预审文件的获取时间、地点和售价;

⑥资格预审申请文件的递交地点和截止日期;

⑦同步发布公告的媒体名称;

⑧联系方式,包括招标人和招标代理机构项目联系人的名称、地址、电话、传真、网址、开户银行及账户等。

(2)招标公告或投标邀请书

招标公告基本内容包括:

①招标条件,包括招标项目的名称,项目审批、核准或备案机关名称,资金来源,简要技术要求以及招标人的名称等;

②招标项目的规模、招标范围、标段或标段的划分或数量;

③招标项目的实施地点或者交货或服务地点;

④招标项目的实施时间,即工程施工工期或货物交货期或提供服务时间等;

⑤对投标人或供应商或服务商的资质等级与资格要求;

⑥获取招标文件的时间、地点、方式以及招标文件售价;

⑦递交投标文件的地点和投标截止日期;

⑧联系方式,包括招标人和招标或采购代理机构项目联系人的名称、地址、电话、传真、网址、开户银行及账户等联系方式。

投标邀请书的内容和招标公告的内容基本一致,只增加要求潜在投标人确认是否收到投标邀请书的内容。

【例题19】根据《招标公告和公示信息发布管理办法》,依法必须招标项目的招标公告和公示信息的法定发布媒介有(　　)。

A. 招标人注册地省级电子招标投标公共服务平台

B. 中国招标投标公共服务平台

C. 招标代理机构所在地省级电子招标投标公共服务平台

D. 招标人依法注册登记的公众服务平台

D. 项目所在地省级电子招标投标公共服务平台

解析:依法必须招标项目的招标公告和公示信息应当在"中国招标投标公共服务平台"或者项目所在地省级电子招标投标公共服务平台发布。

答案:BD

【例题 20】下列关于工程招标信息发布的说法,正确的是(　　)。

A. 依法必须招标项目的招标信息只能发布在项目所在地市级电子招标公共服务平台

B. 必须招标项目的招标信息,在其他媒体转载时不需要注明信息来源

C. 招标人或招标代理机构应保证招标公告内容的真实、准确和完整

D. 发布的招标信息应当由招标人或招标代理机构盖章,并由主要负责人签名

E. 发布媒介提供信息发布和信息查询服务可以适当收取成本费用

解析:选项 A,依法必须招标项目的招标公告和公示信息应当在"中国招标投标公共服务平台"或者项目所在地省级电子招标投标公共服务平台发布。选项 B,其他媒介可以依法全文转载依法必须招标项目的招标公告和公示信息,但不得改变其内容,同时必须注明信息来源。选项 E,发布媒介应当免费提供依法必须招标项目的招标公告和公示信息发布服务。

答案:CD

7)资格审查(资格预审)

资格审查是指招标人对投标人或潜在投标人的经营资格、专业资质、财务状况、技术能力、管理能力、业绩、信誉等方面评估审查,以判定其是否具有投标、订立和履行合同的资格和能力。

资格审查应主要审查潜在投标人或者投标人是否符合下列条件:

①具有独立订立合同的权利;

②具有履行合同的能力,包括专业、技术资格和能力,资金、设备和其他物质设施状况,管理能力,经验,信誉和相应的从业人员;

③没有处于被责令停业,投标资格被取消,财产被接管、冻结,破产状态;

④在最近 3 年内没有骗取中标和严重违约及重大工程质量问题;

⑤国家规定的其他资格条件。

资格审查时,招标人不得以不合理的条件限制、排斥潜在投标人或者投标人,不得对潜在投标人或者投标人实行歧视待遇。任何单位和个人不得以行政手段或者其他不合理方式限制投标人的数量。

资格审查分为资格预审和资格后审。采取资格预审的,招标人应当在资格预审文件中载明资格预审的条件、标准和方法。采取资格后审的,招标人应当在招标文件中载明对投标人资格要求的条件、标准和方法。

(1)资格预审

资格预审是指工程项目正式投标前,对投标人进行的资信调查,以确定投标人是否有能力承担并完成该工程项目。未通过资格预审的申请人,不具有参加投标的资格。

对投标申请人的资格预审,可以缩短招标人评审和比较投标文件时的数量,减少评标的工作量,节约评标的费用和时间。实行资格预审方式的工程,首先发布资格预审公告,向所有申请人发出资格预审文件;其次,通过对所有申请人的资格预审文件进行评比和分析,确定合格的申请单位名单,将名单报招投标管理机构审查核准;最后,待招投标管理机构核准同意后,招标人向资格预审合格的潜在投标人发出资格预审合格通知书,告知获取招标文件的时

间、地点和方法，并同时向资格预审不合格的潜在投标人告知资格预审结果。资格预审不合格的潜在投标人不得参加投标。通过资格预审的申请少于3个的，应当重新招标。

资格预审一般按以下程序进行：

①编制资格预审文件。

②发布资格预审公告。

③发售资格预审文件。资格预审文件的发售期不得少于5日。申请人对资格预审文件有异议的，应当在递交资格预审申请文件截止时间2日前向招标人提出。招标人应当自收到异议之日起3日内作出答复；作出答复前，应当暂停实施招标投标的下一步程序。

④资格预审文件的澄清、修改。招标人可以对已发出的资格预审文件进行必要的澄清或者修改。澄清或修改的内容可能影响资格预审申请文件编制的，招标人应当在提交资格预审申请文件截止时间至少3日前，以书面形式通知所有获取资格预审文件的潜在投标人；不足3日的，招标人应当顺延提交资格预审申请文件的截止时间。

⑤编制与递交资格预审申请文件。依法必须进行招标的项目，提交资格预审申请文件的截止时间，自资格预审文件停止发售之日起不得少于5日。

⑥组建资格审查委员会。

⑦评审资格预审申请文件，编写资格审查报告。资格审查委员会应当按照资格审查文件载明的标准和方法，对资格预审申请文件进行审查，确定通过资格预审的申请人名单，并向招标人提交书面资格审查报告。

⑧确认通过资格预审的申请人。招标人根据资格审查报告确认通过资格预审的申请人，并向其发出投标邀请书（代资格预审合格通知书）。招标人应要求通过资格预审的申请人收到通知后，以书面方式确认是否参加投标。同时，招标人还应向未通过资格预审的申请人发出资格预审结果的书面通知。

【例题21】招标人可以对资格预审文件中存在的问题、疏漏进行修改，但必须在提交资格预审申请文件截止时间至少（　　）日前，以书面形式通知所有获取资格预审文件的潜在投标人。

A.3　　B.5　　C.7　　D.10

解析：澄清或修改的内容可能影响资格预审申请文件编制的，招标人应当在提交资格预审申请文件截止时间至少3日前，以书面形式通知所有获取资格预审文件的潜在投标人。

答案：A

资格预审的审查方式有以下两种：

①合格制。一般情况下，应当采用合格制。凡符合资格预审文件规定的资格条件的投标申请人，均通过资格审查，获得投标资格。通过资格预审的申请人不足3个的，招标人重新组织资格预审或不再组织资格预审而直接招标。其优点是：投标竞争性强，有利于获得更多、更好的投标人和投标方案；对满足资格条件的所有投标申请人公平、公正。其缺点是：投标人可能较多，从而加大投标和评标工作量，浪费社会资源。

②有限数量制。当潜在投标人过多时，可采用有限数量制，即通过详细审查的申请人不少于3个且没有超过资格预审申请文件规定数量的，均通过资格预审，不再进行评分；通过详细审查的申请人数量超过资格预审申请文件规定数量的，审查委员会可以按资格预审文件规定的评审因素和评分标准进行评审，并依据规定的评分标准进行评分，按得分由高到低的顺

序进行排序,确定预审文件规定数量的申请人通过资格预审。采用有限数量制一般有利于降低招标投标活动的社会综合成本,但在一定程度上可能限制了潜在投标人的范围。

(2)资格后审

资格后审是在开标后对投标人进行的资格审查。资格后审一般针对所有已购买招标文件的投标人,他们都已具备了完成该工程项目的基本资质。开标后,评标委员会在正式评标前先对投标人进行资格审定,淘汰不合格的投标人,对其投标文件不予评审,只对合格投标人投标文件中的商务部分和技术部分进行详评。

招标人应在招标文件中加入资格审查的内容,投标人在提交投标文件的同时提交资格审查资料。资格后审适用于潜在投标人数量不多的通用性、标准化招标项目。对于一些工期要求比较紧,工程技术、结构不太复杂的项目,为争取早日开工,也可不进行资格预审,而进行资格后审。

(3)联合体投标资格审查

两个以上法人或者其他组织可以组成一个联合体,以一个投标人的身份共同投标。联合体各方均应具备承担招标项目的相应能力;国家有关规定或者招标文件对投标人资格条件有规定的,联合体各方均应具备规定的相应资格条件。由同一专业的单位组成的联合体,按照资质等级较低的单位确定资质等级。招标人接受联合体投标并进行资格预审的,联合体应当在提交资格预审申请文件前组成。资格预审后联合体增减、更换成员的,其投标无效。

联合体各方应当签订共同投标协议,并不得再以自己的名义单独投标,也不得组成新的联合体或参加其他联合体在同一项目中投标。联合体各方应当指定牵头人,授权其代表所有联合体成员负责投标和合同实施阶段的主办、协调工作,并应当向招标人提交由所有联合体成员法定代表人签署的授权书。联合体中标的,联合体各方应当共同与招标人签订合同,并就中标项目向招标人承担连带责任。

招标人不得强制投标人组成联合体共同投标,不得限制投标人之间的竞争。

联合体各成员单位的责任承担:

①内部责任。组成联合体的成员单位投标之前必须签订共同投标协议,明确约定各方拟承担的工作和责任,并将共同投标协议连同投标文件一并提交招标人。联合体投标未附联合体各方共同投标协议的,由评标委员会初审后按无效投标处理。

②外部责任。共同承包的各方对承包合同的履行承担连带责任。负有连带义务的每个债务人,都负有清偿全部债务的义务,履行了义务的人,有权要求其他负有连带义务的人偿付他应当承担的份额。

【例题22】下列关于投标申请人资格预审的说法,正确的是(　　)。

A. 资格预审可以在招标开始之前或者初期进行

B. 公开招标只能采用资格预审方式

C. 资格预审结果不需要通知所有的投标意向者

D. 规定截止日期后,潜在投标人可以根据发包人要求修改资格预审文件

解析:选项B,公开招标可采用资格预审也可采用资格后审。选项C,招标人根据资格审查报告确认通过资格预审的申请人,并向其发出资格预审合格通知书;同时,招标人还应向未通过资格预审的申请人发出资格预审结果的书面通知。选项D,投标意向者在规定的截止日期之前完成填报的内容,报送资格预审文件,所报送的文件在规定的截止日期后不能再进行

修改。

答案:A

【例题23】在建设工程招标投标中,经资格后审不合格的投标人(　　)。

A.不得参加投标　　B.需重新提交审查资料

C.编制的投标书作废标处理　　D.需酌情扣除评标得分

解析:资格预审不合格的潜在投标人不得参加投标。

答案:A

【例题24】在建设工程招投标活动中,下列关于联合体投标的说法,正确的有(　　)。

A.在资格预审前,联合体可以增加成员

B.不同专业单位组成联合体的,按照资质等级低的确定

C.资格预审公告或招标公告应当事先载明是否接受联合体投标

D.大型或结构复杂的工程项目,招标人声明只接受联合体投标

E.联合体投标后,成员甲公司又以自己的名义单独提交了标书,该投标无效,不影响联合体投标有效性

解析:选项B,同一专业的单位组成的联合体,按照资质等级较低的单位确定资质等级。选项D,招标人不得强制投标人组成联合体共同投标。选项E,联合体各方应当签订共同投标协议,并不得再以自己名义单独投标,也不得组成新的联合体或参加其他联合体在同一项目中投标。

答案:AC

【例题25】在某工程项目的招标中,公司甲以总承包的方式承揽了某大型工程的设计和施工任务。根据总承包合同的约定,甲将其中的一项单位工程分包给了公司乙。甲乙双方在分包合同中约定的利润及责任分担比例为:甲为20%,乙为80%。最后,由于乙工程质量有问题给建设单位造成了50万元损失。根据我国有关法律的规定,下列关于建设单位要求赔偿损失的说法正确的是(　　)。

A.建设单位只能向公司甲要求赔偿全部损失

B.建设单位可以只要求公司乙赔偿全部损失

C.建设单位可以要求甲乙各赔偿25万元的损失

D.建设单位可以要求公司甲承担40万元、公司乙承担10万元的损失

E.建设单位只能要求公司甲承担10万元、公司乙承担40万元的损失

解析:选项A,连带责任可以向任何一方要求赔偿;选项B,可以只向连带责任一方要求全部赔偿,一方向建设单位承担的责任超过其应承担份额的,有权向另一方追偿;选项C,甲、乙双方在分包合同中约定的责任分担比例为20%、80%,只约束总分包双方,建设单位可要求双方承担任何比例,一方向建设单位承担的责任超过其应承担份额的,有权向另一方追偿;选项D,同选项C;选项E,甲、乙双方在分包合同中约定的责任分担比例为20%、80%,只约束总分包双方,可要求双方承担任何比例。

答案:BCD

8)发售招标文件

(1)招标文件发售时间

招标人应按招标公告或投标邀请书规定的时间、地点出售招标文件或资格预审文件。招

标人出售资格预审文件、招标文件收取的费用应当限于补偿印刷、邮寄的成本支出，不得以营利为目的。自招标文件或资格预审文件出售之日起至停止出售之日止，最短不得少于5日。

当招标文件发售期满时，如果领购招标文件的潜在投标人不足3个，招标人应当分析实际原因，研究是否需要延长招标文件发售期和投标截止时间，或者修改招标文件的投标人资格条件等相关内容并重新组织招标，以使更多的潜在投标人参加投标。

(2)招标文件的澄清和修改

招标文件的澄清和修改是指招标文件发出后，由于部分内容存在模糊、遗漏、错误或者矛盾等，而对招标文件作出的书面补充、修改、澄清或说明。招标文件的澄清和修改构成招标文件的组成部分，对招标人和投标人均具有约束力。

《招标投标法实施条例》规定，潜在投标人或者其他利害关系人对招标文件有异议的，应当在投标截止时间10日前采用书面形式向招标人提出澄清要求。招标人应当自收到异议之日起3日内答复。

招标文件澄清或修改应当在投标截止时间至少15日前发出，否则应顺延投标截止时间；澄清和修改应说明潜在投标人提出的具体问题，以及招标人对问题的答复，但不能指明提出问题的潜在投标人名称；澄清和修改内容应当以书面形式，在规定时间之前发给所有获取招标文件的潜在投标人；接收人应予以确认。

招标人应当确定投标人编制投标文件所需要的合理时间。依法必须进行招标的项目，自招标文件开始发出之日起至投标人提交投标文件截止之日止，最短不得少于20日。

【例题26】招标人对已发出的招标文件进行必要的澄清或者修改的，应当在招标文件要求提交投标文件截止时间至少(　　)日前，以书面形式通知所有招标文件收受人。

A. 20　　B. 10　　C. 15　　D. 7

解析：招标文件澄清或修改应当在投标截止时间至少15日前发出，否则应顺延投标截止时间。

答案：C

【例题27】下列关于招标信息发布与修正的说法，正确的是(　　)。

A. 所有澄清文件必须以书面形式进行

B. 澄清或者修改的内容不应作为招标文件的有效组成部分

C. 招标代理机构无法保证招标公告内容的真实、准确和完整

D. 招标人对已发出的招标文件进行修改，应当在招标文件要求提交投标文件截止时间至少5日前发出

解析：选项A，所有澄清文件都必须以书面形式进行；选项B，澄清或者修改的内容应作为招标文件的有效组成部分；选项C，招标人或其委托的招标代理机构应保证招标公告内容的真实、准确和完整；选项D，招标人对已发出的招标文件进行修改，应当在招标文件要求提交投标文件截止时间至少15日前发出。

答案：A

9)现场踏勘

招标文件发放后，招标人要在招标文件规定的时间内，组织所有投标人踏勘现场。招标人不得单独或者分别组织任何一个投标人进行现场踏勘。为便于投标人提出问题并得到解答，踏勘现场一般安排在投标预备会之前进行。踏勘人员一般可由投标决策人员、拟派现场

实施项目的负责人及投标报价人员组成。

踏勘现场的目的是了解工程场地和周围环境情况，以获取投标人认为必要的信息，核对招标文件中的有关资料和数据并加深对招标文件的理解。招标人通过组织现场踏勘，可以避免合同履行过程中投标人以不了解现场情况或招标文件提供的现场条件与现场实际条件不符为由推卸应承担责任。

招标人应向投标人介绍有关现场的以下情况：

①施工现场是否达到招标文件规定的条件；

②施工现场的地理位置和地形、地貌；

③施工现场的地质、土质、地下水位、水文等情况；

④施工现场气候条件，如气温、湿度、风力、年雨雪量等；

⑤现场环境，如交通、饮水、污水排放、生活用电、通信等；

⑥工程在施工现场中的位置或布置；

⑦临时用地、临时设施搭建等。

投标人如对招标文件或者现场踏勘中有疑问或不清楚的问题，应当用书面形式要求招标人予以解答，招标人应当给予解释和答复，并将解答内容同时送达所有获得招标文件的投标人。

10）召开投标预备会

投标预备会又称标前会议、交底会，是指招标单位为澄清或解答招标文件或现场踏勘中遇到的问题，以便投标人更好地编制投标文件而组织召开的会议。投标预备会的目的是澄清招标文件中的疑问，解答投标人对招标文件和踏勘现场中所提出的疑问和问题。会议应注意以下几点要求：

①投标预备会在招投标管理机构的监督下，由招标人组织并主持召开，参加会议的人员包括招标单位、投标人、代理机构、招标文件的编制人员、招投标管理机构的管理人员等。所有参加投标预备会的投标人应签到登记，以证明其出席了投标预备会。

②在预备会上对招标文件和现场情况作介绍或解释，并解答投标人提出的疑问，包括书面提出的和口头提出的询问。在投标预备会上，还应对施工图进行交底和解释。

③投标预备会结束后，由招标人整理会议记录和解答内容，报招投标管理机构核准同意后，尽快以书面形式将问题及解答同时发送到所有获得招标文件的投标人。

④为了使投标人在编写投标文件时，充分考虑招标人对招标文件的修改或补充内容，以及投标预备会会议记录内容，招标人可根据情况延长投标截止时间。

11）投标文件的编制与递交

投标人应按照招标文件的要求编制投标文件。投标文件应当对招标文件提出的实质性要求和条件作出响应，并应在招标文件要求提交投标文件的截止时间前，将投标文件密封送达投标地点。否则，招标人应当拒收。招标人应当确定投标人编制投标文件所需要的合理时间，但是，依法必须进行招标的项目，自招标文件开始发出之日起至投标人提交投标文件截止之日止，最短不得少于20日。招标人收到投标文件后，应当向投标人出具标明签收人和签收时间的凭证，在开标前任何单位和个人不得开启投标文件。在招标文件要求提交投标文件的截止时间后送达的投标文件，招标人应当拒收。投标人少于3个的，招标人应依法重新招标。

投标人在招标文件要求提交投标文件的截止时间前,可以补充、修改、替代或者撤回已提交的投标文件,并书面通知招标人。补充、修改的内容为投标文件的组成部分。在开标前,招标人应妥善保管已接收的投标文件、修改或撤回通知、备选投标方案等投标资料。

【例题28】《招标投标法》规定,依法必须招标的项目自招标文件开始发出之日起至投标人提交投标文件截止之日止,最短不得少于(　　)日。

A. 20　　B. 30　　C. 10　　D. 15

解析:依法必须进行招标的项目,自招标文件开始发出之日起至投标人提交投标文件截止之日止,最短不得少于20日。

答案:A

【例题29】某工程项目的投标截止时间为6月12日,某投标人于6月8日提交了投标文件。6月10日,该投标人又提交了一份修改投标报价的函件。关于这份修改投标报价的函件,下列说法正确的是(　　)。

A. 该投标文件不能修改,该函件有效

B. 该投标文件可以修改,修改后的投标报价有效

C. 该投标文件的其他内容可以修改,但投标报价不能修改

D. 该投标文件不能修改,但在招标人同意接受的情况下有效

解析:投标人在招标文件要求提交投标文件的截止时间前,可以补充、修改、替代或者撤回已提交的投标文件,并书面通知招标人。补充、修改的内容为投标文件的组成部分。

答案:B

12)开标

开标就是投标人提交投标文件后,招标人依据招标文件规定的时间和地点启封揭晓所有投标人递交的投标文件,所以也称揭标、唱标。

13)评标

评标是招标人和评标委员会依据招标文件的规定和要求,对投标文件进行审查、评审和比较的活动。

14)定标

定标也称决标、中标,是指招标人最终确定中标的投标人。定标之后,招标人应及时签发中标通知书。投标人在收到中标通知书后要出具书面回执,证实自己已经收到中标通知书。

中标通知书的主要内容有:中标人名称、中标价,商签合同的时间、地点,提交履约保证的方式、时间。中标通知书对招标人和中标人具有法律效力。中标通知书发出后,招标人改变中标结果的,或者中标人放弃中标项目的,应当依法承担法律责任。

15)签订合同

招标人和中标人应当自中标通知书发出之日起30日内,在中标通知书规定的时间、地点,按照招标文件和中标人的投标文件订立书面合同。合同的标的、价款、质量、履行期限等主要条款应当与招标文件和中标人的投标文件的内容一致。招标人和中标人不得再行订立背离合同实质性内容的其他协议。

招标人最迟应当在书面合同签订后5日内向中标人和未中标的投标人退还投标保证金及银行同期存款利息。

招标文件要求中标人提交履约保证金的，中标人应当在合同签字前或合同生效前提交。履约保证金不得超过中标合同金额的10%。

【例题30】根据《招标投标法》规定，招标人和中标人应当在中标通知书发出之日起(　　)日内，按照招标文件和中标人的投标文件订立书面合同。

A. 20　　B. 30　　C. 10　　D. 15

解析：招标人和中标人应当自中标通知书发出之日起30日内，在中标通知书规定的时间、地点，按照招标文件和中标人的投标文件订立书面合同。

答案：B

【例题31】在发布招标公告后接收投标书前，建设工程施工招标程序依次为(　　)。

A. 招标文件发放→投标人资格预审→踏勘现场→投标答疑会

B. 踏勘现场→投标答疑会→投标人资格预审→招标文件发放

C. 投标人资格预审→招标文件发放→踏勘现场→投标答疑会

D. 投标答疑会→踏勘现场→投标人资格预审→招标文件发放

解析：建设工程施工招标程序：(1)设立招标组织或者委托招标代理人；(2)编制招标文件；(3)发布招标公告或者发出投标邀请书；(4)对投标人资格进行审查；(5)分发招标文件和有关资料，收取投标保证金；(6)组织投标人踏勘现场，对招标文件进行答疑(标前会议)；(7)成立评标组织，召开开标会议；(8)审查投标文件，澄清投标文件中不清楚的问题，组织评标；(9)择优定标，发出中标通知书；(10)签订合同。

答案：C

招投标各阶段工作内容见表4.2。

表4.2　施工招投标各阶段工作内容

阶段	主要工作步骤	主要工作内容	
		招标人	投标人
招标准备	申请批准、核准招标	将施工招标范围、方式、组织形式报项目审批、核准部门	—
	组建招标机构	自行建立或委托招标代理机构	—
	策划招标方案	划分施工标段，选择合同计价方式及合同类型	—
	发布招标公告或投标邀请	①发布招标公告或发出投标邀请函； ②准备资格预审	—
	编制标底和招标控制价	编制标底和招标控制价，报有关部门审批	—
	准备招标文件	准备资格预审文件和招标文件	—

续表

阶段	主要工作步骤	主要工作内容	
		招标人	投标人
招标过程	发售资格预审文件	发售资格预审文件	索购资格预审文件,填报资格预审材料
	进行资格预审	①分析资格预审材料; ②提出合格投标单位名单; ③发出资格预审结果通知	接收资格预审通知
	发售招标文件	发售招标文件	购买招标文件,分析招标文件
	组织踏勘现场,召开标前会议	组织现场踏勘和标前会议,进行招标文件的澄清和补遗	参加现场踏勘和标前会议,提出质疑
	招标文件澄清和补遗	①组织标前会议; ②澄清和补遗招标文件	①参加标前会议; ②接受澄清和补遗
	提交和接收投标文件	接收投标文件,包括投标保函	①编制投标文件; ②递交投标文件及投标保函
决标成交	开标	组织开标会议	参加开标会议
	评标	①初步评审投标文件; ②详细评审投标文件; ③必要时组织投标单位答辩; ④编写评标报告	①按要求进行答辩; ②按要求提供证明材料
	授标	①发出中标通知书; ②组织合同谈判	①接收中标通知书; ②参加合同谈判; ③提交履约担保
	签订合同	签订合同	签订合同

工程项目招标过程中,《招标投标法》和《招标投标法实施条例》对相关的时间作了规定。以资格预审为例,主要工作的计划时间具体要求见表 4.3。

表 4.3　招标过程计划时间要求(资格预审)

序号	项目	时间要求	备注
1	发布资格预审公告,投标人报名,发售资格预审文件	上网公布次日起不少于 5 日,报名、领取资格预审文件与公告同步进行,公告发布日期截止,即报名截止	招投标管理办公室负责人将相关信息传到网上,上传当日不算
2	投标申请人对资格预审文件质疑	投标申请人对资格预审文件有异议的,在提交资格预审申请文件截止时间 2 日前提出	招标人应当自收到异议之日起 3 日内作出答复;作出答复前,应当暂停招标投标活动

续表

序号	项目	时间要求	备注
3	招标人对资格预审文件发布澄清或修改	招标人在提交资格预审申请文件截止时间至少3日前通知所有获取资格预审文件的投标申请人;不足3日的,顺延提交资格预审申请文件截止时间	—
4	提交资格预审申请文件	报名时间截止后至少5日	即提交资格预审申请文件截止时间
5	资格审查会	—	一般在资格预审申请文件递交后第2天进行
6	发布资格预审结果通知	—	—
7	发售招标文件	招标文件从发售到停售至少为5日	发布资格审查结果通知书后1~3日
8	现场踏勘	现场踏勘一般安排在投标预备会前1~2日	—
9	投标预备会	一般为发出招标文件后7~28日	—
10	投标申请人对招标文件提出质疑	在投标截止时间(即提交投标文件截止时间)10日前提出	招标人应当自收到异议之日起3日内作出答复;作出答复前,应当暂停招标投标活动
11	招标人对招标文件进行必要的澄清或修改	招标人应当在投标截止时间至少15日前,以书面形式通知所有获取招标文件的潜在投标人	不足15日的,招标人应当顺延提交投标文件的截止时间
12	递交投标文件	截止时间自招标文件发售之日起不得少于20日	—
13	投标人撤回已提交的投标文件	应当在投标截止时间前书面通知招标人	招标人已收取投标保证金的,应当自收到投标人书面撤回通知之日起5日内退还
14	开标	提交投标文件时间截止的同一时间	投标人对开标有异议的,应当在开标现场提出,招标人应当当场作出答复,并制作记录
15	评标,提交评标报告,推荐中标候选人	开标后即进行	时间根据项目具体情况而定
16	中标公示	自收到评标报告之日起3日内在网上公示中标候选人,公示期不得少于3日	上网当天不算

续表

序号	项目	时间要求	备注
17	投标人或者其他利害关系人对依法必须进行招标的项目的评标结果有异议的	应当在中标候选人公示期间提出	招标人应当自收到异议之日起3日内作出答复;作出答复前,应当暂停招标投标活动
18	中标通知	中标公示结束后次日	—
19	签订合同	自中标通知发出之日起30日内订立书面合同	招标人和中标人不得再行订立背离合同实质性内容的其他协议
20	依法必须招标的项目的招标人向有关行政监督部门提交招标投标情况书面报告	应当自确定中标人之日起15日内	—
21	招标人向中标人和未中标的投标人退还投标保证金及银行同期存款利息	应当在书面合同签订后5日内	—
22	招标投标活动的投诉时效	投标人或者其他利害关系人认为招标投标活动不符合法律、行政法规规定的,可以自知道或者应当知道之日起10日内向有关行政监督部门投诉	—
23	对招标投标活动的投诉处理的时间要求	行政监督部门应当自收到投诉之日起3个工作日内决定是否受理投诉,并自受理投诉之日起30个工作日内作出书面处理决定	需要检验、检测、鉴定、专家评审的,所需时间不计算在内

4.2.2 建设工程施工资格预审文件的编制

1)资格预审文件编制目的

招标人利用资格预审程序可以较全面地了解投标申请人各方面的情况,并将不合格或竞争能力较差的投标人淘汰,以节省评标时间。一般情况下,招标人只通过资格预审文件了解投标申请人的各方面情况,不向投标人当面了解,所以资格预审文件编制水平直接影响后期招标工作。

2)资格预审文件的内容

资格预审文件的基本内容和格式可参考《中华人民共和国房屋建筑和市政工程标准施工招标资格预审文件(2010年版)》(以下简称《行业标准资格预审文件》)确定,招标人应结合招标项目的技术管理特点和需求,按照以下基本内容和要求编制招标资格预审文件。

(1)资格预审公告

发布资格预审公告通常有两种做法:一是在招标公告中写明将进行投标资格预审,并通知领取或购买投标资格预审文件的时间、地点;二是在媒体上刊登资格预审公告,不再公开发布招标公告。招标人按照《行业标准资格预审文件》第一章"资格预审公告"规定的格式发布资格预审公告后,将实际发布的资格预审公告编入出售的资格预审文件中,作为资格预审邀请。资格预审公告应同时注明发布该公告的所有媒介名称。

(2)申请人须知

申请人须知包括总则,资格预审文件,资格预审申请文件的编制,资格预审申请文件的递交,资格预审申请文件的审查、通知和确认,申请人的资格改变,记录与监督,需要补充的其他内容8个部分。其中,"总则"应说明项目概况、资金来源和落实情况、招标范围、计划工期和质量要求、申请人资格要求、语言文字、费用承担等内容。

(3)资格审查办法

《行业标准资格预审文件》第三章"资格审查办法"分别规定合格制和有限数量制两种审查办法,供招标人根据招标项目具体特点和实际需要选择适用。如无特殊情况,应鼓励招标人采用合格制。前附表应按规定要求列明全部审查因素和审查标准,并在附表及正文中标明申请人不满足其要求即不能通过资格预审的全部条款。

(4)资格预审申请文件格式

资格预审申请文件格式包括资格预审申请函、法定代表人身份证明、授权委托书、联合体协议书、申请人基本情况表、近年财务状况表、近年完成的类似项目情况表、正在施工的和新承接的项目情况表、近年发生的诉讼及仲裁情况、其他材料(包括其他企业信誉情况表、拟投入主要施工机械设备情况表、拟投入项目管理人员情况表等)等。

(5)项目建设概况

项目建设概况包括项目说明、建设条件、建设要求、其他需要说明的情况。

资格预审文件可以由招标人编写,也可以由招标人委托的研究、设计或咨询机构协助编写。根据项目的具体要求和限制,招标人可利用国家或组织制定的标准资格预审文件范本编制资格预审文件。

【例题32】根据《招标投标法》的相关规定,项目公开招标的资格预审阶段,在"资格预审须知"文件中,可以(　　)。

A.要求投标人必须组成联合体投标　　B.要求严格的专业资质等级

C.要求必须使用某种品牌的建筑材料　　D.对本行业外的投标人提出特别要求

解析:选项A,招标人不得强制潜在投标人组成联合体投标;选项C、D属于以不合理条件限制、排斥潜在投标人或者投标人的行为。

答案:B

4.2.3 建设工程施工招标文件的编制

我国《招标投标法》规定,招标人应当根据招标项目的特点和需要编制招标文件。

建设工程施工招标文件是由招标单位或其委托的咨询机构编制并发布的,它既是投标单位编制投标文件的依据,也是评标委员会评标的依据,还是拟签订施工合同的基础。招标文件中提出的各项要求,对整个招标工作乃至承发包双方都有约束力。

1)建设工程施工招标文件的编制内容

招标人应当在招标文件中规定实质性要求和条件,并用醒目的方式标明。国家对招标项目的技术、标准有规定的,招标人应当按照其规定在招标文件中提出相应要求。此处以《中华人民共和国房屋建筑和市政工程标准施工招标文件(2012 版)》(以下简称《行业标准施工招标文件》)为范本,介绍工程施工招标文件的内容和编写要求。招标文件具体包括以下内容:

(1)封面格式

《行业标准施工招标文件》的封面包括以下内容:项目名称、标段名称(如有)、招标人名称和单位印章、时间,并标注出“招标文件”这四个字。

(2)招标公告或投标邀请书

招标人按照《行业标准施工招标文件》第一章的格式编写并发布招标公告或发出投标邀请书后,将实际发布的招标公告或实际发出的投标邀请书编入出售的招标文件中,作为投标邀请。其中,招标公告应同时注明发布该公告的所有媒介名称。

(3)投标人须知

投标人须知是招投标活动应遵循的程序规则和对投标的要求。但投标人须知不是合同文件的组成部分,希望有合同约束力的内容应在构成合同文本组成部分的合同条款、技术标准与要求等文件中界定。投标人须知包括投标人须知前附表、总则、招标文件、投标文件、投标、开标、评标和合同授予等内容。

①投标人须知前附表。投标人须知前附表的主要作用有两个:一是将投标人须知中的关键内容和数据摘要列表,起到强调和提醒作用,为投标人迅速掌握投标人须知内容提供方便,但必须与招标文件相关章节的内容衔接一致;二是对投标人须知正文中交由前附表明确的内容给予具体约定。

②总则。投标人须知正文中的总则内容包括项目概况、资金来源和落实情况、招标范围、计划工期和质量要求、投标人资格要求、费用承担、保密、语言文字、计量单位、踏勘现场、投标预备会、分包、偏离等。

③招标文件。招标文件是对招标活动具有法律约束力的最主要文件。投标人须知应该阐明招标文件的组成、招标文件的澄清和修改。投标人须知中没有载明具体内容的,不构成招标文件的组成部分,对招标人和投标人没有约束力。

④投标文件。投标文件是投标人响应和依据招标文件向招标人发出的要约文件。招标人应在投标人须知中对投标文件的组成、投标报价、投标有效期、投标保证金、资格审查资料、备选投标方案和投标文件的编制提出明确要求。

⑤投标。投标包括投标文件的密封和标志、投标文件的递交、投标文件的修改和撤回等。

⑥开标。开标包括开标时间和地点、开标程序等规定。

⑦评标。评标包括评标委员会、评标原则和评标方法等规定。

⑧合同授予。合同授予包括定标方式、中标通知、履约担保和签订合同等规定。

(4)评标办法

评标办法一般有经评审的最低投标价法、综合评估法和法律、行政法规允许的其他评标办法,招标人根据招标项目的具体特点和实际需要选择适用。招标人选择适用综合评估法的,各评审因素的评审标准、分值和权重等由招标人自主确定。国务院有关部门对各评审因素的评审标准、分值和权重等有规定的,从其规定。招标文件中,应从评标方法、评标标准、评标程序等方面展开叙述。

同投标人须知前附表一样，在“评标办法”最前面针对两种方法分别有评标办法前附表，提示投标者注意和深入考虑这些重要内容。评标办法前附表应按要求列明全部评审因素和评审标准，并在前附表及正文标明投标人不满足其要求即导致废标的全部条款。

(5)合同条款及格式

合同条件是招标文件的重要组成部分，又称合同条款。

国际上通用的工程合同条款一般分为两大部分，即“通用条款”和“专用条款”。前者不分具体工程项目，不论项目所在国别均可使用，具有国际普遍适应性；后者则是针对某一特定工程项目合同的有关具体规定。

专用条款是针对通用条款而言的，它和通用条款一起共同形成合同条款整体。专用条款的作用体现在：

①将通用条款具体化；

②对通用条款进行某些修改和补充；

③对通用条款的部分内容进行删除。

专用合同条款的编写应注意以下几点：

①专用条款与通用条款相对应。对通用条款的具体化、修改、补充和删除均应明确地与通用条款一一对应，专用条款的代号应尽量与通用条款代号一致，便于对应阅读和理解。

②根据需要对通用条款细化。通用条款不明确和不具体的条款，应在专用条款中具体化，以减少施工时双方因对合同条款的理解不同而产生分歧。

③专用条款应充分反映业主对项目的建设要求和施工管理要求，如对质量的特殊要求、对计量与支付的要求、对工期的要求等。

(6)工程量清单、标底或招标控制价

①工程量清单。

建筑工程施工招投标的计价方式分为定额计价与工程量清单计价两种。全部使用国有资金投资或国有直接投资为主的建筑工程施工发承包，必须采用工程量清单计价方式。采用工程量清单计价方式进行施工招投标时，招标人应当按要求提供工程量清单。

工程量清单是编制招标控制价及投标报价的依据，也是支付工程进度款和竣工结算时调整工程量的依据，也是评标的基础，有利于为投标人提供一个公开、公正、公平的竞争环境。

工程量清单由分部分项工程量清单、措施项目清单、其他项目清单、规费税金清单组成。采用工程量清单招标时，招标人自行或委托具有资质的中介机构编制反映工程实体消耗和措施性消耗的工程量清单，工程量清单将要求投标人完成的工程项目及其相应工程实体数量全部列出，并作为招标文件的一部分提供给投标人，由投标人依据工程量清单自主报价。在工程招标中采用工程量清单计价是国际上较为通行的做法。现行《建设工程工程量清单计价规范》(GB 50500—2013)规定工程量清单必须作为招标文件的组成部分，其准确性和完整性由招标人负责，招标工程量清单是工程量清单计价的基础，应作为编制招标控制价、投标报价、计算或调整工程量、索赔等的依据之一。

②标底。

标底是招标工程的预期价格，能反映出拟建工程的资金额度，以明确招标人在财务上应承担的义务。招标人用它来控制工程造价，并以此为尺度评判投标人的报价是否合理，中标都要按照报价签订合同。招标人可根据项目特点自行决定是否编制标底。招标项目编制标底的,应根据批准的初步设计、投标概算及有关计价办法,参照有关工程定额,结合市场供求状况,综合考虑投资、工期和质量等方面的因素合理确定。一个工程只能编制一个标底。标底必须保密,应当在开标时公布。任何单位和个人不得强制招标人编制或报审标底,或干预其确定标底。标底只能作为评标的参考,不得规定以接近标底为中标条件,也不得规定投标报价超出标底上下浮动范围作为否决投标的条件。当前我国建设工程施工招标标底主要采用工料单价法和综合单价法来编制。

③招标控制价。

招标控制价是招标人根据国家以及当地有关规定的计价依据和计价办法、招标文件、市场行情,并按工程项目设计施工图纸等具体条件调整编制的,对招标工程项目限定的最高工程造价也可称为拦标价、预算控制价或最高报价等。对于招标控制价及其规定,应注意:

a. 国有资金投标的工程建设项目实行工程量清单招标,必须编制招标控制价;

b. 招标控制价超过批准的概算时,招标人应将其报原概算审批部门审批;

c. 投标人的投标报价高于招标控制价的,其投标应予以拒绝;

d. 招标控制价应由具有编制能力的招标人或受其委托具有相应资质的工程造价咨询人编制,工程造价咨询人不得同时接受招标人和投标人对同一工程的招标控制价和投标报价的编制委托;

e. 设有最高投标限价的,应当在招标文件中明确最高投标限价或者最高投标限价的计算方法,不应上调或下浮;

f. 招标人不得规定最低投标限价;

g. 编制招标控制价,采用的材料价格应是工程造价管理机构通过工程造价信息发布的材料单价,工程造价信息未发布材料单价的材料,其材料价格应通过市场调查确定;

h. 施工机械设备的选型应本着经济实用、先进高效的原则进行;

i. 投标人认为招标人的招标控制价不符合规定,应在招标控制价公布后 5 日内向招投标监督机构和工程造价管理机构投诉。工程造价管理机构在受理投诉的 10 日内完成复查。当招标控制价误差>3% 时,应责成招标人改正。

国有资金投资的工程进行招标,根据《招标投标法》规定,招标人可以设标底。当招标人不设标底时,为有利于客观、合理地评审投标报价和避免哄抬标价,造成国有资产流失,招标人应编制招标控制价。

【例题 33】根据《招标投标法实施条例》,关于工程建设项目招标标底的设置和作用,下列说法正确的是(　　)。

A. 标底只能作为评标的参考

B. 标底应当在招标文件中明确规定并事先公布

C. 应当把投标报价是否接近标底作为中标条件

D. 报价超过标底上下浮动一定幅度作为否决投标的条件

解析:标底编制过程和标底在开标前必须保密。标底只能作为评标的参考,不得以投标报价是否接近标底为中标条件,也不得以投标报价超过标底上下浮动范围为否决投标的条件。

答案:A

【例题 34】根据《建设工程工程量清单计价规范》，下列关于招标控制价的说法，正确的有（　　）。

A. 招标控制价是对招标工程项目规定的最高工程造价

B. 招标人不得规定最低投标限价

C. 国有或非国有资金投资的建设工程招标，招标人必须编制招标控制价

D. 招标控制价应在招标文件中公布，在招标过程中不应上调，但可适当下浮

E. 投标人的投标报价高于招标控制价时，其投标应被否决

解析：非国有资金投资的建设项目，可以不编制招标控制价；设有最高投标限价的，应当在招标文件中明确最高投标限价或者最高投标限价的计算方法，不应上调或下浮；招标人不得规定最低投标限价。

答案：ABE

【例题 35】下列关于招标项目标底或投标限价的说法，正确的是（　　）。

A. 若招标项目设有标底，开标时应当公布

B. 设有最高投标限价时，应规定最低投标限价

C. 评标时可以投标报价是否接近标底作为中标条件

D. 投标报价超过标底上下 15% 可否决投标

解析：标底应在开标时公布；不得以投标报价是否接近标底为中标条件，也不得以投标报价超过标底上下浮动的某个范围为否决投标的条件；招标人可以设有最高投标限价，招标人不得规定最低投标限价。

答案：A

(7)图纸

图纸是合同文件的重要组成部分，是编制工程量清单以及投标报价的重要依据，也是进行施工和验收的依据。通常招标时的图纸并不是工程所需的全部图纸，在投标人中标后还会陆续发布新的图纸以及对招标时图纸进行修改。因此，在招标文件中，除了附上招标图，还应该列明图纸目录。图纸目录一般包括序号、图名、图号、版本、出图日期等。图纸目录以及相应的图纸对施工过程的合同管理以及争议解决发挥着重要作用。

(8)技术标准和要求

技术标准和要求是针对工程现场的自然条件、施工条件及本工程施工技术而言的。技术标准的内容主要包括各项工艺指标、施工要求、材料检验标准，以及各分部、分项工程施工成型后的检验手段和检验标准等。技术标准和要求由招标人根据行业标准施工招标文件（如有）、招标项目具体特点和实际需要编制。技术标准和要求中的各项技术标准应符合国家强制性标准，不得要求或标明某一特定的专利、商标、名称、设计、原产地或生产供应者，不得含有倾向或者排斥潜在投标人的其他内容。如果必须引用某一生产供应者的技术标准才能准确或清楚地说明拟招标项目的技术标准，否则应当在参照后面加上“或相当于”字样。

(9)投标文件格式

投标文件格式的主要作用是为投标人编制投标文件提供固定的格式和编排顺序，以规范投标文件的编制，同时便于评标委员会评标。

【例题 36】建设工程施工招标文件，既是承包商编制投标文件的依据，也是（　　）。

A. 竣工验收的依据　　B. 制订施工方案的依据

C. 制订索赔处理办法的基础　　　　　　D. 签订工程承包合同的基础

解析：投标文件要响应招标文件，中标人按招标文件和中标文件签订合同。

答案：D

【例题 37】《标准施工招标文件》中的“投标人须知”不包括(　　)。

A. 投标人须知前附表　B. 总则　　　　C. 投标文件格式　　　D. 合同授予

解析：投标人须知包括投标人须知前附表、总则、招标文件、投标文件、投标、开标、评标和合同授予等内容。

答案：C

【例题 38】在建设工程施工招标文件中，对投标文件的组成、投标报价、递交、修改、撤回等有关内容提出要求的部分是(　　)。

A. 投标文件格式　　B. 技术条款　　C. 合同主要条款　　D. 投标人须知

解析：招标人应在投标人须知中对投标文件的组成、投标报价、投标有效期、投标保证金、资格审查资料、备选投标方案和投标文件的编制提出明确要求。

答案：D

【例题 39】根据《工程建设项目施工招标办法》，不属于建设工程施工招标文件内容的是(　　)。

A. 施工组织设计　　B. 合同主要条款　C. 技术条款　　　D. 投标人须知

解析：建设工程施工招标文件包括招标公告或投标邀请书，投标人须知，评标办法，合同条款及格式，工程量清单、标底或招标控制价，图纸，技术标准和要求，投标文件格式。

答案：A

【例题 40】某建设项目发售招标文件时收取工本费 500 元，则在招投标结束后(　　)。

A. 招标文件及收费都不退回　　　　B. 退回招标文件，收费不退回

C. 不退回招标文件，收费退回　　　D. 招标文件及收费分别退回

解析：投标方在投标之前应该购买招标方的招标文件，在招投标结束后，招标文件及收费概不退回。

答案：A

2) 编写招标文件应注意的问题

(1) 招标文件应体现工程建设项目的特点和要求

招标文件牵涉的专业内容比较广泛，具有明显的多样性和差异性，编写一套适用于具体工程建设项目的招标文件，除需要具有较强的专业知识和一定的实践经验外，还要能准确把握项目专业特点。

编制招标文件时必须认真阅读、研究有关设计与技术文件，与招标人充分沟通，了解招标项目的特点和需求，包括项目概况、性质、审批或核准情况、标段划分计划、资格审查方式、评标方法、承包模式、合同计价类型、时间节点要求等，并充分反映在招标文件中。

招标文件应该内容完整、格式规范，按规定使用标准招标文件，结合招标项目特点和需求，参考以往同类项目的招标文件进行调整、完善。

(2) 招标文件必须明确投标人实质性响应的内容

投标人必须完全按照招标文件的要求编写投标文件，如果投标人没有对招标文件的实质性要求和条件做出响应，或者响应不完全，都可能导致投标人投标失败。所以，招标文件中需

要由投标人做出实质性响应的所有内容(如招标范围、工期、投标有效期、质量要求、技术标准和要求等)应具体、清晰、无争议,且宜以醒目的方式提示,避免使用非原则性的、模糊的或者容易引起歧义的词句。

(3)防范招标文件中的违法、歧视性条款

编制招标文件必须熟悉和遵守招投标的法律法规,并及时掌握现行规定和有关技术标准,坚持公平、公正、遵纪守法的原则,严格防范招标文件中出现违法、歧视、倾向条款限制、排斥或保护潜在投标人,要公平、合理地划分招标人和投标人的风险责任。只有招标文件客观与公正才能保证整个招投标活动的客观与公正。

(4)保证招标文件格式、合同条款的规范一致

编制招标文件应保证格式文件、合同条款规范一致,从而确保招标文件逻辑清晰、表述准确,避免产生歧义和争议。

招标文件合同条款部分如采用通用合同条款和专用合同条款形式编写,则正确的合同条款编写方式为:通用合同条款应全文引用,不得删减;专用合同条款应按其条款编号和内容,根据工程实际情况进行修改和补充。

(5)招标文件的语言要规范、简练

编制、审核招标文件应一丝不苟、认真细致。招标文件的语言文字要规范、严谨、正确、精练、通顺,要认真推敲,避免使用含义模糊或容易产生歧义的词语。

招标文件的商务部分与技术部分一般由不同人员编写,应注意两者之间及各专业之间的相互结合与一致性,应交叉校核,检查各部分是否有不协调、重复和矛盾的内容,确保招标文件的质量。

4.3 建设工程施工投标

4.3.1 投标前的准备工作

投标前的准备工作是参加投标竞争非常重要的一项工作。准备工作是否做得扎实细致直接关系到对招标项目的分析研究是否深入,提出的投标策略、投标报价策略和投标报价是否合理,对整个投标过程可能发生的问题是否有充分的思想准备,从而对投标工作达到预期效果产生影响。因此,每个投标单位都必须充分重视这项工作。投标前的准备工作至少包括以下内容。

1)招标信息的分析

(1)招标项目真实性分析

信息查证是投标的前提。企业在决定投标之前,必须认真分析所获得的信息的真实可靠性。通过与招标单位直接洽谈,查证其招标项目是否已立项批准以及资金是否落实。

(2)业主情况的查证分析

对业主的调查了解是确保实施工程的酬金能否收回的前提。部分业主倚仗承发包关系中的优越地位,长期拖欠工程款,致使中标的施工企业不仅不能获取利润,甚至连成本都无法收回。还有些业主的工程负责人借管理工程的权利之便,向承包商索要回扣,使承包商利益

受损。因此，投标人在决定投标前，须对招标人的资信进行调查。

2) 参加资格预审

按照资格预审文件要求编制资格预审申请文件，并在资格预审文件要求截止时间前提交。资格审查委员会对所提交资格预审申请文件进行审查，确定通过资格预审的申请人名单，通过资格预审的申请人，才具有参加投标的资格。

3) 研究招标文件

招标文件是投标的主要依据，因此投标人应仔细分析、研究招标文件，重点应放在投标须知、合同条件、设计图纸、工程图纸和工程量清单与计价上，最好由专人或专门小组负责研究技术规范和设计图纸，弄清其特殊要求。

4) 校核工程量

对于招标文件中的工程量清单，投标人一定要进行校核，因为它直接影响投标报价和中标机会。如发现工程量有重大出入，特别是漏项的，必要时可与招标人核对，要求招标人认可，并给予书面证明，这对总价固定合同尤为重要。

5) 施工现场勘察

施工现场勘察是投标人必经的投标程序。按照国际惯例，投标人提出的报价单一般被认为是在现场勘察的基础上编制的，一旦在报送投标文件规定的截止时间后发现问题，投标人就无权因为现场勘察不周、情况了解不细或因素考虑不全而提出修改投标报价或提出补偿等要求。因此，投标人在报价以前必须认真进行施工现场勘察，全面、仔细地调查了解工地现场及周围的政治、经济、地理等情况。

现场勘察应重点做好以下 5 个方面的工作：

①了解工程的性质以及该工程与其他工程之间的关系；

②了解投标人投标的那一部分工程与其他承包商或分包商之间的关系；

③了解工地地貌、地质、气候、交通、电力、水源等情况，有无障碍物等；

④了解工地的施工条件、附近的住宿条件、料场开采条件、其他加工条件、设备维修条件等；

⑤了解工地附近的治安情况。

6) 参加投标预备会

在投标预备会之前，招标人应事先深入研究文件，并将发现的各类问题整理成书面文件，寄给招标人，要求其给予书面回复或在投标预备会上予以解释和澄清。

7) 编制标前施工方案

该工作对投标报价影响很大。在投标过程中，应编制标前施工方案，其深度和广度都比不上标后施工组织设计，如果中标，再编制施工组织设计。施工规划的内容一般包括施工方案和施工方法、施工进度计划、施工机械需要量计划、材料设备需要量计划和劳动力需要量计划以及临时生产、生活设施等，是技术标的主要组成部分。施工组织设计的水平反映了投标人的技术实力，施工进度安排是否合理，施工方案选择是否恰当，一个好的与工程成本和报价有密切关系的施工组织设计可大大降低标价。因此，在估算工程造价之前，工程技术人员应认真编制好施工组织设计，为准确估算工程造价提供依据。

4.3.2 建设工程施工资格预审申请文件的编制

(1)资格预审申请函

资格预审申请函是申请人响应招标人、参加招标资格预审的申请函,同意招标人或其委托代表对申请文件进行审查,并对所递交的资格预审申请文件及有关材料内容的完整性、真实性和有效性做出声明。

(2)法定代表人身份证明或其授权委托书

①法定代表人身份证明是申请人出具的用于证明法定代表人合法身份的证明。内容包括申请人的名称、单位性质、成立时间、经营期限,法定代表人的姓名、性别、年龄、职务等。

②授权委托书是申请人及其法定代表人出具的正式文书,明确授权其委托代理人在规定的期限内负责申请文件的签署、澄清、递交、撤回、修改等活动,其活动后果的法律责任由申请人及其法定代表人承担。

(3)联合体协议书

联合体协议书适用于允许联合体投标的资格预审,是联合体各方联合声明共同参加资格预审和投标活动签订的联合协议。联合体协议书中应明确牵头人、各方职责分工及协议期限,承诺对递交文件承担法律责任等。

(4)申请人基本情况

①申请人的名称、企业性质、主要投资股东、法人治理结构、法定代表人、经营范围与方式、营业执照、注册资金、成立时间、企业资质等级与资格声明,技术负责人、联系方式、开户银行、员工专业结构与人数等。

②申请人的施工、制造或服务能力,包括已承接任务的合同项目总价,年最大施工、生产或服务规模能力(产值),正在施工、生产或服务的规模数量(产值),申请人的施工、制造或服务质量保证体系,拟投入本项目的主要设备仪器情况。

(5)近年财务状况

申请人应提交近年(一般为近 3 年)经会计师事务所或审计机构审计的财务报表,包括资产负债表、利润表、现金量表等,用于招标人判断投标人的总体财务状况以及盈利能力和偿债能力,进而评估其承担招标项目的财务能力和抗风险能力。工程招标资格预审申请文件,特别需要反映申请人近 3 年每年的营业额、固定资产、流动资产、长期负债、流动负债、净资产等。必要时,应由开户银行出具金融信誉等级证书或银行资信证明。

(6)近年完成的类似项目情况

申请人应提供近年已经完成与招标项目性质、类型、规模标准类似的工程名称、地址,招标人名称、地址及联系电话,合同价格,申请人的职责定位、承担的工作内容、完成日期,实现的技术、经济和管理目标及使用状况,项目经理、技术负责人等。

(7)拟投入技术和管理人员状况

申请人拟投入招标项目的主要技术和管理人员的身份、资格、能力,包括岗位任职、工作经历、执业资格、技术或行政职务、职称,完成的主要类似项目业绩等证明材料。

(8)未完成和新承接项目情况

填报信息内容与“近年完成的类似项目情况”的要求相同。

(9)近年发生的诉讼及仲裁情况

申请人应提供近年来在合同履行过程中,因争议或纠纷引起的诉讼、仲裁情况,以及有无违法违规行为而被处罚的相关情况,包括法院或仲裁机构做出的判决、裁决、行政处罚决定等法律文书复印件,其主要目的是考察投标人的信用。

(10)其他材料

申请人提交的其他材料包括两部分:

①资格预审文件须知、评审办法等有要求,但申请文件格式中没有表述的内容,如ISO9000、ISO14000、ISO18000等质量管理体系,环境管理体系,职业健康安全管理体系认证证书,企业、工程、产品的获奖、荣誉证书等。

②资格预审文件中没有要求提供,但申请人认为对自己通过预审比较重要的资料。

4.3.3 建设工程施工投标文件的编制

1)投标文件的组成

施工投标文件是投标人根据招标文件的要求对其所提供的工程作出的价格和其他责任的承诺。它体现了投标人对该项目的兴趣和对该项目执行的能力和计划,是招标人选择和衡量投标人的重要依据。投标文件应当对招标文件提出的实质性要求和条件作出响应。投标文件内容一般包括:投标函及其附录、法定代表人身份证明或其授权委托书、联合体协议书、投标保证金、已标价工程量清单、施工组织设计、项目管理机构和拟分包项目情况表、资格审查资料等。

就投标文件的各个组成部分而言,投标函是最重要的文件,其他组成部分都是投标函的支持性文件。投标函必须加盖单位章或经其法定代表人或其委托代理人签字或盖章,并且在开标会上当众宣读。

2)投标函及其附录

投标函及其附录是指投标人按照招标文件的条件和要求,向招标人提交的有关报价、质量目标等承诺和说明的函件,是投标人为响应招标文件相关要求所做的概括性函件,一般位于投标文件的首要部分,其内容、格式必须符合招标文件的规定。

(1)投标函

工程投标函包括投标人告知招标人本次所投项目的具体名称和具体标段,以及本次投标的报价、承诺的工期和达到的质量目标,主要内容有投标有效期、投标保证金、中标后的承诺、投标函的签署4个方面。

(2)投标函附录

投标函附录一般附于投标函之后,两者共同构成合同文件的重要组成部分。投标函附录主要内容是对投标文件中涉及关键性或实质性内容的条款进行说明或强调。

投标人填报投标函附录时,在满足招标文件实质性要求的基础上,可以提出比招标文件要求更有利于招标人的承诺,一般以表格形式摘录列举。投标函附录除对合同重点条款进行摘录外,也可以根据项目的特点、需要,并结合合同执行者重视的内容进行摘录。

3)法定代表人身份证明或其授权委托书

(1)法定代表人身份证明

法定代表人身份证明适用于法定代表人亲自投标而不委托代理人投标的情形,用以证明投标文件签字的有效性和真实性。法定代表人身份证明应加盖投标人的法人印章。

(2)授权委托书

授权委托书适用于法定代表人不亲自投标而委托代表人投标的情形。授权委托书一般规定代理人不能再次委托,即代理人无转委托权。法定代表人应在授权委托书上亲笔签名。

4)联合体协议书

联合体为共同投标并在中标后共同完成中标项目而组成的临时性组织,不具有法人资格。如果属于共同注册并长期进行经营活动的“合资公司”等法人形式的联合体,则不属于此处所称的联合体。凡联合体参与投标的,均应签署并提交联合体协议书,其内容如下:

①联合体成员的数量:联合体协议书首先必须明确联合体成员的数量。其数量必须符合招标文件的规定,否则被视为不响应招标文件规定而作为废标。

②牵头人和成员单位名称。

③联合体协议中牵头人和各方的职责、权利及义务约定。

④联合体内部分工,约定联合体各方拟承担的具体工作。

⑤签署和盖章。联合体协议书应按招标文件规定进行签署和盖章。

5)投标保证金

投标保证金是一种为防止投标人不慎重考虑而进行投标活动所设定的担保形式,是投标人向招标人缴纳的一定数额的金钱。投标人在递交投标文件时,应按规定递交投标保证金,并作为其投标文件的组成部分。

(1)投标保证金的形式

投标保证金除现金外,还可以是银行出具的银行电汇、银行汇票、银行保函、信用证或支票。

①银行电汇。投标人应在截止时间之前全额汇入,并附上复印件,否则视为投标保证金无效。

②银行汇票。投标文件中附上复印件。

③银行保函。一般招标人会在招标文件中给出银行保函的格式和内容,且要求银行保函的主要内容不能改变,否则将以不符合招标文件要求作废标处理。应单独交银行保函正本,并在投标文件中附上复印件或将银行保函正本装订在投标文件正本中。

④信用证。用于投标保证金的信用证也称备用信用证,是由投标人向银行申请,由银行出具的不可撤销信用证。信用证的作用和银行保函类似。

⑤支票。投标人应确保招标人收到支票后在招标文件规定的截止时间之前,将投标保证金划拨到招标人指定账户,否则视为投标保证金无效。投标文件中应附上复印件。

(2)投标保证金的金额

投标保证金的金额通常有相对比例金额和固定金额两种方式。《招标投标法实施条例》第二十六条规定,招标人在招标文件中要求投标人提交投标保证金的,投标保证金不得超过招标项目估算价的2%。

(3)投标保证金的提交

投标保证金作为投标文件的有效组成部分,投标人不按招标文件要求提交投标保证金的,其投标文件作废标处理。

依法必须进行招标的项目的境内投标单位,以现金或支票形式提交的投标保证金应从其基本账户转出;投标人应当按照招标文件要求的方式和金额,将投标保证金随投标文件提交给招标人;投标保证金是投标文件的必需要件,是招标文件的实质性要求;联合体投标,投标保证金可以由联合体各方共同提交或由联合体中的一方提出,对联合体各方均具有约束力。

(4)投标保证金的退还

招标人与中标人签订合同后 5 日内,向中标人和未中标的投标人退还投标保证金及银行同期存款利息。

有下列情形之一的,投标保证金将不予退还:

①投标人在规定的投标有效期内撤销或修改投标文件;

②中标人在收到中标通知书后,无正当理由拒签合同协议书或未按招标文件规定提交履约担保的。

投标人撤回已提交的投标文件,应当在投标截止时间前书面通知招标人。招标人已收取投标保证金的,应当自收到投标书面撤回通知之日起 5 日内退还。

(5)投标保证金的有效期

投标保证金通常在投标文件提交截止时间之前提交,投标保证金有效期应当与投标有效期一致。

【例题 41】根据《招标投标法实施条例》,投标保证金的数额不得超过招标项目估算价的(　　)。

A. 2%　　B. 1%　　C. 3%　　D. 5%

解析:《招标投标法实施条例》第二十六条规定,招标人在招标文件中要求投标人提交投标保证金的,投标保证金不得超过招标项目估算价的 2%。

答案:A

【例题 42】下列情形中,投标人已提交的投标保证金不予返还的是(　　)。

A. 在提交投标文件截止日后撤回投标文件的

B. 提交投标文件后,在投标截止日前表示放弃投标的

C. 开标后被要求对其投标文件进行澄清的

D. 评标期间招标人通知延长投标有效期,投标人拒绝延长的

解析:投标人在规定的投标有效期内撤销或修改投标文件的,投标保证金不予返还。

答案:A

6)已标价工程量清单

已标价工程量清单是构成合同文件组成部分的投标文件中已标明价格,经算术性错误修正(如有)且承包人已确认的工程量清单,包括对其的说明和表格。招标工程量清单给出的子目编码、子目名称、子目特征、计量单位和工程量在已标价工程量清单中不能改动。

已标价工程量清单应包括的内容根据招标文件确定,特别要注意投标文件是否要求附"工程量清单综合单价分析表",若未明确是否提交该表,则投标人可以自行决定。根据《建设工程工程量清单计价规范》(GB 50500—2013),已标价工程量清单的内容包括:

①封面、扉页、说明,包括投标总价封面、投标总价扉页、工程计价总说明。

②工程计价汇总表,包括建设项目投标报价汇总表、单项工程投标报价汇总表、单位工程投标报价汇总表。

③分部分项工程和措施项目计价表,包括分部分项工程和单价措施项目清单与计价表、综合单价分析表、总价措施项目清单与计价表。

④其他项目计价表,包括其他项目清单与计价汇总表、暂列金额明细表、材料(工程设备)暂估单价及调整表、专业工程暂估价及结算价表、计日工表、总承包服务费计价表。

⑤规费、税金项目计价表。

7)施工组织设计

施工组织设计也称技术标,用以评价投标人的技术实力和建设经验。它是报价的依据,不同的实施方案会有不同的工程预算成本、不同的报价;也是施工企业控制和指导施工的文件,其内容科学合理,在编制前应会同各有关部门及人员,共同讨论和研究施工的主要技术措施和组织措施。

施工组织设计实施方案通常包括以下内容:

①施工方案,如工程施工所采用的技术、工艺、机械设备、劳动组合及各种资源的供应方案等。

②工程进度计划。在业主招标文件中确定的总工期计划控制下,确定工程总进度计划。在编制进度计划时,要考虑和满足以下条件:总工期符合招标文件的要求;各项主要工程的开始和结束时间;工程中里程碑事件的合理安排;体现主要工序相互衔接的合理安排;有利于均衡地安排劳动力,提高功效,节省临时设施;有利于有效利用施工机械设备,减少机械设备占用周期。

③现场的平面布置方案,如现场道路、仓库、办公室、各种临时设施、水电管网、围墙、门卫等。

④施工中所采用的安全、质量、文明施工、环境保护等保护体系与保证措施。

⑤其他方案,如采购方案、运输方案、设备的租赁、工程分包等。

实施方案编制的关键注意点如下:

①要有针对性,即针对招标工程设计、工程现场条件和招标人的内在需求。例如,对于大部分房产开发项目来说,招标人首先关心的是工期,技术标中就要针对工期缩短下功夫。

②突出关键技术(优势),即实施方案重点放在两个方面:一是施工所需的关键技术,力图有所创新;二是投标人所具有的技术优势,如专利技术和工艺、专有工法等。

③可执行性,即编制的实施方案是切合实际、合理可行的。

施工组织设计的编制流程如图 4.2 所示。

8)项目管理机构和拟分包项目情况表

项目管理机构,包括企业为项目设立的管理机构和项目管理班子。项目管理班子配备情况辅助说明资料主要包括管理班子机构设置、职责分工、有关复印证明资料,以及投标人认为有必要提供的资料。辅助说明资料的格式不作统一规定,由投标人自行设计。

9)资格审查资料

资格审查资料包括:①投标人基本情况表;②近年财务状况表;③近年完成的类似项目情况表;④正在实施的和新承接的项目情况表;⑤其他资格审查资料。

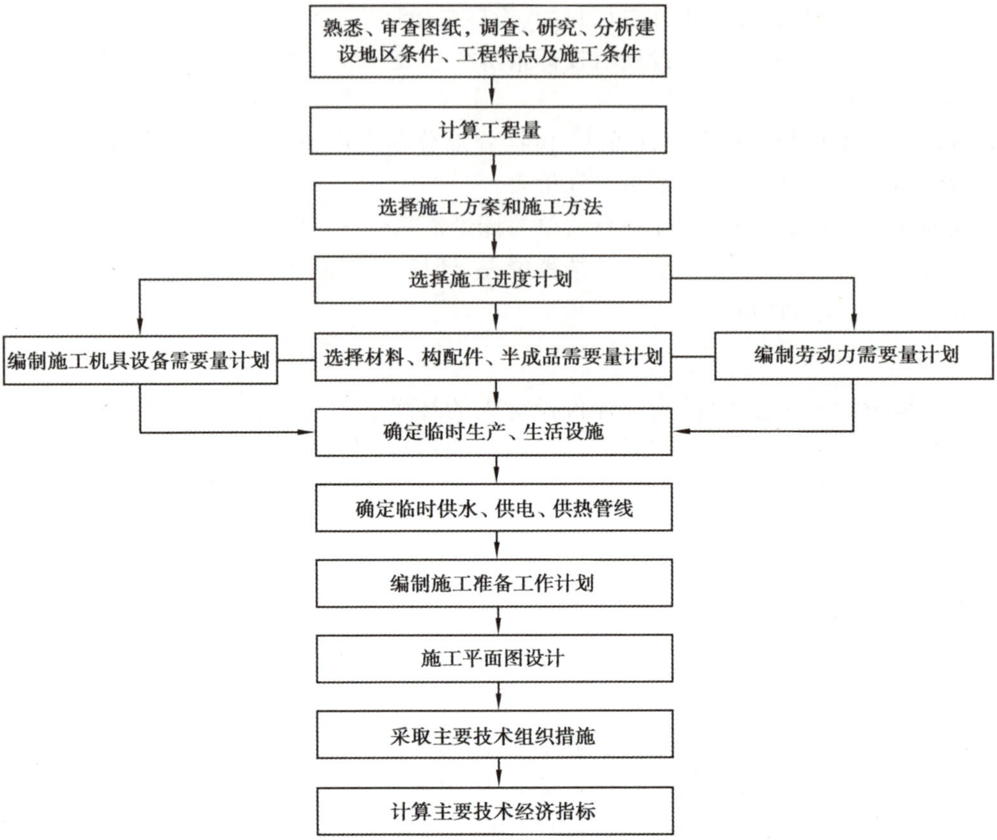

图4.2　施工组织设计的编制流程

【例题43】工程投标文件一般内容的组成包括(　　)。

A. 已标价的工程量清单　　B. 法定代表人身份证明或授权委托书

C. 投标保证金　　D. 投标函及投标函附录

E. 技术性能参数的详细描述

解析:投标文件内容一般包括投标函及其附录、法定代表人身份证明或其授权委托书、联合体协议书、投标保证金、已标价工程量清单、施工组织设计、项目管理机构和拟分包项目情况表、资格审查资料等。

答案:ABCD

【例题44】投标人在投标报价时,应优先作为综合单价编制依据而被采用的是(　　)。

A. 企业定额　　B. 地区定额　　C. 行业定额　　D. 国家定额

解析:在投标报价确定分部分项工程综合单价时,应根据本企业的实际消耗量水平及拟订的施工方案确定完成清单项目需要消耗的各种人工、材料、施工机具台班的数量。

答案:A

【例题45】根据《建设工程工程量清单计价规范》(GB 50500—2013),下列关于企业投标报价编制原则的说法,正确的有(　　)。

A. 投标报价由投标人自主确定

B. 为了鼓励竞争,投标报价可以略低于成本

C. 投标人必须按照招标工程量清单填报价格

D. 投标人的投标报价高于招标控制价的应予以否决

E. 投标人应以施工方案、技术措施等为投标报价计算的基本条件

解析：选项 B，投标报价不得低于工程成本。

答案：ACDE

【例题 46】资格审查材料中，投标人提供类似项目业绩和能力的证明材料，一般主要包括（　　）。

A. 中标通知书　　B. 合同协议书　　C. 竣工验收证明文件

D. 施工许可证　　E. 开工通知书

解析：资格审查材料中，投标人提供类似项目业绩和能力的证明材料，一般主要包括中标通知书、合同协议书、竣工验收证明文件。

答案：ABC

10）投标文件的编制和递交

（1）投标文件的编写、签署、装订、密封、包装

①投标文件的编写：

a. 投标文件应按招标文件规定的格式编写，如有必要，可增加附页，作为投标文件组成部分。其中，投标函附录在满足招标文件实质性要求的基础上，可以提出比招标文件要求更有利于招标人的承诺。

b. 投标文件应对招标文件有关工期、投标有效期、质量要求、技术标准和要求、招标范围等实质性内容作出全面具体的响应。

c. 投标文件正本应用不褪色墨水书写或打印。投标文件应尽量避免涂改、行间插字或删除，若出现上述情况，改动之处应由投标人的法定代表人（或委托代理人）签字确认并盖投标人公章（鲜章）。

d. 投标文件编制内容是证书、证件、证明材料复印件的，其复印内容应清晰、易于辨认。

②投标文件的签署：

投标函及投标函附录、已标价工程量清单（或投标报价表、投标报价文件）、调价函及调价后报价明细目录等内容，应由投标人的法定代表人或其委托代理人逐页签署姓名（该页正文内容已由投标人的法定代表人或其委托代理人签署姓名的，则可不签署），并逐页加盖投标人单位印章或按招标文件签署规定执行。以联合体形式参与投标的，投标文件由联合体牵头人的法定代表人或其委托代理人按上述规定签署并加盖联合体牵头人单位印章。

③投标文件的装订：

a. 投标文件正本与副本应分别装订成册，并编制目录，封面上应标记“正本”或“副本”，正本和副本份数应符合招标文件规定。

b. 投标文件正本与副本都不得采用活页夹。否则，招标人对由于投标文件装订松散而造成的丢失或其他后果不承担任何责任。

④投标文件的密封、包装：

投标文件应该按照招标文件规定密封、包装。对投标文件密封的规范要求如下：

a. 投标文件正本与副本应分别包装在内层封套里，投标文件电子文件（如需要）应放置于正本的同一内层封套里，然后统一密封在一个外层封套中，加密封条和盖投标人密封印章。

国内招标的投标文件一般采用一层封套。

b.投标文件内层封套上应清楚标记“正本”或“副本”字样。投标文件内层封套应写明投标人邮政编码、投标人地址、投标人名称、所投项目名称和标段。投标文件外层封套应写明招标人地址及名称、所投项目名称和标段、开启时间等。也有些项目对外层封套的标志有特殊要求，如规定外层封套上不应有任何识别标志。当采用一层封套时，内外层的标记均合并在一层封套上。

未按招标文件规定要求密封和加写标记的投标文件，招标人将拒绝接收。

(2)投标文件的递交和有效期

①投标文件的递交。

《招标投标法》第二十八条规定，投标人应当在招标文件要求提交投标文件的截止时间前，将投标文件送达投标地点。招标人收到投标文件后，应当签收保存，不得开启。在招标文件要求提交投标文件的截止时间后送达的投标文件，招标人应当拒收。

投标人必须按照招标文件规定的地点，在规定的时间内送达投标文件。递交投标文件的最佳方式是直接送达或委托代理人送达，以便收到投标文件的回执。如果以邮寄方式送达，则投标人必须留出邮寄的时间，以保证投标文件能够在截止时间之前送达招标人指定地点。

②投标文件的接收。

招标人收到投标文件后应当签收，并在招标文件规定开标时间前不得开启。同时为了保护投标人的合法权益，招标人必须履行完备、规范的签收手续。签收人要记录投标文件递交的日期、地点以及密封状况，签收后应将所有递交的投标文件妥善保存。

③投标有效期。

投标有效期从提交投标文件截止日起计算，一般到发出中标通知书或签订承包合同为止。在此期间完成评标、招标人定标、发出中标通知书，以及签订合同等工作，一般项目投标有效期为 60 ~90 天，大型项目为 120 天左右。

在原投标有效期结束前，出现特殊情况的，招标人应以传真等书面形式要求所有投标人延长投标有效期。投标人同意延长的，应立即以传真等书面形式对此要求向招标人作出答复，不得要求或被允许修改其投标文件的实质性内容，但应当相应延长其投标保证金的有效期；投标人拒绝延长的，其投标失效，但投标人有权收回其投标保证金，如果投标人在投标文件有效期内撤销投标文件，则其投标保证金将被没收。同意延长投标有效期的投标人少于 3 个的，招标人应当重新招标。

【例题 47】某施工项目招标文件规定，招标文件开始出售的时间为 3 月 20 日，停止出售时间为 3 月 30 日，提交投标文件的截止时间为 4 月 25 日，评标结束的时间为 4 月 30 日，则投标有效期开始的时间为(　　)。

A.3 月 20 日　　B.3 月 30 日　　C.4 月 25 日　　D.4 月 30 日

解析：投标有效期从招标文件规定的提交投标文件截止之日起计算。

答案：C

【例题 48】根据招标投标相关法律规定，在投标有效期结束前，由于出现特殊情况，招标人要求投标人延长投标有效期时，(　　)。

A.投标人不得拒绝延长，并不得收回其投标保证金

B.投标人可以拒绝延长，并有权收回其投标保证金

C. 投标人不得拒绝延长,但可以收回其投标保证金

D. 投标人可以拒绝延长,但无权收回其投标保证金

解析:在原投标有效期结束之前,招标人可以通知所有投标人延长投标有效期。拒绝延长投标有效期的投标人有权收回投标保证金,同意延长投标有效期的投标人应当相应延长其投标保证金的有效期,但不得修改投标文件的实质性内容。

答案:B

11)投标文件的补充、修改或撤回

在投标截止时间前,投标人可以补充、修改或者撤回已提交的投标文件,并以规定的书面形式通知招标人(应当与投标文件同样密封和递交)。补充、修改的内容也是投标文件的组成部分。这有助于降低投标人的投标风险,同时也能够保护招标人的利益。但是投标人在投标截止时间后,不得随意修改或者撤销投标文件,否则招标人可以依法没收其提交的投标保证金或投标银行保函或投标担保书。

12)有效避免废标

投标人应采取有效措施,尽可能避免因为具体细节的疏忽和投标文件技术上的缺陷而使投标文件无效,成为废标。废标一般有下列情况:

①投标文件没有按规定包装密封;

②投标文件逾期送达招标人;

③投标书没有投标人的法定代表人或授权委托人签字、盖章,或字迹潦草、模糊不清;

④没有按照招标文件的要求提交投标保证金或投标保函,或虽提交但不符合要求;

⑤投标文件内容不完整,如没有法定代表人资格证书;

⑥投标文件附有招标人不能接受的附加条件;

⑦投标文件没有响应招标文件的实质性要求。

除以上情况外,有时招标人还会在招标文件中列出其他废标的情况,如投标价超出一定范围的投标文件为废标等。

【例题49】下列关于正式投标及投标文件的说法,正确的有(　　)。

A. 标书密封不满足要求,经甲方同意投标是有效的

B. 项目经理部组织投标时,不需要企业法人对投标项目经理的授权书

C. 通常情况下,投标不需要提交投标担保

D. 在招标文件要求提交的截止时间后送达的投标文件招标人可以拒收

E. 标书提交的基本要求是签章、密封

解析:选项A,投标文件没有按规定包装密封的为废标。选项B,项目经理部组织投标时,需要企业法人对投标项目经理的授权书。选项C,通常情况下,投标人需按照招标文件要求提交投标担保。

答案:DE

4.3.4 施工投标报价策略与技巧

投标报价竞争的胜负、能否中标,不仅取决于竞争者的经济实力和技术水平,而且还取决于竞争策略是否正确和投标报价的技巧运用是否得当。通常情况下,其他条件相同,报价最

低的往往获胜。但这不是绝对的,有的报价并不高,但仍然中不了标,其原因是不会运用投标报价的技巧和策略。因此,投标人在招投标活动中必须研究投标报价中的指导思想、报价策略与技巧。

1)投标报价策略

(1)投标报价策略的概念

所谓投标报价策略,是指投标单位在合法竞争条件下,依据自身的实力和条件确定的投标目标、竞争对策和报价技巧。对于投标单位来说,在掌握了竞争对手的信息动态和有关资料之后,一般是在对投标报价策略因素进行综合分析的基础上,决定是否参加投标报价;决定参加投标报价后,确定什么样的投标目标,在竞争中采取什么对策战胜竞争对手,达到中标的目的。这种研究分析,就是制订投标报价策略的具体过程。

(2)投标报价策略的分类

由于投标单位的经营能力和条件不同,目的、需求不同,因此对同一招标项目可以有不同的投标报价目标。

①生存型投标报价策略。生存型投标报价策略是以克服企业生存危机为目标争取中标,可以不考虑种种利益原则。

②补偿型投标报价策略。补偿型投标报价策略是以补偿企业任务不足,追求边际效益为目标,对工程投标表现出较大热情,以亏损为代价的低报价策略,具有很强的竞争力。但受生产能力的限制,这种投标报价策略只宜在较小的招标项目上考虑。

③开发型投标报价策略。开发型投标报价策略是以开拓市场、积累经验为目标,投标带有开发性,以资金、技术投入为手段进行技术经验储备,树立新的市场形象,以便争得后续投标的效益。其特点是不着眼于一次性投标效益,用低报价吸引招标单位。

④竞争型投标报价策略。竞争型投标报价策略是以竞争为手段,以低盈利为目标,其报价是在精确计算报价成本的基础上,充分估计各个竞争对手的报价目标,以有竞争力的报价达到中标的目的。对投标报价表现出积极的参与意识。

⑤盈利型投标报价策略。盈利型投标报价策略充分发挥自身优势,以实现最佳盈利为目标,投标单位对效益无吸引力的项目热情不高,对盈利大的项目充满自信,也不太注重对竞争对手的动机分析和对策研究。

不同投标报价策略类型要依据一定的条件经分析后确定。竞争型投标报价策略是投标单位选择的普遍形式。

2)投标报价的技巧

投标报价技巧是针对评标办法,在深入分析工程本身的特点、竞争对手的心态、企业的实力和期望的基础上,权衡竞争力、收益、风险之间的关系,从而确定最优报价。确定一个最优报价是提高竞标能力的关键之一,在最优报价条件下,施工承包人既有中标机会,又能获取较为可观的利润。

(1)不平衡报价法

不平衡报价法,即总报价基本确定后,通过调整内部各个项目的报价,以期既不提高总报价,不影响中标,又能在结算时得到更理想的经济效益。具体做法如下:

①对于能早期结账收回工程款的项目(如土方、基础等)的单价,可报较高价,以便资金周

转;对于后期项目(如装饰、电气设备安装等)的单价,报价可适当降低些。

②对于今后工程量可能增加的项目,其单价报价可提高;而对于工程量可能减少的项目,其单价报价可降低。

③对图纸内容不明确或有错误,但估计修改后工程量要增加的,其单价可提高;而工程内容明确的,其单价可降低。

④没有工程量只填报单价的项目(如软基工程中的开挖淤泥等),其单价宜高。

⑤对于暂定的、实施可能性大的项目,可报高价;估计不一定实施的工程,可报低价。

⑥零星用工(计日工)一般可稍高于工程单价表中的工资单价。这是因为零星用工不属于承包有效合同的总价范围,发生时实报实销,也可多获利。

采用不平衡报价法时要认真仔细分析,若过多或过于明显,就可能引起招标人反对,甚至导致废标。

【案例3】某国际发包工程,有两个分部工程,其中之一(通常挖土方)的实际工程量为20万 m^3,但估价师估算为15万 m^3,承包商预测和判断出这一失误后,采用了不平衡报价法,使承包商在实际承包工程时多赚了2.5万元(见表4.4、表4.5)。

表4.4 平衡和不平衡报价表(未执行前)

报价项目	工程师的估价/m^3	平衡报价/元		不平衡报价/元	
		单价	合价	单价	合价
通常挖土方	150 000	1.00	150 000	1.5	225 000
选择挖土方	100 000	3.10	310 000	2.35	235 000
总计	250 000	460 000		460 000	

表4.5 平衡和不平衡报价表(实际执行后)

报价项目	实际工程量/m^3	平衡报价/元		不平衡报价/元	
		单价	合价	单价	合价
通常挖土方	200 000	1.00	200 000	1.5	300 000
选择挖土方	100 000	3.10	310 000	2.35	235 000
总计	300 000	510 000		535 000	

【案例4】某承包人参与某高层商用办公楼土建工程的投标。为了既不影响中标,又能在中标后取得较好的收益,该承包人决定采用不平衡报价法对原估价作适当调整,具体数据见表4.6。

表4.6 报价调整前后对比表　　单位:万元

项目	桩基围护工程	主体结构工程	装饰工程	总价
调整前(投标估价)	1 480	6 600	7 200	15 280
调整后(正式报价)	1 600	7 200	6 480	15 280

现假设桩基围护工程、主体结构工程、装饰工程的工期分别为4个月、12个月、8个月，贷款月利率为1%，并假设各分部工程每月完成的工程量相同且能按月度及时收到工程款（不考虑工程款结算所需要的时间）。现值系数见表4.7。

表4.7 现值系数表

n	4	8	12	16
$(P/A,1\%,n)$	3.902 0	7.651 7	11.255 1	14.717 9
$(P/F,1\%,n)$	0.961 0	0.923 5	0.887 4	0.852 8

问题：(1)该承包人运用不平衡报价法是否恰当？为什么？

(2)采用不平衡报价法后，该承包人所得工程款的现值比原估价增加多少？（以开工日期为折现点）

解析：(1)恰当。因为该承包人是将属于前期工程的桩基围护工程和主体结构工程的单价调高，而将属于后期工程的装饰工程的单价调低，可以在施工的早期阶段收到较多的工程款，从而可以提高承包人所得工程款的现值；而且这三类工程单价的调整幅度均在±10%以内，属于合理范围。

(2)计算单价调整前后的工程款现值。

①单价调整前的工程款现值：

桩基围护工程每月工程款 A_1=1 480/4=370（万元）

主体结构工程每月工程款 A_2=6 600/12=550（万元）

装饰工程每月工程款 A_3=7 200/8=900（万元）

则单价调整前的工程款现值：

$PV=A_1(P/A,1\%,4)+A_2(P/A,1\%,12)(P/F,1\%,4)+A_3(P/A,1\%,8)(P/F,1\%,16)$

$=370\times3.902\ 0+550\times11.255\ 1\times0.961\ 0+900\times7.651\ 7\times0.852\ 8=13\ 265.45$（万元）

②单价调整后的工程款现值：

桩基围护工程每月工程款 A_1'=1 600/4=400（万元）

主体结构工程每月工程款 A_2'=7 200/12=600（万元）

装饰工程每月工程款 A_3'=6 480/8=810（万元）

则单价调整前的工程款现值：

$PV'=A_1'(P/A,1\%,4)+A_2'(P/A,1\%,12)(P/F,1\%,4)+A_3'(P/A,1\%,8)(P/F,1\%,16)$

$=400\times3.902\ 0+600\times11.255\ 1\times0.961\ 0+810\times7.651\ 7\times0.852\ 8=13\ 336.04$（万元）

③两者的差额：

$PV'-PV=13\ 336.04-13\ 265.45=70.59$（万元）

因此，采用不平衡报价法后，该承包人所得工程款的现值比原估价增加70.59万元。

(2)多方案报价法

多方案报价法是一种利用设计或合同条款不够明确之处，以争取达到修改设计或合同为目的的报价方法。当设计或合同条款有不够明确之处时，承包商往往承担着很大的风险，为降低风险就需扩大工程单价，增加“不可预见费”，这样又会因报价过高而增加被淘汰的可能性。多方案报价就是为应对这种两难的局面而出现的。具体做法是上报两个单价：一是按原招标文件报一个价;二是加以解释,“如某设计或某合同条款作某些变动,则报价可降低多少费用”,这样可以降低总价,吸引业主。对一些投标文件,如果发现工程范围不是很明确,工程设计有修改完善的余地,合同条款不清楚或不公正,或技术规定要求过于苛刻等,则要在充分估计投标风险的基础上,按多方案报价法处理。但如果有些国家规定政府工程的合同文字不准改动,经过改动的报价单无效时,这个方法就不能采用了。

(3)增加建议方案法

有时招标文件规定,投标人可以在招标文件给出的设计之外,提一个建议方案。这时,投标人应仔细研究原招标文件的设计和施工方案,提出更理想的方案以吸引发包人,促成自己的方案中标。这种新的建议可以降低总造价,或提前竣工,或使工程功能提高。但要注意的是,对原招标方案一定也要报价,以供发包人比较;建议方案一定要比较成熟,有很好的操作性;不要将建议方案写得太具体,保留方案的技术关键,防止招标人将此方案交给其他承包人。多方案报价法与增加建议方案法的异同见表4.8。

表4.8 多方案报价法与增加建议方案法的异同

报价方案		多方案报价法	增加建议方案法
同	目的相同	均为发挥投标人技术优势,吸引招标人,促成自己的方案中标	
	响应招标文件一致	均需按原招标方案的要求报价,以供业主比较	
异	适用情形不同	针对招标文件中一些条款不清楚或不公正或技术苛刻采用的方法	针对原设计方案提出建议方案并据此报价
	投标人主动性不同	一般招标文件未规定,投标人主动提出	一般由招标文件规定

(4)突然降价法

投标竞争激烈时,为迷惑对方,先按一般情况报价,或表现出自己对该工程兴趣不大,到投标截止时,再突然前往投标,或降低报价,为最后中标打下基础。采用这种方法,一定要在准备投标报价过程中考虑好降低幅度,在临近截止日期前,根据情报信息和分析判断,作出最后决策。如果中标,因为开标只降总价,在签订合同后可采用不平衡报价法的思想调整工程量表内的各单价,以期取得更高效益。

(5)分包商报价

总包商应在投标前取得分包商的报价,并增加总承包商摊入的一定管理费,而后作为自己投标总价的一个组成部分一并列入报价单中。但应注意,要找两三家分包商分别报价,而后选择其中一家信誉好、实力强、报价合理的分包商签订协议。

(6)低价夺标

低价夺标法有时被形象地称为“拼命法”,是为占领某一市场或为争取未来的优势,宁可目前少盈利或不盈利,而不惜代价只求中标的手段;或采取先亏后盈法,先报低价,然后利用索赔扭亏为盈。采取这种方法,应首先确认招标人是否按照最低价确定中标单位,同时要求承包商拥有较强的索赔管理能力、较好的资信条件,且提出的施工方案先进可行。否则,即使标价低,也不一定中标。

(7)许诺优惠条件

报价附带优惠条件是一种行之有效的中标手段。招标者评标时,除主要考虑报价和技术方案外,还要分析别的条件,如工期、支付条件等。所以,在投标时主动提出提前竣工、低息贷款、赠予施工设备、免费转让新技术或某种技术专利、免费技术协作、代为培训人员等,均是吸引发包人、利于中标的辅助手段。

【例题50】下列关于施工投标的说法,正确的是(　　)。

A.投标人在投标截止时间后送达的投标文件,招标人应移交评标委员会处理

B.投标书在招标范围以外提出新的要求,可视为对投标文件的补充,由评标委员会进行评定

C.投标书中采用不平衡报价法时,应视为对招标文件的否定

D.投标书需盖有投标企业公章和企业法人的名章(签字)并进行密封,密封不满足要求的按无效标处理

解析:选项A在招标文件要求提交投标文件的截止时间后送达的投标文件,招标人可以拒收;选项B投标不完备或投标没有达到招标人的要求,在招标范围以外提出新的要求,均被视为对招标文件的否定,不会被招标人所接受;选项C当投标人大体上确定了工程总报价以后,可适当采用报价技巧如不平衡报价法,故不平衡报价是投标报价策略之一;标书的提交要有固定的要求,基本内容是:签章、密封。如果不密封或密封不满足要求,投标是无效的。选项D投标书还需要按照要求签章,投标书需要盖有投标企业公章以及企业法人的名章(或签字)。

答案:D

4.3.5　禁止投标人实施不正当竞争行为的规定

在建设工程招标投标活动中,投标人的不正当竞争行为包括投标人相互串通投标、投标人与招标人串通投标、投标人以行贿手段谋取中标、投标人以低于成本的报价竞标、投标人以他人名义投标或者以其他方式弄虚作假骗取中标。

1)投标人相互串通投标

有下列情形之一的,属于投标人相互串通投标:

①投标人之间协商投标报价等投标文件的实质性内容;

②投标人之间约定中标人;

③投标人之间约定部分投标人放弃投标或者中标;

④属于同一集团、协会、商会等组织成员的投标人按照该组织要求协同投标;

⑤投标人之间为谋取中标或者排斥特定投标人而采取的其他联合行动。

有下列情形之一的,视为投标人相互串通投标:

①不同投标人的投标文件由同一单位或者个人编制;

②不同投标人委托同一单位或者个人办理投标事宜;

③不同投标人的投标文件载明的项目管理成员为同一人;

④不同投标人的投标文件异常一致或者投标报价呈规律性差异;

⑤不同投标人的投标文件相互混装;

⑥不同投标人的投标保证金从同一单位或者个人的账户转出。

2)投标人与招标人串通投标

有下列情形之一的,属于招标人与投标人串通投标:

①招标人在开标前开启投标文件并将有关信息泄露给其他投标人;

②招标人直接或者间接向投标人泄露标底、评标委员会成员等信息;

③招标人明示或者暗示投标人压低或者抬高投标报价;

④招标人授意投标人撤换、修改投标文件;

⑤招标人明示或者暗示投标人为特定投标人中标提供方便;

⑥招标人与投标人为谋求特定投标人中标而采取的其他串通行为。

3)投标人以行贿手段谋取中标

在账外暗中给予对方单位或个人回扣的,以行贿论处。对方单位或个人在账外暗中收受回扣的,以受贿论处。

4)投标人以低于成本的报价竞标

这里的"成本"是指投标人的个别成本,是以投标人的企业定额计算的成本,而不是社会平均成本,也不是行业平均成本。评标过程中,如果评标委员会发现投标人的报价明显低于其他投标报价或者在设有标底时明显低于标底,使得可能低于其个别成本的,应当启动澄清程序,要求该投标人作出书面说明并提供相关证明材料。投标人不能合理说明或者不能提供相关证明材料的,评标委员会应当认定该投标人以低于成本的报价竞标,应否决其投标。

5)投标人以他人名义投标或以其他方式弄虚作假骗取中标

投标人有下列情形之一的,属于以其他方式弄虚作假:

①使用伪造、变造的许可证件;

②提供虚假的财务状况或者业绩;

③提供虚假的项目负责人或者主要技术人员简历、劳动关系证明;

④提供虚假的信用状况;

⑤其他弄虚作假的行为。

【例题51】下列情形中,不能视为投标人相互串通投标的是(　　)。

A. 不同投标人委托同一单位或者个人办理投标事宜

B. 不同投标人的投标文件载明的项目管理成员为同一人

C. 不同投标人的投标函格式一样的

D. 不同投标人的投标文件异常一致或者投标报价呈规律性差异

解析:选项C,投标人应按照招标文件提供的投标文件格式编制投标文件。

答案:C

【例题52】以下行为中,属于招标人与投标人串通投标的是(　　)。

A. 就同一招标项目向投标人提供有差别的项目信息

B. 明示或暗示投标人,为特定投标人中标提供方便

C. 授意投标人撤换、修改投标文件

D. 只组织部分投标人踏勘现场

E. 向特定投标人泄露标底

解析:选项A、D属于不合理排斥、限制潜在投标人,此类行为不足以导致特定投标人

中标。

答案:BCE

4.4 建设工程施工决标

建设工程施工决标是指招标单位确定中标企业的法律行为,通常包括开标、评标和定标3个过程。

4.4.1 建设工程施工开标

1)开标相关规定

①开标应当在招标文件确定的提交投标文件截止时间的同一时间公开进行,开标地点应当为招标文件中确定的地点。

②投标文件逾期送达或未按招标文件要求密封的,招标人应当拒收。

③开标由招标人主持,邀请所有投标人参加。投标人自愿参加,不参加开标不能成为废标的理由,但招标人必须邀请全体投标人参加。

④开标时,由投标单位或者其推选的代表检查投标文件的密封情况,也可以由招标单位委托的公证机构检查并公证;经确认无误后,如果有标底应首先公布,然后由工作人员当众拆封,宣读投标人名称、投标报价和投标文件的其他主要内容。所有在投标函中提出的附加条件、补充声明、优惠条件、替代方案等均应宣读。

⑤开标过程应当记录,并存档备查。

⑥开标后,任何人都不许更改标书内容和报价,也不许再增加优惠条件。投标书经启封后,不得再更改评标和定标的办法。

⑦投标人对开标有异议的,应在开标现场提出,招标人应当场作出答复,并制作记录。

⑧至投标截止时间提交投标文件的投标人少于3个的,不得开标,招标人应将接收的投标文件原封不动地退回投标人,并依法重新组织招标。

⑨投标人应按招标文件的约定参加开标,投标人不参加开标,视为默认开标结果,事后不得对开标结果提出异议。

参加开标会议的人员,包括招标人或其代表人、招标代理人、投标人法定代表人或其委托代理人,招投标管理机构的监管人员和招标人自愿邀请的公证机构的人员,并可邀请项目有关主管部门、当地计划部门、经办银行等代表出席。评标委员会成员不参加开标会议。

2)开标程序

开标会全过程应在投标人代表可视范围内进行,并做好记录。有条件的可全程录像,以备查验。

招标人应按照招标文件固定的程序开标,一般开标程序如下。

(1)宣布开标纪律

主持人宣布开标纪律,对参加开标会议的人员提出会场要求,主要是开标过程中不得喧哗、通信工具调整到静音状态、按约定的方式提问等。任何人不得干扰正常的开标程序。

(2)确认投标人或授权代表的身份

招标人可以按照招标文件的约定,当场核验参加开标会议的投标人、授权代表的授权委托书和有效身份证件,确认授权代表的有效性,并留存授权委托书和身份证件的复印件。法定代表人出席开标会的要出示其有效证件。

(3)公布在投标截止时间前接收投标文件的情况

招标人在招标文件要求提交投标文件的截止时间前收到的所有投标文件,开标前都应当当众予以拆封,不能遗漏,否则构成对投标人的不公正对待。如果是投标文件要求的截止时间以后收到的投标文件,则应不予开启,原封不动地退回。

(4)宣布有关人员姓名

开标会主持人介绍招标人代表、招标代理机构代表、监督人代表或公证人员等,依次宣布开标人、唱标人、记录人、监标人等有关人员姓名。

(5)检查投标文件的密封情况

依据招标文件约定的方式组织投标文件的密封检查,可由投标人代表或招标人委托的公证人员检查,其目的在于检查开标现场的投标文件密封状况是否与招标文件约定和受理时的密封状况一致。

(6)宣布投标文件开标顺序

主持人宣布投标文件开标顺序。如招标文件未约定开标顺序,一般按照投标文件递交的顺序或倒序进行唱标。

(7)公布标底

招标人设有参考标底,予以公布。

(8)唱标

按照宣读的投标文件开标顺序当众开标。唱标人应按照招标文件约定的唱标内容,严格依据投标函及其附录唱标,并当即做好唱标记录。唱标内容一般包括投标函及投标函附录中的报价、备选方案报价(如有)、完成期限、质量目标、投标保证金等。

(9)开标记录签字

开标会议应当做好书面记录,如实记录开标会的全部内容,包括开标时间、地点、程序,出席开标会的单位和代表,以及开标会程序、唱标记录、公证机构和公证结果(如有)等。投标人代表、招标人代表、监标人、记录人等应在开标记录上签字确认,存档备查。投标人代表对开标记录内容有异议的可以注明。

(10)开标结束

完成开标会议的全部程序和内容后,主持人宣布开标会议结束。

【例题53】下列关于开标会议主持人的说法正确的是(　　)。

A. 有关行政机关人员可以代替招标人主持开标

B. 招标人自行办理招标事宜的,自行主持开标

C. 开标应由所属地招标监督机构主持

D. 招标代理机构按照委托招标合同的约定负责主持开标事宜

E. 开标应由所属地公证机关主持

解析:开标由招标人主持,邀请所有投标人参加。

答案:BD

【例题 54】下列关于开标的说法正确的是(　　)。

A. 投标文件确定无误后,由招标监管部门人员当众拆封

B. 开标地点应当为招标文件中预先确定的地点

C. 投标人未参加开标,其投标为废标

D. 开标过程应当及时向社会公布

解析:选项 A,开标时,由投标单位或者其推选的代表检查投标文件的密封情况,也可以由招标单位委托的公证机构检查并公证;经确认无误后,由工作人员当众拆封。选项 C,投标人自愿参加,不参加开标不能成为废标的理由。选项 D,开标过程需向投标人公开,但无须向非投标人或社会公众公开。

答案:B

【例题 55】某高速公路建设项目向社会公开招标,下列关于开标的说法正确的是(　　)。

A. 开标由当地建设行政主管部门主持

B. 开标时必须由公证机构检查投标文件的密封情况并公证

C. 投标文件逾期送达的,招标人应当拒收

D. 投标人对开标有异议的,应当在开标现场提出

E. 开标时不能宣读投标文件中的报价信息

解析:选项 A,开标由招标人主持。选项 B、E,开标时,由投标单位或者其推选的代表检查投标文件的密封情况,也可以由招标单位委托的公证机构检查并公证。经确认无误后,由工作人员当众拆封,宣读投标人名称、投标报价和投标文件的其他主要内容。所有在投标函中提出的附加条件、补充声明、优惠条件、替代方案等均应宣读。

答案:CD

▶ 4.4.2　建设工程施工评标

评标是招标人根据招标文件的要求,由招标人依法组建的评标委员会负责,对投标人所报送的投标文件进行审查及评议的过程。评标的目的是从技术、经济、法律、组织和管理等方面对每份投标书加以分析、评价,以推荐合格的中标候选人,或直接确定中标人(需要招标人的授权),为决标(定标)提供基础。

评标活动具有保密性和独立性。《招标投标法》第三十八条规定:“招标人应当采取必要的措施,保证评标在严格保密的情况下进行。任何单位和个人不得非法干预、影响评标的过程和结果。”为避免在评标过程中,评标委员会成员受投标人的贿赂而替某投标人说话,评标委员会的成员名单在中标结果确定前应当保密。

1)评标组织

招标人应根据招标项目的特点组建评标委员会。依法必须进行招标的项目,应当按照相关法律规定组建评标委员会。

(1)评标委员会组成

依法必须进行招标的项目,评标委员会由招标人代表和有关技术、经济等方面的专家组成,成员人数为 5 人以上单数,其中技术、经济等方面的专家不得少于成员总数的 2/3。

(2)评标专家的确定

依法必须进行招标的项目,其评标委员会的专家成员应当从评标专家库内相关专业的专

家名单中以随机抽取方式确定。但技术复杂、专业性强或者国家有特殊要求,采取随机抽取方式确定的专家难以保证胜任评标工作的特殊项目,报相应主管部门后,可以由招标人直接确定评标专家。任何单位和个人不得以明示、暗示等任何方式指定或者变相指定参加评标委员会的专家成员。

(3)评标专家的回避与更换

评标委员会作为独立实施评标职能的组织,其组成成员如与招标项目或投标人有利害关系则不能进入。评标专家有下列可能影响公正评标情形的,应当回避:

①投标人或投标主要负责人的近亲属;

②项目主管部门或者行政监督主管部门的人员;

③与投标人有经济利益关系,可能影响投标公正评审的;

④曾因在招标、评标以及其他与招标有关的活动中从事违法行为而受过行政处罚或刑事处罚的。

评标过程中,评标委员会成员有回避事由、擅离职守或者因健康等原因不能继续评标的,应当按照确定评标委员会专家成员的办法予以更换。

【例题 56】评标委员会名单组成如下:招标人代表 2 名,建设行政监督部门代表 2 名,技术、经济方面专家 4 人,招标人直接指定的技术专家 1 人。下列关于评标委员会成员组成的说法正确的是(　　)。

A. 不应该包括建设行政监督部门代表　　B. 不应包括招标人代表

C. 技术、经济专家所占比例偏低　　D. 招标人代表比例偏低

E. 招标人可以直接指定专家

解析:依法必须进行招标的项目,评标委员会由招标人代表和有关技术、经济等方面的专家组成,成员人数为 5 人以上单数,其中技术、经济等方面的专家不得少于成员总数的 2/3。专家成员应当从评标专家库内相关专业的专家名单中以随机抽取方式确定。但技术复杂、专业性强或者国家有特殊要求,采取随机抽取方式确定的专家难以保证胜任评标工作的特殊项目,报相应主管部门后,可以由招标人直接确定评标专家。

答案:AC

2)评标程序

(1)初步评审

初步评审是评标委员会按照招标文件确定的评标标准和方法,对投标文件进行形式、资格、响应性评审,以判断投标文件是否存在重大偏离或保留,是否实质上响应了招标文件的要求。经评审认定投标文件没有重大偏离,实质上响应招标文件要求的,才能进入详细评审阶段。投标文件经初步评审有一项不符合评审标准的,应否决其投标。

投标文件的初步评审内容包括形式评审、资格评审和响应性评审。形式评审、资格评审和响应性评审分别是对投标文件的外在形式、投标资格、投标文件是否响应招标文件实质性要求进行评审。采用经评审的最低投标价法时,初步评审的内容还包括对施工组织设计和项目管理机构的评审。

(2)详细评审

详细评审包括技术性评审和商务性评审。

技术性评审的目的是确认和比较投标人完成本工程的技术能力,以及其施工方案的可靠

性。具体内容包括：施工方案的可行性；施工进度计划的可靠性；施工质量的保证措施；工程材料和机械设备供应的技术性能、技术建议和替代方案等。

商务性评审的目的是从工程成本、财务和经验分析等方面评审投标报价的准确性、合理性、经济效益和风险等，比较授标给不同的投标人产生的不同后果。具体内容包括：投标报价数据计算的正确性；报价构成的合理性；报价与施工组织的一致性；综合费率、利润率及预付款要求是否合理；主要材料单价；分析合价项目总计的报价；对建议方案的商务评审。

【例题57】建设工程施工招投标程序中，评标阶段初步评审环节对商务标的审查内容是(　　)。

A. 标书的计价方式　　B. 标书的优惠条件

C. 报价的构成和取费标准　　D. 报价计算的正确性

解析：初步评审阶段要对报价计算的正确性进行审查。对于商务评审，详细评审主要是对投标书的报价高低、报价构成、计价方式、计算方法、支付条件、取费标准、价格调整、税费、保险及优惠条件等进行评审。

答案：D

(3)投标文件的澄清、说明和补正

澄清、说明和补正是指评标委员会在评审投标文件过程中，遇到投标文件中有含义不明确的内容、明显文字或者计算错误时，要求投标人作出澄清、说明或补正，但投标人不得借此改变投标文件的实质性内容。投标文件的实质性内容包括投标报价、质量标准、履行期限等主要内容。投标人不得主动提出澄清、说明或补正的要求。

评标委员会发现投标人的投标价或主要单项工程报价明显低于同标段其他投标人报价或者在设有参考标底时明显低于参考标底时，应要求该投标人作出书面说明并提供相关证明材料。如果投标人不能提供该报价能够按招标文件规定的质量标准和工期完成招标项目的相关证明材料，评标委员会应当认定该投标人以低于成本价竞标，作废标处理。如果投标人提供了有说服力的证明材料，评标委员会也没有充分的证据证明投标人低于成本价竞标，评标委员会应当接受该投标人的投标报价。

投标人在评标过程中根据评标委员会要求提供的澄清文件对投标人具有约束力。如果中标，澄清文件可以作为签订合同的依据，或者澄清文件可作为合同的组成部分。投标人只能根据评标委员会的书面通知给予澄清或者说明，评标委员会没有要求而投标人主动提供的文件应当不予接受。

【例题58】关于评标中对投标文件的质疑，下列说法正确的是(　　)。

A. 投标人可以主动要求进行说明

B. 投标人的说明可以改变投标文件的实质性内容

C. 评标委员会可以口头通知投标人进行说明

D. 投标人的说明应当采用书面形式

解析：选项A，评标委员会不得暗示或者诱导投标人做出澄清、说明，也不接受投标人主动提出的澄清、说明；选项B，投标人书面回答的澄清、说明不得超出投标文件的范围或者改变投标文件的实质性内容；选项C，评审中对投标书存在的响应性细微偏差或不确定性问题，应以书面形式通知该投标人。

答案：D

(4)投标偏差和废标

评标委员会应当根据招标文件审查并逐项列出投标文件的全部投标偏差。投标偏差分为重大偏差和细微偏差。

①重大偏差。下列情况属于重大偏差,投标文件按废标处理。

a. 没有按照招标文件要求提供投标担保或所提供的担保有瑕疵;

b. 投标文件没有投标人授权代表签字和加盖公章;

c. 投标文件载明的招标项目完成期限超过招标文件规定的期限;

d. 明显不符合技术规格、技术标准的要求;

e. 投标文件载明的货物包装方式、检验标准和方法等不符合招标文件的要求;

f. 投标文件附有招标人不能接受的条件;

g. 不符合招标文件中规定的其他实质性要求。

②细微偏差。细微偏差是指投标文件在实质上响应招标文件要求,但在个别地方存在漏项或者提供了不完整的技术信息和数据等情况,并且补正这些遗漏或者不完整的内容不会对其他投标人造成不公平的结果。

a. 细微偏差的处理。对招标文件的响应存在细微偏差的投标文件仍属于有效投标书,评标委员会应以书面形式要求存在细微偏差的投标人在评标结束前予以澄清、说明或者补正。澄清、说明或者补正应以书面形式进行,并不得超过投标文件的范围或者改变投标文件的实质性内容。

b. 报价错误的修正。评标委员会应当要求存在细微偏差的投标人在评标结束前予以补正。拒不补正的,在详细评审时可以对细微偏差做不利于该投标人的量化,量化标准应当在招标文件中规定。修正原则如下:投标文件中的大写金额和小写金额不一致的,以大写金额为准;总价金额与单价金额不一致的,以单价金额为准,但单价金额小数点有明显错误的除外;正本与副本不一致时,以正本为准。

目前,有关投标报价算术性修正的原则并没有形成统一的认识,实践中的一般做法是在投标总报价不变的前提下,修正投标报价单价和费用构成。

③否决投标文件。《招标投标法实施条例》规定有下列情形之一的,评标委员会应当否决其投标。

a. 投标文件未经投标单位盖章和单位负责人签字;

b. 投标联合体没有提交共同投标协议;

c. 投标人不符合国家或者招标文件规定的资格条件;

d. 同一投标人提交两个以上不同的投标文件或者投标报价,但招标文件要求提交备选投标的除外;

e. 投标报价低于成本或者高于招标文件设定的最高投标限价;

f. 投标文件没有对招标文件的实质性要求和条件作出响应;

g. 投标人有串通投标、弄虚作假、行贿等违法行为。

如果否决不合格投标或者界定为废标后,因有效投标人不足 3 个使得投标明显缺乏竞争的,评标委员会可以否决全部投标。投标人少于 3 个或者所有投标被否决的,招标人应当依法重新招标。

投标文件的拒收、否决,以及澄清、说明的区分见表 4.9。

表4.9 投标文件的拒收、否决,以及澄清、说明的区分

拒收 (当场就能发现)	否决 (当场不能发现、重大偏差)	要求澄清、说明 (细微偏差)
逾期送达的	投标文件未经投标单位盖章和单位负责人签字	含义不明确的内容
未送达指定地点的	投标联合体没有提交共同投标协议	明显的文字或计算错误
未密封的	投标人不符合国家或者招标文件规定的资格条件	—
未通过资格预审的	同一投标人提交两个以上不同的投标文件或者投标报价,但招标文件要求提交备选投标的除外	—
—	投标报价低于成本或者高于招标文件设定的最高投标限价	—
—	投标文件没有对招标文件的实质性要求和条件作出响应	—
—	投标文件有串通投标、弄虚作假、行贿等违法行为	—

【例题59】下列投标文件偏差中,属于重大投标偏差的是(　　)。

A.投标文件载明的货物包装方式不符合要求　B.报价中存在个别漏项

C.投标总价金额与依据单价计算结果不一致　D.提供的担保存在瑕疵

E.投标文件载明的招标项目完成期限超过招标文件规定的期限

解析:选项B、C属于细微偏差。

答案:ADE

【例题60】下列投标文件对招标文件响应的偏差中,属于细微偏差的是(　　)。

A.联合体投标没有联合体协议书　B.投标工期长于招标文件要求的工期

C.投标报价的大写金额与小写金额不一致　D.投标文件没有投标人授权代表的签字

解析:选项A为无效标书的情形;选项B、D为未作实质性响应的重大偏差,属于初评阶段应该淘汰的投标书。

答案:C

【例题61】某单价合同的投标报价单中,投标人的投标书出现了明显的文字或计算错误,导致总价和单价计算结果不一致,下列行为中属于业主权利的是(　　)。

A.业主有权先作修改再评价,以总价作为最终报价结果

B.业主没有权利先修改后评价,可以宣布该投标人废标

C.业主没有权利修改再评标,可以请该投标人再报价

D.业主有权利先作修改再评标,以单价为准调整的总价作为最终报价结果

解析:虽然在投标报价、评标以及签订合同中,人们常常注重总价格,但在工程款结算中单价优先。对于投标书中明显的文字或计算错误,业主有权力先作修改再评标,当总价和单价的计算结果不一致时,以单价为准调整总价。

答案:D

【例题62】下列关于建设工程施工招标中评标的说法,正确的是(　　)。

A.投标书中单价与数量的乘积之和与总价不一致时,将作无效标处理

B.投标书正本、副本不一致时,将作无效标处理

C. 初步评审是对投标书进行实质性审查，包括技术评审和商务评审

D. 评标委员会推荐的中标候选人应当限定在1～3人，并标明排列顺序

解析：选项A、B，小写不一致的以大写为准，单价与数量的乘积之和与所报的总价不一致的应以单价为准；标书正本和副本不一致的，以正本为准。这些修改一般应由投标人代表签字确认。选项C，详细评审是评标的核心，是对标书进行实质性审查，包括技术评审和商务评审。选项D，评标结束，标委员会推荐的中标候选人应当限定在1～3人，并标明排列顺序。

答案：D

【例题63】某单价合同的投标报价单中，钢筋混凝土工程量为1 000 m^3，投标单价为300元/m^3，合价为30 000元；投标报价单的总报价为8 100 000元。下列关于此投标报价单的说法，正确的有（　　）。

A. 钢筋混凝土的合价应是300 000元，投标人报价存在明显计算错误的，业主可以先作修改再进行评标

B. 实际施工中工程量是2 000 m^3，则钢筋混凝土工程的价款金额应该是600 000元

C. 该单价合同若采用固定单价合同，无论发生影响价格的何种因素，都不对该投标单价进行调整

D. 评标时应根据单价优先原则对总报价进行修正，正确报价应该为8 400 000元

E. 该单价合同若采用变动单价合同，双方可以约定在实际工程量变化较大时对该投标单价进行调整

解析：单价合同的特点是单价优先，例如在《FIDIC土木工程施工合同》中，业主给出的工程量清单表中的数字是参考数字，而实际工程款则按实际完成的工程量和承包商投标时所报的单价计算。对于投标书中明显的计算错误，业主有权先作修改再评标，当总价和单价的计算结果不一致时，以单价为准调整总价。故选项A、B正确。固定单价合同条件下，无论发生哪些影响价格的因素都不对单价进行调整，因而对承包商而言就存在一定的风险。当采用变动单价合同时，合同双方可以约定一个估计的工程量，当实际工程量发生较大变化时可以对单价进行调整，同时还应该约定如何对单价进行调整；当然也可以约定，当通货膨胀达到一定水平或者国家政策发生变化时，可以对哪些工程内容的单价进行调整以及如何调整等。因此，承包商的风险就相对较小。故选项C、E正确。选项D，正确报价=8 100 000-30 000+300 000=8 370 000（元）。

答案：ABCE

【例题64】下列属于评标委员会可以作出否决投标决定的情形是（　　）。

A. 投标文件存在细微偏差

B. 投标报价低于成本或者高于招标文件设定的最高投标限价

C. 投标报价超过标底上下浮动范围

D. 由于招标文件要求提交备选投标，同一投标人提交了两个以上不同的投标文件

解析：选项A，细微偏差是有效投标；选项C，标底只能作为评标的参考，不得以投标报价是否接近标底为中标条件，也不得以投标报价超过标底上下浮动的某个范围为否决投标的条件。选项D，同一投标人提交两个以上不同的投标文件或者投标报价，但招标文件要求提交备选投标的除外。

答案：B

【例题65】下列情形中，招标人应当拒收的投标文件有(　　)。

A. 逾期送达的　　B. 投标人未提交投标保证金的

C. 投标人的法定代表人未到场的　　D. 未按招标文件要求密封的

E. 投标人对招标文件有异议的

解析：招标人拒收投标文件的情形有：未通过资格预审的申请人提交的投标文件；逾期送达的投标文件；未按招标文件要求密封的投标文件。

答案：AD

(5)综合评价与比较

综合评价与比较是在以上工作的基础上，根据事先拟定好的评标原则、评价指标和评标办法，对筛选出来的若干具有实质性响应的投标文件进行综合评价，最后选定中标人。中标人的投标应当符合下列条件之一：

①能最大限度地满足招标文件中规定的各项综合评价标准；

②能满足招标文件的实质性要求，并且经评审的投标报价最低，但是投标价格低于成本的除外。

(6)编写评标报告

评标委员会完成评标后，应当向招标人提出书面评标报告，推荐合格的中标候选人。招标人根据评标委员会提出的评标报告和推荐的中标候选人确定中标人。招标人也可以授权评标委员会直接确定中标人，评标报告应报有关行政监督部门审查。若招标失败，招标单位应认真审查招标文件及工程标底，修改后经有关行政监督部门同意后依法重新招标。

(7)提交评标报告

评标报告由评标委员会全体成员签字。对评标结论持有异议的评标委员会成员可以书面方式阐述其不同意见和理由。评标委员会成员拒绝在评标报告上签字且不陈述其不同意见和理由的，视为同意评标结论。评标委员会应该对此作出书面说明并记录在案。

依法必须进行招标的项目，招标人应当自收到评标报告之日起3日内公示中标候选人，公示期不得少于3日。

依法必须进行施工招标的项目，招标人应当自发出中标通知书之日起15日内，向有关行政监督部门提交招标投标情况的书面报告。

【例题66】评标报告应当由评标委员会全体成员签字。评标委员会成员拒绝在评标报告上签字又不书面说明其不同意见和理由的，视为(　　)。

A. 不同意评标结果　B. 同意评标结果　C. 退出本次评标　D. 本次评标失败

解析：评标委员会成员拒绝在评标报告上签字且不陈述其不同意见和理由的，视为同意评标结论。

答案：B

【例题67】下列关于评标程序的说法正确的是(　　)。

A. 评标委员会经评审，认为所有投标都不符合招标文件要求的，可以否决所有投标

B. 招标人根据评标委员会提出的书面评标报告和推荐的中标候选人确定中标人

C. 评标委员会可以根据评标标准自行确定中标人

D. 依法必须进行招标项目的所有投标被否决的，招标人应当依法重新招标

E. 在确定中标人前，招标人可以就价格、方案等内容同投标人进行谈判

解析：选项 C，如果招标人授权评标委员会直接确定中标人的，评标委员会应在评标报告形成后确定中标人。选项 E，在确定中标人前，招标人不得与投标人就投标价格、投标方案等实质性内容进行谈判。

答案：ABD

【例题 68】根据《招标投标法》及相关法规，下列关于招标、投标、评标行为说法正确的是(　　)。

A. 投标人的报价明显低于成本的，评标委员会应当否决其投标

B. 投标人的报价高于招标文件设定的最高投标限价，评标委员会有权要求其调整

C. 招标文件采用的评标方法不适合的，开标后评标委员会有权作出调整

D. 招标人有权在评标委员会推荐的中标候选人之外确定中标人

解析：选项 A，应否决投标；选项 B，应否决投标；选项 C，评标方法不能改；选项 D，招标人应在评标委员会推荐的中标候选人中定标。

答案：A

3) 评标方法

为保证评标的公正和公平性，评标必须按照招标文件规定的评标标准和方法，不得采用招标文件未列明的任何标准和方法，也不得改变招标文件确定的评标标准和方法。

(1) 经评审的最低投标价法

经评审的最低投标价法是指以价格为主要因素确定中标候选人的评标方法，即在全部满足招标文件实质性要求的前提下，经评审的投标价格最低(低于成本的除外)的投标人应推荐为中标候选人或者中标人的评标办法。所谓的最低投标价，既不是投标人中的最低投标报价，也不是中标价。它是将报价以外的商务因素折算为价格，与报价一起计算，形成评标价，然后以此价格评定标书的次序，评标价最低的投标人且能够满足招标文件的实质性要求的，确定为中标候选人。

该方法一般适用于具有通用技术、性能标准或者招标人对技术、性能没有特殊要求的招标项目。

【案例 5】某国外援助资金项目施工招标，该项目是职工住宅楼和普通办公大楼，标段划分甲、乙两个。招标文件规定：国内投标人有 7.5% 的评标价优惠；同时投两个标段的投标人给予评标优惠；若甲标段中标，乙标段扣减 4% 作为评标优惠价；合理工期为 24 ~ 30 个月，评标工期基准为 24 个月，每增加 1 月评标价加 0.1 百万元。经资格预审有 A、B、C、D、E 5 个投标人的投标文件获得通过，其中 A、B 两投标人同时对甲乙两个标段进行投标；B、D、E 为国内投标人。各投标人投标情况如表 4.10 所示。

表 4.10　投标人投标情况

投标人	报价/百万元		投标工期/月	
	甲标段	乙标段	甲标段	乙标段
A	10	10	24	24
B	9.7	10.3	26	28
C	—	9.8	—	24

续表

投标人	报价/百万元		投标工期/月	
	甲标段	乙标段	甲标段	乙标段
D	9.9	—	25	—
E	—	9.5	—	30

问题:请确定两个标段的中标人。

解析:甲标段评标结果如表4.11所示。

表4.11 甲标段评标结果

投标人	报价/百万元	修正因素		评标价/百万元
		工期因素/百万元	国内优惠/百万元	
A	10	—	—	10
B	9.7	+0.2	-0.73	9.17
D	9.9	+0.1	-0.74	9.26

因此,甲标段的中标人应为投标人B。

乙标段评标结果如表4.12所示。

表4.12 乙标段评标结果

投标人	报价/百万元	修正因素			评标价/百万元
		工期因素/百万元	两个标段优惠/百万元	国内优惠/百万元	
A	10	—	—	—	10
B	10.3	+0.4	-0.412	-0.77	9.518
C	9.8	—	—	—	9.8
E	9.5	+0.6	—	-0.71	9.39

因此,乙标段的中标人应为投标人E。

(2)综合评估法

不宜采用经评审的最低投标价法的招标项目,一般应当采取综合评估法进行评审。综合评估法适用于对项目的技术、性能有特殊要求的招标项目,将技术和经济因素综合在一起决定投标文件的质量优劣。

综合评估法是指将各个评审因素以打分的方法进行量化,并在招标文件中明确规定需量化的因素及其权重,然后由评标委员会计算出每一投标的综合评估价或综合评估分,并按得分由高到低的顺序推荐中标候选人。将最大限度地满足招标文件中规定的各项综合评价标准的投标人,推荐为中标候选人。

综合评估法评标分值构成分为4个方面,即施工组织设计、项目管理机构、投标报价、其他评分因素。综合评分相等时,以投标报价低的优先;投标报价也相等的,由招标人自行确定。完成评标后,评标委员会应当拟定一份"综合评估比较表",连同书面评标报告提交招标人。

"综合评估比较表"应当载明投标单位的投标报价、所做的任何修正、对商务偏差的调整、对技术偏差的调整、对各评审因素的评估以及对每一投标的最终评审结果。

①投标报价。投标报价评审包括评标价计算和价格得分计算。评标价计算的办法和要求与经评审的最低投标价法相同。工程投标价格得分计算通常采用基准价得分法。常见的评标基准价的计算方式为:有效的投标报价去掉一个最高值和一个最低值后的算术平均值(在投标人数量较少时,也可以不去掉最高值和最低值),或该平均值再乘以一个合理下降系数,作为评标基准价。然后按规定的办法计算各投标人评标价的评分。

②施工组织设计。施工组织设计的各项评审因素通常为主观评审,由评标委员会成员独立评审判分。

③项目管理机构。由评标委员会成员按照评标办法的规定独立评审判分。

④其他评标因素。包括投标人的财务能力、业绩与信誉等。财务能力的评标因素包括投标人注册资本、总资产、净资产收益率、资产负债率等财务指标和银行授信额度等。业绩与信誉的评标因素包括投标人在规定时间内已有类似项目业绩的数量、规模和成效、政府或行业组织建立的诚信评价系统对投标人的诚信进行评价等。

【案例6】某建设工程项目采用公开招标方式,标底价为2 000万元,定额工期为26个月。经资格预审有甲、乙、丙3家施工单位满足业主要求,该工程采用综合评标法评标。

评标的具体规定如下:

(1)以定额工期为准,满足要求得5分,每提前一个月加1分,满分10分。

(2)工程质量自报优良得3分,合格得2分,获得奖励一项加1分,满分5分。

(3)施工方案得分去掉评委一个最高及一个最低取平均值,满分15分。

(4)投标单位投标报价在标底价10%上下浮动都为有效。有效报价的算数平均数为评标基准价,报价等于评标基准价者得满分70分,在此基础上,报价比评标价每下降1%,扣1分;报价比评标价每增加1%,扣2分。

各投标单位施工方案得分如表4.13所示,其他情况如表4.14所示。

表4.13 各投标单位施工方案得分表

单位:分

评委	A	B	C	D	E
甲	13	13	12	13	13
乙	14	11	13	13	13
丙	14	13	14	15	14

表4.14 各投标单位其他情况表

投标单位	工期/月	工程质量	奖项/个	报价/万元
甲	25	优良	2	1 990

续表

投标单位	工期/月	工程质量	奖项/个	报价/万元
乙	22	合格	2	1 930
丙	21	优良	1	2 020

问题(计算结果保留两位小数):

(1)计算各投标单位技术标得分。

(2)计算有效标的范围、评标价、各投标单位投标报价得分。

(3)计算各投标单位的综合得分,得出中标者。

解析:(1)各投标单位技术标得分如表4.15所示。

表4.15　各投标单位技术标得分

投标单位	工期得分/分	工程质量得分/分	施工方案得分/分	技术标得分/分
甲	5+1=6	3+2=5	13	24
乙	5+4=9	2+2=4	13	26
丙	5+5=10	3+1=4	14	28

(2)有效标的范围为:1 800～2 200万元

评标基准价=(1 090+1 930+2 020)/3=1 980(万元)

各投标单位投标报价得分如表4.16所示。

表4.16　各投标单位投标报价得分

投标单位	报价/万元	扣分/分	投标报价得分/分
甲	1 990	(1 990−1 980)/1 980=0.51%　0.51×2=1.02	70−1.02=68.98
乙	1 930	(1 930−1 980)/1 980=−2.53%　2.53	70−2.53=67.47
丙	2 020	(2 020−1 980)/1 980=2.02%　2.02×2=4.04	70−4.04=65.96

(3)各投标单位综合得分如表4.17所示。

表4.17　各投标单位综合得分

投标单位	技术标得分/分	投标报价得分/分	总得分/分
甲	24	68.98	92.98
乙	26	67.47	93.47
丙	28	65.96	93.96

中标者为:丙投标单位。

【案例7】某建设工程项目采用公开招标方式,有A、B、C、D、E、F共6家承包商参加投标,经资格预审6家承包商均满足业主要求。该工程采用二阶段评标法评标,评标委员会由7名委员组成。评标的具体规定如下:

(1)第一阶段评技术标

技术标共计40分,其中施工方案15分,总工期8分,工程质量6分,项目班子6分,企业信誉5分。技术标各项内容的得分为各评委的评分去掉一个最高分和一个最低分的算术平均值。技术标合计得分不满28分者,不再评其商务标。评标情况见表4.18、表4.19。

表4.18 各评委对6家承包商施工方案评分汇总表

单位:分

投标单位	评委						
	一	二	三	四	五	六	七
A	13.0	11.5	12.0	11.0	11.0	12.5	12.5
B	14.5	13.5	14.5	13.0	13.5	14.5	14.5
C	12.0	10.0	11.5	11.0	10.5	11.5	11.5
D	14.0	13.5	13.5	13.0	13.5	14.0	14.5
E	12.5	11.5	12.0	11.0	11.5	12.5	12.5
F	10.5	10.5	10.5	10.0	9.5	11.0	10.5

表4.19 各承包商总工期、工程质量、项目班子、企业信誉得分汇总表

单位:分

投标单位	总工期	工程质量	项目班子	企业信誉
A	6.5	5.5	4.5	4.5
B	6.0	5.0	5.0	4.5
C	5.0	4.5	3.5	3.0
D	7.0	5.5	5.0	4.5
E	7.5	5.5	4.0	4.0
F	8.0	4.5	4.0	3.5

(2)第二阶段评商务标

商务标共计60分。以标底的50%与承包商报价算术平均数的50%之和为基准价,但报价高于(低于)标底价15%者,在计算承包商报价算术平均数时不予考虑,且商务标得分为15分。以基准价为满分(60分),报价比基准价每下降1%,扣1分,最多扣10分;报价比基准价每增加1%,扣2分,扣分不保底。商务标评标汇总表见表4.20。

表4.20 标底和各承包商的报价汇总表

单位:万元

投标单位	A	B	C	D	E	F	标底
报价	13 656	11 108	14 303	13 098	13 241	14 125	13 790

问题:(1)请按综合得分最高者中标的原则确定中标单位。

(2)该工程评标委员会人数是否合法？其中2名委员由招标办专业干部组成，是否可行，为什么？

解析：(1)中标单位确定过程如下

①各承包商施工方案得分和技术标得分如表4.21和表4.22所示。

表4.21　各承包商施工方案得分

投标单位	评委							
	一	二	三	四	五	六	七	平均得分
A	13.0	11.5	12.0	11.0	11.0	12.5	12.5	11.9
B	14.5	13.5	14.5	13.0	13.5	14.5	14.5	14.1
C	12.0	10.0	11.5	11.0	10.5	11.5	11.5	11.2
D	14.0	13.5	13.5	13.0	13.5	14.0	14.5	13.7
E	12.5	11.5	12.0	11.0	11.5	12.5	12.5	12.0
F	10.5	10.5	10.5	10.0	9.5	11.0	10.5	10.4

表4.22　各承包商技术标得分

单位：分

投标单位	总工期	工程质量	项目班子	企业信誉	施工方案	合计
A	6.5	5.5	4.5	4.5	11.9	32.9
B	6.0	5.0	5.0	4.5	14.1	34.6
C	5.0	4.5	3.5	3.0	11.2	27.2
D	7.0	5.5	5.0	4.5	13.7	35.7
E	7.5	5.5	4.0	4.0	12.0	32.5
F	8.0	4.5	4.0	3.5	10.4	30.4

由于承包商C的技术标仅得27.2分，小于28分的最低限，按规定不再评其商务标，实际上已经作为废标处理。

②计算基准价。

13 790×(1+0.15)=15 858.5(万元)

13 790 × (1−0.15)=11 721.5(万元)

标底价格上下15%不予考虑，所以承包商B的报价(11 108万元)在计算基准价时不予考虑。

基准价=13 790×50%+(13 656+13 098+13 241+14 125)/4×50%=13 660(万元)

③计算各承包商的商务标得分(表4.23)。

表 4.23 各承包商商务标得分

投标单位	报价/万元	报价与基准价的比例	扣分/分	得分/分
A	13 656	13 656/13 660×100% =99.97%	(100−99.97) ×1=0.03	59.97
B	11 108	—	—	15.00
D	13 098	13 098/13 660×100% =95.89%	(100−95.89) ×1=4.11	55.89
E	13 241	13 241/13 660×100% =96.93%	(100−96.93) ×1=3.07	56.93
F	14 125	14 125/13 660×100% =103.40%	(103.40−100) ×2=6.80	53.20

④计算各承包商的综合得分(表 4.24)。

表 4.24 各承包商综合得分

投标单位	技术标得分/分	商务标得分/分	综合得分/分
A	32.9	59.97	92.47
B	34.6	15.00	49.60
D	35.7	55.89	91.59
E	32.5	56.93	89.43
F	30.4	53.20	83.60

因为承包商 A 综合得分最高,故应选择承包商 A 为中标单位。

(2)该工程评标委员会人数

合法;但其中 2 名委员为招标办专业干部的做法不可行,因为由评标委员会成员条件知,项目主管部门或者行政监督部门的人员应该回避。

【例题 69】采取经评审的最低投标报价法评标时,下列说法中正确的是(　　)。

A. 经评审的最低投标报价法通常采用百分制

B. 具有通用技术的招标项目不宜采用经评审的最低投标价法

C. 当出现经评审的投标价相等且报价也相等时,中标人由招标监管机构确定

D. 采用经评审的最低投标价法工作结束时,应拟定“价格比较一览表”提交招标人

解析:选项 A,综合评估法通常采用百分制;选项 B,具有通用技术的招标项目采用经评审的最低投标价法;选项 C,经评审的投标价相等时,投标报价低的优先,投标报价也相等的,优先条件由招标人事先在招标文件中确定。

答案:D

【例题 70】采用经评审的最低投标报价法进行评标时,关于评标价和投标价的说法正确的是(　　)。

A. 按评标价确定中标人,按评标价订立合同

B. 按评标价确定中标人,按投标价订立合同

C. 按投标价确定中标人,按投标价订立合同

D. 按投标价确定中标人,按评标价订立合同

解析:投标价即投标人投标时报出的工程合同价,评标价是按照招标文件中规定的权数

或量化方法，将这些因素折算为一定的货币额，并加入到投标报价中，最终得出的价格，评标价既不是投标价也不是中标价，只是用价格指标作为衡量评审标书优劣的标准，评标价最低的投标书为最优，以投标价为中标的合同价。

答案：B

【例题71】某工程施工项目招标，采用经评审的最低投标价法评标，工期10个月以内每提前1个月可给建设单位带来收益30万元。某投标人报价1 800万元，工期9个月，仅考虑工期因素，该投标人的合同价格和评标价格分别是(　　)万元。

A. 1 800，1 800　　B. 1 800，1 770　　C. 1 830，1 800　　D. 1 830，1 770

解析：采用经评审的最低投标价法进行评标时，合同价格是投标人报价1 800万元，则评标价格=1 800-30=1 770(万元)。

答案：B

【例题72】某招标工程采用综合评估法评标，报价越低的报价得分越高。评分因素、权重及各投标人得分情况如表4.25所示。则应推荐为第一中标候选人的是(　　)。

表4.25　评分因素、权重及各投标人得分情况

评分因素	权重%	投标人得分/分		
		甲	乙	丙
施工组织设计	30	90	100	80
项目管理机构	20	80	90	100
投标报价	50	100	90	80

A. 甲　　B. 乙　　C. 丙　　D. 甲或乙

解析：投标人甲得分=90×30%+80×20%+100×50%=93；投标人乙得分=100×30%+90×20%+90×50%=93；投标人丙得分=80×30%+100×20%+80×50%=84。但由于投标人甲的报价得分高，报价低，故第一中标候选人应为甲。

▶ 4.4.3　建设工程施工定标

1)推荐中标候选人的原则

评标委员会推荐的中标候选人应当限定在1～3名，并标明排列顺序。根据《招标投标法》的规定，推荐中标候选人的原则如下：

①采用综合评估法的，应能够最大限度地满足招标文件中规定的各项综合评价标准。

②经评审的最低投标价法的，应能够满足招标文件的实质性要求，并且经评审的投标价格最低。但中标人的投标价格应不低于其成本价。

对于依法必须招标的项目，招标人不得在评标委员会依法推荐的中标候选人之外确定中标人，也不得在所有投标被评标委员会否决后自行确定中标人，否则中标无效，招标人还会受到相应处罚。

2）确定中标人的步骤

（1）中标候选人公示

依法必须进行招标的项目，招标人应当自收到评标报告之日起 3 日内公示中标候选人，公示期不得少于3 日。投标人或者其他利害关系人对依法必须进行招标的项目的评标结果有异议的，应当在中标候选人公示期间提出。招标人应当自收到异议之日起 3 日内做出答复；做出答复前，应当暂停招投标活动。

为深化信息公开，接受社会监督，按照《招标公告和公示信息发布管理办法》（中华人民共和国国家发展和改革委员会令第 10 号）的要求，依法必须招标项目的中标候选人公示应当载明以下内容：

①中标候选人排序、名称、投标报价、质量、工期（交货期），以及评标情况；

②中标候选人按照招标文件要求承诺的项目负责人姓名及其相关证书名称和编号；

③中标候选人响应招标文件要求的资格能力条件；

④提出异议的渠道和方式；

⑤招标文件规定公示的其他内容。

（2）确定中标人

国有资金占控股或者主导地位的依法必须进行招标的项目，招标人应确定排名第一的中标候选人为中标人。若第一中标候选人放弃中标，因不可抗力提出不能履行合同，招标文件规定应提交履约保证金而未在规定期限内提交的，或者被查实存在影响中标结果的违法行为等情形，不符合中标条件的，招标人可以确定第二中标候选人为中标人，也可以重新招标。第二中标候选人因前述同样原因不能签订合同的，招标人可以确定第三中标候选人为中标人。

中标候选人的经营、财务状况发生较大变化或者存在违法行为，招标人认为可能影响其履约能力的，应当在发出中标通知书前由原评标委员会按照招标文件规定的标准和方法审查确认。

此外，如果招标人授权评标委员会直接确定中标人的，评标委员会应在评标报告形成后确定中标人。

【例题 73】依法招标项目中，关于确定中标人的说法，正确的是（　　）。

A. 招标人应当授权评标委员会直接确定中标人

B. 国有资金占控股或主导地位的招标项目，招标人可以确定任一中标候选人为中标人

C. 第一中标候选人放弃中标的，招标人可以按照名单依次确定第二候选人中标

D. 第一中标候选人财务状况有重大变化、可能影响其履约能力的，必须重新招标

解析：选项 A，评标委员会推荐的中标候选人应当限定在 1 ~ 3 名，并标明排列顺序；如果招标人授权评标委员会直接确定中标人的，评标委员会应在评标报告形成后确定中标人。选项 B，国有资金占控股或者主导地位的依法必须进行招标的项目，招标人应确定排名第一的中标候选人为中标人。选项 D，中标候选人的经营、财务状况发生较大变化或者存在违法行为，招标人认为可能影响其履约能力的，应当在发出中标通知书前由原评标委员会按照招标文件规定的标准和方法审查确认。

答案：C

【例题 74】关于依法必须招标项目的中标候选人公示，下列说法正确的是（　　）。

A. 招标人应当自收到评标报告之日起 5 日内公示中标候选人，公示期不得少于 5 日

B. 各中标候选人投标报价、投标工期等内容应当公示，但候选人排序情况应当保密

C. 各中标候选人承诺的拟任项目经理的姓名、简历和业绩应当公示，但注册证书编号应当保密

D. 投标人或利害关系人提出异议的渠道及方式应当进行公示

解析：招标人应当自收到评标报告之日起 3 日内公示中标候选人，公示期不得少于 3 日。依法必须招标项目的中标候选人公示应当载明以下内容：中标候选人排序、名称、投标报价、质量、工期（交货期），以及评标情况；中标候选人按照招标文件要求承诺的项目负责人姓名及其相关证书名称和编号；中标候选人响应招标文件要求的资格能力条件；提出异议的渠道和方式；招标文件规定公示的其他内容。

答案：D

3）中标通知书与招标备案

（1）中标通知书

中标通知书是指招标人在确定中标人后向中标人发出的书面文件。中标通知书的内容应当简明扼要，通常只需告知投标人招标项目已经中标，并确定签订合同的时间、地点。中标通知书对招标人和中标人均具有法律效力。对招标人和投标人均具有法律约束力，中标通知书发出后，如果招标人想改变中标结果，拒绝和中标人签订合同，应当依法赔偿中标人的损失；如果中标人拒绝在规定的时间内提交履约保证金和签订合同，招标人可报请有关行政监督部门批准后，取消其中标资格，并按规定没收其投标保证金。

①中标人确定后，招标人应当向中标人发出中标通知书，同时将中标结果通知所有未中标的投标人。

②中标通知书的发出时间不得超出投标有效期的时效范围。

③中标通知书需要载明签订合同的时间和地点。需要对合同细节进行谈判的，中标通知书需要载明合同谈判的有关安排。

④中标通知书可以载明提交履约担保等投标人需注意或完善的事项。

（2）招标备案

依法必须进行施工招标的工程，招标人应当自确定中标人之日起 15 日内，向工程所在地的县级以上地方人民政府建设行政主管部门或者工程招投标监督管理机构提交施工招投标情况的书面报告。书面报告应当包括下列内容：

①招标人编写的招投标情况书面报告；

②评标委员会编写的评标报告；

③中标人的投标报告；

④中标通知书；

⑤建设项目的年度投资计划或立项批准文件；

⑥经备案的工程项目报建登记表；

⑦建设工程施工招标备案登记表；

⑧项目法人单位的法人身份证明书和授权委托书；

⑨招标公告或投标邀请书；

⑩投标报名表及合格投标人名单；

⑪招标文件或资格预审文件（采用资格预审时）；

⑫自行招标有关人员的证明资料;

⑬如委托工程招标代理机构招标,则需要委托方和代理方签订的“委托工程招标代理合同”。

县级以上人民政府建设行政主管部门或者工程招投标监督机构自收到书面报告之日起5个工作日之内未提出异议的,招标人可以向中标人发出中标通知书,并将中标结果通知所有未中标的投标人。

4)签订合同及提交履约保证金

工程施工合同协议是依据招标人与中标人按照招投标及中标结果形成的合同关系,为按约定完成招标工程建设项目,明确双方责任、权利、义务关系而签订的合同协议书。

(1)签订合同

招标人和中标人应当自中标通知书发出之日起30日内,依照《招标投标法》和《招标投标法实施条例》的规定签订书面合同,合同的标的、价款、质量、履行期限等主要条款应当与招标文件和中标人的投标文件的内容一致。招标人和中标人不得再行订立背离合同实质性内容的其他协议。

如果投标书内提出的某些非实质性偏离的不同意见招标人也同意接受时,双方应就这些内容通过谈判达成书面协议。通常的做法是,不改动招标文件中的通用条件和专用条件,将对某些条款协商一致后改动的部分在合同协议附录中予以明确。合同协议书附录经过双方签字后将作为合同的组成部分。

(2)提交履约保证金

招标文件要求中标人提交履约保证金的,中标人应当按照招标文件的要求提交。履约保证金不得超过中标合同金额的10%。履约担保可以采用银行保函、履约担保书和履约保证金的形式,也可以采用同业担保的方式,即由实力强、信誉好的承包商为其提供履约担保,但应当遵守国家有关企业之间提供担保的有关规定,不允许两家企业互相担保或多家企业交叉互保。若中标人不能按时提交履约保证金,则可以视为投标人违约,没收其投标保证金,招标人再与下一位候选中标人商签合同。按照建设法规的规定,当招标文件中要求中标人提供履约保证金时,招标人也应当向中标人提供工程款支付担保。

【例题75】实行招标的工程,发、承包人约定的合同工期、造价、质量、履行期限等主要条款应当与招标文件和中标人的投标文件的内容一致,若出现不一致的情况,应(　　)。

A. 以招标文件为准　　B. 要求中标人进行适当修正

C. 以投标文件为准　　D. 要求发包人进行适当修正

解析:实行招标的工程合同价款应在中标通知书发出之日起30天内,由发承包双方依据招标文件和中标人的投标文件在书面合同中约定。合同约定不得违背招标、投标文件中关于工期、造价、质量等方面的实质性内容。招标文件与中标人投标文件不一致的地方应以投标文件为准。

答案:C

【例题76】建设工程施工合同订立过程中,发承包双方开展合同谈判的时间是(　　)。

A. 投标人提交投标文件时　　B. 订立、签署书面合同时

C. 招标人退还投标保证金后　　D. 明确中标人并发出中标通知书后

解析:在明确中标人并发出中标通知书后,双方即可就建设工程施工合同的具体内容和

有关条款展开谈判，直到最终签订合同。

答案：D

【例题 77】在招标文件中要求中标人提交履约担保的形式有(　　)。

A. 房屋抵押权证　　B. 保证金

C. 由保险公司开具的履约担保书　　D. 有价证券

E. 商业银行开具的担保函

解析：履约担保可以采用银行保函、履约担保书和履约保证金的形式，也可以采用同业担保的方式，即由实力强、信誉好的承包商为其提供履约担保，但应当遵守国家有关企业之间提供担保的有关规定，不允许两家企业互相担保或多家企业交叉互保。

答案：BCE

【例题 78】某建设工程施工招标项目，开标会议上公布的标底为 6 200 万元，最高投标限价 6 600 万元。中标人甲的投标报价为 6 000 万元。则招标人可以要求甲提交的履约保证金额度最高为(　　)万元。

A. 620　　B. 660　　C. 600　　D. 80

解析：履约保证金不得超过中标合同金额的 10%，即履约保证金额度最高为 6 000×10% = 600(万元)。

答案：C

【例题 79】某招标文件规定的最高投标限价为 590 万元，最低投标限价为 480 万元。招标文件同时规定投标报价超出标底 10% 浮动范围为废标(招标人开标时公布的标底为 550 万元)。投标人甲根据其企业定额测算的成本为 520 万元。则甲的报价在(　　)范围内的，为有效投标。

A. 480～590 万元　　B. 520～590 万元　　C. 495～605 万元　　D. 495～590 万元

解析：招标人不得规定最低投标限价。投标报价不得超过最高投标限价 590 万元，同时投标报价超出标底 10% 浮动范围为废标，即不超过 550×(1+10%) = 605 万元。投标报价不得低于成本。

答案：B

【例题 80】下列关于工程建设领域保证金的说法，正确的有(　　)。

A. 建筑领域的保证金有投标保证金、文明施工保证金、工程质量保证金、农民工工资保证金，省级住房和城乡建设主管部门有权新设保证金项目

B. 招标人要求中标人提交履约担保的，应当同时向中标人提供工程预付款

C. 在工程项目竣工前，已经缴纳履约保证金的，质量保证金不得超过结算总额的 3%

D. 招标文件规定 4 月 20 日投标截止。4 月 18 日，甲向招标人书面提出撤回投标，则招标人最迟应在 4 月 23 日前退还甲投标保证金

E. 招标人 5 月 1 日向乙企业发出中标通知书，双方 5 月 15 日签订施工合同，则招标人最迟应当在 5 月 20 日向乙和其他未中标人退还投标保证金及存款利息

解析：选项 A，建筑领域的保证金有投标保证金、履约保证金、工程质量保证金、工资保证金，严禁新设保证金项目。选项 B，招标文件要求中标人提交履约担保的，中标人应当提交。招标人应当同时向中标人提供工程款支付担保。选项 C，已经缴纳履约保证金的，建设单位不得同时预留工程质量保证金。

答案:DE

(3)退还投标保证金

按照《招标投标法实施条例》第五十七条的规定,招标人最迟应当在书面合同签订后5日内向中标人和未中标的投标人退还投标保证金及银行同期存款利息。除不可抗力外,中标人不与招标人签订合同的,招标人可以没收其投标保证金;招标人不与中标人签订合同的,应当向中标人双倍返还投标保证金。给对方造成损失的,应依法承担赔偿责任。

【例题81】在项目招标中,中标通知书发出后,中标人拒绝与招标人订立书面合同时( )。

A. 中标人不承担法律责任

B. 招标人应退还其投标保证金

C. 招标人可没收其投标保证金,如果招标人的损失小于保证金,则部分应退还中标人

D. 招标人可没收其投标保证金,如果招标人的损失大于保证金,则可继续向中标人追索差额

解析:除不可抗力外,中标人不与招标人签订合同的,招标人可以没收其投标保证金;招标人不与中标人签订合同的,应当向中标人双倍返还投标保证金。给对方造成损失的,应依法承担赔偿责任。

答案:D

【例题82】依法必须招标的工程,关于投标保证金,下列表述正确的有( )。

A. 中标人无正当理由拒签合同的,投标保证金不予退还

B. 投标人在投标截止时间前书面撤回投标文件,投标保证金不予没收

C. 招标人与中标人签订合同的,应在合同签订后向中标人退还投标保证金

D. 招标人与中标人签订合同的,应向未中标人退还投标保证金及利息

E. 未中标人的投标保证金,应在中标通知书发出同时退还

解析:招标人最迟应当在与中标人签订合同后5天内,向中标人和未中标的投标人退还投标保证金及银行同期存款利息。因此,选项C和选项E错误。

答案:ABD

【案例8】某省国道主干线高速公路土建施工项目实行公开招标,根据项目的特点和要求,招标人提出了招标方案和工作计划。采用资格预审方式组织项目土建施工招标,招标过程中出现了下列事件:

事件1:7月1日(星期一)发布资格预审公告。公告载明资格预审文件自7月2日起发售,资格预审申请文件于7月22日16:00之前递交至招标人处。某投标人因从外地赶来。7月8日(星期一)上午上班时间前来购买资格预审文件,被告知已经停售。

事件2:资格审查过程中,资格审查委员会发现某省路桥总公司提供的业绩证明材料部分是其下属第一工程有限公司业绩证明材料,且其下属的第一工程有限公司具有独立法人资格和相关资质。考虑到属于一个大单位,资格审查委员会认可了其下属公司业绩为其业绩。

事件3:投标邀请书向所有通过资格预审的申请单位发出,投标人在规定的时间内购买了招标文件。按照招标文件要求,投标人须在投标截止时间5日前递交投标保证金。

事件4:评标委员会人数为5人,其中3人为工程技术专家,其余2人为招标人代表。

事件5:评标委员会在评标过程中。发现B单位投标报价远低于其他报价。评标委员会

认定B单位报价过低,按照废标处理。

事件6:招标人根据评标委员会书面报告,确定各个标段排名第一的中标候选人为中标人,并按照要求发出中标通知书后,向有关部门提交招标投标情况的书面报告,同中标人签订合同并退还投标保证金。

事件7:招标人在签订合同前,认为中标人C的价格略高于自己期望的合同价格,因而又与投标人C就合同价格进行了多次谈判。考虑到招标人的要求,中标人C觉得小幅度降价可以满足自己利润的要求,同意降低合同价,并最终签订了书面合同。

问题:(1)上述事件中有哪些不妥当,请逐一说明。

(2)事件6中,请详细说明招标人在发出中标通知书后应于何时做其后的这些工作?

解析:(1)事件1—5和事件7做法不妥当,分析如下:

事件1不妥当。自招标文件或者资格预审文件出售之日起至停止出售之日止,最短不得少于5个工作日。本案中,7月2日周二开始出售资格预审文件,按照最短5个工作日,最早停售日期应是7月8日(星期一)下午。

事件2不妥当。本案中,投标人或是以总公司法人的名义投标,或是以具有法人资格的子公司的名义投标。法人总公司或具有法人资格的子公司投标,只能以自己的名义、自己的资质、自己的业绩投标,不能相互借用资质和业绩。

事件3不妥当。投标保证金从性质上看属于投标文件,在投标截止时间前都可以递交。本案招标文件约定在投标截止时间5日前递交投标保证金不妥,其行为侵犯了投标人权益。

事件4不妥当。依法必须进行招标的项目,其评标委员会由招标人的代表和有关技术、经济等方面的专家组成,成员人数为5人以上单数,其中(招标人以外的)技术、经济等方面的专家不得少于成员总数的2/3,本案例中评标委员会5人中专家(招标人以外的)人数至少为4人才符合法定要求。

事件5不妥当。在评标过程中,评标委员会发现投标人的报价明显低于其他投标报价或者在设有标底时明显低于标底,使得其投标报价可能低于其个别成本的,应当要求该投标人作出书面说明并提供相关证明材料。投标人不能合理说明或者不能提供相关证明材料的,由评标委员会认定该投标人以低于成本报价竞标,其投标应作废标处理。本案例中,评标委员会判定B的投标为废标的程序存在问题。评标委员会应当要求B投标人作出书面说明并提供相关证明材料,仅当投标人B不能合理说明或者不能提供相关证明材料时,评标委员会才能认定该投标人以低于成本报价竞标,作废标处理。

事件7不妥当。在确定中标人前,招标人不得与投标人就投标价格、投标方案等实质性内容进行谈判。同时,招标人不得向中标人提出压低报价、增加工作量、缩短工期或其他违背中标人意愿的要求,以此作为发出中标通知书和签订合同的条件。本案例中,招标人与中标人就合同中标价格进行谈判,直接违反了法律规定。

(2)招标人在发出中标通知书后,应完成以下工作:

①《招标投标法》规定,依法必须进行招标的项目,招标人应当自确定中标人之日起15日内,向有关行政监督部门提交招标投标情况的书面报告。

②自中标通知书发出之日起30日内,按照招标文件和中标人的投标文件,与中标人订立书面合同;招标文件要求中标人提交履约担保的,中标人应当在签订合同前提交,同时招标人向中标人提供工程款支付担保。

③与中标人签订合同后5个工作日内，向中标人和未中标的投标人退还投标保证金。

【案例9】某省重点工程项目计划于2022年12月28日开工，由于工程复杂，技术难度高，一般施工队伍难以胜任，业主自行决定采取邀请招标方式，并于2022年9月8日向通过资格预审的A、B、C、D、E 5家施工承包企业发出了投标邀请书。这5家企业均按接受了邀请，并于规定时间9月20—22日购买了招标文件。招标文件中规定，10月18日16:00是招标文件规定的投标截止时间。评标标准：能够最大限度地满足招标文件中规定的各项综合评价标准。

在投标截止时间之前，A、B、D、E 4家企业提交了投标文件，但C企业于10月18日17:00才送达，原因是中途堵车。10月21日下午由当地招投标监督管理办公室主持进行了公开开标。开标时发现E企业的投标文件没有法人代表签字和委托人的授权书。

评标委员会成员共由7人组成，其中招标人代表3人（业主代表1人、当地招标投标监督管理办公室人员1人、公证处人员1人）、技术经济方面专家4人。评标委员会于10月28日提出了书面评标报告。B、A企业分列综合得分第一、第二名。招标人考虑到B企业投标报价高于A企业，要求评标委员会按照投标价格标准将A企业排名第一、B企业排名第二。11月10日招标人向A企业发出了中标通知书，并于12月12日签订了书面合同。

问题：(1)建设单位自行决定采取邀请招标方式的做法是否妥当？说明理由。

(2)C企业和E企业投标文件是否有效？分别说明理由。

(3)请指出开标工作的不妥之处，说明理由。

(4)请指出评标委员会成员组成的不妥之处，说明理由。

(5)招标人确定A企业为中标人是否违规？说明理由。

解析：(1)业主自行决定采取邀请招标方式招标的做法不妥当。因为该项工程属省重点工程项目，依据有关规定应该进行公开招标。如果采取邀请招标方式招标，应当取得省人民政府批准。

(2)C企业的投标文件应属无效标书。因为C企业的投标文件是在招标文件要求提交投标文件的截止时间后才送达，为无效的投标文件，招标人应当拒收。E企业的投标文件应属无效标书。因为E企业的投标文件没有法人代表签字和委托人的授权书。

(3)该项目的开标工作存在以下不妥之处：

①在10月21日开标不妥，开标应当在招标文件确定的提交投标文件截止时间的同一时间公开进行开标，所以正确的做法应该是在10月18日16:00开标。

②开标由当地招标投标监督管理办公室主持的做法不妥当，按照有关规定开标应由招标人主持。

(4)评标委员会成员的组成存在如下问题：

①评标委员会成员中有当地招标投标监督管理办公室人员，不妥，因招标投标监督管理办公室人员不可参加评标委员会；

②评标委员会成员中有公证处人员不妥，因为公证处人员不可参加评标委员会；

③评标委员会成员中技术、经济等方面的专家只有4人，不妥，因为按照规定评标委员会中技术、经济等方面的专家不得少于成员总数的2/3，由7人组成的评标委员会中技术、经济方面的专家必须要有5人及以上。

(5)招标人确定A企业为中标人是违规的，在按照综合评分法评标时，因投标报价已经作为评价内容考虑在得分中,再重新单列投标报价作为中标依据显然不合理,招标人应按综合得分高低顺序选择中标人。

4.5 电子招标投标

随着电子商务和信息化的迅速发展,电子招标投标已成为招标投标行业发展的趋势。为了规范电子招标投标活动,促进电子招标投标健康发展,国家发展改革委、工业和信息化部等八部委联合制定了《电子招标投标办法》及相关附件,确立了电子招标投标的程序性法律规范框架。该办法分为总则,电子招标投标交易平台,电子招标,电子投标,电子开标、评标和中标,信息共享与公共服务,监督管理,法律责任,附则,自 2013 年 5 月 1 日起施行。

电子招标投标活动是指以数据电文形式,依托电子招标投标系统完成的全部或部分招标投标交易、公共服务和行政监督活动。数据电文形式与纸质形式的招标投标活动具有同等法律效力。电子招标投标系统根据功能不同,分为电子招标投标交易平台、电子招标投标公共服务平台和电子招标投标行政监督平台。3 个平台的主要功能和架构关系如图 4.3 所示。

电子招投标交易平台由基本功能、信息资源库、技术支撑与保障、公共服务接口、行政监督接口、专业工具接口、投标文件制作软件等构成,并通过接口与公共服务平台和行政监督平台相连接,其基本功能结构如图 4.4 所示。

4.5.1 电子招标

招标人或者其委托的招标代理机构应当在其使用的电子招标投标交易平台注册登记,选择使用除招标人或招标代理机构之外第三方运营的电子招标投标交易平台的,还应当与电子招标投标交易平台运营机构签订使用合同,明确服务内容、服务质量、服务费用等权利和义务,并对服务过程中相关信息的产权归属、保密责任、存档等依法作出约定。

①电子招标投标交易平台运营机构不得以技术和数据接口配套为由,要求潜在投标人购买指定的工具软件。

②招标人或者其委托的招标代理机构应当在资格预审公告、招标公告或者投标邀请书中载明潜在投标人访问电子招标投标交易平台的网络地址和方法。依法必须进行公开招标项目的上述相关公告应当在电子招标投标交易平台和国家指定的招标公告媒介同步发布。

招标人或者其委托的招标代理机构应当及时将数据电文形式的资格预审文件、招标文件加载至电子招标投标交易平台,供潜在投标人下载或者查阅。

数据电文形式的资格预审公告、招标公告、资格预审文件、招标文件等应当标准化、格式化,并符合有关法律法规以及国家有关部门颁发的标准文本的要求。

③在投标截止时间前,电子招标投标交易平台运营机构不得向招标人或者其委托的招标代理机构以外的任何单位和个人泄露下载资格预审文件、招标文件的潜在投标人名称、数量以及可能影响公平竞争的其他信息。

④招标人对资格预审文件、招标文件进行澄清或者修改的,应当通过电子招标投标交易平台以醒目的方式公告澄清或者修改的内容,并以有效方式通知所有已下载资格预审文件或者招标文件的潜在投标人。

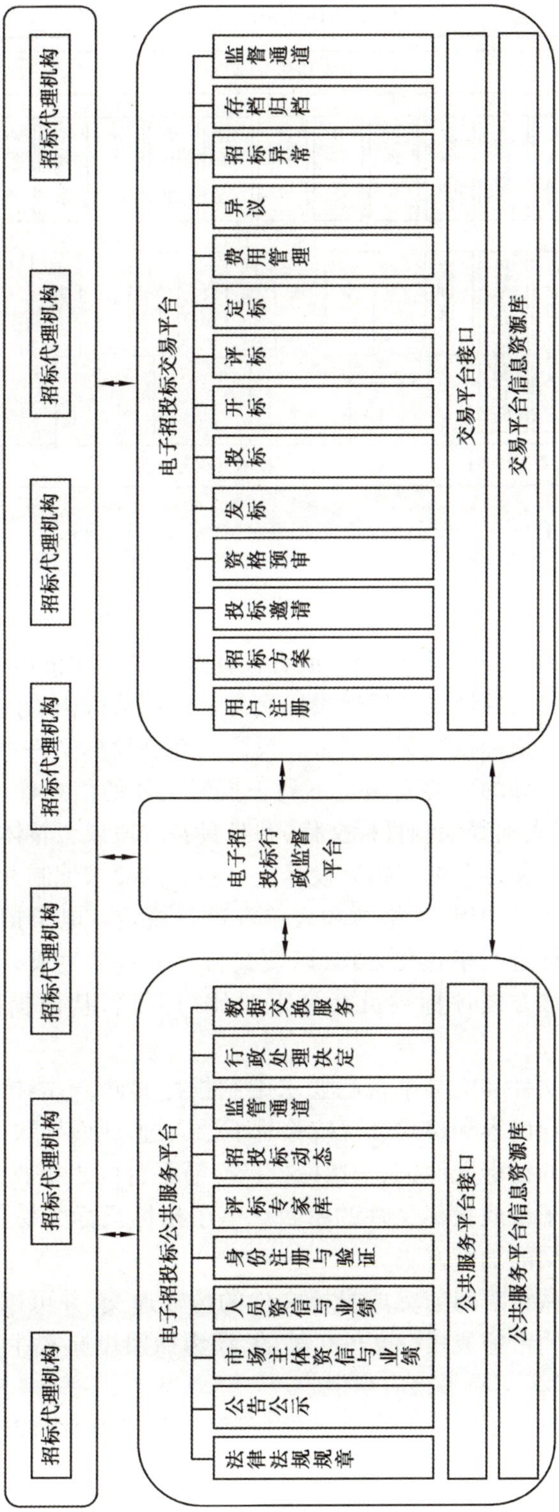
招标代理机构
招标代理机构
招标代理机构
招标代理机构
招标代理机构
招标代理机构
招标代理机构
电子招投标交易平台
用户注册
招标方案
投标邀请
资格预审
发标
投标
开标
评标
定标
费用管理
异议
招标异常
存档归档
监督通道
交易平台接口
交易平台信息资源库
电子招投标行政监督平台
电子招投标公共服务平台
法律法规规章
公告公示
市场主体资信与业绩
人员资信与业绩
身份注册与验证
评标专家库
招投标动态
监管通道
行政处理决定
数据交换服务
公共服务平台接口
公共服务平台信息资源库

图4.3　电子招投标系统

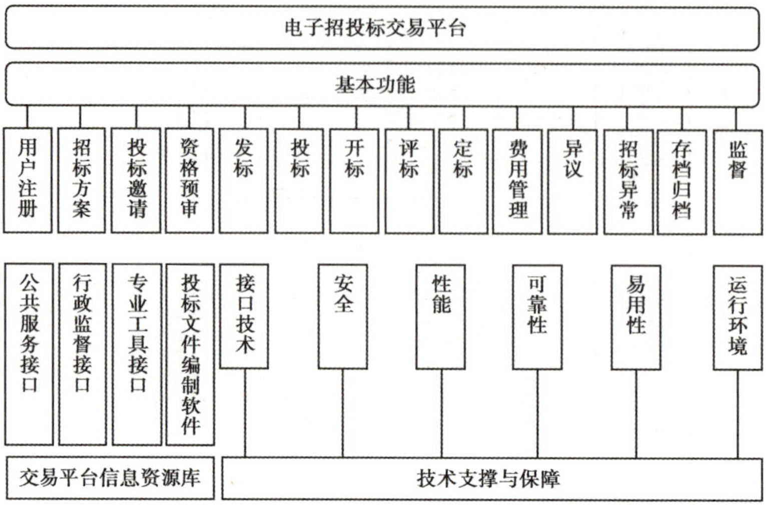

图 4.4　电子招投标交易平台的基本功能结构

▶ 4.5.2　电子投标

①投标人应当在资格预审公告、招标公告或者投标邀请书载明的电子招标投标交易平台注册登记，如实递交有关信息，并经电子招标投标交易平台运营机构验证。

电子投标的路径是电子招标投标交易平台。投标人编制投标文件可以在线进行，也可以离线进行。在线编制投标文件的主要问题是不利于投标文件的信息保密。交易平台应当提供离线编制功能，允许投标人离线编制投标文件，并且具备分段或者整体加密、解密功能。

②投标人应当按照招标文件和电子招标投标交易平台的要求编制并加密投标文件。

招标文件一般对投标文件的组成、格式和表单等进行规定。电子招标投标情形下，尤其需要对各投标人的投标文件进行格式化处理，以便交易平台自动生成开标记录表，和评标环节自动生成各类表单，同时方便评标委员会评审时比对阅读，从而提高开标、评标的工作效率。

投标人应当根据招标文件和交易平台的要求编制投标文件，不能擅自制作投标文件，否则交易平台在对主要数据项内容和格式进行校验时不予通过，从而导致投标失败。

投标人未按规定加密的投标文件，电子招标投标交易平台应当拒收并提示。数据电文形式的投标文件的加密相当于纸质投标文件的密封。电子招标投标交易平台的设计者和开发者可根据实际情况采取不同的加密方法。

③投标人应当在投标截止时间前完成投标文件的传输递交，并可以补充、修改或者撤回投标文件。投标截止时间前未完成投标文件传输的，视为撤回投标文件。投标截止时间后送达的投标文件，电子招标投标交易平台应当拒收。

投标人在递交投标文件时要充分考虑到传输所需的时间和网络传输中可能出现的各种延迟或中断。

④电子招标投标交易平台收到投标人送达的投标文件，应当即时向投标人发出确认回执通知，并妥善保存投标文件。在投标截止时间前，除投标人补充、修改或者撤回投标文件外，任何单位和个人不得解密、提取投标文件。

▶ 4.5.3 电子开标、评标和中标

①电子开标应当按照招标文件确定的时间，在电子招标投标交易平台上公开进行，所有投标人均应当准时在线参加开标。

开标时，电子招标投标交易平台自动提取所有投标文件，提示招标人和投标人按招标文件规定方式按时在线解密。解密全部完成后，应当向所有投标人公布投标人名称、投标价格和招标文件规定的其他内容。

②因投标人原因造成投标文件未解密的，视为撤销其投标文件；因投标人之外的原因造成投标文件未解密的，视为撤回其投标文件，投标人有权要求责任方赔偿因此遭受的直接损失。部分投标文件未解密的，其他投标文件的开标可以继续进行。

招标人可以在招标文件中明确投标文件解密失败的补救方案，投标文件应按照招标文件的要求作出响应。

③电子招标投标交易平台应当生成开标记录并向社会公众公布，但依法应当保密的除外。电子评标应当在有效监控和保密的环境下在线进行。

④评标中需要投标人对投标文件澄清或者说明的，招标人和投标人应当通过电子招标投标交易平台交换数据电文。

⑤评标委员会完成评标后，应当通过电子招标投标交易平台向招标人提交数据电文形式的评标报告。

依法必须进行招标的项目，中标候选人和中标结果应当在电子招标投标交易平台进行公示和公布。

⑥招标人确定中标人后，应当通过电子招标投标交易平台以数据电文形式向中标人发出中标通知书，并向未中标人发出中标结果通知书。

招标人应当通过电子招标投标交易平台，以数据电文形式与中标人签订合同。

⑦投标人或者其他利害关系人依法对资格预审文件、招标文件、开标和评标结果提出异议，以及招标人答复，均应当通过电子招标投标交易平台进行。

⑧电子招标投标某些环节需要同时使用纸质文件的，应当在招标文件中明确约定；当纸质文件与数据电文不一致时，除招标文件特别约定外，以数据电文为准。

思考与练习

一、单选题

1. 关于工程招投标的“一次性”特点表现的三层意思，下列说法不正确的是（　　）。

A. 一标一投　　B. 一次性报价　　C. 招标成功后，不得重新招标　　D. 一次招标

2. 工程招投标的核心是竞争，按规定每一次招标必须有（　　）个以上的投标者，这就形成了投标者之间的竞争。

A. 3　　B. 2　　C. 1　　D. 5

3. 根据《招标投标法》及相关法规，对必须招标的项目，下列招标人行为符合要求的是

(　　)。

A. 就同一招标项目向潜在投标人提供有差别的项目信息

B. 委托两家招标代理机构,设置两处报名点接受投标人报名

C. 以特定行业的业绩、奖项作为加分条件

D. 限定或者指定特定的品牌

4. 如果一方在订立合同的过程中违背诚实信用原则并给对方造成了实际损失,责任方将承担(　　)责任。

A. 赔偿　　B. 缔约过失　　C. 降低资质等级　　D. 吊销资质证书

5. 根据《招标投标法》的规定,下列各类项目中,不是必须进行公开招标的是(　　)。

A. 涉及国家安全的保密工程项目　　B. 大型基础设施建设项目

C. 国家融资的工程项目　　D. 世界银行贷款项目

6. 根据《工程建设项目招标范围和规模标准规定》中最新规定,重要设备、材料等货物的采购,单项合同估算价在(　　)万元人民币以上的,必须进行招标。

A. 50　　B. 100　　C. 200　　D. 400

7. 下列建设工程项目中,属于依法必须进行招标的项目是(　　)。

A. 使用预算资金 100 万元,并且该资金占投资额 10% 以上的项目

B. 使用国有企业资金 100 万元,并且该资金占投资额 10% 以下的项目

C. 使用预算资金 300 万元,并且该资金占投资额 10% 以上的项目

D. 使用国有事业单位资金 300 万元,并且该资金占投资额 10% 以下的项目

8. 招标人采用邀请招标方式招标时,应当向 3 个以上具有承担招标项目的能力、资信良好的(　　)发出投标邀请书。

A. 不特定的法人　　B. 特定的法人

C. 不特定的法人或者其他组织　　D. 特定的法人或其他组织

9. 某省重点工程项目技术复杂难度高,一般施工队伍难以胜任,若采取邀请招标方式,决定机关是(　　)。

A. 国务院发展改革部门　　B. 省人民政府

C. 工程建设单位的上级部门　　D. 省招标投标监管机构

10. 关于招标控制价的相关规定,下列说法正确的是(　　)。

A. 国有资金投资的工程建设项目,应编制招标控制价

B. 招标控制价应在招标文件中仅需公布总价

C. 工程造价咨询人接受招标人委托编制招标控制价,也受投标人委托编制同一工程的投标报价

D. 招标控制价编制后,可以根据业主需求进行上调或下浮

11. 下列关于招标公告的说法,正确的是(　　)。

A. 招标人无论采用何种招标方式,均应当发布招标公告

B. 招标公告应当载明的事项包括招标人的名称和地址

C. 依法必须进行招标的项目的招标公告,可以在任一报刊、信息网络或者其他媒介发布

D. 招标公告无须载明招标项目的性质、实施地点和时间

12. 关于依法必须招标项目信息的公告公示,下列说法正确的是(　　)。

A. 依法必须招标的项目,其招标投标必须通过电子信息网络进行,全程留痕

B. 资格预审公告、招标公告、中标候选人、中标结果等信息应当依法向社会公开

C. 招标公告和公示信息必须在"中国招标投标公共服务平台"公布

D. 发布媒介提供信息发布和信息查询服务可以适当收取成本费用

13. 公司甲与公司乙组成联合体投标,则下列说法正确的是( )。

A. 共同投标协议在中标后提交

B. 公司甲与公司乙必须是同一专业

C. 公司甲与公司乙必须是同一资质等级

D. 联合体是以一个投标人的身份投标

14. 公司甲与公司乙组成联合体投标,共同投标协议中约定:如果因工程质量问题遭遇业主索赔,各自对索赔金额承担50%。在施工过程中因质量问题遭遇业主索赔10万元,则下列说法不正确的是( )。

A. 如果业主要求公司甲全部支付10万元,公司甲不能以与公司乙有协议为理由拒绝支付

B. 如果业主要求公司乙全部支付10万元,公司乙不能以与公司甲有协议为理由拒绝支付

C. 如果公司甲支付了10万元,则业主不能再要求公司乙赔偿

D. 公司甲与公司乙必须各支付5万元

15. 下列关于招标信息发布的说法,正确的是( )。

A. 投资1 000万元的工程施工招标可以采用不公开的方式发布信息

B. 招标公告只能在中国招标投标公共服务平台发布

C. 自招标文件出售之日起至停止出售之日止,最短不得少于5天

D. 投标人必须自费购买相关招标或资格预审文件,未中标时予以退还

16. 某依法必须进行招标的项目,招标文件从4月1日(星期二)开始发售,星期六、星期日招标人不发售,按照《招标投标法实施条例》的规定,该项目招标文件停止发售时间最早应为( )。

A. 4月4日(星期五)18时　　B. 4月5日(星期六)18时

C. 4月6日(星期日)18时　　D. 4月7日(星期一)18时

17. 在某工程项目招投标过程中,某投标人要对其投标文件进行补充、修改或撤回。根据《招标投标法》的规定,以下说法正确的是( )。

A. 对投标文件的补充、修改和撤回,应在投标有效期满前进行

B. 在投标有效期内进行的补充、修改作为投标文件组成部分

C. 在投标有效期内可以进行补充或修改,但要被没收投标保证金

D. 应在投标截止日期前进行

18. 招标文件的内容应该包括( )。

A. 施工方案　　B. 履约担保　　C. 招标公告　　D. 投标文件格式

19.《标准施工招标文件》封面内容包括( )。

A. 工程规模　　B. 设计图纸　　C. 项目名称　　D. 开标时间

20. 投标有效期应从( )之日起计算。

A. 招标文件规定的提交投标文件截止　B. 提交投标文件
C. 提交投标保证金　D. 确定中标结果

21. 投标单位有(　　)时,招标单位可视其为严重违约行为而没收招标保证金。
A. 通过资格预审后不投标　B. 不参加开标会议
C. 不参加现场考察　D. 开标后要求撤回投标书

22. 下列关于投标文件的说法,正确的是(　　)。
A. 通常投标文件中需要提交投标担保
B. 投标文件在对招标文件的实质性要求作出响应后,可另外提出新的要求
C. 投标书只需要盖有投标企业公章或企业法定代表人名章
D. 投标书可由项目所在地的企业项目经理部组织投标,不需要授权委托书

23. 下列关于投标人正式投标时投标文件和程序要求的说法,正确的是(　　)。
A. 提交投标保证金的最后期限为招标人规定的投标截止日
B. 标书的提交可按投标人的内部控制标准
C. 投标的担保截止日为提交标书最后的期限
D. 投标文件应对招标文件提出的实质性要求和条件作出响应

24. 开标程序中密封情况检查由(　　)的代表或招标人委托的公证人员进行。
A. 招标人　B. 投标人　C. 评标专家　D. 监督机构

25. 开标地点应当为(　　)预先确定的地点。
A. 投标文件　B. 招标监督单位　C. 招标文件　D. 法律法规

26. 下列关于开标的说法,正确的是(　　)。
A. 投标人少于 5 个的,不得开标
B. 开标应当在招标文件确定的提交投标文件截止时间的同一时间公开进行
C. 投标人对开标有异议的,应当在开标结束后另行提出
D. 开标应当由招标代理机构主持

27. 在项目评标委员会的成员中,无须回避的是(　　)。
A. 投标人主要负责人的近亲属　B. 项目主管部门的人员
C. 项目行政监督部门的人员　D. 招标人代表

28. 投标文件对招标文件响应的重大偏差, 不包括(　　)等。
A. 提供的投标担保有瑕疵
B. 个别地方存在漏项
C. 没有按招标文件要求提供投标担保
D. 投标文件没有投标人授权代表签字

29. 投标文件中数字表示的数额与文字表示的数额不一致时,单价与工程量的乘积与总价之间不一致时,分别以(　　)为准。
A. 文字数额,单价　B. 文字数额,总价
C. 数字数额,单价　D. 数字数额,总价

30. 评标过程中,投标文件澄清是投标人应(　　)的要求作出的。
A. 监督管理部门　B. 招标代理机构
C. 审计部门　D. 评标委员会

31. 下列投标文件对招标文件响应的偏差中，属于细微偏差的是(　　)。

A. 资格证明文件不全

B. 总价金额和单价与工程量乘积之和的金额不一致

C. 业绩不满足招标文件要求

D. 投标文件无法代表人签字，或签字人无法定代表人有效授权委托书

32. 对招标文件的响应存在细微偏差的投标书，(　　)。

A. 不予淘汰，在订立合同前予以澄清、补正即可

B. 不予淘汰，在评标结束前予以澄清、补正即可

C. 不予淘汰，允许投标人重新投标

D. 初评阶段予以淘汰

33. 某高速公路项目进行招标，开标后允许(　　)。

A. 评标委员会要求投标人以书面形式澄清含义不明确的内容

B. 投标人再增加优惠条件

C. 招标人更改招标文件中的评标标准和办法

D. 投标人修改投标文件

34. 适用于具有通用技术、性能标准或者招标人对其技术、性能没有特殊要求的招标项目评标方法是(　　)。

A. 综合评估法　　B. 经评审的最低投标

C. 百分评定法　　D. 其他评标方法

35. 我国某世界银行贷款项目采用经评审的最低投标报价法评标，招标文件规定借款国国内投标人有 7.5% 的评标优惠，若投标工期提前，则按每月 25 万美元进行报价修正。现国内甲投标人报价 5 000 万美元，承诺较投标要求工期提前 2 个月，则甲投标人评标价为(　　)万美元。

A. 5 000　　B. 4 625　　C. 4 600　　D. 4 575

36. 通过招标投标订立的建设工程施工合同，合同价应为(　　)。

A. 评标价　　B. 投标报价　　C. 招标控制价　　D. 标底价

37. 某施工招标项目，根据招标文件和中标人投标文件签订固定单价合同(合同 A)。同时双方另订立了一份补充协议(合同 B)，约定最终结算方式按可调单价。竣工前，双方又订立一份赶工协议(合同 C)，约定在不违反强制性标准的情况下，提前完工 1 天奖励 2 000 元。工程结算时，因设计变更导致工程量增加，双方根据签证协商追加 400 万元工程款并签订补充协议(合同 D)，就以上合同效力，判断正确的是(　　)。

A. 全部有效　　B. 合同 B 无效　　C. 合同 C 无效　　D. 合同 D 无效

38. 下列关于建设工程领域保证金的说法，正确的是(　　)。

A. 省级住房和城乡建设主管部门有权新设保证金项目

B. 未按规定返还保证金，保证金收取方无须向建筑业企业支付逾期返还违约金

C. 保证金只能以现金方式提交

D. 工程项目竣工前，已经提交履约保证金的，建设单位不得同时预留工程质量保证金

39. 确定中标人的权利归属于(　　)。

A. 投标人　　B. 招标人　　C. 评标委员会　　D. 财政部门

40. 根据《招标投标法》，依法必须进行招标的项目，招标人应当自确定中标人之日起(　　)日内，向有关行政监督部门提交招投标情况的书面报告。

A. 7　　B. 15　　C. 20　　D. 30

二、多选题

1. 下列行为属于不合理条件限制、排斥潜在投标人或者投标的是(　　)。

A. 指定部分装饰材料品牌

B. 以本省的建设工程业绩、奖项作为加分条件

C. 指定电气工程部分材料的技术参数

D. 对所有制不同的企业采用不同的审查标准

E. 对招标补遗材料，仅提供给提出疑问的投标人

2.《招标投标法》规定，凡在我国境内进行的下列工程建设项目，必须进行招标的是(　　)。

A. 大型基础设施、公用事业等关系社会公共利益、公共安全的项目

B. 技术复杂、专业性强或其他特殊要求的项目

C. 使用国有资金投资或国家融资的项目

D. 使用国际组织或者外国政府贷款、扶助资金的项目

E. 采用特定专利或专有技术的项目

3. 根据现行规定，应该招标的建设工程经批准可以采用邀请招标方式确定承包人的项目有(　　)。

A. 有特殊要求，只有少量几家潜在投标人可供选择的

B. 公开招标费用过低的

C. 涉及国家秘密，适宜招标但不宜公开招标的

D. 受自然地域环境限制，只有少量潜在投标人可供选择的

E. 涉及抢险救灾，适宜招标但不宜公开招标的

4. 下列关于招标代理机构的说法，正确的有(　　)。

A. 招标代理机构是社会中介组织

B. 工程招标代理机构可以参与同一招标工程的投标

C. 未经招标人同意，招标代理机构不得向他人转让代理业务

D. 工程招标代理机构不得与招标工程的投标人有利益关系

E. 由评标委员会指定招标代理机构

5. 下列关于标底和招标控制价，说法正确的是(　　)。

A. 标底应当保密　　B. 招标控制价应当在招标文件中公布

C. 标底应当公布　　D. 招标控制价应当在招标文件中保密

E. 一个招标项目只能有一个标底

6. 关于建设工程施工招标程序，在接受投标书之后，需要完成的工作有(　　)。

A. 制定评标办法　　B. 开标、评标、定标

C. 宣布中标单位　　D. 协商合同主要条款　　E. 签订合同

7. 资格审查办法包括(　　)。

A. 有限数量制　B. 无限数量制　C. 百分比例制　D. 合格制　E. 摇号制

8. 投标文件应当对招标文件提出的实质性要求和条件作出响应，施工投标文件一般组成部分包括（　　）。

A. 投标函　B. 投标人须知　C. 投标报价　D. 资格审查资料　E. 施工组织设计

9. 评标委员会的组成人员包括（　　）。

A. 招标人代表　B. 监理单位代表　C. 公证机构代表

D. 技术方面的专家　E. 经济方面的专家

10. 投标有效期内，投标人有（　　）等行为的，其投标保证金应当被没收。

A. 撤回投标文件　B. 补充投标文件　C. 放弃中标

D. 澄清投标文件　E. 说明投标文件

11. 某建设项目招标，评标委员会由两名招标人代表和三名技术、经济等方面的专家组成，这一组成不符合《招标投标法》的规定，则下列关于评标委员会重新组成的做法，正确的有（　　）。

A. 减少一名招标人代表，专家不再增加

B. 减少一名招标人代表，再从专家库中抽取一名专家

C. 不减少招标人代表，再从专家库中抽取一名专家

D. 不减少招标人代表，再从专家库中抽取两名专家

E. 不减少招标人代表，再从专家库中抽取三名专家

12. 下列关于建设工程施工评标的说法，正确的有（　　）。

A. 评标过程可分为初步评审和详细评审两个阶段

B. 初步评审检查投标书是否对招标文件作出实质性响应

C. 投标人可主动提出对投标文件进行澄清和补正

D. 初步评审有不符合评审标准的，在进行详细评审后再处理

E. 招标文件没有规定的评标标准和方法不得作为评标依据

13. 履约担保的形式包括（　　）。

A. 保兑支票　B. 银行保函　C. 信用证明　D. 担保书　E. 保证金

14. 下列关于履约担保的说法，正确的有（　　）。

A. 履约担保是为保证正确、合理使用发包人支付的预付款而提供的担保

B. 履约担保有效期始于工程开工之日，终止日期可以约定在工程竣工交付之日

C. 银行履约保函担保金额通常为合同金额的 10% 左右

D. 质量保证金由发包人从工程进度款中扣除，总额一般限制在合同总价款的 5%

E. 履约担保书由商业银行开具，金额在保证金的担保金额之内

15. 合同的（　　）等主要条款应当与招标文件和中标人的投标文件的内容一致。招标人和中标人不得再行订立背离合同实质性内容的其他协议。

A. 标的　B. 价款　C. 质量　D. 履行期限　E. 索赔管理

三、案例分析

1. 某建设项目实行公开招标，招标过程出现了下列事件。

（1）招标人于 5 月 8 日起发出招标文件，文件中特别强调由于时间较紧要求各投标人不

迟于5月23日之前提交投标文件(即确定5月23日为投标截止时间),并于5月10日停止出售招标文件,6家单位领取了招标文件。

(2)招标文件中规定:如果投标人的报价高于标底15%以上一律确定为无效标。招标人请咨询机构代为编制标底,并考虑投标人存在着为招标人有无垫资施工的情况编制了两个不同的标底,以适应投标人情况。

(3)5月15日招标人通知各投标人,原招标工程中的土方量增加20%,项目范围也进行了调整,各投标人据此对投标报价进行计算。

(4)招标文件中规定,投标保证金额为投标价格的5%,投标保证金有效时间同投标有效期。

(5)本地公司A于5月22日将投标文件密封加盖了本企业公章并由准备承担此项目的项目经理本人签字按时送达招标人。本地公司B于5月20日送达投标文件后,5月22日又递送了降低报价的补充文件,补充文件未对5月20日送达文件的有效性进行说明。本地公司C于5月19日送达投标文件后,考虑自身竞争实力于5月22日通知招标人退出竞标。

(6)开标会议由本市常务副市长主持。

(7)7月16日发出中标通知书。通知书中规定,中标人自收到中标书之日起30天内按照招标文件和中标人的投标文件签订书面合同。与此同时招标人通知中标人与未中标人。

问题:逐条说明上述事件不妥之处。

2.某教育部直属重点高校拟建一教学楼,由于工期紧,投资额较大,加之设计图纸深度不够(施工图不完备),经建设单位研究拟采用邀请招标。在标投标过程中发生以下事件:

事件1:招标文件中明确规定,招标文件发售时间为5月1—3日;投标文件递交时间为5月15日;投标保证金为投标报价的5%;将来采用综合评标进行评标;开标时间为5月18日。

事件2:随后在开标时,由于教育局有关领导迟到,临时推迟开标时间1小时,并委托某邀请的某知名施工单位主持开标。

事件3:开标会上由于参加的企业不多,建设单位领导商议按各单位的报价排序直接决定最低报价单位即为中标单位,并向其单位发出了中标通知书。

问题:(1)请问本工程采取邀请招标是否合法?哪些工程可以采取邀请招标?

(2)事件1中有哪些不合理的地方,并说明理由?

(3)请指出事件2中的不合理之处,并给出理由或正确的做法。

(4)请问评标委员会应该怎么组建?(从成员构成、数量等方面回答)

(5)请指出事件3中的不妥之处,并说明理由。

(6)请问本工程(工期紧、投资额较大等)适合签订哪种价格形式的合同?

四、计算题

某工程项目经批准采用邀请招标,有A、B、C共3家承包商参加投标。该工程采用综合评标法评标,评标的具体规定如下:

(1)第一阶段评技术标:技术标共计40分。其中总工期占15分,施工方案占15分,企业信誉占10分。

定额工期为500天,工期评分方法是:工期提前10%为满分(15分),在此基础上每拖后5天扣1分;施工方案、企业信誉得分见表4.26。

第二阶段评商务标：商务标共计 60 分。在标底价（550 万元）±10% 以内都为有效投标报价，评标基准价为标底的 40% 与承包商有效报价算术平均数的 60% 之和。当投标人的报价等于评标基准价时得 60 分，投标报价比评标基准价每下降 1%，扣 1 分，最多扣 10 分；评标报价比评标基准价每增加 1%，扣 2 分，扣分不保底。各投标单位的有关情况见表 4.26。

表 4.26　各投标单位的投标情况表

投标单位	报价/万元	总工期/天	施工方案得分/分	企业信誉得分/分
A	560	460	12	7
B	520	465	14	8
C	580	450	11	7

问题（计算结果保留两位小数）：(1)计算各承包商工期得分。

(2)计算有效标的范围、各承包商投标报价得分。

(3)计算各承包商的综合得分，得出中标者。

5

建设工程勘察设计合同

【学习目标】

(1)了解建设工程勘察、设计合同的概念;

(2)熟悉建设工程勘察设计合同的主要内容。

【案例导入】

专业的勘察设计人

2012 年 8 月,山东省某工程地下室防水底板出现开裂、渗漏、隆起现象,并存在地下室积水问题。2013 年 5 月,建设单位进行了该地下室的加固施工。2013 年 11 月,地下室再次出现防水底板开裂、隆起现象,部分框架柱底板开裂,同时伴有大量地下水涌出。建设单位认为勘察人提供的抗浮水位低,设计人依据勘察报告未进行抗浮设计,结果地库上浮,造成工程加固修复费用及地下室租金损失费用巨大。建设单位上诉法院,要求勘察人及设计人赔偿经济损失。

法院认为,勘察人应当掌握下列水文地质条件:①地下水类型和赋存状态;②主要含水层的分布规律;③区域性气候资料,如降水量、蒸发量及其变化对地下水位的影响;④地下水的补给排泄条件、地表水与地下水的补排关系及其对地下水位的影响;⑤勘察时的地下水位、历史最高地下水位、近 3 ~5 年最高地下水位、水位变化趋势和主要影响因素;⑥是否存在地下水和地表水的污染源及其可能的污染程度。作为勘察人未按照上述勘察规范要求,掌握水文信息,在勘察报告中未提供地下水位变化幅度,补充说明提供的地下水位建议值不准确,后设计人依据该勘察报告对地下室未作出相应的抗浮设计,最终导致地下室底板破裂,是造成建设工程质量问题的主要原因,应当承担相应的责任。

设计人以勘察人出具的勘察报告为据,抗辩因案涉场地未见地下水,故无须对案涉工程地下室进行抗浮设计的理由并不充分;设计人作为专业的设计机构,其履行合同不仅应当符合国家法律、法规,符合工程行业的标准和规范,还应当秉持专业的精神,最大限度地尽到专业机构的注意义务，提供合理可使用的设计方案，保证工程按照设计方案施工后能够正常投入使用。综上所述，本案工程抗浮设计存在疏漏，且该疏漏与工程受损之间存在因果关系，故设计人应当承担相应的责任，考虑到抗浮设计存在遗漏主要是由于勘察报告缺失相关记载，故设计人承担10%的赔偿责任为宜。

评析：建设工程设计具有高度专业性，相对于发包人而言，设计人掌握更多的技术和经验，专业知识储备更丰富，在发包人要求或其提供设计资料的技术性缺陷的识别方面，设计人具有天然优势。因此，设计人应当有一定程度的合理注意义务。《民法典》第七百七十六条规定："承揽人发现定作人提供的图纸或者技术要求不合理的，应当及时通知定作人。因定作人怠于答复等原因造成承揽人损失的，应当赔偿损失。"该规定即是上述合理注意义务的体现。《建设工程设计合同示范文本(房屋建筑工程)》(GF-2015-0209)第二部分"通用合同条款"也有类似规定："设计人应当按法律和技术标准的强制性规定及发包人要求进行工程设计。有关工程设计的特殊标准或要求由合同当事人在专用合同条款中约定。设计人发现发包人提供的工程设计资料有问题的，设计人应当及时通知发包人并经发包人确认。"

5.1 建设工程勘察设计合同概述

5.1.1 建设工程勘察设计合同概念

建设工程勘察是指根据建设工程的要求，查明、分析、评价建设场地的地质地理环境特征和岩土工程条件，编制建设工程勘察文件的活动。工程勘察范围包括建设工程项目的岩土工程、水文地质勘察和工程测量。

建设工程设计是指根据建设工程的要求，对建设工程所需的技术、经济、资源、环境等条件进行综合分析、论证，编制建设工程设计文件的活动。建设工程设计一般分为方案设计、初步设计和施工图设计3个阶段。

为了保证工程项目的建设质量达到预期的投资目的，实施过程必须遵循项目建设的内在规律，即坚持先勘察、后设计、再施工的程序。

建设工程勘察设计合同是指发包人和承包人为完成特定工程的勘察、设计任务，明确双方权利、义务关系的协议。发包人一般是项目业主(建设单位)或者建设项目总承包单位，承包人是持有建设行政主管部门颁发的资质等级的勘察、设计单位。

建设工程勘察合同是指根据建设工程的要求，查明、分析、评价建设场地的地质地理环境特征和岩土工程条件，编制建设工程勘察文件订立的协议。

建设工程设计合同是指根据建设工程的要求，对建设工程所需的技术、经济、资源、环境等条件进行综合分析、论证，编制建设工程设计文件的协议。

订立合同委托勘察、设计任务是发包人和承包人的自主市场行为，但必须遵守《民法典》《建筑法》《建设工程勘察设计管理条例》《建设工程勘察设计市场管理规定》等法律和法规的要求。

【例题1】建设工程勘察合同中的勘察人是具有相应勘察资质的(　　)。

A. 特别法人　　B. 企业法人　　C. 非法人组织　　D. 非营利法人

解析:建设工程勘察合同中的勘察人是指具备相应勘察资质的企业法人。

答案:B

▶ 5.1.2 示范文本及适用范围

2015年3月,住房和城乡建设部、国家工商行政管理总局联合发布了《建设工程设计合同示范文本(房屋建筑工程)》(GF-2015-0209)、《建设工程设计合同示范文本(专业建设工程)》(GF-2015-0210),这两个示范文本均由合同协议书、通用合同条款和专用合同条款三部分组成。

《建设工程设计合同示范文本(房屋建筑工程)》(GF-2015-0209)适用于建设用地规划许可证范围内的建筑物构筑物设计、室外工程设计、民用建筑修建的地下工程设计及住宅小区、工厂厂前区、工厂生活区、小区规划设计及单体设计等,以及所包含的相关专业的设计内容(总平面布置、竖向设计、各类管网管线设计、景观设计、室内外环境设计及建筑装饰、道路、消防、智能、安保、通信、防雷、人防、供配电、照明、废水治理、空调设施、抗震加固等)等工程设计活动。

《建设工程设计合同示范文本(专业建设工程)》(GF-2015-0210)则适用于房屋建筑工程以外各行业建设工程项目的主体工程和配套工程(含厂/矿区内的自备电站、道路、专用铁路、通信、各种管网管线和配套的建筑物等全部配套工程)以及与主体工程、配套工程相关的工艺、土木、建筑、环境保护、水土保持、消防、安全、卫生、节能、防雷、抗震、照明工程等工程设计活动。

2016年9月,住房和城乡建设部、国家工商行政管理总局联合发布了《建设工程勘察合同(示范文本)》(GF-2016-0203),该示范文本由合同协议书、通用合同条款和专用合同条款三部分组成,适用于岩土工程勘察、岩土工程设计、岩土工程物探/测试/检测/监测、水文地质勘察及工程测量等工程勘察活动,岩土工程设计也可使用《建设工程设计合同示范文本(专业建设工程)》(GF-2015-0210)。

2017年9月,国家发展和改革委员会等九部委印发了《中华人民共和国标准勘察招标文件(2017年版)》《中华人民共和国标准设计招标文件(2017年版)》等5个标准招标文件。标准招标文件中包含的通用合同条款、专用合同条款、合同附件格式等,也可视为示范文本。

5.2 建设工程勘察合同主要内容

▶ 5.2.1 勘察合同的当事人

根据《建设工程勘察合同(示范文本)》,合同条款的主要内容如下:

1)工程概况

①工程名称、工程建设地点、工程规模和特征。

②工程勘察任务(内容),可包括自然条件观测、地形图测绘、资源探测、岩土工程勘察、地震安全性评价、工程水文地质勘察、环境评价、模型试验等。

2）发包人应向勘察人提供的文件资料

发包人应及时向勘察人提供下列文件资料，并对其准确性、可靠性负责，通常包括：

①本工程的批准文件（复印件），以及用地（附红线范围）、施工、勘察许可等批件（复印件）。

②工程勘察任务委托书、技术要求和工作范围的地形图、建筑总平面布置图。

③勘察工作范围已有的技术资料及工程所需的坐标与标高资料。

④勘察工作范围地下已有埋藏物的资料（如电力、电信电缆、各种管道、人防设施、洞室等）及具体位置分布图。

⑤其他必要相关资料。

如果发包人不能提供上述资料，一项或多项由勘察人收集时，订立合同时应予以明确，发包人需向勘察人支付相应费用。

3）发包人的权利

①发包人对勘察人的勘察工作有权依照合同约定实施监督，并对勘察成果予以验收。

②发包人对勘察人无法胜任工程勘察工作的人员有权提出更换。

③发包人拥有勘察人为其项目编制的所有文件资料的使用权，包括投标文件、成果资料和数据等。

4）发包人的义务

①发包人应以书面形式向勘察人明确勘察任务及技术要求。

②发包人应提供开展工程勘察工作所需要的图纸及技术资料，包括总平面图、地形图、已有水准点和坐标控制点等。若上述资料由勘察人负责搜集时，发包人应承担相关费用。

③发包人应提供工程勘察作业所需的批准及许可文件，包括立项批复、占用和挖掘道路许可等。

④发包人应为勘察人提供具备条件的作业场地及进场通道（包括土地征用、障碍物清除、场地平整、提供水电接口和青苗赔偿等）并承担相关费用。

⑤发包人应为勘察人提供作业场地内地下埋藏物（包括地下管线、地下构筑物等）的资料、图纸，没有资料、图纸的地区，发包人应委托专业机构查清地下埋藏物。若因发包人未提供上述资料、图纸，或提供的资料、图纸不实，致使勘察人在工程勘察工作过程中发生人身伤害或造成经济损失时，由发包人承担赔偿责任。

⑥发包人应按照法律法规规定为勘察人安全生产提供条件并支付安全生产防护费用，发包人不得要求勘察人违反安全生产管理规定进行作业。

⑦若勘察现场需要看守，特别是在有毒、有害等危险现场作业时，发包人应派人负责安全保卫工作；按国家有关规定，对从事危险作业的现场人员进行保健防护，并承担费用。发包人对安全文明施工有特殊要求时，应在专用合同条款中另行约定。

⑧发包人应对勘察人满足质量标准的已完工作，按照合同约定及时支付相应的工程勘察合同价款及费用。

5）勘察人权利

①勘察人在工程勘察期间，根据项目条件和技术标准、法律法规规定等方面的变化，有权向发包人提出增减合同工作量或修改技术方案的建议。

②除建设工程主体部分的勘察外，根据合同约定或经发包人同意，勘察人可以将建设工

程其他部分的勘察分包给其他具有相应资质等级的建设工程勘察单位。发包人对分包的特殊要求应在专用合同条款中另行约定。

③勘察人对其编制的所有文件资料,包括投标文件、成果资料、数据和专利技术等拥有知识产权。

6)勘察人义务

①勘察人应按勘察任务书和技术要求并依据有关技术标准进行工程勘察工作。

②勘察人应建立质量保证体系,按本合同约定的时间提交质量合格的成果资料,并对其质量负责。

③勘察人在提交成果资料后,应为发包人继续提供后期服务。

④勘察人在工程勘察期间遇到地下文物时,应及时向发包人和文物主管部门报告并妥善保护。

⑤勘察人开展工程勘察活动时应遵守有关职业健康及安全生产方面的各项法律法规的规定,采取安全防护措施,确保人员、设备和设施的安全。

⑥勘察人在燃气管道、热力管道、动力设备、输水管道、输电线路、临街交通要道及地下通道(地下隧道)附近等风险性较大的地点,以及在易燃易爆地段及放射、有毒环境中进行工程勘察作业时,应编制安全防护方案并制定应急预案。

⑦勘察人应在勘察方案中列明环境保护的具体措施,并在合同履行期间采取合理措施保护作业现场环境。

▶ 5.2.2 勘察合同工期

工期可以采用绝对工期的约定方式——约定具体的开始与结束时间,也可以采用相对工期的约定方式。开工日期以发包人下达的开工通知书为准,勘察人应在开工通知书下达之日起的一段时间之后提交勘察成果资料。

勘察工作有效期限以发包人下达的开工通知书或合同规定的时间为准,如遇特殊情况(设计变更、工作量变化、不可抗力影响以及非勘察人原因造成的停工、窝工等),工期顺延。由于发包人或勘察人原因未能按期开工或提交成果资料时,发包人或勘察人应当按合同的约定承担违约责任。

▶ 5.2.3 勘察合同费用和支付

1)合同价格

勘察合同的价款确定方式、调整方式和风险范围划分,在专用合同条款中约定。

勘察费用实行发包人签证制度,即勘察人完成勘察项目后通知发包人进行验收,通过验收后由发包人代表对实施的勘察项目、数量、质量和实施时间签字确认,以此作为计算勘察费用的依据之一。

除专用合同条款另有约定外,合同价格应当包括收集资料,踏勘现场,制订纲要,进行测绘、勘探、取样、试验、测试、分析、评估、配合审查等,编制勘察文件,设计施工配合,青苗和园林绿化补偿,占地补偿,扰民及民扰,占道施工,安全防护、文明施工、环境保护,农民工工伤保险等全部费用和国家规定的增值税税金。

发包人要求勘察人进行外出考察、试验检测、专项咨询或专家评审时,相应费用不含在合同价格之中，由发包人另行支付。

2）定金或预付款

定金或预付款应专用于本工程的勘察。定金或预付款的额度、支付方式及抵扣方式在专用合同条款中约定。发包人应在收到定金或预付款支付申请后28天内，将定金或预付款支付给勘察人，勘察人应当提供等额的增值税发票。勘察服务完成之前，由于不可抗力或其他非勘察人的原因解除合同时，定金不予退还。

3）进度款支付

对于勘察规模大、工期长的大型勘察工程，发包人应当按工程进度向勘察人支付工程进度款。

4）费用结算

合同工作完成后，勘察人可按专用合同条款约定的份数和期限，向发包人提交勘察费用结算申请，并提供相关证明材料。发包人应在收到费用结算申请后的28天内，将应付款项支付给勘察人，勘察人应当提供等额的增值税发票。发包人未能在前述时间内完成审批或不予答复的，视为发包人同意费用结算申请。发包人不按期支付的，按专用合同条款的约定支付逾期付款违约金。发包人对费用结算申请内容有异议的，有权要求勘察人进行修正和提供补充资料，由勘察人重新提交。

5.2.4　勘察合同违约责任

1）发包人违约

合同履行中发生下列情况之一的，属发包人违约：

①合同生效后，发包人无故要求终止或解除合同；

②发包人未按合同约定支付勘察费用；

③发包人不履行合同义务或不按合同约定履行义务的其他情形。

2）发包人违约责任

合同生效后，发包人无故要求终止或解除合同，勘察人未开始勘察工作的，不退还发包人已付的定金或发包人按照专用合同条款约定向勘察人支付违约金；勘察人已开始勘察工作的，完成计划工作量不足50%的，发包人应支付勘察人合同价款的50%；完成计划工作量超过50%的，发包人应支付勘察人合同价款的100%。

发包人发生其他违约情形时，发包人应承担由此增加的费用和工期延误损失，并给予勘察人合理赔偿。

3）勘察人违约

合同履行中发生下列情况之一的，属勘察人违约：

①合同生效后，勘察人因自身原因要求终止或解除合同；

②因勘察人原因不能按照合同约定的日期或合同当事人同意顺延的工期提交成果资料；

③因勘察人原因造成成果资料质量达不到合同约定的质量标准；

④勘察人不履行合同义务或未按约定履行合同义务的其他情形。

4）勘察人违约责任

①合同生效后，勘察人因自身原因要求终止或解除合同，勘察人应双倍返还发包人已支付的定金或勘察人按照专用合同条款约定向发包人支付违约金。

②因勘察人原因造成工期延误的，应按专用合同条款约定向发包人支付违约金。

③因勘察人原因造成成果资料质量达不到合同约定的质量标准，勘察人应负责无偿给予补充完善使其达到质量合格。因勘察人原因导致工程质量安全事故或其他事故时，勘察人除负责采取补救措施外，应通过所投工程勘察责任保险向发包人承担赔偿责任或根据直接经济损失程度按专用合同条款约定向发包人支付赔偿金。

④勘察人发生其他违约情形时，勘察人应承担违约责任并赔偿因其违约给发包人造成的损失。

5.2.5 勘察合同成果资料

1）成果质量

①成果质量应符合相关技术标准和深度规定，且满足合同约定的质量要求。

②双方对工程勘察成果质量有争议时，由双方同意的第三方机构鉴定，所需费用及因此造成的损失，由责任方承担；双方均有责任的，由双方根据其责任分别承担。

2）成果验收

勘察人向发包人提交成果资料后，如需对勘察成果组织验收的，发包人应及时组织验收。除专用合同条款对期限另有约定外，发包人 14 天内无正当理由不予组织验收，视为验收通过。

【例题 2】根据《标准勘察招标文件》中的通用合同条款，勘察费用实行（　　）制度。

A. 发包人签证　　B. 勘察人签证　　C. 监理人签证　　D. 监理人核查

解析：勘察费用实行发包人签证制度。

答案：A

【例题 3】发包人代表可以授权发包人的其他人员负责执行其指派的一项或多项工作。被授权人员在授权范围内发出的指示视为已得到（　　）的同意。

A. 发包人　　B. 勘察人　　C. 监理人　　D. 发包人代表

解析：勘察合同条款规定，发包人代表可以授权发包人的其他人员负责执行其指派的一项或多项工作。发包人代表应将被授权人的姓名及其授权范围通知勘察人。被授权人员在授权范围内发出的指示视为已得到发包人代表的同意，与发包人代表发出的指示具有同等效力。

答案：D

【例题 4】建设工程勘察合同条款规定，勘察人发生违约情况时，发包人可向勘察人发出整改通知，要求其在限定期限内纠正；逾期仍不纠正的，发包人有权（　　）。

A. 要求暂停勘察活动并向勘察人发出暂停勘察指示

B. 要求勘察人继续整改并向勘察人发出继续整改通知

C. 变更合同并向勘察人发出变更合同通知

D. 解除合同并向勘察人发出解除合同通知

解析：建设工程勘察合同条款规定，勘察人发生违约情况时，发包人可向勘察人发出整改通知，要求其在限定期限内纠正；逾期仍不纠正的，发包人有权解除合同并向勘察人发出解除合同通知。勘察人应当承担由于违约所造成的费用增加、周期延误和发包人损失等。

答案：D

5.3 建设工程设计合同主要内容

5.3.1 设计合同的当事人

建设工程设计合同当事人包括发包人和设计人。发包人通常也是工程建设项目的业主(建设单位)或者项目管理部门(如工程总承包单位)。设计人则是承包人,设计人须为具有相应设计资质的企业法人。

1)发包人的一般义务

①发包人应遵守法律,并办理法律规定由其办理的许可、核准或备案,包括但不限于建设用地规划许可证、建设工程规划许可证、建设工程方案设计批准、施工图设计审查等许可、核准或备案。

发包人负责本项目各阶段设计文件向规划设计管理部门的送审报批工作,并负责将报批结果书面通知设计人。因发包人原因未能及时办理完毕前述许可、核准或备案手续,导致设计工作量增加和(或)设计周期延长时,由发包人承担由此增加的设计费用和(或)延长的设计周期。

②发包人应当负责工程设计的所有外部关系(包括但不限于当地政府主管部门等)的协调,为设计人履行合同提供必要的外部条件。

③支付合同价款。发包人应按合同约定向设计人及时支付合同价款。

④提供设计资料。发包人应按约定向设计人提供设计资料。

⑤其他义务。发包人应履行合同约定的其他义务。

2)设计人的一般义务

①设计人应遵守法律和有关技术标准的强制性规定,完成合同约定范围内的方案设计、初步设计、施工图设计,提供符合技术标准及合同要求的工程设计文件,提供施工配合服务。

设计人应当按照专用合同条款约定配合发包人办理有关许可、核准或备案手续的,因设计人原因造成发包人未能及时办理许可、核准或备案手续,导致设计工作量增加和(或)设计周期延长时,由设计人自行承担由此增加的设计费用和(或)设计周期延长的责任。

②设计人应当完成合同约定的工程设计其他服务。

5.3.2 设计费用及支付

设计费用是发包人对设计单位完成设计工作的报酬。支付设计费是发包人在设计合同中的主要义务。双方应当明确设计费用的数额和计算方法,设计费用支付方式、地点、期限等内容。

除专用合同条款另有约定外,合同价格应当包括收集资料,踏勘现场,进行设计、评估、审查等,编制设计文件,施工配合等全部费用和国家规定的增值税税金。

发包人要求设计人进行外出考察、试验检测、专项咨询或专家评审时,相应费用不含在合同价格之中,由发包人另行支付。

定金的比例不应超过合同总价款的20%。预付款的比例由发包人与设计人协商确定,一般不低于合同总价款的 20%。

定金或预付款应专用于本工程的设计。发包人应在收到定金或预付款支付申请后 28 天内,将定金或预付款支付给设计人,设计人应当提供等额的增值税发票。设计服务完成之前,由于不可抗力或其他非设计人的原因解除合同时,定金不予退还。

发包人应当按照约定的付款条款及时向设计人支付进度款和结算款。

5.3.3 设计合同违约责任

1)发包人违约

合同履行中发生下列情况之一的,属发包人违约:

①发包人未按合同约定支付设计费用;

②发包人原因造成设计停止;

③发包人无法履行或停止履行合同;

④发包人不履行合同约定的其他义务。

发包人发生违约情况时,设计人可向发包人发出暂停设计通知,要求其在限定期限内纠正;逾期仍不纠正的,设计人有权解除合同并向发包人发出解除合同通知。发包人应当承担由于违约造成的费用增加、周期延误和设计人损失等。

2)设计人违约

合同履行中发生下列情况之一的,属设计人违约:

①设计文件不符合法律以及合同约定;

②设计人转包、违法分包或者未经发包人同意擅自分包;设计人未按合同计划完成设计,从而造成工程损失;设计人无法履行或停止履行合同;设计人不履行合同约定的其他义务。

设计人发生违约情况时,发包人可向设计人发出整改通知,要求其在限定期限内纠正;逾期仍不纠正的,发包人有权解除合同并向设计人发出解除合同通知。设计人应当承担由于违约所造成的费用增加、周期延误和发包人损失等。

3)第三人造成的违约

在履行合同过程中,一方当事人因第三人原因造成违约的,应当向对方当事人承担违约责任。一方当事人和第三人之间的纠纷,依照法律规定或者按照约定解决。

【例题 5】建设工程设计合同发包人通常是工程建设项目的(　　)。

A.施工单位或者监理单位　　B.业主(建设单位)或者监理单位

C.业主(建设单位)或者项目管理部门　　D.施工单位或者项目管理部门

解析:建设工程设计合同发包人通常是工程建设项目的业主(建设单位)或者项目管理部门(如工程总承包单位)。

答案:C

【例题 6】建设工程设计合同发包人的义务包括(　　)。

A.发出开始设计通知　　B.支付合同价款

C.办理证件和批件　　D.完成全部设计工作

E.提供设计资料

解析:发包人应遵守法律,并办理法律规定由其办理的许可、核准或备案;负责项目各阶段设计文件向规划设计管理部门的送审报批工作,并负责将报批结果书面通知设计人;发包人应向设计人支付合同价款,向设计人提供设计资料。

答案:ABCE

【例题7】根据《标准设计招标文件(2017年版)》中的通用合同条款,因设计人未能按合同计划提供图纸,导致施工承包人不能按监理人批准的进度计划施工而造成损失的,该损失最终应由(　　)承担。

A. 发包人　　B. 施工承包人　　C. 设计人　　D. 监理人

解析:因设计人未能按合同计划提供图纸,导致施工承包人不能按监理人批准的进度计划施工而造成损失的,该损失最终应由设计人承担。

答案:C

思考与练习

一、单选题

1. 根据《标准勘察招标文件(2017年版)》中的通用合同条款,发包人应向勘察人提供的文件资料是(　　)。

A. 施工测量放线成果　　B. 岩土工程钻探方案

C. 建筑总平面布置图　　D. 标志桩定位报告

2. 根据《标准勘察招标文件(2017年版)》中的通用合同条款,勘察人应对勘察方法的(　　)完全负责。

A. 完备性、可靠性、先进性　　B. 完备性、正确性、经济性

C. 适用性、先进性、经济性　　D. 正确性、适用性、可靠性

3. 建设工程勘察合同的承包人须持有工商行政管理部门核发的企业法人营业执照,并且必须在其核准的经营范围内从事建设活动。超越其经营范围订立的建设工程勘察合同为(　　)。

A. 有效合同　　B. 无效合同　　C. 可变更合同　　D. 效力待定合同

4. 建设工程勘察合同履行过程中,未经(　　)批准,监理人无权修改合同。

A. 发包人　　B. 承包人　　C. 设计单位负责人　　D. 发包人和承包人协商

5. 根据《标准设计招标文件(2017年版)》中的通用合同条款,因设计人未能按合同计划提供图纸,导致施工承包人不能按监理人批准的进度计划施工而造成损失的该损失最终应由(　　)承担。

A. 发包人　　B. 施工承包人　　C. 设计人　　D. 监理人

6. 根据《标准设计招标文件(2017年版)》中的通用合同条款,发包人代表授权发包人其他人员负责其指派的工作时,应将被授权人员的姓名和(　　)通知设计人。

A. 职业资格　　B. 授权范围　　C. 技术职称　　D. 授权时间

7. 根据《标准设计招标文件(2017年版)》中的通用合同条款,工程设计应执行的规范、标准和发包人要求之间对同一内容的描述不一致时,应以(　　)为准。

A. 描述更为严格的内容　　B. 规范标准描述的内容

C. 发包人要求所描述的内容　　D. 行业惯例遵循的内容

二、多选题

1. 下列关于建设工程勘察合同当事人的说法,正确的有(　　)。

A. 建设工程勘察合同当事人包括发包人和勘察人

B. 发包人只能是工程建设项目的建设单位

C. 勘察人必须具备法人资格

D. 勘察人须持有工商行政管理部门核发的企业法人营业执照

E. 勘察人须持有建设行政主管部门颁发的工程勘察资质证书、工程勘察收费资格证书。

2. 根据《建设工程勘察合同(示范文本)》(GF-2016-0203),发包人义务包括(　　)。

A. 发出开始勘察通知　　B. 依法纳税　　C. 办理证件和批件

D. 遵守法律　　E. 支付合同价款

3. 根据《建设工程勘察合同(示范文本)》(GF-2016-0203),除专用合同条款另有约定外,合同价格应当包括(　　)等全部费用。

A. 踏勘现场　　B. 专家评审　　C. 制订纲要

D. 占道施工　　E. 编制勘察文件

4. 根据《标准设计招标文件(2017 年版)》中的通用合同条款,由发包人承担设计服务期延误责任的情形有(　　)。

A. 发包人未按合同约定期限及时答复设计事项

B. 发包人未按合同约定及时支付设计费用

C. 设计人原因导致设计文件未能按期提交

D. 行政管理部门审查图纸时间延长

E. 勘察人提供的勘察成果滞后

5. 根据《标准设计招标文件(2017 年版)》中的通用合同条款,属于设计人违约的情形有(　　)。

A. 设计人在合同约定的时间内未能获得发包人按合同约定应支付的设计费用

B. 发包人无法履行或停止履行合同

C. 设计人转包、违法分包或者未经发包人同意擅自分包

D. 设计人无法履行或停止履行合同

E. 设计人未按合同计划完成设计,从而造成工程损失

6. 建设工程设计合同条款规定的设计人的一般义务包括(　　)。

A. 遵守法律　　B. 依法纳税　　C. 完成全部设计工作

D. 审核专项施工方案　　E. 提供设计文件及相关服务

7. 下列各项工作所需费用包含在设计合同价格中的有(　　)。

A. 收集资料、踏勘现场　　B. 进行设计、评估、审查

C. 发包人要求设计人进行的专项咨询　　D. 编制设计文件、施工配合

E. 发包人要求设计人进行的实验检测

6 建设工程施工合同

【学习目标】

(1)熟悉施工合同质量控制、进度控制、费用控制主要规定;

(2)掌握不同计价方式合同的区别和应用;

(3)掌握工程预付款及进度款的计算;

(4)通过学习建设工程施工合同相关知识,培养遵纪守法的意识。

【案例导入】

"阴阳合同"引发的工程纠纷

2019 年,某开发公司向某建筑公司发出的《中标通知书》载明"总承包价款 5 600 万元"。双方所签施工合同约定"采用固定价格,价款 5 600 万元"。随后所签补充协议约定"实行平方米一次性包干,建筑面积固定单价。承包价格按建筑面积 1 500 元/m^2 计算"。2020 年,双方经结算,确定工程款总价 5 518 万元。开发公司支付 4 800 万元后,就扣除质保金 230 万元后的工程款,建筑公司诉请给付。关于工程款按总价 5 600 万元,还是按 5 518 万元计算,双方存在争议。

法院认为:①《最高人民法院关于审理建设工程施工合同纠纷案件适用法律问题的解释》第二十三条规定:"发包人将依法不属于必须招标的建设工程进行招标后,与承包人另行订立的建设工程施工合同背离中标合同的实质性内容,当事人请求以中标合同作为结算建设工程价款依据的,人民法院应予支持,但发包人与承包人因客观情况发生了在招标投标时难以预见的变化而另行订立建设工程施工合同的除外。"判断两份合同在内容上是否构成"实质性内容不一致",首先,要看两份合同中不一致内容是否属于工程价款、质量或期限等影响当事人基本权利义务条款,当事人经协商对上述条款以外的合同内容变更,不构成实质性内容不一致。其次,要准确区分该条所称"实质性内容不一致"与依法进行的正常合同变更界限。一方面,要衡量内容不一致所达到的程度,只有上述内容变更足以影响当事人基本合同权利义务,才可认定为构成“实质性内容不一致”;另一方面,要区分导致合同重大变更的原因,如在合同履行过程中,因设计变更导致工程量明显增加或减少等影响中标合同的实际履行,承包人与发包人经协商对中标合同的内容进行了相应变更,则即使两份合同在工程价款、质量或期限方面存在重大差异,亦应认定属于正常合同变更,而不构成本条所称“实质性内容不一致”。②本案中,补充协议虽对施工合同在计价方式及是否根据工程项目的增减调整工程价款上作了变更,但并不构成实质性变更,且从实际履行情况看,双方在施工过程中就是按补充协议约定履行,双方在工程竣工验收后签订的结算单亦是根据补充协议约定方式计算出的工程价款,故应按补充协议约定结算工程款。根据双方确认的工程价款 5 518 万元,开发公司已给付 4 800 万元,尚欠 718 万元,扣除质保金 230 万元,判决开发公司给付建筑公司 488 万元及相应利息。

评析:2017 年,为规范建筑市场秩序、维护建设工程施工合同当事人的合法权益,住房和城乡建设部、国家工商行政管理总局制定了《建设工程施工合同(示范文本)》。但在目前迅速成长的建筑市场中,“阴阳合同”的存在已严重扰乱了建筑市场秩序。有些业主以各种理由修改合同或违背约定,除签订“阳合同”供建设行政主管部门审查备案外,还私下与施工单位签订一份与原合同相悖的“阴合同”,形成一份违法违规的契约。“阴阳合同”危害巨大,严重影响社会诚信体系的构建、影响公平竞争的市场秩序并逃避政府税收和政府监管。

6.1 建设工程施工合同概述

6.1.1 建设工程施工合同的概念和特点

1)建设工程施工合同的概念

建设工程施工合同即建筑安装工程承包合同,是发包人(建设单位)与承包人(施工单位)之间为完成商定的建设工程项目,明确双方权利和义务的协议。依据施工合同,承包人应完成一定的建筑、安装任务,发包人应提供必要的施工条件并支付工程价款。

建设工程施工合同是建设工程合同体系的主要合同,是建设工程质量控制、进度控制、投资控制的主要依据。通过合同关系,可以确定建设市场主体之间的相互权利义务关系,这对规范建筑市场有重要作用。

施工合同的当事人是发包人和承包人,双方是平等的民事主体,双方签订施工合同,必须具备相应资质条件和履行施工合同的能力。在施工合同实施过程中,监理人受发包人委托对工程进行监督管理。

2)建设工程施工合同的特点

(1)合同标的物的特殊性

施工合同的“标的物”是特殊建筑产品,不同于其他一般商品。首先,建筑产品的固定性和施工生产的流动性是区别于其他商品的根本特点。建筑产品是不动产,其基础部分与大地相连,不能移动,这就决定了每个施工合同相互之间具有不可替代性,而且施工队伍、施工机械必须围绕建筑产品不断移动。其次,建筑产品各有其特定的功能要求,其实物形态千差万别,种类庞杂,其外观、结构、使用目的、使用人都各不相同,这就要求每一个建筑产品都需单独设计和施工,即使可重复利用的标准设计或重复使用图纸,也应采取必要的修改设计才能施工,造成建筑产品的单体性和生产的单件性。再次,建筑产品体积庞大,消耗的人力、物力、财力多,一次性投资额大。所有这些特点,必然在施工合同中表现出来,使得施工合同在明确标的物时,需要将建筑产品的幢数、面积、层数或高度、结构特征、内外装饰标准和设备安装要求等规定清楚。

(2)合同内容的多样性和复杂性

施工合同实施过程中涉及的主体有多种,且其履行期限长、标的额大,涉及的法律关系,除承包人与发包人的合同关系外,还涉及与劳务人员的劳动关系、与保险公司的保险关系、与材料设备供应商的买卖关系、与运输企业的运输关系,还涉及监理单位、分包人、保证单位等。施工合同除了应当具备合同的一般内容,还应对安全施工、专利技术使用、地下障碍和文物发现、工程分包、不可抗力、工程设计变更、材料设备供应、运输和验收等内容作出规定。所有这些都决定了施工合同的内容具有多样性和复杂性,要求合同条款必须具体、明确和完整。

(3)合同履行期限的长期性

建设工程结构复杂、体积大、材料类型多、工作量大,使得工程生产周期都较长。因为建设工程的施工应当在合同签订后才开始,且需加上合同签订后到正式开工前的施工准备时间和工程全部竣工验收后办理竣工结算及保修期间。在工程的施工过程中,不可抗力、工程变更、材料供应不及时、一方违约等原因还可能导致工期延误,因而施工合同的履行期限具有长期性,变更较频繁,合同争议和纠纷也比较多。

(4)合同监督的严格性

由于施工合同的履行对国家经济发展、公民的工作与生活都有重大的影响,因此,国家对施工合同的监督是十分严格的。

6.1.2 《建设工程施工合同(示范文本)》(GF-2017-0201)简介

1)建设工程施工合同示范文本的作用和性质

为了指导建设工程施工合同当事人的签约行为,维护合同当事人的合法权益,依据相关法律法规,住房和城乡建设部、国家工商行政管理总局对《建设工程施工合同(示范文本)》(GF-2013-0201)进行修订,制定了《建设工程施工合同(示范文本)》(GF-2017-0201)。

《建设工程施工合同(示范文本)》可以规范和指导合同当事人双方的行为,完善合同管理制度,解决施工合同中存在的合同文本不规范、条款不完备、合同纠纷多等问题。该示范文本在法律性质上并不具备强制性,但是由于其通用条款较为公平合理地设定了合同双方的权利义务,因此得到了较为广泛的应用。

2)《建设工程施工合同(示范文本)》的适用范围

《建设工程施工合同(示范文本)》适用于房屋建筑工程、土木工程、线路管道和设备安装工程、装修工程等建设工程的施工承发包活动。

3)《建设工程施工合同(示范文本)》的组成

(1)合同协议书

合同协议书是《建设工程施工合同(示范文本)》中的总纲性文件,是发包人与承包人依法就建设工程施工中最基本、最重要的事项协商一致而订立的合同。虽然其文字量并不大，但它规定了合同当事人双方最主要的权利义务，规定了组成合同的文件及合同当事人对履行合同义务的承诺，并且合同当事人在这份文件上签字盖章，因此具有很高的法律效力，在所有施工合同文件组成中具有最优解释效力。合同协议书共计 13 条，主要包括工程概况、合同工期、质量标准、签约合同价与合同价格形式、项目经理、合同文件构成、承诺、词语含义、签订时间、签订地点、补充协议、合同生效、合同份数。

(2)通用合同条款

通用合同条款是合同当事人根据相关法律法规，就建设工程的实施及相关事项，对合同当事人的权利义务作出的原则性约定。对承发包双方的权利义务作出的规定，除双方对其中的某些条款作的修改、补充或取消协商一致外，双方都必须履行。它是将建设工程施工合同中共性的一些内容抽象出来编写而成的一份完整的合同文件。通用合同条款具有很强的通用性，基本适用于各类建设工程。

通用合同条款共计 20 条，具体条款分别为一般约定、发包人、承包人、监理人、工程质量、安全文明施工与环境保护、工期和进度、材料与设备、试验与检验、变更、价格调整、合同价格、计量与支付、验收和工程试车、竣工结算、缺陷责任与保修、违约、不可抗力、保险、索赔和争议解决。

(3)专用合同条款

考虑到建设工程的内容各不相同，工期、造价等也随之变动，承包人和发包人各自的能力、施工现场的环境和条件也各不相同，需要“专用合同条款”对“通用合同条款”进行必要的修改和补充，使两者成为双方当事人统一意愿的体现。“专用合同条款”也有 20 条，与“通用合同条款”条款序号一致，为承发包双方补充协议提供了一个可供参考的提纲或格式。

合同当事人可以根据不同建设工程的特点及具体情况，通过双方的谈判、协商对相应的专用合同条款进行修改补充。

(4)附件

附件是对施工合同当事人权利义务的进一步明确，使施工合同当事人的有关工作一目了然，便于执行和管理。共有 11 个附件，现分述如下：

①协议书附件：“附件 1 承包人承揽工程项目一览表”。

②专用合同条款附件：“附件 2 发包人供应材料设备一览表”；“附件 3 工程质量保修书”；“附件 4 主要建设工程文件目录”；“附件 5 承包人用于本工程施工的机械设备表”；“附件 6 承包人主要施工管理人员表”；“附件 7 分包人主要施工管理人员表”；“附件 8 履约担保格式”；“附件 9 预付款担保格式”；“附件 10 支付担保格式”；“附件 11 暂估价一览表”。

▶ 6.1.3 合同文件

1)施工合同文件的构成

建设工程施工合同文件由两大部分组成，一部分是当事人双方签订合同时已经形成的文件，另一部分是双方在履行合同过程中形成的对双方具有约束力的修改或补充合同文件。

第一部分的文件包括：

①施工合同协议书；

②中标通知书(如果有)；

③投标函及其附录(如果有);
④专用合同条款及其附件;
⑤通用合同条款;
⑥技术标准和要求;
⑦图纸;
⑧已标价工程量清单或预算书;
⑨其他合同文件。

第二部分文件主要包括在合同履行过程中,当事人双方有关工程的洽商、变更、补充和修改等书面协议或文件,视为施工合同协议书的组成部分。

2)施工合同文件的解释顺序

上述合同文件应能够互相解释,互为说明。属同一类内容的文件,应以最新签署的为准。如果出现含糊不清或不一致时,其解释的原则是排在前面的顺序就是合同的优先解释顺序。

【例题1】下列施工合同文件的排序符合优先解释顺序的是(　　)。
A. 施工合同协议书、施工合同专用条款、中标通知书、投标书及其附件
B. 施工合同协议书、中标通知书、投标书及其附件、施工合同专用条款
C. 施工合同专用条款、施工合同协议书、中标通知书、投标书及其附件
D. 施工合同专用条款、中标通知书、投标书及其附件、施工合同协议书
解析:详见《建设工程施工合同(示范文本)》合同文件的优先解释顺序。
答案:B

► 6.1.4　合同当事人及其他相关方

1)合同当事人

工程施工合同当事人是指发包人和承包人。其中,发包人是在协议书中约定、具有工程发包主体资格和支付工程价款能力的当事人以及取得该当事人资格的合法继承人。发包人必须具备组织协调能力或委托给具备相应资质的监理人承担。承包人是在协议书中约定、被发包人接受的具有工程施工承包主体资格的当事人以及取得该当事人资格的合法继承人。承包人必须具备有关部门核定的资质等级并持有营业执照等证明文件。

2)其他相关方

(1)监理人

监理人是受发包人委托按照法律规定进行工程监督管理的法人或其他组织。发包人可以委托监理人全部或者部分负责合同的履行。国家推行工程监理制度。对于国家规定实行强制监理的工程施工,发包人必须委托监理;对于国家未规定实施强制监理的工程施工,发包人也可以委托监理。工程施工监理代表发包人对承包人在施工质量、建设工期和建设资金使用等方面实施监督。发包人应在实施监理前将委托的监理人名称、监理内容及监理权限以书面形式通知承包人。

工程实行监理的,发包人和承包人应在专用合同条款中明确监理人的监理内容及监理权限等事项。监理人应当根据发包人授权及法律规定,代表发包人对工程施工相关事项进行检查、查验、审核、验收,并签发相关指示,但监理人无权修改合同,且无权减轻或免除合同约定

的承包人的任何责任与义务。

发包人授予监理人对工程实施监理的权利由监理人派驻施工现场的监理人员行使，监理人员包括总监理工程师及监理工程师。监理人应将授权的总监理工程师和监理工程师的姓名及授权范围以书面形式提前通知承包人。更换总监理工程师的，监理人应提前7天书面通知承包人；更换其他监理人员，监理人应提前48小时书面通知承包人。

(2)设计人

设计人是指在专用合同条款中指明的，受发包人委托负责工程设计并具备相应工程设计资质的法人或其他组织。

(3)分包人

分包人是指按照法律规定和合同约定，分包部分工程或工作，并与承包人签订分包合同的具有相应资质的法人。

(4)发包人代表

发包人代表是指由发包人任命并派驻施工现场在发包人授权范围内行使发包人权利的人。发包人应在专用合同条款中明确其派驻施工现场的发包人代表的姓名、职务、联系方式及授权范围等事项。发包人代表在发包人的授权范围内，负责处理合同履行过程中与发包人有关的具体事宜。发包人代表在授权范围内的行为由发包人承担法律责任。发包人更换发包人代表的，应提前7天书面通知承包人。发包人代表不能按照合同约定履行其职责及义务，并导致合同无法继续正常履行的，承包人可以要求发包人撤换发包人代表。

不属于法定必须监理的工程，监理人的职权可以由发包人代表或发包人指定的其他人员行使。

(5)项目经理

项目经理是指由承包人任命并派驻施工现场，在承包人授权范围内负责合同履行，并且按照法律规定具有相应资格的项目负责人。

(6)总监理工程师

工程监理工程师是指由监理人任命并派驻施工现场进行工程监理的总负责人。

6.2 建设工程施工合同的订立

6.2.1 明确各方的义务

1)发包人的一般义务

(1)许可和批准

发包人应遵守法律，并办理法律规定由其办理的许可、批准或备案，包括但不限于建设用地规划许可证、建设工程规划许可证、建设工程施工许可证、施工所需临时用水、临时用电、中断道路交通、临时占用土地等许可和批准，发包人应协助承包人办理法律规定的有关施工证件和批件。

因发包人原因未能及时办理完毕前述许可、批准或备案，由发包人承担由此增加的费用和(或)延误的工期，并支付承包人合理的利润。

(2)施工现场、施工条件和基础资料的提供

①提供施工现场。发包人应最迟于开工日期7天前向承包人移交施工现场。

②提供施工条件。发包人应负责提供施工所需要的条件,包括:

a.将施工用水、电力、通信线路等施工所必需的条件接至施工现场内;

b.保证向承包人提供正常施工所需要的进入施工现场的交通条件;

c.协调处理施工现场周围地下管线和邻近建筑物、构筑物、古树名木的保护工作,并承担相关费用;

d.按照专用合同条款约定应提供的其他设施和条件。

③提供基础资料。发包人应当在移交施工现场前向承包人提供施工现场及工程施工所必需的毗邻区域内供水、排水、供电、供气、供热、通信、广播电视等地下管线资料,气象和水文观测资料,地质勘察资料,相邻建筑物、构筑物和地下工程等有关基础资料,并对所提供资料的真实性、准确性和完整性负责。

④逾期提供的责任。因发包人原因未能按合同约定及时向承包人提供施工现场、施工条件、基础资料的,由发包人承担由此增加的费用和(或)延误的工期。

(3)资金来源证明及支付担保

发包人应在收到承包人要求提供资金来源证明的书面通知后28天内,向承包人提供能够按照合同约定支付合同价款的相应资金来源证明。

除专用合同条款另有约定外,发包人要求承包人提供履约担保的,发包人应当向承包人提供支付担保。支付担保可以采用银行保函或担保公司担保等形式,具体由合同当事人在专用合同条款中约定。

(4)支付合同价款

发包人应按合同约定向承包人及时支付合同价款。

(5)组织竣工验收

发包人应按合同约定及时组织竣工验收。

(6)现场统一管理协议

发包人应与承包人、由发包人直接发包的专业工程的承包人签订施工现场统一管理协议,明确各方的权利义务。施工现场统一管理协议作为专用合同条款的附件。

2)承包人的一般义务

(1)义务

承包人在履行合同过程中应履行以下义务:

①办理法律规定应由承包人办理的许可和批准,并将办理结果书面报送发包人留存;

②按法律规定和合同约定完成工程,并在保修期内承担保修义务;

③按法律规定和合同约定采取施工安全和环境保护措施,办理工伤保险,确保工程及人员、材料、设备和设施的安全;

④按合同约定的工作内容和施工进度要求,编制施工组织设计和施工措施计划,并对所有施工作业和施工方法的完备性和安全可靠性负责;

⑤在进行合同约定的各项工作时,不得侵害发包人与他人使用公用道路、水源、市政管网等公共设施的权利,避免对邻近的公共设施产生干扰。承包人占用或使用他人的施工场地,影响他人作业或生活的,应承担相应责任;

⑥负责施工场地及其周边环境与生态的保护工作及治安保卫工作；

⑦采取施工安全措施，确保工程及其人员、材料、设备和设施的安全，防止因工程施工造成的人身伤害和财产损失；

⑧将发包人按合同约定支付的各项价款专用于合同工程，且应及时支付其雇用人员工资，并及时向分包人支付合同价款；

⑨按照法律规定和合同约定编制竣工资料，完成竣工资料立卷及归档，并按要求移交发包人；

⑩工程照管与成品、半成品保护。自发包人向承包人移交施工现场之日起，承包人应负责照管工程及工程相关的材料、工程设备，直到颁发工程接收证书之日止；

⑪应履行的其他义务。

【例题 2】在建设工程总承包合同中，属于发包人应当完成的工作是(　　)。

A. 向承包人发出开始工作通知　　B. 指令承包人办理规施工证件

C. 提供工程进度计划　　D. 按照合同约定向承包人及时支付合同价款

解析：选项 A，发包人应委托监理人按约定向承包人发出开始工作通知；选项 B，发包人对承包人负责的设计、施工证件和批件，应给予必要的协助；选项 C，属于承包人的义务。

答案：D

【例题 3】建设工程施工合同中，承包人的主要义务有(　　)。

A. 自行完成建设工程主体结构施工　　B. 及时验收隐蔽工程

C. 提供必要的施工条件　　D. 交付竣工验收合格的建设工程

E. 无偿修理质量不合格的建设工程

解析：选项 B 属于监理人的主要义务，选项 C 属于发包人的主要义务。

答案：ADE

【例题 4】根据《建设工程施工合同(示范文本)》，发包人责任和义务有(　　)。

A. 办理建设工程施工许可证　　B. 办理建设工程规划许可证

C. 为施工方人员办理工伤保险　　D. 提供场外交通条件

E. 负责施工场地周边的环境保护

解析：选项 C、E 属于承包人的责任。

答案：ABD

(2)项目经理

①项目经理应为合同当事人所确认的人选，并在专用合同条款中明确项目经理的姓名、职称、注册执业证书编号、联系方式及授权范围等事项，项目经理经承包人授权后代表承包人履行合同。项目经理应是承包人正式聘用的员工，承包人应向发包人提交项目经理与承包人之间的劳动合同，以及承包人为项目经理缴纳社会保险的有效证明。承包人不提交上述文件的，项目经理无权履行职责。发包人有权要求更换项目经理，由此增加的费用和(或)延误的工期由承包人承担。

项目经理应常驻施工现场，且每月在施工现场时间不得少于专用合同条款约定的天数。项目经理不得同时担任其他项目的项目经理。项目经理确需离开施工现场时，应事先通知监理人，并取得发包人的书面同意。项目经理的通知中应当载明临时代行其职责的人员的注册执业资格、管理经验等资料，该人员应具备履行相应职责的能力。

承包人违反上述约定的,应按照专用合同条款的约定,承担违约责任。

②项目经理按合同约定组织工程实施。在紧急情况下为确保施工安全和人员安全,在无法与发包人代表和总监理工程师及时取得联系时,项目经理有权采取必要的措施保证与工程有关人身、财产和工程的安全,但应在48小时内向发包人代表和总监理工程提交书面报告。

③承包人需要更换项目经理的,应提前14天书面通知发包人和监理人,并征得发包人书面同意。通知中应当载明继任项目经理的注册执业资格、管理经验等资料,继任项目经理继续履行第①项约定的职责。未经发包人书面同意,承包人不得擅自更换项目经理。承包人擅自更换项目经理的,应按照专用合同条款的约定承担违约责任。

④发包人有权书面通知承包人更换其认为不称职的项目经理,通知中应当载明要求更换的理由。承包人应在接到更换通知后14天内向发包人提出书面的改进报告。发包人收到改进报告后仍要求更换的,承包人应在接到第二次更换通知的28天内进行更换,并将新任命的项目经理的注册执业资格、管理经验等资料书面通知发包人。继任项目经理继续履行第①项约定的职责。承包人无正当理由拒绝更换项目经理的,应按照专用合同条款的约定承担违约责任。

⑤项目经理因特殊情况授权其下属人员履行其某项工作职责的,该下属人员应具备履行相应职责的能力,应提前7天将上述人员的姓名和授权范围书面通知监理人,并征得发包人书面同意。

(3)承包人员

①承包人应在接到开工通知后7天内,向监理人提交承包人项目管理机构及施工现场人员安排的报告,其内容应包括合同管理、施工、技术、材料、质量、安全、财务等主要施工管理人员名单及其岗位、注册执业资格等,以及各工种技术工人的安排情况,并同时提交主要施工管理人员与承包人之间的劳动关系证明和缴纳社会保险的有效证明。

②承包人派驻到施工现场的主要施工管理人员应相对稳定。施工过程中如有变动,承包人应及时向监理人提交施工现场人员变动情况的报告。承包人更换主要施工管理人员时,应提前7天书面通知监理人,并征得发包人书面同意。通知中应当载明继任人员的注册执业资格、管理经验等资料。

③特殊工种作业人员均应持有相应的资格证明,监理人可以随时检查。发包人对承包人主要施工管理人员的资格或能力有异议的,承包人应提供资料证明被质疑人员有能力完成其岗位工作或不存在发包人所质疑的情形。发包人要求撤换不能按照合同约定履行职责及义务的主要施工管理人员的,承包人应当撤换。承包人无正当理由拒绝撤换的,应按照专用合同条款的约定承担违约责任。

④承包人的主要施工管理人员离开施工现场每月累计不超过5天的,应报监理人同意;离开施工现场每月累计超过5天的,应通知监理人,并征得发包人书面同意。主要施工管理人员离开施工现场前应指定一名有经验的人员临时代行其职责,该人员应具备履行相应职责的资格和能力,并应征得监理人或发包人的同意。

⑤承包人擅自更换主要施工管理人员,或前述人员未经监理人或发包人同意擅自离开施工现场的,应按照专用合同条款约定承担违约责任。

(4)承包人现场查勘

承包人应对基于发包人提交的基础资料所作出的解释和推断负责,但因基础资料存在错误、遗漏导致承包人解释或推断失实的，由发包人承担责任。

承包人应对施工现场和施工条件进行查勘，并充分了解工程所在地的气象条件、交通条件、风俗习惯以及其他与完成合同工作有关的其他资料。因承包人未能充分查勘、了解前述情况或未能充分估计前述情况所可能产生后果的，承包人承担由此增加的费用和(或)延误的工期。

3)监理人的一般义务

(1)监理人的一般规定

工程实行监理的，发包人和承包人应在专用合同条款中明确监理人的监理内容及监理权限等事项。监理人应当根据发包人授权及法律规定，代表发包人对工程施工相关事项进行检查、查验、审核、验收，并签发相关指示，但监理人无权修改合同，且无权减轻或免除合同约定的承包人的任何责任与义务。

监理人在施工现场的办公场所、生活场所由承包人提供，所发生的费用由发包人承担。

(2)监理人员

发包人授予监理人对工程实施监理的权利，由监理人派驻施工现场的监理人员行使，监理人员包括总监理工程师及监理工程师。

(3)监理人的指示

监理人应按照发包人的授权发出监理指示。监理人的指示应采用书面形式，并经其授权的监理人员签字。紧急情况下，为了保证施工人员的安全或避免工程受损，监理人员可以口头形式发出指示，该指示与书面形式的指示具有同等法律效力，但必须在发出口头指示后24小时内补发书面监理指示，补发的书面监理指示应与口头指示一致。

监理人发出的指示应送达承包人项目经理或经项目经理授权接收的人员。承包人对监理人发出的指示有疑问的，应向监理人提出书面异议，监理人应在48小时内对该指示予以确认、更改或撤销，监理人逾期未回复的，承包人有权拒绝执行上述指示。

监理人对承包人的任何工作、工程或其采用的材料和工程设备未在约定的或合理期限内提出意见的，视为批准，但不免除或减轻承包人对该工作、工程、材料、工程设备等应承担的责任和义务。

(4)商定或确定

合同当事人进行商定或确定时，总监理工程师应当会同合同当事人尽量通过协商达成一致，不能达成一致的，由总监理工程师按照合同约定审慎作出公正的确定。

总监理工程师应将确定以书面形式通知发包人和承包人，并附详细依据。合同当事人对总监理工程师的确定没有异议的，按照总监理工程师的确定执行。任何一方合同当事人有异议，按照争议解决约定处理。争议解决前，合同当事人暂按总监理工程师的确定执行；争议解决后，争议解决的结果与总监理工程师的确定不一致的，按照争议解决的结果执行，由此造成的损失由责任人承担。

▶ 6.2.2 合同种类与价格调整

1)合同种类

施工合同可分为单价合同、总价合同和成本加酬金合同。

(1)单价合同

单价合同,根据计划工程内容和估算工程量,在合同中明确每项工程内容的单位价格(如每米、每平方米或者每立方米的价格),实际支付时则根据每一个子项的实际完成工程量乘以该子项的合同单价计算该项工作的应付工程款。单价合同又分为固定单价合同和变动单价合同。

固定单价合同条件下,无论出现何种因素都不对单价进行调整,对承包人存在一定的风险。当采用变动单价合同时,合同双方可以约定一个估计的工程量,当实际工程量发生较大变化时可以对单价进行调整,同时还可以约定如何对单价进行调整;也可以约定,当通货膨胀达到一定水平或者国家政策发生变化时,可以对哪些工程内容的单价进行调整以及如何调整等。变动单价合同条件下,承包人的风险就相对较小。固定单价合同适用于工期较短、工程量变化幅度不会太大的项目。

(2)总价合同

总价合同也称作总价包干合同,根据施工招标时的要求和条件,当施工内容和有关条件不发生变化时,业主付给承包人的价款总额就不发生变化。总价合同又分为固定总价合同和变动总价合同两种。

①固定总价合同。合同总价一次包死,固定不变,在这类合同中,承包人承担了全部的工作量和价格的风险,业主的风险较小。承包人在报价时应对一切费用的价格变动因素以及不可预见因素作充分的估计,并将其包含在合同价格之中。

固定总价合同适用于以下情况:工程量小,施工期限一年左右,工期短,估计在施工过程中环境因素变化小,工程条件稳定并合理;工程设计详细,图纸完整、清楚,工程任务和范围明确;工程结构和技术简单,风险小。

②变动总价合同。变动总价合同又称为可调总价合同,在合同执行过程中,由于通货膨胀等所使用的工、料成本增加时,可以按照合同约定对合同总价进行相应的调整。由于设计变更、工程量变化和其他工程条件变化所引起的费用变化也可以进行调整。通货膨胀等不可预见因素的风险由业主承担,对承包人而言,其风险相对较小。

对于建设周期一年半以上的工程项目,则应考虑价格变化问题。

(3)成本加酬金合同

成本加酬金合同也称为成本补偿合同,工程施工的最终合同价格将按照工程的实际成本再加上一定的酬金进行计算。在合同签订时,工程实际成本往往不能确定,只能确定酬金的取值比例或者计算原则。

采用成本加酬金合同,承包商不用承担任何价格变化或工程量变化的风险,这些风险主要由业主承担。

成本加酬金合同有许多种形式,主要有成本加固定费用合同、成本加固定比例费用合同、成本加奖金合同、最大成本加费用合同。

成本加酬金合同通常用于以下情况:

①工程特别复杂,工程技术、结构方案不能预先确定,或者尽管可以确定工程技术和结构方案,但是不可能进行竞争性的招标活动并以总价合同或单价合同的形式确定承包商。

②时间特别紧迫,如抢险、救灾工程。

【例题5】采用单价合同时,最后工程结算的总价是根据(　　)计算确定的。

A. 发包人提供的清单工程量及承包方所填报的单价

B. 发包人提供的清单工程量及承包方实际发生的单价

C. 实际完成并经监理人计量的工程量及承包人实际发生的单价

D. 实际完成并经监理人计量的工程量及承包人所填报的单价

解析:单价合同通常是由发包方委托设计单位或造价工程师提出工程量清单列出分部分项工程量,由承包方以此为基础填报单价。最后工程的结算价应按实际完成工程量计算,由合同中分部分项工程单价乘以实际工程量,得出工程结算的总价。

答案:D

【例题6】下列合同形式中,发包人承担风险最大的合同类型是( )。

A. 固定单价合同　　B. 变动单价合同　　C. 固定总价合同　　D. 成本加酬金合同

解析:采用这种成本加酬金合同,承包商不用承担任何价格变化或工程量变化的风险,这些风险主要由业主承担。

答案:D

【例题7】在固定总价合同形式下,承包人承担的风险是( )。

A. 全部工程量和通货膨胀的风险

B. 工程变更的风险,不包括工程量和通货膨胀的风险

C. 通货膨胀的风险,不包括工程量的风险

D. 全部工程量的风险,不包括通货膨胀的风险

解析:固定总价合同,合同总价一次包死,固定不变,在这类合同中,承包人承担了全部的工作量和价格的风险,业主的风险较小。承包人在报价时应对一切费用的价格变动因素以及不可预见因素都作充分的估计,并将其包含在合同价格之中。

答案:A

【例题8】下列关于成本加酬金合同的说法,不正确的是( )。

A. 采用该计价方式对业主的投资控制很不利

B. 成本加酬金合同适用于抢险、救灾工程

C. 业主承担价格和工程量变化的风险

D. 对承包人来说,成本加酬金合同比固定总价合同的风险高,利润无保证

解析:对承包人来说,成本加酬金合同比固定总价合同的风险低,利润有保证。

答案:D

【例题9】固定总价合同适用的条件包括( )。

A. 工程项目的施工图设计符合要求,项目范围及工程量计算依据确切,无较大的设计变更,报价工程量与实际完成工程量无较大差异

B. 规模较小、技术不太复杂的中小型工程,承包人可以合理预见实施过程中遇到的各种风险

C. 合同工期较短(一般为一年内)

D. 工程的合同工期合理

解析:固定总价合同适用于以下情况:工程量小,施工期限一年左右,工期短,估计在施工过程中环境因素变化小,工程条件稳定并合理;工程设计详细,图纸完整、清楚,工程任务和范

围明确;工程结构和技术简单,风险小。

答案:ABC

【例题10】采用固定总价合同时,不属于承包人承担的风险的是(　　)。

A. 政策法律风险　　B. 不可抗力　　C. 价格风险

D. 工作量风险　　E. 地质勘察

解析:固定总价合同总价一次包死,固定不变,在这类合同中,承包人承担了全部的工作量和价格的风险。

答案:ABE

2)施工合同价格调整

(1)市场价格波动引起的调整

合同当事人可以在专用合同条款中选择以下一种方式对合同价格进行调整。

第一种方式:采用价格指数进行价格调整。

第二种方式:采用造价信息进行价格调整。

第三种方式:双方约定的其他方式。

(2)法律变化引起的调整

基准日期后,法律变化导致承包人在合同履行过程中所需要的费用发生除市场价格波动引起的调整约定以外的增加时,由发包人承担由此增加的费用;减少时,应从合同价格中予以扣减。基准日期后,因法律变化造成工期延误的,工期应予以顺延。

因承包人原因造成工期延误,在工期延误期间出现法律变化的,由此增加的费用和(或)延误的工期由承包人承担。

▶ 6.2.3 工期和期限

1)工期

工期是指在合同协议书中约定的承包人完成工程所需的期限,包括按照合同约定所做的期限变更。在合同协议书中应注明计划开工日期、计划竣工日期和计划工期总日历天数。工期总日历天数与根据前述计划开、竣工日期计算的工期天数不一致的,以工期总日历天数为准。如果是通过招标选择的承包人,工期总日历天数应为投标书中承包人承诺的天数,不一定是招标文件要求的天数。因为招标文件通常规定本招标工程最长允许的完工时间,而承包人为了竞争,申报的投标工期往往短于招标文件限定的最长工期,此项因素通常也是评标比较的一项内容。因此,在中标通知书中应注明发包人接受的投标工期。

①天。除特别指明外,均指日历天。合同中按天计算时间的,开始当天不计入,从次日开始计算,期限最后一天的截止时间为当天24:00。

②开工日期。开工日期包括计划开工日期和实际开工日期两种。计划开工日期是指合同协议书约定的开工日期;实际开工日期是指监理人按照开工通知约定发出的符合法律规定的开工通知中载明的开工日期。

③竣工日期。竣工日期包括计划竣工日期和实际竣工日期两种。计划竣工日期是指合同协议书约定的竣工日期;实际竣工日期是指竣工验收合格的日期。

2)期限

在合同履行过程中,涉及的主要期限有:

①缺陷责任期:承包人按照合同约定承担缺陷修复义务,且发包人预留质量保证金(已缴纳履约保证金的除外)的期限,自工程通过竣工验收之日起计算。

②保修期:承包人按照合同约定对工程承担保修责任的期限,从工程竣工验收合格之日起计算。

③基准日期:为了合理划分发承包双方的合同风险,施工合同中应当约定一个基准日期,对于基准日期之后发生的,作为一个有经验的承包人在招标投标阶段不可能合理预见的风险,应当由发包人承担。对于实行招标的工程,以提交投标文件的截止时间前的第 28 天作为基准日期;对于不实行招标的工程,以施工合同签订前的第 28 天作为基准日期。

6.2.4 联络、化石、文物

1)联络

①与合同有关的通知、批准、证明、证书、指示、指令、要求、请求、同意、意见、确定和决定等,均应采用书面形式,并应在合同约定的期限内送达接收人和送达地点。

②发包人和承包人应在专用合同条款中约定各自的送达接收人和送达地点。任何一方合同当事人指定的接收人或送达地点发生变动的,应提前 3 天以书面形式通知对方。

③发包人和承包人应当及时签收另一方送至送达地点和指定接收人的来往信函。拒不签收的,由此增加的费用和(或)延误的工期由拒绝接收一方承担。

2)化石、文物

在施工现场发掘的所有文物、古迹以及具有地质研究或考古价值的其他遗迹、化石、钱币或物品属国家所有。一旦发现上述文物,承包人应采取合理有效的保护措施,防止任何人员移动或损坏上述物品,并立即报告有关政府行政管理部门,同时通知监理人。

发包人、监理人和承包人应按有关政府行政管理部门要求采取妥善的保护措施,由此增加的费用和(或)延误的工期由发包人承担。

承包人发现文物后不及时报告或隐瞒不报,致使文物丢失或损坏的,应赔偿损失,并承担相应的法律责任。

6.2.5 知识产权和保密

1)知识产权

①发包人提供给承包人的图纸、发包人为实施工程自行编制或委托编制的技术规范以及反映发包人要求的或其他类似性质的文件的著作权属于发包人,承包人可以为实现合同目的而复制、使用此类文件,但不能用于与合同无关的其他事项。未经发包人书面同意,承包人不得为了合同以外的目的而复制、使用上述文件或将之提供给任何第三方。

②承包人为实施工程所编制的文件,除署名权以外的著作权属于发包人,承包人可因实施工程的运行、调试、维修、改造等目的而复制、使用此类文件,但不能用于与合同无关的其他事项。未经发包人书面同意,承包人不得为了合同以外的目的而复制、使用上述文件或将之提供给任何第三方。

③合同当事人保证在履行合同过程中不侵犯对方及第三方的知识产权。承包人在使用材料、施工设备、工程设备或采用施工工艺时,因侵犯他人的专利权或其他知识产权所引起的

责任,由承包人承担;因发包人提供的材料、施工设备、工程设备或施工工艺导致侵权的,由发包人承担责任。

④承包人在合同签订前和签订时已确定采用的专利、专有技术、技术秘密的使用费已包含在签约合同价中。

2)保密

未经发包人同意,承包人不得将发包人提供的图纸、文件以及声明需要保密的资料信息等商业秘密泄露给第三方。

未经承包人同意,发包人不得将承包人提供的技术秘密及声明需要保密的资料信息等商业秘密泄露给第三方。

6.3 施工准备阶段的合同管理

6.3.1 图纸和承包人文件

建设工程施工应当按照图纸进行。施工合同管理中的图纸是指由发包人提供或者由承包人提供经监理人批准、满足承包人施工需要的所有图纸(包括配套说明和有关资料)。按时、按质、按量提供施工所需图纸,也是保证工程施工质量的重要方面。

1)图纸的提供和交底

发包人应按照约定的期限、数量和内容向承包人免费提供图纸,并组织承包人、监理人和设计人进行图纸会审和设计交底。发包人最迟不得晚于载明的开工日期前14天向承包人提供图纸。

因发包人未按合同约定提供图纸导致承包人费用增加和(或)工期延误的,按照因发包人原因导致工期延误约定办理。

2)图纸的错误

承包人在收到发包人提供的图纸后,发现图纸存在差错、遗漏或缺陷的,应及时通知监理人。监理人接到该通知后,应附具相关意见并立即报送发包人,发包人应在收到监理人报送的通知后的合理时间内作出决定。合理时间是指发包人在收到监理人的报送通知后,尽其努力且不懈怠地完成图纸修改补充所需的时间。

3)图纸的修改和补充

图纸需要修改和补充的,应经图纸原设计人及审批部门同意,并由监理人在工程或工程相应部位施工前将修改后的图纸或补充图纸提交给承包人,承包人应按修改或补充后的图纸施工。

4)承包人文件

承包人应按照专用合同条款的约定提供应当由其编制的与工程施工有关的文件,并按照专用合同条款约定的期限、数量和形式提交监理人,并由监理人报送发包人。

除另有约定外,监理人应在收到承包人文件后7天内审查完毕,监理人对承包人文件有异议的，承包人应予以修改，并重新报送监理人。监理人的审查并不减轻或免除承包人根据合同约定应当承担的责任。

5）图纸和承包人文件的保管

除另有约定外，承包人应在施工现场另外保存一套完整的图纸和承包人文件，供发包人、监理人及有关人员进行工程检查时使用。

6.3.2 施工组织设计

就合同工程的施工组织而言，招标阶段承包人在投标书内提交的施工方案或施工组织设计的深度相对较浅，签订合同后通过对现场的进一步考察和工程交底，对工程的施工有了更深入的了解，因此，承包人应在开工前编制并向监理人提交施工组织设计。施工组织设计未经监理人批准的，不得施工。

（1）施工组织设计的内容

施工组织设计应包含：施工方案；施工现场平面布置图；施工进度计划和保证措施；劳动力及材料供应计划；施工机械设备的选用；质量保证体系及措施；安全生产、文明施工措施；环境保护、成本控制措施；合同当事人约定的其他内容。

（2）施工组织设计的提交和修改

承包人应在合同签订后 14 天内，但最迟不得晚于开工通知载明的开工日期前 7 天，向监理人提交详细的施工组织设计，并由监理人报送发包人。发包人和监理人应在监理人收到施工组织设计后 7 天内确认或提出修改意见。对发包人和监理人提出的合理意见和要求，承包人应自费修改完善。根据工程实际情况需要修改施工组织设计的，承包人应向发包人和监理人提交修改后的施工组织设计。

6.3.3 施工准备

开工前，合同双方还应当做好以下各项准备工作。

1）人员、施工设备准备

①承包人应向监理人提交承包人在施工场地的人员安排报告。这些人员应当与承包人在投标或合同订立过程中承诺的人员一致。

②承包人应根据施工组织设计的要求，及时在施工场地配备数量、规格满足施工要求的施工设备。对于进入施工场地的各项施工设备，承包人应安排具有专业资格的人员负责操作、维护；对于出现故障或安全隐患的施工设备，应及时修理、替换，保持各项施工设备始终处于安全、可靠和可正常使用的状态。

2）工程材料、工程设备和施工技术准备

①对于应由发包人提供的工程材料和工程设备，发包人应当按照合同约定及时向承包人提供，并保证其数量、质量和规格符合要求。承包人应当按照约定，及时查验、接收和保管发包人提供的上述工程材料和工程设备。

②对于应由承包人提供的工程材料和工程设备，承包人应当依照施工组织设计、施工图设计文件的要求，及时落实货源，订立和履行有关货物采购供应合同，并保证货物进入施工场地的数量、质量、规格和时间满足工程施工要求。

③对于施工中需采用的由他人提供支持的技术，承包人应当及时订立和履行技术服务合同，以适时获得有效的技术支持，保证技术的应用。

3）测量放线

①承包人发现发包人提供的测量基准点、基准线和水准点及其书面资料存在错误或疏漏的，应及时通知监理人。监理人应及时报告发包人，并会同发包人和承包人予以核实。发包人应就如何处理和是否继续施工作出决定，并通知监理人和承包人。

②承包人负责施工过程中的全部施工测量放线工作，并配置具有相应资质的人员、合格的仪器与设备以及其他物品。承包人应矫正工程的位置、标高、尺寸或基准线中出现的任何差错，并对工程各部分的定位负责。施工过程中对施工现场内水准点等测量标志物的保护工作由承包人负责。

4）交通运输

（1）出入现场的权利

发包人应根据施工需要，负责取得出入施工现场所需的批准手续和全部权利，以及取得因施工所需修建道路、桥梁以及其他基础设施的权利，并承担相关手续费用和建设费用。承包人应协助发包人办理修建场内外道路、桥梁及其他基础设施的手续。

承包人应在订立合同前查勘施工现场，并根据工程规模及技术参数合理预见工程施工所需的进出施工现场的方式、手段、路径等。因承包人未合理预见所增加的费用和（或）延误的工期由发包人承担。

（2）场外交通

发包人应提供场外交通设施的技术参数和具体条件，承包人应遵守有关交通法规，严格按照道路和桥梁的限制荷载行驶，执行有关道路限速、限行、禁止超载的规定，并配合交通管理部门的监督和检查。场外交通无法满足工程施工需要的，由发包人负责完善并承担相关费用。

（3）场内交通

发包人应提供场内交通设施的技术参数和具体条件，并按专用合同条款的约定向承包人免费提供满足工程施工所需的场内道路和交通设施。因承包人原因造成上述道路或交通设施损坏的，承包人负责修复并承担由此增加的费用。

承包人负责修建、维修、养护和管理施工所需的其他场内临时道路和交通设施（发包人按照合同约定提供的场内道路和交通设施除外）。发包人和监理人可以为实现合同目的使用承包人修建的场内临时道路和交通设施。

场外交通和场内交通的边界由合同当事人在专用合同条款中约定。

（4）超大件和超重件的运输

由承包人负责运输的超大件或超重件，承包人负责到交通管理部门办理申请手续，发包人给予协助。运输超大件或超重件所需的道路和桥梁临时加固改造费用和其他有关费用，由承包人承担。

（5）道路和桥梁的损坏责任

因承包人运输造成施工场地内外公共道路和桥梁损坏的，由承包人承担修复损坏的全部费用和可能引起的赔偿。

(6)水路和航空运输

“交通运输”的各项条款适用水路运输和航空运输,其中“道路”一词的含义包括河道、航线、船闸、机场、码头、堤防以及水路或航空运输中其他相似结构物;“车辆”一词的含义包括船舶和飞机等。

6.3.4 开工准备与开工通知

1)开工准备

合同当事人应按约定完成开工准备工作,承包人应按照施工组织设计约定的期限,向监理人提交工程开工报审表,经监理人报发包人批准后执行。开工报审表应详细说明按施工进度计划正常施工所需的施工道路、临时设施、材料、工程设备、施工设备、施工人员等落实情况以及工程的进度安排。

2)开工通知

发包人应按照法律规定获得工程施工所需的许可。经发包人同意后,监理人发出的开工通知应符合法律规定。监理人应在计划开工日期 7 天前向承包人发出开工通知,工期自开工通知中载明的开工日期起计算。

因发包人原因造成监理人未能在计划开工日期之日起 90 天内发出开工通知的,承包人有权提出价格调整要求,或者解除合同。发包人应当承担由此增加的费用和(或)延误的工期,并向承包人支付合理利润。

6.3.5 工程的分包

1)工程分包的概念

工程分包,是相对总承包而言的。所谓工程分包,是指施工总承包企业将所承包建设工程中的专业工程或劳务作业发包给其他建筑业企业完成的活动,施工专业分包合同中的一方合同主体作为总承包人的建筑施工企业,另一方合同主体作为分包人的建筑施工企业。施工专业分包合同订立后,分包人按照施工专业分包合同的约定对总承包人负责,同时建筑工程总承包人仍按照总承包合同的约定对发包人负责。分包分为专业工程分包和劳务作业分包。

2)分包资质管理

《建设工程施工合同(示范文本)》规定:按照合同约定进行分包的,承包人应确保分包人具有相应的资质和能力。工程分包不减轻或免除承包人的责任和义务,承包人和分包人就分包工程向发包人承担连带责任。除合同另有约定外,承包人应在分包合同签订后 7 天内向发包人和监理人提交分包合同副本。

承接劳务分包的企业,必须获得相应劳务分包资质,而不允许个人承揽劳务作业。在劳务分包中,劳务承包商仅提供劳务,而材料、设备及技术管理等工作仍由总承包单位提供。劳务分包纯粹属于劳动力的使用,其他一切施工技术、设备、材料等均完全由总承包单位负责。

劳务分包无须经建设单位的同意。劳务分包仅存在于施工劳务的承发包之间,其内容是施工劳务而非分部分项工程,劳务分包人与建设单位没有直接的法律关系,总承包人或专业分包的承包人发包劳务,无须经建设单位或总承包人的同意,而工程(专业)分包必须经建设单位同意。

3)违法分包

根据《建设工程质量管理条例》的规定,违法分包包括下列行为:

①总承包单位将建设工程分包给不具备相应资质条件的单位的,包括不具备资质条件和超越自身资质等级承揽业务两类情况;

②建设工程总承包合同中未有约定,又未经建设单位认可,承包单位将其承包的部分建设工程交由其他单位完成的;

③施工总承包单位将建设工程主体结构的施工分包给其他单位的;

④分包单位将其承包的建设工程再分包的。

承包人不得以劳务分包的名义转包或违法分包工程。

分包合同价款由承包人与分包人结算,未经承包人同意,建设单位不得向分包人支付分包工程价款。

【例题11】下列关于工程分包的表述,正确的是(　　)。

A. 工程施工分包是指承包人将中标工程项目分解后分别发包给具有相应资质的企业完成

B. 专业工程分包是指专业工程承包人将所承包的部分专业工程施工任务发包给具有相应资质的企业完成

C. 劳务作业分包是指施工总承包人或专业分包人将其承包工程中的劳务作业分包给劳务分包企业

D. 劳务分包企业可以将承包的部分劳务作业任务分包给同类企业

解析:劳务作业分包,是指施工总承包企业或者专业承包企业将其承包工程中的劳务作业发包给劳务分包企业完成的活动。

答案:C

【案例1】某办公楼工程,地下2层,地上15层,框架结构,建设单位(甲方)将该工程通过招标发包给了乙方,甲乙双方签订了施工承包合同。合同履行过程中,发生了如下事件:

事件1:工程开工后,施工单位乙经建设单位同意,将土方开挖施工分包给了公司丙。

事件2:未经建设单位同意,施工单位乙将钢筋加工劳务作业分包给了具有相应资质的劳务公司丁。

事件3:未经建设单位同意,合同也无约定,乙将地下室防水施工发包给了防水公司。

事件4:防水公司又将劳务分包给了具有相应资质的劳务公司。

问题:上述事件有无不妥?

【解析】(1)事件1的做法是妥当的。施工单位乙将土方开挖施工分包给了公司丙,虽没有合同约定,但是经过了建设单位同意。

(2)事件2的做法是妥当的。施工单位乙将钢筋加工劳务作业分包给了具有相应资质的劳务公司丁,有关法律法规没有规定劳务分包需建设单位同意,因此将钢筋加工劳务作业分包给具有相应资质的劳务公司丁的做法是妥当的。

(3)事件3的做法不妥当。未经建设单位同意,合同也无约定,施工单位乙将地下室防水施工发包给了防水公司,属于违法分包。

(4)事件4的做法是妥当的。专业承包公司可以将劳务分包给劳务分包公司。

6.3.6 工程预付款

1)预付款的支付

预付款是在工程开工前,发包人预先支付给承包人用来进行工程准备的一笔款项。工程预付款主要用于建筑材料、工程设备、施工设备的采购及修建临时工程、组织施工队伍进场等。预付款支付时间不迟于约定的开工日期前7天,预付款在进度付款中同比例扣回。发包人逾期支付预付款超过7天的,承包人有权向发包人发出要求预付的催告通知,发包人收到通知后7天内仍未支付的,承包人有权暂停施工,发包人承担违约责任。

2)预付款担保

发包人要求承包人提供预付款担保的,承包人应在发包人支付预付款前7天提供预付款担保,专用合同条款另有约定的除外。预付款担保可采用银行保函、担保公司担保等形式,具体由合同当事人在专用合同条款中约定。在预付款完全扣回之前,承包人应保证预付款担保持续有效。发包人在工程款中逐期扣回预付款后,预付款担保额度应相应减少,但剩余的预付款担保金额不得低于未被扣回的预付款金额。

3)预付款的扣回

(1)起扣点计算法

确定工程预付款的起扣点依据是:未完施工工程所需主要材料和构件的费用等于工程预付款的数额。工程预付款起扣点可按下式计算:

$$T=P-M/N$$

式中 T——起扣点,即预付备料款开始扣回的累计完成工作量金额;

M——预付备料款数额(预付款),预付(备料)款=合同价款×预付(备料)款额度;

N——主要材料、构件所占比重;

P——承包工程价款总额(或建筑安装工作量价值)。

每次应扣还的预付款,按下式计算:

第一次预付款扣抵额=(累计已完工程价值-起扣点)×主材比重

以后每次扣抵额=每次完成工程价值×主材比重

【案例2】某项工程合同价100万元,预付备料款额度为工程合同价的24%,主要材料、构件所占比重60%,问:起扣点为多少万元?

解析:预付款 $M=100\times24\%=24$ 万元;

起扣点 $T=P-M/N=100-24/60\%=60$ 万元,则当工程量完成60万元时,本项工程预付款开始起扣。

(2)按合同约定扣款

预付款的扣款方法由发包人和承包人通过洽商后在合同中予以确定,一般是在承包人完成金额累计达到合同总价的一定比例后,由承包人开始向发包人还款,发包人从每次应付给承包人的金额中扣回工程预付款,发包人至少在合同规定的完工期前3个月将工程预付款的总金额逐次扣回。

【案例3】某施工单位承包了某工程项目的施工任务,工期为10个月。建筑安装工程造价1 400万元,工程预付款为建筑安装工程造价的20%。合同约定从工程款支付至合同价款的 50%后，开始从当月的工程款中扣回预付款，预付款分 3 个月平均扣回。问：起扣点为多少万元？

解析：本例题中预付款采取按合同约定扣款。

起扣点：1 400×50% =700 万元，故当工程量完成 700 万元时，本项工程预付款开始起扣。

6.4 施工过程的合同管理

6.4.1 材料和工程设备的管理

1）材料设备的质量要求

（1）材料生产和设备供应单位应具备法定条件

建筑材料、构配件生产及设备供应单位必须具备相应的生产条件、技术装备和质量保证体系，具备必要的检测人员和设备，做好产品看样、订货、储存、运输和核验工作。

（2）材料设备质量应符合的要求

①符合国家或者行业现行有关技术标准规定的合格标准和设计要求。

②符合在建筑材料、构配件及设备或其包装上注明采用的标准，符合以建筑材料、构配件及设备说明、实物样品等方式表明的质量状况。

（3）材料设备或者其包装上的标识应符合的要求

①有产品质量检验合格证明。

②有中文标明的产品名称、生产厂家的厂名和厂址。

③产品包装和商标样式符合国家有关规定和标准要求。

④设备应有产品详细的使用说明书，电气设备还应附有线路图。

⑤实施生产许可证或使用产品质量认证标志的产品，应有许可证或质量认证的编号、批准日期和有效期限。

2）发包人供应材料与工程设备

（1）双方约定发包人供应材料设备的一览表

对于由发包人供应的材料设备，双方应当约定发包人供应材料设备的一览表，作为合同附件。承包人应提前 30 天通过监理人以书面形式通知发包人供应材料与工程设备进场。

（2）发包人供应材料设备的接收与拒收

发包人应当向承包人提供其供应材料设备的产品合格证明及出厂证明，对其质量负责。发包人应提前 24 小时以书面形式通知承包人、监理人材料和工程设备到货时间，承包人负责材料和工程设备的清点、检验和接收。发包人提供的材料和工程设备的规格、数量或质量不符合合同约定的，或因发包人原因导致交货日期延误或成交货地点变更等情况的，按照发包人违反约定办理。

（3）发包人供应材料设备的保管与使用

发包人供应的材料设备经承包人清点后由承包人妥善保管，发包人支付相应的保管费用。因承包人原因发生丢失毁损的，由承包人负责赔偿；监理人未通知承包人清点的，承包人不负责材料和工程设备的保管,由此导致丢失毁损的由发包人负责。

发包人供应的材料和工程设备使用前,由承包人负责检验,检验费用由发包人承担,不合格的不得使用。

3)承包人采购材料与工程设备

承包人负责采购材料、工程设备的,应按照设计和有关标准要求采购,并提供产品合格证明及出厂证明,对材料、工程设备质量负责。发包人不得指定生产厂家或供应商,发包人违反约定指定生产厂家或供应商的,承包人有权拒绝,并由发包人承担相应责任。

(1)承包人采购材料设备的接收与拒收

承包人应在材料和工程设备到货前 24 小时通知监理人检验。承包人进行永久设备、材料的制造和生产的,应符合相关质量标准,并向监理人提交材料的样本以及有关资料,并应在使用该材料或工程设备之前获得监理人同意。

承包人采购的材料和工程设备不符合设计或有关标准要求时,承包人应在监理人要求的合理期限内将不符合设计或有关标准要求的材料、工程设备运出施工现场,并重新采购符合要求的材料、工程设备,由此增加的费用和(或)延误的工期,由承包人承担。

(2)承包人采购的材料设备的保管与使用

承包人采购的材料和工程设备由承包人妥善保管,保管费用由承包人承担。法律规定材料和工程设备使用前必须进行检验或试验的,承包人应按监理人的要求进行检验或试验,检验或试验费用由承包人承担,不合格的不得使用。

发包人或监理人发现承包人使用不符合设计或有关标准要求的材料和工程设备时,有权要求承包人进行修复、拆除或重新采购,由此增加的费用和(或)延误的工期,由承包人承担。

4)禁止使用不合格的材料和工程设备

监理人有权拒绝承包人提供的不合格材料或工程设备,并要求承包人立即进行更换。监理人应在更换后再次进行检查和检验,由此增加的费用和(或)延误的工期由承包人承担。监理人发现承包人使用不合格的材料和工程设备,承包人应按照监理人的指示立即改正,并禁止在工程中继续使用不合格的材料和工程设备。发包人提供的材料或工程设备不符合合同要求的,承包人有权拒绝,并可要求发包人更换,由此增加的费用和(或)延误的工期由发包人承担,并支付承包人合理的利润。

5)样品

(1)样品的报送与封存

需要承包人报送样品的材料或工程设备,样品的种类、名称、规格、数量等要求均应在专用合同条款中约定。样品的报送程序如下:

①承包人应在计划采购前 28 天向监理人报送样品。承包人报送的样品均应来自供应材料的实际生产地,且提供的样品的规格、数量足以表明材料或工程设备的质量、型号、颜色、表面处理、质地、误差和其他要求的特征。

②承包人每次报送样品时应随附申报单,申报单应载明报送样品的相关数据和资料,并标明每件样品对应的图纸号,预留监理人批复意见栏。监理人应在收到承包人报送的样品后 7 天向承包人回复经发包人签认的样品审批意见。

③经发包人和监理人审批确认的样品应按约定的方法封样,封存的样品作为检验工程相

关部分的标准之一。承包人在施工过程中不得使用与样品不符的材料或工程设备。

④发包人和监理人对样品的审批确认仅为确认相关材料或工程设备的特征或用途,不得被理解为对合同的修改或改变,也并不减轻或免除承包人的任何责任和义务,如果封存的样品修改或改变了合同约定,合同当事人应当以书面协议予以确认。

(2)样品的保管

经批准的样品应由监理人负责封存于现场,承包人应在现场为保存样品提供适当和固定的场所并保持适当和良好的存放环境条件。

6)代用材料与工程设备

①出现下列情况需要使用替代材料和工程设备的,承包人应按照以下约定的程序执行:

a.基准日期后生效的法律规定禁止使用的;

b.发包人要求使用替代品的;

c.因其他原因必须使用替代品的。

②承包人应在使用替代材料和工程设备28天前书面通知监理人,并附下列文件:

a.被替代的材料和工程设备的名称、数量、规格、型号、品牌、性能、价格及其他相关资料;

b.替代品的名称、数量、规格、型号、品牌、性能、价格及其他相关资料;

c.替代品与被替代产品之间的差异以及使用替代品可能对工程产生的影响;

d.替代品与被替代产品的价格差异;

e.使用替代品的理由和原因说明;

f.监理人要求的其他文件。

监理人应在收到通知后14天内向承包人发出经发包人签认的书面指示;监理人逾期发出书面指示的,视为发包人和监理人同意使用替代品。

③发包人认可使用替代材料和工程设备的,替代材料和工程设备的价格,按照已标价工程量清单或预算书相同项目的价格认定;无相同项目的,参考相似项目价格认定;既无相同项目也无相似项目的,按照合理的成本与利润构成原则,由合同当事人商定或确定替代品价格。

【例题12】发包人供应的材料设备进入施工现场后需要在使用前检验或者试验的,由(　　)。

A.承包人负责检查试验　　B.发包人负责检查试验

C.费用由发包人负责　　D.费用由承包人负责

E.检验通过之后,如果又发现材料设备有质量问题,发包人仍应承担重新采购的责任

解析:发包人供应的材料设备进入施工现场后需要在使用前检验或者试验的,由承包人负责检查试验,费用由发包人负责。但检查试验通过后,仍不能解除发包人供应材料设备存在的质量缺陷责任,即承包人检验通过之后,如果又发现材料设备有质量问题,发包人应承担重新采购及拆除重建的追加合同价款,并相应顺延由此延误的工期。

答案:ACE

【例题13】在施工过程中,承包人应对自己采购的材料设备质量进行严格的控制,当承包人采购的材料设备与设计或者标准要求不符时,下列说法错误是(　　)。

A.工程师可以拒绝验收

B.承包人承担由此发生的费用

C.承包人可暂时将这些材料设备存放于现场,并按照工程师的要求重新采购符合要求的

产品

D. 由此造成工期延误不予顺延

解析：承包人采购的材料设备与设计或标准要求不符时，承包人应在工程师要求的时间内运出施工现场，重新采购符合要求的产品，承担由此发生的费用，延误的工期不予顺延。

答案：C

【例题 14】在施工过程中，发包人供应的材料设备到货后，经清点，应当由(　　)保管。

A. 发包人　　B. 承包人　　C. 监理人　　D. 采购单位

解析：发包人供应的材料设备到货后，经检验合格，由承包人保管。

答案：B

7）施工设备和临时设施

(1)承包人提供的施工设备和临时设施

承包人应按合同进度计划的要求，及时配置施工设备和修建临时设施。进入施工场地的承包人设备需经监理人核查后才能投入使用。承包人更换合同约定的承包人设备的，应报监理人批准。

承包人应自行承担修建临时设施的费用，需要临时占地的，应由发包人办理申请手续并承担相应费用。

(2)发包人提供的施工设备和临时设施

发包人提供的施工设备或临时设施在专用合同条款中约定。

(3)要求承包人增加或更换施工设备

承包人使用的施工设备不能满足合同进度计划和(或)质量要求时，监理人有权要求承包人增加或更换施工设备，承包人应及时增加或更换，由此增加的费用和(或)延误的工期由承包人承担。

6.4.2　工程质量的监督管理

1）质量保证措施

(1)发包人的质量管理

发包人应按照法律规定及合同约定完成与工程质量有关的各项工作。

(2)承包人的质量管理

①承包人按照关于施工组织设计的合同约定条款向发包人和监理人提交工程质量保证体系及措施文件，建立完善的质量检查制度，并提交相应的工程质量文件。对于发包人和监理人违反法律规定和合同约定的错误指示，承包人有权拒绝实施。

②承包人应对施工人员进行质量教育和技术培训，定期考核施工人员的劳动技能，严格执行施工规范和操作规程。

③承包人应按照法律规定和发包人的要求，对材料、工程设备以及工程的所有部位及其施工工艺进行全过程的质量检查和检验，并做详细记录，编制工程质量报表，报送监理人审查。此外，承包人还应按照法律规定和发包人的要求，进行施工现场取样试验、工程复核测量和设备性能检测以及其他工作，提供试验样品、提交试验报告和测量成果等。

(3)监理人的质量检查和检验

①监理人按照法律规定和发包人授权对工程的所有部位及其施工工艺、材料和工程设备进行检查和检验。承包人应为监理人的检查和检验提供方便,包括监理人到施工现场,或制造、加工地点,或合同约定的其他地方进行察看和查阅施工原始记录。监理人为此进行的检查和检验,不免除或减轻承包人按照合同约定应当承担的责任。

②监理人的检查和检验不应影响施工正常进行。监理人的检查和检验影响施工正常进行的,且经检查检验不合格的,影响正常施工的费用由承包人承担,工期不予顺延;经检查检验合格的,由此增加的费用和(或)延误的工期由发包人承担。

2)隐蔽工程检查

由于隐蔽工程在施工中一旦完成隐蔽,很难再对其进行质量检查,因此必须在隐蔽前进行检查验收。

(1)承包人自检

工程具备隐蔽条件时承包人进行自检,确认是否具备覆盖条件。

(2)检查程序

经承包人自检确认具备覆盖条件的,承包人应在共同检查前48小时书面通知监理人检查,通知中应载明隐蔽检查的内容、时间和地点,并应附有自检记录和必要的检查资料。

监理人应按时到场检查。经监理人检查确认质量符合隐蔽要求,并在验收记录上签字后,承包人才能进行覆盖。经监理人检查质量不合格的,承包人应在监理人指示的时间内完成修复,并由监理人重新检查,由此增加的费用和(或)延误的工期由承包人承担。

监理人不能按时进行检查的,应在检查前24小时向承包人提交书面延期要求,但延期不能超过48小时,由此导致工期延误的,工期应予以顺延。监理人未按时进行检查,也未提出延期要求的,视为隐蔽工程检查合格,承包人可自行完成覆盖工作,并作相应记录报送监理人,监理人应签字确认。

(3)重新检查

承包人覆盖工程隐蔽部位后,发包人或监理人对质量有疑问的,可要求承包人对已覆盖的部位进行钻孔探测或揭开重新检查,承包人应遵照执行,并在检查后重新覆盖恢复原状。经检查证明工程质量符合合同要求的,由发包人承担由此增加的费用和(或)延误的工期,并支付承包人合理的利润。经检查证明工程质量不符合合同要求的,由此增加的费用和(或)延误的工期由承包人承担。

(4)承包人私自覆盖

承包人未通知监理人到场检查,私自将工程隐蔽部位覆盖的,监理人有权指示承包人钻孔探测或揭开检查,无论工程隐蔽部位质量是否合格,由此增加的费用和(或)延误的工期均由承包人承担。

【例题15】工程师对隐蔽工程重新验收合格,则(　　)

A.承包人承担追加的合同价款,工期不顺延

B.发包人承担的合同价款,工期顺延

C.承包人赔偿发包人的损失,工期不顺延

D.发包人赔偿承包人的损失,工期不顺延

解析:无论工程师是否参加了验收,当其对某部分的工程质量有怀疑,均可要求承包人对

已经隐蔽的工程进行重新检验。承包人接到通知后,应按要求进行剥离或开孔,并在检验后重新覆盖或修复。重新检验表明质量合格,发包人承担由此发生的全部追加合同价款,赔偿承包人损失,并相应顺延;工期检验不合格,承包人承担发生的全部费用,工期不予顺延。

答案:B

3)不合格工程的处理

因承包人原因造成工程不合格的,发包人有权随时要求承包人采取补救措施,直至达到合同要求的质量标准,由此增加的费用和(或)延误的工期由承包人承担。

因发包人原因造成工程不合格的,由此增加的费用和(或)延误的工期由发包人承担,并支付承包人合理的利润。

4)质量争议检测

合同当事人对工程质量有争议的,由双方协商确定的工程质量检测机构鉴定,由此产生的费用及因此造成的损失,由责任方承担。

【例题 16】在施工过程中,工程师发现曾检验"合格"的工程部位仍存在施工质量问题,则修复该部位工程质量缺陷时,应(　　)。

A. 由承包人承担费用,工期不予顺延　B. 由发包人承担费用,工期给予顺

C. 由承包人承担费用,工期给予顺延　D. 由发包人承担费用,工期不予顺延

解析:在施工过程中,工程师发现曾检验"合格"的工程部位仍存在施工质量问题,则修复该部位工程质量缺陷时,应由承包人承担费用,工期不予顺延。

答案:A

【例题 17】根据《建设工程施工合同(示范文本)》,下列关于监理人对质量检验和试验的说法,正确的是(　　)。

A. 监理人收到承包人共同检验的通知,未按时参加检验,承包人单独检验,该检验无效

B. 监理人对承包人的检验结果有疑问,要求承包人重新检验时,由监理人和第三方检测机构共同进行

C. 监理人对承包人已覆盖的隐蔽工程部分质量有疑问时,有权要求承包人对已覆盖的部位揭开重新检验

D. 重新检验结果证明质量符合合同要求的,因此增加的费用由发包人和监理人共同承担

解析:选项 A,监理人收到承包人共同检验的通知后,监理人既未发出变更检验时间的通知,又未按时参加,承包人为了不延误施工可以单独进行检查和试验,将记录送交监理人后可继续施工,此次检查或试验视为监理人在场情况下进行,监理人应签字确认;选项 B,监理人对承包人的试验和检验结果有疑问,或为查清承包人试验和检验结果的可靠性要求承包人重新试验和检验时,由监理人与承包人共同进行;选项 D,重新试验和检验结果证明符合合同要求,由发包人承担由此增加的费用和(或)工期延误,并支付承包人合理利润。

答案:C

6.4.3　试验与检验

1)试验设备与试验人员

①承包人根据合同约定或监理人指示进行的现场材料试验,应由承包人提供试验场所、

试验人员、实验设备以及其他的实验条件。监理人必要时可以使用承包人提供的试验场所、试验设备以及其他试验条件，进行以工程质量检查为目的的材料复核试验，承包人应予以协助。

②承包人应按专用合同条款的约定提供试验设备、取样装置、试验场所和试验条件，并向监理人提交相应进场计划表。

承包人配置的试验设备要符合相应试验规程的要求并经过具有资质的检测单位检测，且在正式使用该试验设备前，需要经过监理人与承包人共同校定。

③承包人应向监理人提交试验人员的名单及岗位、资格等证明资料，试验人员必须能够熟练进行相应的检测试验。承包人对试验人员的试验程序和试验结果的正确性负责。

2）取样

试验属于自检性质的，承包人可以单独取样。试验属于监理人抽检性质的，可由监理人取样，也可由承包人的试验人员在监理人的监督下取样。

3）材料、工程设备和工程的试验和检验

①承包人应按合同约定进行材料、工程设备和工程的试验和检验，并为监理人对上述材料、工程设备和工程的质量检查提供必要的试验资料和原始记录。按合同约定应由监理人与承包人共同进行试验和检验的，由承包人负责提供必要的试验资料和原始记录。

②试验属于自检性质的，承包人可以单独进行试验。试验属于监理人抽检性质的，监理人可以单独进行试验，也可由承包人与监理人共同进行。承包人对由监理人单独进行的试验结果有异议的，可以申请重新共同进行试验。约定共同进行试验的，监理人未按照约定参加试验的，承包人可自行试验，并将试验结果报送监理人，监理人应承认该试验结果。

③监理人对承包人的试验和检验结果有异议的，或为查清承包人试验和检验成果的可靠性要求承包人重新试验和检验的，可由监理人与承包人共同进行。重新试验和检验的结果证明该项材料、工程设备或工程的质量不符合合同要求的，由此增加的费用和（或）延误的工期由承包人承担；重新试验和检验结果证明该项材料、工程设备和工程符合合同要求的，由此增加的费用和（或）延误的工期由发包人承担。

4）现场工艺试验

承包人应按合同约定或监理人指示进行现场工艺试验。对大型的现场工艺试验，监理人认为必要时，承包人应根据监理人提出的工艺试验要求，编制工艺试验措施计划，报送监理人审查。

▶ 6.4.4 施工进度管理

1）施工进度计划的编制与修订

（1）施工进度计划的编制

承包人应按照关于施工组织设计的合同约定条款提交详细的施工进度计划。施工进度计划的编制应当符合国家法律规定和一般工程实践惯例，经发包人批准后实施。施工进度计划是控制工程进度的依据，发包人和监理人有权按照施工进度计划检查进度情况。

（2）施工进度计划的修订

施工进度计划不符合合同要求或与工程的实际进度不一致的，承包人应向监理人提交修

订的施工进度计划，并附上有关措施和相关资料，由监理人报送发包人。除另有约定外，发包人和监理人应在收到修订的施工进度计划后7天内完成审核和批准或提出修改意见。发包人和监理人对承包人提交的施工进度计划的确认，不能减轻或免除承包人根据法律规定和合同约定应承担的任何责任或义务。

【例题18】施工过程中因承包人原因导致工程实际进度滞后于计划进度，承包人按工程师要求采取赶工措施后仍未按合同规定的工期完成施工任务，则此延误的责任应由(　　)承担。

A. 工程师　　B. 承包人　　C. 工程师和承包人　　D. 发包人

解析：因承包人自身原因造成工程实际进度滞后于计划进度，所有的后果都应由承包人自行承担。工程师不对确认后的改进措施效果负责，这种确认并不是工程师对工程延期的批准，而仅仅是要求承包人在合理的状态下施工。因此，如果修改后的进度计划不能按期完工，承包人仍应承担相应的违约责任。

答案：B

2)不利物质条件与异常恶劣的气候条件

(1)不利物质条件

不利物质条件是指有经验的承包人在施工现场遇到的不可预见的自然物质条件、非自然的物质障碍和污染物，包括地表以下物质条件和水文条件以及专用合同条款约定的其他情形，但不包括气候条件。

承包人遇到不利物质条件时，应采取克服不利物质条件的合理措施继续施工，并及时通知发包人和监理人。通知应载明不利物质条件的内容以及承包人认为不可预见的理由。监理人经发包人同意后应当及时发出指示，指示构成变更的，按照关于变更的合同条款约定执行，承包人因采取合理措施而增加的费用和(或)延误的工期由发包人承担。

(2)异常恶劣的气候条件

异常恶劣的气候条件是指在施工过程中遇到的，有经验的承包人在签订合同时不可预见的，对合同履行造成实质性影响的，但尚未构成不可抗力事件的恶劣气候条件。专用合同条款中可约定异常恶劣的气候条件的具体情形。

承包人应采取克服异常恶劣的气候条件的合理措施继续施工，并及时通知发包人和监理人。监理人经发包人同意后应当及时发出指示，指示构成变更的，按照关于变更的合同条款约定办理。承包人因采取合理措施而增加的费用和(或)延误的工期由发包人承担。

3)暂停施工

(1)暂停施工的情形

①因发包人原因引起的暂停施工。因发包人原因引起暂停施工的，监理人经发包人同意后，应及时下达暂停施工指示。情况紧急且监理人未及时下达暂停施工指示的，按照关于紧急情况下的暂停施工的合同条款执行。因发包人原因引起的暂停施工，发包人应承担由此增加的费用和(或)延误的工期，并支付承包人合理的利润。

②因承包人原因引起的暂停施工。因承包人原因引起暂停施工的，承包人应承担由此增加的费用和(或)延误的工期，且承包人在收到监理人复工指示后84天内仍未复工的，视为承包人违约情形中的无法继续履行合同情形。

③指示暂停施工。监理人认为有必要,并经发包人批准后,可向承包人作出暂停施工的指示,承包人应按监理人指示暂停施工。

④紧急情况下的暂停施工。因紧急情况需要暂停施工,且监理人未及时下达暂停施工指示的,承包人可先暂停施工,并及时通知监理人。监理人应在接到通知后24小时内发出指示,逾期未发出指示,视为同意承包人暂停施工。监理人不同意承包人暂停施工的,应说明理由,承包人对监理人的答复有异议的,按照关于争议解决合同条款的约定处理。

(2)暂停施工的处理

①暂停施工后的复工。暂停施工后,发包人和承包人应采取有效措施积极消除暂停施工的影响。在工程复工前,监理人会同发包人和承包人确定因暂停施工造成的损失,并确定工程复工条件。当工程具备复工条件时,监理人应经发包人批准后向承包人发出复工通知,承包人应按照复工通知要求复工。承包人无故拖延和拒绝复工的,承包人承担由此增加的费用和(或)延误的工期;因发包人原因无法按时复工的,按照关于因发包人原因导致工期延误合同条款的约定办理。

②暂停施工持续56天以上。监理人发出暂停施工指示后56天内未发出复工通知的,除该项停工属于因承包人原因引起的暂停施工及不可抗力的情形外,承包人可向发包人提交书面通知,要求发包人在收到书面通知后28天内准许已暂停施工的部分或全部工程继续施工。发包人逾期不予批准的,承包人可以通知发包人,将工程受影响的部分视为变更的可取消工作。暂停施工持续84天以上不复工的,且不属于因承包人原因引起的暂停施工及不可抗力约定的情形,并影响到整个工程以及合同目的实现的,承包人有权提出价格调整要求,或者解除合同。解除合同的,按照发包人违约解除合同执行。

③暂停施工期间的工程照管。暂停施工期间,承包人应负责妥善照管工程并提供安全保障,由此增加的费用由责任方承担。

④暂停施工的措施。暂停施工期间,发包人和承包人均应采取必要的措施确保工程质量及安全,防止因暂停施工扩大损失。

4)工期延误

(1)因发包人原因造成的工期延误

在合同履行过程中,因下列情况导致工期延误和(或)费用增加的,由发包人承担由此延误的工期和(或)增加的费用,且发包人应支付承包人合理的利润:

①发包人未能按合同约定提供图纸或所提供图纸不符合合同约定的;

②发包人未能按合同约定提供施工现场、施工条件、基础资料、许可、批准等开工条件的;

③发包人提供的测量基准点、基准线和水准点及其书面资料存在错误或疏漏的;

④发包人未能在计划开工日期之日起7天内同意下达开工通知的;

⑤发包人未能按合同约定日期支付工程预付款、进度款或竣工结算款的;

⑥监理人未按合同约定发出指示、批准等文件的;

⑦专用合同条款中约定的其他情形。

因发包人原因未按计划开工日期开工的,发包人应按实际开工日期顺延工期,确保实际工期不低于合同约定的工期总日历天数。因发包人原因导致工期延误需要修订施工进度计划的,按照关于施工进度计划修订的合同条款执行。

(2)因承包人原因造成的工期延误

因承包人原因造成工期延误的,可以在专用合同条款中约定逾期竣工违约金的计算方法和逾期竣工违约金的上限。承包人支付逾期竣工违约金后,不免除承包人继续完成工程及修补缺陷的义务。

5)提前竣工

①发包人要求承包人提前竣工的,发包人应通过监理人向承包人下达提前竣工指示,承包人应向发包人和监理人提交提前竣工建议书,提前竣工建议书应包括实施的方案、缩短的时间、增加的合同价格等内容。发包人接受该提前竣工建议书的,监理人应与发包人和承包人协商采取加快工程进度的措施,并修订施工进度计划,由此增加的费用由发包人承担。承包人认为提前竣工指示无法执行的,应向监理人和发包人提出书面异议,发包人和监理人应在收到异议后 7 天内予以答复。任何情况下,发包人均不得压缩合理工期。

②发包人要求承包人提前竣工,或承包人提出提前竣工的建议能够给发包人带来效益的,合同当事人可以在专用合同条款中约定提前竣工的奖励。

6.4.5 变更管理

1)变更范围的界定

除另有约定外,合同履行过程中的变更情形如下:

①增加或减少合同内任何工作,或合同外追加额外的工作;

②取消合同中任何工作,但被取消的工作不能转由发包人或第三人实施;

③改变合同中任何工作的质量标准或其他特性;

④改变工程的基准线、标高、位置和尺寸;

⑤改变工程的时间安排或实施顺序。

2)变更权与变更程序

发包人和监理人均可以提出变更。变更指示均通过监理人发出,监理人发出变更指示前应征得发包人同意。承包人收到经发包人签认的变更指示后,方可实施变更。未经许可,承包人不得擅自对工程的任何部分进行变更。

(1)发包人提出变更

发包人提出变更的,应通过监理人向承包人发出变更指示,变更指示应说明计划变更的工程范围和变更的内容。

(2)监理人提出变更建议

监理人提出变更建议的,需要向发包人以书面形式提出变更计划,说明计划变更工程的范围和变更的内容、理由以及实施该变更对合同价格和工期的影响。发包人同意变更的,由监理人向承包人发出变更指示。发包人不同意变更的,监理人无权擅自发出变更指示。

(3)承包人的合理化建议

承包人提出合理化建议的,应向监理人提交合理化建议说明,说明建议的内容和理由,以及实施该建议对合同价格和工期的影响。

监理人应在收到承包人提交的合理化建议后 7 天内审查完毕并报送发包人,发现其中存在技术上的缺陷的,应通知承包人修改。发包人应在收到监理人报送的合理化建议后 7 天内审批完毕。合理化建议经发包人批准的,监理人应及时发出变更指示,由此引起的合同价格调整按照关于变更估价合同条款的约定执行。发包人不同意变更的,监理人应书面通知承包人。

合理化建议降低了合同价格或者提高了工程经济效益的,发包人可对承包人给予奖励,奖励的方法和金额在专用合同条款中约定。

(4)变更执行

承包人收到监理人下达的变更指示后,认为不能执行的,应立即提出不能执行该变更指示的理由。承包人认为可以执行变更的,应当书面说明实施该变更指示对合同价格和工期的影响,且合同当事人应当按照关于变更估价合同条款的约定确定变更估价。

涉及设计变更的,应由设计人提供变更后的图纸和说明。如变更超过原设计标准或批准的建设规模的,发包人应及时办理规划、设计变更等审批手续。

3)变更引起的工期调整

因变更引起工期变化的,合同当事人均可要求调整合同工期,由合同当事人按照合同的商定或确定条款并参考工程所在地的工期定额标准确定增减工期天数。

4)变更估价原则与程序

(1)变更估价原则

除另有约定外,变更估价按照以下原则处理:

①已标价工程量清单或预算书中有相同项目的,按照相同项目单价认定;

②已标价工程量清单或预算书中无相同项目,但有类似项目的,参照类似项目的单价认定;

③变更导致实际完成的变更工程量与已标价工程量清单或预算书中列明的该项目工程量的变化幅度超过15%的,或已标价工程量清单或预算书中无相同项目及类似项目单价的,按照合理的成本与利润构成的原则,由合同当事人按照合同的商定或确定条款确定变更工作的单价。

(2)变更估价程序

承包人应在收到变更指示后14天内向监理人提交变更估价申请,监理人应在收到承包人提交的变更估价申请后7天内审查完毕并报送发包人。监理人对变更估价申请有异议的,通知承包人修改后重新提交。发包人应在承包人提交变更估价申请后14天内审批完毕。发包人逾期未完成审批或未提出异议的,视为认可承包人提交的变更估价申请。

因变更引起的价格调整应计入最近一期的进度款中支付。

▶ 6.4.6 工程进度款

1)工程量的确认

对承包人已完成工程量进行计量、核实与确认,是发包人支付工程款的前提。

(1)计量原则

工程量按照合同约定的工程量计算规则、图纸及变更指示等进行计量。

①不符合合同文件要求的工程不予计量。

②按合同文件所规定的方法、范围、内容和单位计量。

③因承包人原因造成的超出合同工程范围施工或返工的工程量,发包人不予计量。

(2)计量周期

工程量的计量按月进行或按工程形象进度分段计量。

2)工程进度款支付

(1)提交进度付款申请单

①单价合同进度付款申请单的提交。单价合同的进度付款申请单,按照单价合同的计量约定的时间按月向监理人提交,并附上已完成工程量报表和有关资料。单价合同中的总价项目按月进行支付分解,并汇总列入当期进度付款申请单。

②总价合同进度付款申请单的提交。总价合同按月计量支付的,承包人按照总价合同的计量约定的时间按月向监理人提交进度付款申请单,并附上已完成工程量报表和有关资料。

总价合同按支付分解表支付的,承包人应按照支付分解表及进度付款申请单的编制的约定向监理人提交进度付款申请单。

③其他价格形式合同的进度付款申请单的提交。合同当事人可在专用合同条款中约定其他价格形式合同的进度付款申请单的编制和提交程序。

(2)进度款审核和支付

①监理人应在收到承包人进度付款申请单以及相关资料后 7 天内完成审查并报送发包人,发包人应在收到后 7 天内完成审批并签发进度款支付证书。发包人逾期未完成审批且未提出异议的,视为已签发进度款支付证书。

②发包人和监理人对承包人的进度付款申请单有异议的,有权要求承包人修正和提供补充资料,承包人应提交修正后的进度付款申请单。监理人应在收到承包人修正后的进度付款申请单及相关资料后 7 天内完成审查并报送发包人,发包人应在收到监理人报送的进度付款申请单及相关资料后 7 天内,向承包人签发无异议部分的临时进度款支付证书。存在争议的部分,按照争议解决的约定处理。

③发包人应在进度款支付证书或临时进度款支付证书签发后 14 天内完成支付,发包人逾期支付进度款的,应按照中国人民银行发布的同期同类贷款基准利率支付违约金。

(3)进度付款的修正

在对已签发的进度款支付证书进行阶段汇总和复核中发现错误、遗漏或重复的,发包人和承包人均有权提出修正申请。经发包人和承包人同意的修正,应在下期进度付款中支付或扣除。

【案例 4】某建筑工程的合同承包价为 489 万元,工期为 6 个月。业主(发包人)与施工单位(承包人)签订的合同中关于工程价款的内容有:工程预付款占合同承包价的 20%,主要材料及设备价值占工程总价的 60%,工程预付款从未施工工程尚需的主要材料及构件的价值相当于工程预付款数额时起扣,从每次结算工程价款中按材料和设备占施工产值的比重扣抵工程预付款,竣工前全部扣清。工程进度款逐月计算,工程保修金为建筑安装工程造价的 3%,竣工结算月一次扣留,材料和设备价差调整按规定进行(按有关规定材料和设备价差上调 15%,在最后一个月一次调增)。该工程每月实际完成的产值见表 6.1。

表 6.1 工程每月实际完成的产值

月份	3	4	5	6	7	8
完成产值/万元	150	110	85	76	40	28

问题:(1)该工程应支付多少工程预付款?

(2)该工程预付款起扣点为多少?

(3)该工程3—7月每月应结算的工程进度款及累计拨款分别为多少?

(4)该工程应付竣工结算价款为多少?

(5)该工程质量保修金为多少?

(6)该工程8月份实付竣工结算价款为多少?

解析:(1)预付款:489×20% =97.8 万元

(2)起扣点:489-97.8/60% =326 万元

(3)该工程3—7月每月应结算的工程进度款及累计拨款见表6.2。

表 6.2 该工程 3—7 月每月应结算的工程进度款及累计拨款

月份	当月工程款(万元)	累计进度款(万元)
1—3 月	150	150
4 月	110	260
5 月	由于 260+85=345>起扣点 326,所以从 5 月份开始扣回预付款。 85-(260+85-326)×60% =73.6	333.6
6 月	76-76×60% =30.4	364
7 月	40-40×60% =16	380

(4)竣工结算价款:489+489×60% ×15% =533.01 万元

(5)工程质量保修金:533.01×3% =15.99 万元

(6)8月份实付竣工结算价款:

方法一:533.01-380-97.8-15.99=39.22 万元

方法二:28+489×60% ×15% -[97.8-(260+85-326)×60% -76×60% -40×60%]-15.99=39.22 万元

【案例5】某施工单位承包了某工程项目的施工任务,工期为10个月。业主(发包人)与施工单位(承包人)签订的合同中关于工程价款的内容有:

(1)建筑安装工程造价1 200万元。

(2)工程预付款为建筑安装工程造价的20%。

(3)扣回预付工程款比例为:从工程款支付至合同价款的60%后,开始从当月的工程款中扣回预付款,预付款分三个月扣回。预付款扣回比例为:开始扣回的第一个月,扣回预付款的30%;第二个月扣回预付款的40%;第三个月扣回预付款的30%。

(4)工程质量保修金为工程结算价款总额的3%,最后一个月一次扣除。

(5)材料和设备价差调整按照规定进行,按照有关规定材料和设备价差上调100万元,在最后一个月10月份一次增调。

(6)工程款支付方式为按月结算。

工程各月完成的建安工作量见表6.3。

表6.3 工程各月完成的建安工作量

月份	1—4	5	6	7	8	9	10
实际完成建安工作量/万元	450	130	150	130	130	110	100

问题:(1)该工程应支付多少工程预付款?

(2)该工程预付款起扣点为多少?

(3)该工程1—9月每月应结算的工程进度款及累计拨款分别为多少?

(4)该工程应付竣工结算价款为多少?

(5)该工程质量保修金为多少?

(6)该工程10月份实付竣工结算价款为多少?

解析:(1)预付款:1 200×20% =240 万元

(2)起扣点:1 200×60% =720 万元

(3)工程1—9月每月应结算的工程进度款及累计拨款见表6.4。

表6.4 1—9月每月应结算的工程进度款及累计拨款

月份	当月工程款/万元	累计进度款/万元
1—4月	450	450
5月	130	580
6月	由于580+150=730>起扣点720,所以从6月份开始扣回预付款。150-240×30% =78	658
7月	130-240×40% =34	692
8月	130-240×30% =58	750
9月	110	860

(4)竣工结算价款:1 200+100=1 300 万元

(5)工程质量保修金:1 300×3% =39 万元

(6)10月份实付竣工结算价款:

方法一:1 300-860-240-39=161 万元

方法二:100+100-39=161 万元

6.4.7 不可抗力

1)不可抗力的确认

不可抗力是指合同当事人在签订合同时不可预见,在合同履行过程中不可避免且不能克服的自然灾害和社会性突发事件,如地震、海啸、瘟疫、骚乱、戒严、暴动、战争和专用合同条款中约定的其他情形。

不可抗力发生后，发包人和承包人应收集证明不可抗力发生及不可抗力造成损失的证据，并及时认真统计所造成的损失。合同当事人对是否属于不可抗力或其损失的意见不一致的，由监理人按商定或确定的约定处理。发生争议时，按争议解决的约定处理。

2)不可抗力的通知

合同一方当事人遇到不可抗力事件，使其履行合同义务受到阻碍时，应立即通知合同另一方当事人和监理人，书面说明不可抗力和受阻碍的详细情况，并提供必要的证明。

不可抗力持续发生的，合同一方当事人应及时向合同另一方当事人和监理人提交中间报告，说明不可抗力和履行合同受阻的情况，并于不可抗力事件结束后28天内提交最终报告及有关资料。

3)不可抗力后果的承担

不可抗力引起的后果及造成的损失由合同当事人按照法律规定及合同约定各自承担。不可抗力发生前已完成的工程应当按照合同约定进行计量支付。

不可抗力导致的人员伤亡、财产损失、费用增加和(或)工期延误等后果，由合同当事人按以下原则承担：

①永久工程、已运至施工现场的材料和工程设备的损坏，以及因工程损坏造成的第三方人员伤亡和财产损失由发包人承担；

②承包人施工设备的损坏由承包人承担；

③发包人和承包人承担各自人员伤亡和财产的损失；

④因不可抗力影响承包人履行合同约定的义务，已经引起或将引起工期延误的，应当顺延工期，由此导致承包人停工的费用损失由发包人和承包人合理分担，停工期间必须支付的工人工资由发包人承担；

⑤因不可抗力引起或将引起工期延误，发包人要求赶工的，由此增加的赶工费用由发包人承担；

⑥承包人在停工期间按照发包人要求照管、清理和修复工程的费用由发包人承担。不可抗力发生后，合同当事人均应采取措施尽量避免和减少损失的扩大，任何一方当事人没有采取有效措施导致损失扩大的，应对扩大的损失承担责任。

因合同一方迟延履行合同义务，在迟延履行期间遭遇不可抗力的，不免除其违约责任。

【例题19】根据《建设工程施工合同(示范文本)》，下列关于不可抗力后果承担的说法，正确的有(　　)。

A.承包人在施工现场的人员伤亡损失由承包人承担

B.永久工程损失由发包人承担

C.承包人在停工期间按照发包人要求照管工程的费用由发包人承担

D.承包人施工机械损坏由发包人承担

E.发包人在施工现场的人员伤亡损失由承包人承担

解析：参见《建设工程施工合同(示范文件)》。

答案：ABC

【例题20】因不可抗力导致的工程价款调整，下列说法错误的是(　　)。

A.工程本身的损害、因工程损害导致第三方人员伤亡和财产损失以及运至施工场地用于

施工的材料和待安装的设备的损害,由发包人承担

B. 发包人、承包人人员伤亡由其所在单位负责,并承担相应费用

C. 承包人的施工机械设备损坏及停工损失,由承包人承担

D. 停工期间,承包人应发包人要求留在施工场地的必要的管理人员及保卫人员的费用由承包人承担

解析:停工期间,承包人应发包人要求留在施工场地的必要的管理人员及保卫人员的费用由发包人承担。

答案:D

【例题 21】某工程施工时发生不可抗力,施工单位提出了下列索赔要求,其中不成立的是(　　)。

A. 工程清理,恢复费用 18 万元

B. 施工单位施工机械设备重新购置和修理费用 29 万元

C. 运至施工地用于施工的材料 8 万元

D. 工期延误 6 天,请给予顺延

解析:承包人机械设备损坏及停工损失,由承包人承担。

答案:B

(4)因不可抗力解除合同

因不可抗力导致合同无法履行连续超过 84 天或累计超过 140 天的,发包人和承包人均有权解除合同。合同解除后,由双方当事人按照约定商定或确定发包人应支付的款项,该款项包括:

①合同解除前承包人已完成工作的价款;

②承包人为工程订购的并已交付给承包人,或承包人有责任接受交付的材料、工程设备和其他物品的价款;

③发包人要求承包人退货或解除订货合同而产生的费用,或因不能退货或解除合同而产生的损失;

④承包人撤离施工现场以及遣散承包人的费用;

⑤按照合同约定在合同解除前应支付给承包人的其他款项;

⑥扣减承包人按照合同约定应向发包人支付的款项;

⑦双方商定或确定的其他款项。

合同解除后,发包人应在商定或确定上述款项后 28 天内完成款项支付。

▶ 6.4.8　安全文明施工

1)安全生产要求

合同履行期间,合同当事人均应当遵守国家和工程所在地有关安全生产的要求,合同当事人有特别要求的,应在专用合同条款中明确施工项目安全生产标准化达标目标及相应事项。承包人有权拒绝发包人及监理人强令承包人违章作业、冒险施工的任何指示。

在施工过程中,如遇到突发的地质变动、事先未知的地下施工障碍等影响施工安全的紧急情况,承包人应及时报告监理人和发包人,发包人应当及时下令停工并报政府有关行政管理部门采取应急措施。

因安全生产需要暂停施工的,按照暂停施工的约定执行。

2)安全生产保证措施

承包人应当按照有关规定编制安全技术措施或者专项施工方案,建立安全生产责任制度、治安保卫制度及安全生产教育培训制度,并按安全生产法律规定及合同约定履行安全职责,如实编制工程安全生产的有关记录,接受发包人、监理人及政府安全监督部门的检查与监督。

3)治安保卫

发包人应与当地公安部门协商,在现场建立治安管理机构或联防组织,统一管理施工场地的治安保卫事项,履行合同工程的治安保卫职责。

发包人和承包人除应协助现场治安管理机构或联防组织维护施工场地的社会治安外,还应做好包括生活区在内的各自管辖区的治安保卫工作。

发包人和承包人应在工程开工后7天内共同编制施工场地治安管理计划,并制订应对突发治安事件的紧急预案。在工程施工过程中,发生暴乱、爆炸等恐怖事件,以及群殴、械斗等群体性突发治安事件的,发包人和承包人应立即向当地相关部门报告。发包人和承包人应积极协助当地有关部门采取措施平息事态,防止事态扩大,尽量避免人员伤亡和财产损失。

4)文明施工

承包人在工程施工期间,应当采取措施保持施工现场平整,物料堆放整齐。工程所在地有关政府行政管理部门有特殊要求的,按照其要求执行。合同当事人对文明施工有其他要求的,可以在专用合同条款中明确。

在工程移交之前,承包人应当从施工现场清除承包人的全部工程设备、多余材料、垃圾和各种临时工程,并保持施工现场清洁整齐。经发包人书面同意,承包人可在发包人指定的地点保留承包人履行保修期内的各项义务所需要的材料、施工设备和临时工程。

▶ 6.4.9 职业健康和环境保护

1)职业健康

(1)劳动保护

承包人应按照法律规定安排现场施工人员的劳动和休息时间,保障劳动者的休息时间,并支付合理的报酬和费用。承包人应依法为其履行合同所雇用的人员办理必要的证件、许可、保险和注册等,承包人应督促其分包人为分包人所雇用的人员办理必要的证件、许可、保险和注册等。承包人应按照法律规定保障现场施工人员的劳动安全,并提供劳动保护,应按国家有关劳动保护的规定,采取有效的防止粉尘、降低噪声、控制有害气体和保障高温、高寒、高空作业安全等劳动保护措施。承包人所雇用的人员在施工中受到伤害的,承包人应立即采取有效措施进行抢救和治疗。

承包人应按法律规定安排工作时间,保证其雇用人员享有休息和休假的权利。因工程施工的特殊需要占用承包人所雇用的人员休假日或延长工作时间的,应不超过法律规定的限度,,并按法律规定给予补休或付酬。

(2)生活条件

承包人应为其履行合同所雇用的人员提供必要的膳宿条件和生活环境;承包人应采取有

效措施预防传染病,保证施工人员的健康,并定期对施工现场、施工人员生活基地和工程进行防疫和卫生的专业检查和处理,在远离城镇的施工场地,还应配备必要的伤病防治和急救的医务人员与医疗设施。

2)环境保护

承包人应在施工组织设计中列明环境保护的具体措施。在合同履行期间,承包人应采取合理措施保护施工现场环境。对施工作业过程中可能引起的大气、水、噪声以及固体废物污染采取具体可行的防范措施。

承包人应当承担自身原因引起的环境污染侵权损害赔偿责任,因环境污染引起纠纷而导致暂停施工的,由此增加的费用和(或)延误的工期由承包人承担。

6.5 竣工阶段的合同管理

6.5.1 工程试车和验收

1)分部分项工程验收

分部分项工程质量应符合国家有关工程施工验收规范、标准及合同约定,承包人应按照施工组织设计的要求完成分部分项工程施工。

分部分项工程经承包人自检合格并具备验收条件的,承包人应提前48小时书面通知监理人进行验收。监理人不能按时进行验收的,应在验收前24小时向承包人提交书面延期要求,但延期不能超过48小时。监理人未按时进行验收,也未提出延期要求的,承包人有权自行验收,监理人应认可验收结果。分部分项工程未经验收的,不得进入下一道工序施工。

分部分项工程的验收资料应当作为竣工验收资料的组成部分。

2)竣工验收

(1)竣工验收条件

工程具备以下条件的,承包人可以申请竣工验收:

①除发包人同意的甩项工作和缺陷修补工作外,合同范围内的全部工程以及有关工作,包括合同要求的试验、试运行以及检验均已完成,并符合合同要求;

②已按合同约定编制了甩项工作和缺陷修补工作清单以及相应的施工计划;

③已按合同约定的内容和份数备齐竣工资料。

(2)竣工验收程序

承包人申请竣工验收的,应当按照以下程序进行:

①竣工验收申请报告的报送。承包人向监理人报送验收申请报告,监理人应在收到竣工验收申请报告后14天内完成审查并报送发包人。监理人审查后认为尚不具备验收条件的,应通知承包人在竣工验收前承包人还需完成的工作内容,承包人应在完成监理人通知的全部工作内容后,再次提交竣工验收申请报告。

②发包人组织验收。监理人审查后认为已具备竣工验收条件的,应将竣工验收申请报告提交发包人,发包人在收到经监理人审核的竣工验收申请报告后28天内审批完毕并组织监

理人、承包人、设计人等相关单位完成竣工验收。

③签发工程接收证书。竣工验收合格的，发包人应在验收合格后 14 天内向承包人签发工程接收证书。发包人无正当理由逾期不颁发工程接收证书的，自验收合格后第 15 天起视为已颁发工程接收证书。

④不合格工程的补救。竣工验收不合格的，监理人应按照验收意见发出指示，要求承包人对不合格工程返工、修复或采取其他补救措施，由此增加的费用和（或）延误的工期由承包人承担。承包人在完成不合格工程的返工、修复或采取其他补救措施后，应重新提交竣工验收申请报告，并按本项约定的程序重新进行验收。

⑤发包人擅自使用。工程未经验收或验收不合格，发包人擅自使用的，应在转移占有工程后 7 天内向承包人颁发工程接收证书。发包人无正当理由逾期不颁发工程接收证书的，自转移占有后第 15 天起视为已颁发工程接收证书。

除专用合同条款另有约定外，发包人不按照本项约定组织竣工验收、颁发工程接收证书的，每逾期一天，应以签约合同价为基数，按照中国人民银行发布的同期同类贷款基准利率支付违约金。

(3)竣工日期

工程经竣工验收合格的，以竣工验收合格之日为竣工日期；因发包人原因，未在监理人收到承包人提交的竣工验收申请报告 42 天内完成竣工验收，或完成竣工验收不予签发工程接收证书的，以提交竣工验收申请报告的日期为实际竣工日期；工程未经竣工验收，发包人擅自使用的，以转移占有工程之日为实际竣工日期。

(4)拒绝接收全部或部分工程

对于竣工验收不合格的工程，承包人完成整改后，应当重新进行竣工验收，经重新组织验收仍不合格的且无法采取措施补救的，则发包人可以拒绝接收不合格工程，因不合格工程导致其他工程不能正常使用的，承包人应采取措施确保相关工程的正常使用，由此增加的费用和（或）延误的工期由承包人承担。

(5)移交、接收全部与部分工程

合同当事人应当在颁发工程接收证书后 7 天内完成工程的移交。

发包人无正当理由不接收工程的，发包人自应当接收工程之日起，承担工程照管、成品保护、保管等与工程有关的各项费用，合同当事人可以在专用合同条款中另行约定发包人逾期接收工程的违约责任。

承包人无正当理由不移交工程的，承包人应承担工程照管、成品保护、保管等与工程有关的各项费用，合同当事人可以在专用合同条款中另行约定承包人无正当理由不移交工程的违约责任。

(6)提前交付单位工程的验收

①发包人需要在工程竣工前使用单位工程的，或承包人提出提前交付已经竣工的单位工程且经发包人同意的，可进行单位工程验收，验收的程序按照竣工验收的约定进行，经验收合格后，由监理人向承包人出具经发包人签认的单位工程接收证书。已签发单位工程接收证书的单位工程由发包人负责照管。单位工程的验收成果和结论作为整体工程竣工验收申请报告的附件。

②发包人要求在工程竣工前交付单位工程，由此导致承包人费用增加和（或）工期延误

的，由发包人承担由此增加的费用和(或)延误的工期，并支付承包人合理的利润。

3)工程试车

工程需要试车的，试车内容应与承包人承包范围相一致，试车费用由承包人承担。

(1)试车组织

①单机无负荷试车。承包人组织试车，并在试车前48小时书面通知监理人，发包人根据承包人要求为试车提供必要条件。试车合格的，监理人在试车记录上签字。监理人在试车合格后不在试车记录上签字，自试车结束满24小时后视为监理人已经认可试车记录，承包人可继续施工或办理竣工验收手续。

监理人不能按时参加试车，应在试车前24小时以书面形式向承包人提出延期要求，但延期不能超过48小时，由此导致工期延误的，工期应予以顺延。监理人未能在规定期限内提出延期要求，又不参加试车的，视为认可试车记录。

②无负荷联动试车。发包人组织试车，并在试车前48小时以书面形式通知承包人。承包人按要求做好准备工作。试车合格，合同当事人在试车记录上签字。承包人无正当理由不参加试车的，视为认可试车记录。

③投料试车。发包人应在工程竣工验收后组织投料试车。投料试车合格的，费用由发包人承担，因承包人原因造成投料试车不合格的，承包人应按照发包人要求进行整改，由此产生的整改费用由承包人承担；非因承包人原因导致投料试车不合格的，如发包人要求承包人进行整改的，由此产生的费用由发包人承担。

(2)试车中的责任

①因设计原因导致试车达不到验收要求，发包人应要求设计人修改设计，承包人按修改后的设计重新安装。发包人承担修改设计、拆除及重新安装的全部费用，工期相应顺延。

②因承包人原因导致试车达不到验收要求，承包人按监理人要求重新安装和试车，并承担重新安装和试车的费用，工期不予顺延。

③因工程设备制造原因导致试车达不到验收要求的，由采购该工程设备的合同当事人负责重新购置或修理，承包人负责拆除和重新安装。由此增加的修理、重新购置、拆除及重新安装的费用及延误的工期由采购该工程设备的合同当事人承担。

【例题22】根据《建设工程施工合同(示范文本)》的规定，下列关于试车组织责任的说法中，正确的是(　　)。

A.发包人采购的设备，试车前的准备工作由发包人负责组织

B.承包人采购的设备，联动无负荷试车由承包人负责组织

C.承包人采购的设备，投料试车由发包人负责组织

D.发包人采购的设备，单机无负荷试车由发包人负责组织

解析：详见工程试车。

答案：C

【例题23】下列有关试车的说法，不正确的是(　　)。

A.设备安装工程具备单机无负荷试车条件，由承包人组织试车

B.只有单机试车达到规定要求，才能进行联试

C.设备安装工程具备无负荷联动试车条件，由发包人组织试车，并在试车前48小时书面通知承包人

D. 投料试车,应当在工程竣工验收后由承包人全部负责

解析:详见工程试车。

答案:D

【例题 24】下列关于工程竣工验收的说法,正确的有(　　)。

A. 承包人已经提交竣工验收报告,发包人拖延验收的,以承包人提交验收报告之日为竣工日期

B. 建设工程经竣工验收合格的,以竣工验收合格之日为竣工日期

C. 建设工程未经竣工验收,发包人擅自使用的,以转移占有建设工程之日为竣工日期

D. 工程按发包人要求修改后经竣工验收合格的,以承包人首次递交竣工验收报告之日为竣工日期

E. 工程竣工验收合格的,以承包人送交竣工验收报告之日为竣工日期

解析:实际竣工日期的确定应注意以下 3 点,即①建设工程经竣工验收合格的,以竣工验收合格之日为竣工日期;②承包人已经提交竣工验收报告,发包人拖延验收的,以承包人提交验收报告之日为竣工日期;③建设工程未经竣工验收,发包人擅自使用的,以转移占有建设工程之日为竣工日期。

答案:ABC

▶ 6.5.2 施工期运行和竣工退场

1)施工期运行

①施工期运行是指合同工程尚未全部竣工,其中某项或某几项单位工程或工程设备安装已竣工,根据专用合同条款约定,需要投入施工期运行的,经发包人按提前交付单位工程的验收的约定验收合格,证明能确保安全后,才能在施工期投入运行。

②在施工期运行中发现工程或工程设备损坏或存在缺陷的,由承包人按缺陷责任期约定进行修复。

2)竣工退场

①竣工退场。颁发工程接收证书后,承包人应按以下要求对施工现场进行清理:

a. 施工现场内残留的垃圾已全部清除出场;

b. 临时工程已拆除,场地已进行清理、平整或复原;

c. 按合同约定应撤离的人员、承包人施工设备和剩余的材料,包括废弃的施工设备和材料,已按计划撤离施工现场;

d. 施工现场周边及其附近道路、河道的施工堆积物,已全部清理;

e. 施工现场其他场地清理工作已全部完成。

施工现场的竣工退场费用由承包人承担。承包人应在专用合同条款约定的期限内完成竣工退场,逾期未完成的,发包人有权出售或另行处理承包人遗留的物品,由此支出的费用由承包人承担,发包人出售承包人遗留物品所得款项在扣除必要费用后应返还承包人。

②地表还原。承包人应按发包人要求恢复临时占地及清理场地,承包人未按发包人的要求恢复临时占地,或者场地清理未达到合同约定要求的,发包人有权委托其他人恢复或清理,所发生的费用由承包人承担。

6.5.3 缺陷责任与保修

缺陷是指建设工程质量不符合建设工程强制性标准、设计文件，以及承包合同的约定。在工程移交发包人后，因承包原因产生的质量缺陷，承包人应承担质量缺陷责任和保修义务。缺陷责任期届满，承包人仍应按合同约定的工程各部位保修年限承担保修义务。

1）缺陷责任期

缺陷责任期指承包人按照合同约定承担缺陷修复义务，且发包人预留质量保证金（已缴纳履约保证金的除外）的期限，自工程实际竣工日期起计算。

缺陷责任期的期限一般为1年，最长不超过2年。缺陷责任期从实际通过竣工验收之日起计算。因发包人原因导致工程无法按合同约定期限进行竣工验收的，在承包人提交竣工验收报告90天后，工程自动进入缺陷责任期；发包人未经竣工验收擅自使用工程的，缺陷责任期自工程转移占有之日起开始计算。

缺陷责任期内，因承包人原因造成的缺陷，承包人应负责维修，并承担鉴定及维修费用。如承包人不维修也不承担费用，发包人可按合同约定从质量保证金或银行保函中扣除，费用超出质量保证金额的，发包人可按合同约定向承包人进行索赔。承包人维修并承担相应费用后，不免除对工程的损失赔偿责任。缺陷责任期内，承包人认真履行合同约定的责任，到期后，承包人向发包人申请返还质量保证金。

因他人原因造成的缺陷，发包人负责组织维修，承包人不承担费用，且发包人不得从质量保证金中扣除费用。

缺陷责任期与工程保修期既有区别又有联系，工程保修期是发承包双方在工程质量保修书中约定的保修期限。缺陷责任期实质上是预留工程质量保证金的一个期限。

2）质量保证金

（1）质量保证金的含义

建设工程质量保证金是指发包人与承包人在建设工程承包合同中约定，从应付的工程款中预留，用以保证承包人在缺陷责任期内对建设工程出现的缺陷进行维修的资金。

经合同当事人协商一致扣留质量保证金的，应在专用合同条款中予以明确。

（2）质量保证金的预留及返还

质量保证金的比例不得高于工程价款结算总额的3%。承包人提供质量保证金有以下3种方式：①质量保证金保函；②相应比例的工程款；③双方约定的其他方式。除专用合同条款另有约定外，质量保证金原则上采用保函形式。以银行保函替代质量保证金的，不得高于工程价款结算总额的3%。在工程项目竣工前，已经缴纳履约保证金的，发包人不得同时预留工程质量保证金。采用工程质量保证担保、工程质量保险等其他方式的，发包人不得再预留质量保证金。

发包人在接到承包人返还质量保证金申请后，应于14天内核实，如无异议，应按约定返还。对返还期限没有约定或约定不明的，核实后14天内退还。逾期未退还，承担违约责任。发包人收到申请14天内不予答复，经催告后14天内仍不答复，视同认可申请。

3）保修

工程保修期从工程竣工验收合格之日起算，具体分部分项工程的保修期由合同当事人约定,但不得低于法定最低保修年限。发包人未经竣工验收擅自使用工程的,保修期自转移占有之日起算。

(1)工程质量保修范围和内容

质量保修范围包括地基基础工程、主体结构工程、屋面防水工程和双方约定的其他土建工程,以及电气管线、上下水管线的安装工程,供热、供冷系统工程等项目。工程质量保修范围是国家强制性规定,合同当事人不能约定减少国家规定的工程质量保修范围。工程质量保修的内容由当事人在合同中约定。

(2)质量保修期

①基础设施工程、房屋建筑的地基基础工程和主体结构工程,为设计文件规定的该工程合理使用年限;

②屋面防水工程、有防水要求的卫生间、房间和外墙面的防渗,为5年;

③供热与供冷系统,为2个采暖期、供冷期;

④电气管线、给排水管道、设备安装和装修工程为2年;

⑤其他项目的保修期限由发包方和承包方约定。

(3)修复费用

保修期内,修复的费用按照以下约定处理:

①保修期内,因承包人原因造成工程的缺陷、损坏,承包人应负责修复,并承担修复的费用以及因工程的缺陷、损坏造成的人身伤害和财产损失;

②保修期内,因发包人使用不当造成工程的缺陷、损坏,可以委托承包人修复,但发包人应承担修复的费用,并支付承包人合理利润;

③因其他原因造成工程的缺陷、损坏,可以委托承包人修复,发包人应承担修复的费用,并支付承包人合理的利润,因工程的缺陷、损坏造成的人身伤害和财产损失由责任方承担。

(4)修复通知

在保修期内,发包人发现已接收的工程存在缺陷或损坏的,应书面通知承包人予以修复,情况紧急必须立即修复缺陷或损坏的,发包人可以口头通知承包人并在口头通知后48小时内书面确认,承包人应在约定的合理期限内到达工程现场并修复缺陷或损坏。

(5)未能修复

因承包人原因造成工程的缺陷或损坏,承包人拒绝维修或未能在合理期限内修复缺陷或损坏,且经发包人书面催告后仍未修复的,发包人有权自行修复或委托第三方修复,所需费用由承包人承担。但修复范围超出缺陷或损坏范围的,超出范围部分的修复费用由发包人承担。

【例题25】根据国家有关规定,有关质量保证金和缺陷责任期,下列说法正确的有(　　)。

A.“缺陷”仅指建设工程质量不符合工程建设强制性标准

B.“缺陷责任期”一般不超过2年,由发承包双方在合同中具体约定期限

C.“质量保证金”是指通过承包合同约定,从应付工程款中预留,用以保证承包人在缺陷责任期内对工程缺陷进行维修的资金

D.缺陷责任期内,工程发生缺陷,经鉴定为承包人原因的,发包人可以按照约定没收质量保证金

E. 缺陷责任期到期后，承包人可以向发包人请求返还质量保证金

解析：选项 A，缺陷包括不符合强制性标准、设计文件、承包合同约定。选项 D，发包人可以按约定要求承包人维修，支付维修费、鉴定费，并赔偿损失。迫使承包人按约定维修才是目的。

答案：BCE

【例题 26】下列情形中，属于保修范围的有（　　）。

A. 将住宅屋顶改为菜地，致使屋面渗漏　　B. 因预埋件松动造成设备损坏

C. 因地震造成主体结构倾斜　　D. 因日晒外墙装饰脱落

E. 因他人纵火烧毁装修工程

解析：质量保修范围包括地基基础工程、主体结构工程、屋面防水工程和双方约定的其他土建工程，以及电气管线、上下水管线的安装工程，供热、供冷系统工程等项目。工程质量保修范围是国家强制性规定，合同当事人不能约定减少国家规定的工程质量保修范围。选项 B、D 正确。选项 A 属因使用不当造成的质量缺陷，选项 C 属不可抗力造成的质量缺陷，选项 E 是他人主观故意造成的质量缺陷。

答案：BD

【例题 27】下列关于工程保修义务和损失赔偿责任的说法，正确的有（　　）。

A. 施工造成的质量缺陷，由施工单位维修并承担经济责任

B. 设计造成的质量缺陷，由施工单位维修，并直接向设计单位索赔

C. 因使用甲方采购的建筑材料不合格引起的质量缺陷，施工单位可以拒绝维修

D. 因监理单位错误指令引起的工程缺陷，施工单位先行维修，并向建设单位索赔

E. 因使用人使用不当或自然灾害引起的工程损坏，施工单位承担维修费用

解析：选项 B，向建设单位索赔，正常使用下发现的工程缺陷（包括勘察、设计、建设、监理原因造成），施工单位都承担保修责任。保修后，非施工原因造成的，保修费可以向建设单位主张。选项 C，施工单位不可以拒绝维修，该项保修费用可以向建设单位主张。选项 E，使用人使用不当或第三方造成损坏，不可抗力造成的损坏，施工单位不承担保修责任。

答案：AD

▶ 6.5.4　竣工结算

1）竣工结算申请

承包人应在工程竣工验收合格后 28 天内向发包人和监理人提交竣工结算申请单，并提交完整的结算资料，有关竣工结算申请单的资料清单和份数等要求由合同当事人在专用合同条款中约定。

竣工结算申请单应包括以下内容：

①竣工结算合同价格；

②发包人已支付承包人的款项；

③应扣留的质量保证金，已缴纳履约保证金的或提供其他工程质量担保方式的除外；

④发包人应支付给承包人的合同价款。

2）竣工结算审核

①监理人应在收到竣工结算申请单后 14 天内完成核查并报送发包人。发包人应在收到

监理人提交的经审核的竣工结算申请单后14天内完成审批,并由监理人向承包人签发经发包人签认的竣工付款证书。监理人或发包人对竣工结算申请单有异议的,有权要求承包人进行修正和提供补充资料,承包人应提交修正后的竣工结算申请单。

发包人在收到承包人提交的竣工结算申请单后28天内未完成审批且未提出异议的,视为发包人认可承包人提交的竣工结算申请单,并自发包人收到承包人提交的竣工结算申请单后第29天起视为已签发竣工付款证书。

②发包人应在签发竣工付款证书后14天内,完成对承包人的竣工付款。发包人逾期支付的,按照中国人民银行发布的同期同类贷款基准利率支付违约金;逾期支付超过56天的,按照中国人民银行发布的同期同类贷款基准利率的两倍支付违约金。

③承包人对发包人签认的竣工付款证书有异议的,对于有异议部分应在收到发包人签认的竣工付款证书后7天内提出异议,并由合同当事人按照专用合同条款约定的方式和程序进行复核,或按照争议解决合同条款处理。对于无异议部分,发包人应签发临时竣工付款证书,并完成付款。承包人逾期未提出异议的,视为认可发包人的审批结果。

3)甩项竣工协议

发包人要求甩项竣工的,合同当事人应签订甩项竣工协议。在甩项竣工协议中应明确,合同当事人按照关于竣工结算申请及竣工结算审核的合同条款约定,对已完合格工程进行结算,并支付相应合同价款。

4)最终结清

(1)最终结清申请单

①承包人应在缺陷责任期终止证书颁发后7天内,按专用合同条款约定的份数向发包人提交最终结清申请单,并提供相关证明材料。

最终结清申请单应列明质量保证金、应扣除的质量保证金、缺陷责任期发生的增减费用。

②发包人对最终结清申请单内容有异议的,有权要求承包人进行修正和提供补充资料,承包人应向发包人提交修正后的最终结清申请单。

(2)最终结清证书和支付

①发包人应在收到承包人提交的最终结清申请单后14天内完成审批并向承包人颁发最终结清证书。发包人逾期未完成审批,又未提出修改意见的,视为发包人同意承包人提交的最终结清申请单,且自发包人收到承包人提交的最终结清申请单后15天起视为已颁发最终结清证书。

②发包人应在颁发最终结清证书后7天内完成支付。发包人逾期支付的,按照中国人民银行发布的同期同类贷款基准利率支付违约金;逾期支付超过56天的,按照中国人民银行发布的同期同类贷款基准利率的两倍支付违约金。

③承包人对发包人颁发的最终结清证书有异议的,按争议解决的约定办理。

▶ 6.5.5　违约

1)发包人违约

(1)发包人违约的情形

在合同履行过程中发生的下列情形,属于发包人违约:

①因发包人原因未能在计划开工日期前7天内下达开工通知的；

②因发包人原因未能按合同约定支付合同价款的；

③发包人违反约定，自行实施被取消的工作或转由第三人实施的；

④发包人提供的材料、工程设备的规格、数量或质量不符合合同约定，或因发包人原因导致交货日期延误或交货地点变更等情况的；

⑤因发包人违反合同约定造成暂停施工的；

⑥发包人无正当理由没有在约定期限内发出复工指示，导致承包人无法复工的；

⑦发包人明确表示或者以其行为表明不履行合同主要义务的；

⑧发包人未能按照合同约定履行其他义务的。

发包人发生除上述第⑦种以外的违约情况时，承包人可向发包人发出通知，要求发包人采取有效措施纠正违约行为。发包人收到承包人通知后28天内仍不纠正违约行为的，承包人有权暂停相应部位工程施工，并通知监理人。

(2)发包人违约的责任

发包人应承担因其违约给承包人增加的费用和(或)延误的工期，并支付承包人合理的利润。此外，合同当事人可在专用合同条款中另行约定发包人违约责任的承担方式和计算方法。

(3)因发包人违约解除合同后的处理

承包人按"发包人违约的情形"的约定暂停施工满28天后，发包人仍不纠正其违约行为并致使合同目的不能实现的，或出现前文所述"发包人违约的情形"第(7)种约定的违约情况的，承包人有权解除合同，发包人应承担由此增加的费用，并支付承包人合理的利润。

承包人按照上述约定解除合同的，发包人应在解除合同后28天内支付下列款项，并解除履约担保：

①合同解除前所完成工作的价款；

②承包人为工程施工订购并已付款的材料、工程设备和其他物品的价款；

③承包人撤离施工现场以及遣散承包人所雇用人员的款项；

④按照合同约定在合同解除前应支付的违约金；

⑤按照合同约定应当支付给承包人的其他款项；

⑥按照合同约定应退还的质量保证金；

⑦因解除合同给承包人造成的损失。

合同当事人未能就解除合同后的结清款项达成一致的，按照合同约定的争议解决条款处理。承包人应妥善做好已完工程及与工程有关的已购材料、工程设备的保护和移交工作，并将施工设备和人员撤出施工现场，发包人应为承包人撤出提供必要条件。

2)承包人违约

(1)承包人违约的情形

在合同履行过程中发生的下列情形，属于承包人违约：

①承包人违反合同约定进行转包或违法分包的；

②承包人违反合同约定采购和使用不合格的材料和工程设备的；

③因承包人原因导致工程质量不符合合同要求的；

④承包人违反材料与设备专用要求的约定，未经批准，私自将已按照合同约定进入施工

现场的材料或设备撤离施工现场的；

⑤承包人未能按施工进度计划及时完成合同约定的工作，造成工期延误的；

⑥承包人在缺陷责任期及保修期内，未能在合理期限内对工程缺陷进行修复，或拒绝按发包人要求进行修复的；

⑦承包人明确表示或者以其行为表明不履行合同主要义务的；

⑧承包人未能按照合同约定履行其他义务的。

承包人发生除上述第⑦种约定以外的其他违约情况时，监理人可向承包人发出整改通知，要求其在指定的期限内改正。

(2)承包人违约的责任

承包人应承担因其违约行为而增加的费用和(或)延误的工期。此外，合同当事人可在专用合同条款中另行约定承包人违约责任的承担方式和计算方法。

(3)因承包人违约解除合同后的处理

出现前文所述“承包人违约的情形”第⑦种约定的违约情况时，或监理人发出整改通知后，承包人在指定的合理期限内仍不纠正违约行为并致使合同目的不能实现的，发包人有权解除合同。合同解除后，因继续完成工程的需要，发包人有权使用承包人在施工现场的材料、设备、临时工程，承包人文件和由承包人或以其名义编制的其他文件，合同当事人应在专用合同条款中约定相应费用的承担方式。发包人继续使用的行为不免除或减轻承包人应承担的违约责任。

(4)因承包人违约解除合同后的处理

因承包人原因导致合同解除的，合同当事人应在合同解除后 28 天内完成估价、付款和清算，并按以下约定执行：

①合同解除后，商定或确定承包人实际完成工作对应的合同价款，以及承包人已提供的材料、工程设备、施工设备和临时工程等的价值；

②合同解除后，承包人应支付的违约金；

③合同解除后，因解除合同给发包人造成的损失；

④合同解除后，承包人应按照发包人的要求和监理人的指示完成现场的清理和撤离；

⑤发包人和承包人应在合同解除后进行清算，出具最终结清付款证书，结清全部款项。因承包人违约解除合同的，发包人有权暂停对承包人的付款，查清各项付款和已扣款项。发包人和承包人未能就合同解除后的清算和款项支付达成一致的，按照争议解决条款处理。

(5)采购合同权益转让

因承包人违约解除合同的，发包人有权要求承包人将其为实施合同而签订的材料和设备采购合同的权益转让给发包人，承包人应在收到解除合同通知后 14 天内，协助发包人与采购合同的供应商达成相关的转让协议。

3)第三人造成的违约

在履行合同过程中，一方当事人因第三人的原因造成违约的，应当向对方当事人承担违约责任。一方当事人和第三人之间的纠纷，依照法律规定或者按照约定解决。

思考与练习

一、单选题

1. 下列关于《建设工程施工合同(示范文本)(GF-2017-0201)的说法,正确的是(　　)。

A. 采用示范文本是规范签订合同的前提

B. 不采用示范文本则合同不能进行备案

C. 包括合同协议书、通用合同条款、专用合同条款

D. 包括中标通知书、招标文件、投标文件

2. 关于建设工程质量保修书,下列说法正确的是(　　)。

A. 施工单位应当在提交竣工结算报告时向建设单位出具质量保修书

B. 质量保修书中应当明确工程保修范围、保修期限和保修责任

C. 质量保修书规定的保修期限与法定期限不一致的,按照法定期限保修

D. 房屋建筑的地基基础和主体结构工程,其保修期为 50 年

3. 工程质量保修期限,应(　　)的时间确定。

A. 按当事人双方具体约定　　B. 按法规规定标准

C. 由双方约定且不低于法定标准　　D. 参照行业通常习惯

4. 下列事件中不属于不可抗力的是(　　)。

A. 龙卷风导致吊车倒塌　　B. 地震导致已施工主体建筑物的开裂

C. 因疫情导致现场停工　　D. 承包人拖欠雇员工资导致的动乱

5. 根据《建设工程施工合同(示范文本)》(GF-2017-0201)的规定,导致现场发生暂停施工的下列情形中,承包人在执行监理人暂停施工的指示后,可以要求发包人追加合同价款并顺延工期的不包括(　　)。

A. 施工作业方法可能危及邻近建筑物的安全

B. 施工中遇到了有考古价值的文物

C. 发包人订购的设备不能按时到货

D. 发包人未能按时移交后续施工的现场

6. 分包商在施工现场的协调管理工作,应由(　　)负责。

A. 业主　　B. 监理人　　C. 总承包商　　D. 分包商自己

7. 根据《标准设计施工总承包合同》,关于工程分包的说法,下列正确的是(　　)。

A. 承包人不得将其承包的工程分包给第三人

B. 投标文件中已说明的分包,合同履行时还需再征得发包人同意

C. 承包人不得将设计和施工的主体、关键性工作的施工分包给第三人

D. 委托分包人的工作由发包人和承包人共同完成

8. 在建设工程总承包合同中,属于发包人应当完成的工作是(　　)。

A. 向承包人发出开始工作通知　　B. 指令承包人办理规施工证件

C. 提供工程进度计划　　D. 按照合同约定向承包人及时支付合同价款

9. 施工合同文本规定,施工中遇到有价值的地下文物后,承包商应立即停止施工并采取有效保护措施,对打乱施工计划的后果责任是(　　)。

A. 承包商承担保护费用,工期不予顺延

B. 承包商承担保护费用,工期予以顺延

C. 发包人承担保护措施费用,工期不予顺延

D. 发包人承担保护措施费用,工期予以顺延

10. 已竣工工程交付使用之前负责成品保护工作的是(　　)。

A. 建设单位　　B. 施工单位　　C. 监理单位　　D. 协商解决单位

11. 根据《建设工程施工合同(示范文本)》(GF-2017-0201),某监理工程项目发包人采购的建筑材料运抵施工现场,在由承包人保管前,应经过(　　)共同清点。

A. 发包人与监理人　　B. 监理人与承包人

C. 发包人与承包人　　D. 监理人与供货人

12. 发包人采购的设备经过试车表明存在严重质量缺陷,需拆除并重新购置。下列关于该事件责任承担的说法中,正确的是(　　)。

A. 发包人负责拆除,重新购置,合同工期相应顺延

B. 发包人负责拆除,承包人重新购置,追加合同价款并顺延合同工期

C. 承包人负责拆除,发包人重新购置,顺延合同工期但不追加合同价款

D. 承包人负责拆除,发包人重新购置,追加合同价款并顺延合同工期

13. 负责组织投料试车的是(　　)。

A. 发包人　　B. 总监理工程师　　C. 承包人　　D. 监理单位

14. 对于合同工期短且工程合同总价较低的工程,可采用(　　)合同。

A. 成本加酬金合同　　B. 固定单价

C. 固定总价　　D. 可调单价

15. 发包人负责采购的一批钢窗,运到工地与承包人共同清点验收后存入承包人仓库。钢窗安装完毕,监理工程师检查发现钢窗由于质量原因出现较大变形,要求承包人拆除,则此质量事故(　　)。

A. 所需费用和延误工期由承包人负责

B. 所需费用和延误工期由发包人负责

C. 所需费用给予补偿,延误工期由承包人负责

D. 延误工期应予顺延,费用由承包人承担

16. 依据《建设工程施工合同(示范文本)》(GF-2017-0201)规定,因承包人原因不能按期开工,(　　)后推迟开工日期。

A. 需承包人书面通知工程师　　B. 应经建设行政主管部门批准

C. 应经工程师批准　　D. 需承包人书面通知发包人

二、多选题

1. 工程建设施工合同履行过程中,发包人应完成的工作内容包括(　　)。

A. 办理土地征用、拆迁补偿、平整施工场地

B. 提供和维护非夜间施工使用的照明

C. 开通施工场地与城乡公共道路的通道

D. 保证施工场地清洁符合环境卫生管理有关规定

E. 确定水准点与坐标控制点并进行现场交验

2. 法定质量保修范围有(　　)

A. 土石方工程　　B. 地基基础工程　　C. 电气管线工程

D. 景观绿化工程　　E. 屋面防水工程

3. 根据《建设工程施工合同(示范文本)》(GF-2017-0201),除专用合同条款另有约定外,下列关于进度款审核和支付的说法,正确的有(　　)。

A. 监理人应在收到承包人进度付款申请单后 14 天内完成审查并报送发包人

B. 发包人和监理人对进度付款申请中的个别款项有争议的,应暂停这一次进度款的支付

C. 承包人签发进度款支付证书,即表明发包人已接受承包人完成的相应部分的工作

D. 进度款一旦签发,如果承包人发现有错误,有权提出修正申请

E. 发包人应在进度款支付证书签发后 14 天内完成支付

4.《建设工程施工合同(示范文本)》(GF-2017-0201)规定,在施工中出现不可抗力事件时双方的承担办法,其中属于不可抗力事件发生后,承包方承担的风险范围包括(　　)。

A. 运至施工现场待安装设备的损害

B. 承包人机械设备的损坏

C. 停工期间,承包人应监理人要求留在施工场地的必要管理人员的费用

D. 施工人员的伤亡费用

E. 工程所需的修复费用

5. 下列有关隐蔽工程与重新检验的说法中正确的有(　　)。

A. 承包人自检后书面通知工程师验收

B. 工程师接到承包人的通知后,应在约定的时间与承包人共同检验

C. 若工程师未能按时提出延期检验要求,又未能按时参加验收,承包人可自行检验

D. 若工程师已经在验收合格记录上签字,只有在有确切证据证明工程有问题的情况下才能要求承包人对已隐蔽的工程进行重新检验

E. 重新检验如果不合格,应由承包人承担全部费用,工期不予顺延

6.《建设工程施工合同(示范文本)》(GF-2017-0201)规定,承包人的义务包括(　　)。

A. 已完工程的保护工作

B. 开通施工场地与城乡公共道路的通道

C. 因承包人原因导致的夜间施工噪声罚款

D. 施工现场古树名木的保护工作

E. 办理施工许可证

7. 某基础工程施工过程中,承包人未通知监理人检查即自行隐蔽,后又遵照监理人的指示进行剥露检验,经与监理人共同检验,确认该隐蔽工程的施工质量满足合同要求。下列关于处理此事件的说法,正确的是(　　)。

A. 给承包人顺延工期并追加合同价款

B. 给承包人顺延工期,但不追加合同价款

C. 给承包人追加合同价款,但不顺延工期

D. 工期延误和费用损失均由承包人承担

E. 承包人私自覆盖,自行承担责任

8. 下列叙述正确的是(　　)。

A. 工程师对进度计划的认可不免除承包人的责任

B. 工程师逾期不确认承包人提交的进度计划视为同意

C. 工程师对进度进行协调和控制

D. 承包人负责设计的施工图提交工程师签认后方可使用

E. 发包人委托设计人完成的施工图,经承包人审核后使用

9. 根据《建设工程施工合同(示范文本)》(GF-2017-0201)规定,当合同的组成文件之间出现矛盾或歧义时,下列有关文件优先解释的顺序,正确的有(　　)。

A. 中标通知书—合同协议书—专用合同条款

B. 中标通知书—投标书—通用合同条款

C. 履行过程中的书面洽商—专用合同条款—已标价工程量清单

D. 投标书—专用合同条款—标准规范

E. 图纸—专用合同条款—已标价工程量清单

10. 根据《建设工程施工合同(示范文本)》(GF-2017-0201)的规定,导致现场发生暂停施工的下列情形中,承包商在执行工程师暂停施工的指示后,可以要求发包人追加合同价款并顺延工期的包括(　　)。

A. 施工作业方法可能危及邻近建筑物的安全

B. 施工中遇到了与地质报告不一致的软弱层

C. 发包人订购的设备不能按时到货

D. 施工机械设备进行维修

E. 发包人未能按时移交后续施工的现场

三、案例分析

1. 某施工单位承包某工程项目,甲乙双方签订的关于工程价款的合同内容有:

(1)建筑安装工程造价660万元,建筑材料及设备费占施工产值的比重为60%。

(2)工程预付款为建筑安装工程造价的20%。工程实施后,工程预付款从未施工工程尚需的主要材料及构件的价值相当于工程预付款数额时起扣,从每次结算工程价款中按材料和设备占施工产值的比重扣抵工程预付款,竣工前全部扣清。

(3)工程进度款逐月计算。

(4)工程保修金为建筑安装最终工程造价的3%,竣工结算月一次扣留。

(5)材料和设备价差调整按规定进行(按有关规定上半年材料和设备价差上调10%,在6月份一次调增)。

工程各月实际完成产值如表6.5所示。

表6.5　工程各月实际完成产值

月份	二月	三月	四月	五月	六月
完成产值/万元	55	110	165	220	110

问题:(1)该工程的工程预付款、起扣点分别为多少?

(2)该工程2—5月每月拨付工程款为多少?累计工程款为多少?

(3)6月份办理工程竣工结算,该工程结算造价为多少?甲方应付工程结算款为多少?

2. 某施工单位承包了某建筑工程,合同承包价为1 350万元,工期为9个月。业主(发包人)与施工单位(承包人)签订的合同中关于工程价款的内容有:

(1)工程预付款为合同承包价的20%。

(2)主要材料及设备价值占工程总价的60%,工程预付款从未施工工程尚需的主要材料及构件的价值相当于工程预付款数额时起扣。预付款扣回比例为:开始扣回的第一个月,扣回预付款的40%;第二个月扣回预付款的30%;第三个月扣回预付款的30%。

(4)工程质量保修金为工程结算价款总额的3%,最后一个月一次扣除。

(5)材料和设备价差调整按照规定进行,按照有关规定材料和设备价差上调10%,在最后一个月9月份一次性增调。

(6)工程款支付方式为按月结算。

该工程每月实际完成的产值如表6.6所示。

表6.6 工程每月实际完成的产值

月份	1—4月	5月	6月	7月	8月	9月
实际完成建安工作量/万元	480	210	230	180	150	100

问题:(1)该工程应支付多少工程预付款?

(2)该工程预付款起扣点为多少?

(3)该工程1—4月、5月、6月、7月、8月每月应结算的工程进度款及累计拨款分别为多少?

(4)该工程应付竣工结算价款为多少?

(5)该工程质量保修金为多少?

(6)该工程9月份实付竣工结算价款为多少?

7

建设工程监理合同

【学习目标】

(1)了解建设工程监理合同的概念;

(2)熟悉建设工程监理合同的主要内容;

(3)了解监理职责,培养履约意识。

【案例导入】

提高合同双方的履约意识

某工程项目在施工过程中,因建设单位的资金出现问题,按合同约定由建设单位提供的钢筋一直未到货,导致项目工期延后。施工单位向建设单位提出了索赔。施工单位向监理单位提交索赔报告后,监理单位对其进行了审核,并将最终索赔金额也确定了下来。工程结算时,建设单位认为监理单位未得到建设单位的授权,因此对此索赔金额不认可。

《建筑法》第三十三条规定:"实施建筑工程监理前,建设单位应当将委托的工程监理单位、监理的内容及监理权限,书面通知被监理的建筑施工企业。"但建设单位在实际工程进程中,并未向施工单位发过相关函件。本工程为水运工程,监理合同应采用《水运工程施工监理合同范本(试行)》,应与施工合同中赋予监理的权限和责任相一致。但在监理合同中,专用条款只说明了监理单位为某监理公司,通用条款中也未对监理单位的权限进行明确。

评析:在建设单位和监理单位订立的监理委托合同中如果没有写明相应的权限,法院不会认可监理的意见,只会针对实际的问题通过其他方式取证补偿。监理单位只有建议权,没有决策权,监理单位如果超越自己的权限,建设单位可以根据合同向监理单位提出索赔。在合同签订的过程中,合同双方需要进行充分的沟通和协商,明确双方的权利和义务,才能做好合同履约,减少因合同内容约定不清楚而导致的争议索赔。

7.1 建设工程监理合同概述

▶ 7.1.1 监理合同的概念和特征

1)监理合同的概念

建设工程监理合同是业主与监理单位签订的,为了委托监理单位承担监理业务而明确双方权利义务关系的协议。

建设工程监理合同的主体是组织工程建设的委托人和参与工程建设管理的监理单位。监理单位作为独立的社会中介组织,与委托人签订书面合同后,遵循公正、独立、科学和诚实守信的原则,在委托人委托授权的范围内,依据法律法规及相关技术标准、设计文件和建设工程合同,对承包单位在工程质量、建设工期和建设资金使用等方面,代替委托人实施监督。

2)监理合同的特征

建设工程监理合同是一种委托合同,通过合同来约定双方的关系,向对方履行相关义务。而委托人与承包人通过承包合同来约定双方的关系,向对方履行相关义务。从合同关系上看,监理人与承包人之间没有任何合同关系,监理人对所监理的工程项目拥有的管理权限是委托授予的。所以,工程建设监理活动具有以下特点:

①建设工程监理合同的当事人双方应当是具有民事权利能力和民事行为能力,取得法人资格的企事业单位、其他社会组织,个人在法律允许的范围内也可以成为合同当事人。委托人必须是具有国家批准的建设项目,落实投资计划的企事业单位、其他社会组织及个人。受托人必须是依法成立具有法人资格的监理企业,并且所承担的工程监理业务应与企业资质等级和业务范围相符合。

②建设工程监理合同委托的工作内容必须符合工程项目建设程序,遵守相关法律、行政法规。监理合同是以对建设工程项目实施控制和管理为主要内容,因此,监理合同必须符合建设工程项目的程序,符合国家和建设行政主管部门颁发的有关建设工程的法律、行政法规、部门规章和各种标准、规范要求。在监理过程中,监理人及其工作人员不得从与实施工程有关的第三方处获得任何经济利益,与承包人没有隶属关系和其他利害关系;不得泄露对方声明的保密资料,亦不得泄露与实施工程有关的第三方所提供的保密资料。监理人客观、公正地对待委托人和承包人,在维护委托人的合法权益时,不损害承包人的合法权益。

③监理合同是服务性合同。监理合同属于商业合同,但监理公司不为委托人提供直接的建筑产品生产,建设工程监理合同的标的是服务。建设工程实施阶段所签订的其他合同,如勘察设计合同、施工承包合同、物资采购合同、加工承揽合同的标的物是产生新的物质成果或信息成果,而监理合同的标的是服务,即在工程项目建设监理过程中,由组织管理能力强、工程建设经验丰富、能全面负责履行合同的总监理工程师主持项目监理工作;同时,配备足够的、有丰富管理经验和应变能力的监理工程师组成骨干队伍,建立一套健全的管理制度,应用现代化管理手段和先进的管理理论、方法,科学严谨、实事求是、创造性地利用知识、技能和经验、信息以及必要的试验和检测手段,为委托人提供管理服务。监理活动不能完全取代委托

人的管理活动，只能在授权范围内代表委托人进行工程管理。

▶ 7.1.2 监理合同示范文本

住房和城乡建设部、国家工商行政管理局联合颁布的《建设工程监理合同（示范文本）》（GF-2012-0202）属于一种标准的格式文件，当事人双方根据项目的具体情况在有限的空格内填写相应内容、制定符合该项目特征并经过双方认可的补充条件后，当事人双方签字盖章后即生效，产生法律效力。示范文本由协议书、通用条件、专用条件 3 个部分及附录 A 和附录 B 组成。

（1）协议书

合同协议书是监理合同的纲领性文件，规定了合同当事人双方最主要的权利和义务，组成合同的文件及合同双方对履行合同的承诺。委托人和监理人的法定代表人或其授权代理人在协议书上签字并盖章后生效，具有法律效力。合同协议书应明确当事人双方确定的委托监理的工程概况、监理合同的组成文件、总监理工程师、签约酬金、履约期限、双方承诺、合同订立等。

（2）通用条件

通用条件是对合同双方的权利、义务和责任做出一般性的规定，明确了工程监理基本工作内容，以及在遇到各类问题时双方应遵守的原则和采取的措施等。

建设工程监理合同通用条件具有较强的通用性，对合同正常履行过程中双方的义务进行了划分，因此适用于各类建设工程项目监理。组成建设工程监理合同的文件包括以下内容：定义与解释，监理人的义务，委托人的义务，违约责任，支付，合同生效、变更、暂停、解除与终止，争议解决，其他。

（3）专用条件

对于具体实施的工程项目而言，通用条件中的某些条款规定显得比较笼统，适用于各类建设工程项目监理。所以，在签订具体工程项目监理合同时，需要结合具体工程的项目特征，由委托人和监理人协商一致后进行填写。如需要，还可以在其中增加补充条款和修正条款。

"补充"是指在通用条件中的条款明确规定，在该条款确定的原则下，专用条件的条款中进一步明确具体内容，使两个条件中相同序号的条款共同组成一条内容完备的条款。"修改"是指标准条件中规定的程序方面的内容，如果双方认为不合适，可以协议修改。

【例题 1】下列关于建设工程监理的说法，错误的是（　　）。

A. 建设工程监理的行为主体是工程监理单位

B. 建设工程监理不同于建设行政主管部门的监督管理

C. 建设工程监理的依据包括委托监理合同和有关的建设工程合同

D. 总承包单位对分包单位的监督管理也属于建设工程监理行为

解析：建设工程监理合同的主体是组织工程建设的委托人和参与工程建设管理的监理单位。监理单位作为独立的社会中介组织，与委托人签订书面合同后，遵循公正、独立、科学和诚实守信的原则，在委托人委托授权的范围内，依据法律法规及相关技术标准、设计文件和建设工程合同，对承包单位在工程质量、建设工期和建设资金使用等方面，代替委托人实施监督。

答案：D

【例题 2】监理单位在建设工程监理工作中体现公平性要求的是(　　)。

A. 维护建设单位的合法权益时,不损害施工单位的合法权益

B. 协助建设单位实现其投资目标,力求在计划的目标内建成工程

C. 按照委托监理合同的规定,为建设单位提供管理服务

D. 建立健全管理制度,配备有丰富管理经验和应变能力的监理工程师

解析:监理单位在建设工程监理工作中要客观、公正地对待委托人和承包人,在维护委托人的合法权益时,不损害承包人的合法权益。

答案:A

7.2 监理合同的主要内容

7.2.1 监理合同的当事人

根据《建设工程监理合同(示范文本)》通用条件的有关定义解释,监理是指监理人受委托人的委托,依照法律法规、工程建设标准、勘察设计文件及合同,在施工阶段对建设工程质量、进度、造价进行控制,对合同、信息进行管理,对工程建设相关方的关系进行协调,并履行建设工程安全生产管理法定职责的服务活动。委托人是指合同中委托监理与相关服务的一方,及其合法的继承人或受让人。监理人是指本合同中提供监理与相关服务的一方,及其合法的继承人。承包人是指在工程范围内与委托人签订勘察、设计、施工等有关合同的当事人,及其合法的继承人。

1)监理人的义务

(1)监理的工作内容

除专用条件另有约定外,监理工作内容包括:

①收到工程设计文件后编制监理规划,并在第一次工地会议 7 天前报委托人,根据有关规定和监理工作需要,编制监理实施细则;

②熟悉工程设计文件,并参加由委托人主持的图纸会审和设计交底会议;

③参加由委托人主持的第一次工地会议,主持监理例会并根据工程需要主持或参加专题会议;

④审查施工承包人提交的施工组织设计,重点审查其中的质量安全技术措施、专项施工方案与工程建设强制性标准的符合性;

⑤检查施工承包人工程质量、安全生产管理制度及组织机构和人员资格;

⑥检查施工承包人专职安全生产管理人员的配备情况;

⑦审查施工承包人提交的施工进度计划,核查承包人对施工进度计划的调整;

⑧检查施工承包人的试验室;

⑨审核施工分包人的资质条件;

⑩查验施工承包人的施工测量放线成果;

⑪审查工程开工条件,对条件具备的签发开工令;

⑫审查施工承包人报送的工程材料、构配件、设备质量证明文件的有效性和符合性,并按

规定对用于工程的材料采取平行检验或见证取样方式进行抽检；

⑬审核施工承包人提交的工程款支付申请，签发或出具工程款支付证书，并报委托人审核、批准；

⑭在巡视、旁站和检验过程中，发现工程质量、施工安全存在事故隐患的，要求施工承包人整改并报委托人；

⑮经委托人同意，签发工程暂停令和复工令；

⑯审查施工承包人提交的采用新材料、新工艺、新技术、新设备的论证材料及相关验收标准；验收隐蔽工程、分部分项工程；

⑰审查施工承包人提交的工程变更申请，协调处理施工进度调整、费用索赔、合同争议等事项；

⑱审查施工承包人提交的竣工验收申请，编写工程质量评估报告；参加工程竣工验收，签署竣工验收意见；

⑲审查施工承包人提交的竣工结算申请并报委托人；

⑳编制、整理工程监理归档文件并报委托人。

(2)监理与相关服务依据

监理依据包括：

①适用的法律、行政法规及部门规章；

②与工程有关的标准；

③工程设计及有关文件；

④本合同及委托人与第三方签订的与实施工程有关的其他合同。

双方根据工程的行业和地域特点，在专用条件中具体约定监理依据。

(3)项目监理机构和人员

①监理人应组建满足工作需要的项目监理机构，配备必要的检测设备。项目监理机构的主要人员应具有相应的资格条件。

②合同履行过程中，总监理工程师及重要岗位监理人员应保持相对稳定，以保证监理工作正常进行。

③监理人可根据工程进展和工作需要调整项目监理机构人员。监理人更换总监理工程师时，应提前7天向委托人书面报告，经委托人同意后方可更换；监理人更换项目监理机构其他监理人员，应以相当资格与能力的人员替换，并通知委托人。

监理人应及时更换有下列情形之一的监理人员：严重过失行为的；有违法行为不能履行职责的；涉嫌犯罪的；不能胜任岗位职责的；严重违反职业道德的；专用条件约定的其他情形。

委托人可要求监理人更换不能胜任本职工作的项目监理机构人员。

(4)履行职责

监理人应遵循职业道德准则和行为规范，严格按照法律法规、工程建设有关标准及本合同履行职责。

在监理与相关服务范围内，委托人和承包人提出的意见和要求，监理人应及时提出处置意见。当委托人与承包人之间发生合同争议时，监理人应协助委托人、承包人协商解决。

当委托人与承包人之间的合同争议提交仲裁机构仲裁或人民法院审理时，监理人应提供必要的证明资料。

监理人应在专用条件约定的授权范围内，处理委托人与承包人所签订合同的变更事宜。如果变更超过授权范围，应以书面形式报委托人批准。

在紧急情况下，为了保护财产和人身安全，监理人所发出的指令未能事先报委托人批准时，应在发出指令后的24小时内以书面形式报委托人。

除专用条件另有约定外，监理人发现承包人的人员不能胜任本职工作的，有权要求承包人予以调换。

(5)提交报告

监理人应按专用条件约定的种类、时间和份数向委托人提交监理及相关服务的报告。

(6)文件资料

在合同履行期内，监理人应在现场保留工作所用的图纸、报告及记录监理工作的相关文件。工程竣工后，应当按照档案管理规定将监理有关文件归档。

(7)使用委托人的财产

监理人无偿使用由委托人派遣的人员和提供的房屋、资料、设备。除专用条件另有约定外，委托人提供的房屋、设备属于委托人的财产，监理人应妥善使用和保管，在本合同终止时将这些房屋、设备的清单提交委托人，并按专用条件约定的时间和方式移交。

2)委托人的义务

①告知。委托人应在委托人与承包人签订的合同中明确监理人、总监理工程师和授予项目监理机构的权限。如有变更，应及时通知承包人。

②提供资料。委托人应按照约定，无偿向监理人提供与工程有关的资料。在合同履行过程中，委托人应及时向监理人提供最新的与工程有关的资料。

③提供工作条件。委托人应为监理人完成监理与相关服务提供必要的条件。委托人应按照约定，派遣相应的人员，提供房屋、设备，供监理人无偿使用。委托人应负责协调工程建设中所有外部关系，为监理人履行本合同提供必要的外部条件。

④委托人代表。委托人应授权一名熟悉工程情况的代表，负责与监理人联系。委托人应在双方签订合同后7天内，将委托人代表的姓名和职责书面告知监理人。当委托人更换委托人代表时，应提前7天通知监理人。

⑤委托人意见或要求。在合同约定的监理与相关服务工作范围内，委托人对承包人的任何意见或要求应通知监理人，由监理人向承包人发出相应指令。

⑥答复。委托人应在专用条件约定的时间内，对监理人以书面形式提交并要求作出决定的事宜，给予书面答复。逾期未答复的，视为委托人认可。

⑦支付。委托人应按合同约定，向监理人支付酬金。

【例题3】根据《建设工程监理合同(示范文本)》，以下各项中，属于委托人义务的是(　　)。

A.提供证明材料　　B.提交报告　　C.提供工作条件　　D.监理范围和工作内容

解析：委托人的义务包括告知、提供资料、提供工作条件、授权委托人代表、委托人意见或建议、答复、支付等。

答案：C

▶ 7.2.2 监理合同的酬金

《建设工程监理合同(示范文本)》细化了酬金计取的方式。签约酬金包括监理酬金与相关服务酬金。相关服务酬金包括勘察阶段服务酬金、设计阶段服务酬金、保修阶段服务酬金、其他相关服务酬金。监理酬金通常包括正常工作酬金、附加工作酬金两部分。正常工作酬金是指监理人完成正常工作委托人应给付监理人并在协议书中载明的签约酬金额。附加工作酬金是指监理人完成附加工作,委托人应给付监理人的金额。

监理合同以竣工结算价格为监理报酬的取费基础。为鼓励监理人高水平地工作、降低工程造价和节省投资,委托人给予监理人适当的奖励是合理的。《建设工程监理合同(示范文本)》的通用条件明确支付的酬金包括正常工作酬金、附加工作酬金、合理化建议奖励金额及费用,专用条件中约定了正常工作酬金、附加工作酬金、奖励金额的计算方法。相反,如果监理人在工作中失职造成委托人的损失,监理人也应按赔偿金的计算方法赔偿委托人。

监理酬金支付方式必须明确首期支付金额,支付方式是每月等额支付还是根据工程形象进度支付,以及支付货币的币种等。

①支付货币。除专用条件另有约定外,酬金均以人民币支付。涉及外币支付的,所采用的货币种类、比例和汇率在专用条件中约定。

②支付申请。监理人应在合同约定的每次应付款时间的 7 天前,向委托人提交支付申请书。支付申请书应当说明当期应付款总额,并列出当期应支付的款项及其金额。

③支付酬金。支付的酬金包括正常工作酬金、附加工作酬金、合理化建议奖励金额及费用。

④有异议部分的付款。无异议部分的款项应按期支付,有异议部分的款项按“争议解决”中相应条款约定办理。委托人对监理人提交的支付申请书有异议时,应当在收到监理人提交的支付申请书后 7 天内,以书面形式向监理人发出异议通知。

【例题4】建设单位与监理单位按《建设工程监理合同(示范文本)》签订了监理合同,并在监理合同专用条件中约定附加工程酬金为 15 万元/月。监理合同履行过程中,由于建设单位资金未到位工程停工,监理合同暂停履行,半年后恢复。监理单位暂停履行合同的善后工作时间为 1 个月,恢复履行的准备工作时间为 1 个月,按合同约定,监理单位可获得的附加工作酬金是(　　)万元。

A. 15　　B. 0　　C. 30　　D. 90

解析:附加工作酬金是指监理人完成附加工作,委托人应给付监理人的金额。工程停工期间,监理单位的附加工作时间是 2 个月,附加工作酬金为 $2\times15=30$(万元)。

答案:C

▶ 7.2.3 监理合同违约责任

监理合同在履行的过程中,任何一方因自身过错给对方造成损失,导致合同不能履行或不能完全履行时,有过错的一方应承担违约责任;如属于双方过错,根据实际情况,由双方各自承担各自应负的违约责任。为保证监理合同规定的各项权利义务顺利实施,通用条件中规定:合同责任期内,如果监理人员未按合同中要求的职责服务,或者委托人违背对监理人员的责任时,均应向对方承担赔偿责任。

1)监理人的违约责任

监理人未履行合同义务的,应承担相应的责任。

①因监理人违反合同约定给委托人造成损失的,监理人应当赔偿委托人损失。赔偿金额的确定方法在专用条件中约定。监理人承担部分赔偿责任的,其承担赔偿金额由双方协商确定。

②监理人向委托人的索赔不成立时,监理人应赔偿委托人由此产生的费用。

2)委托人的违约责任

委托人未履行合同义务的,应承担相应的责任。

①委托人违反合同约定造成监理人损失的,委托人应予以赔偿。

②委托人向监理人的索赔不成立时,应赔偿监理人由此产生的费用。

③委托人未能按期支付酬金超过 28 天时,应按专用条件约定支付逾期付款利息。

3)除外责任

因非监理人的原因,且监理人无过错,发生工程质量事故、安全事故、工期延误等造成的损失,监理人不承担赔偿责任。

因不可抗力导致合同全部或部分不能履行时,双方各自承担其因此而造成的损失、损害。

7.2.4 合同生效、变更、暂停、解除与终止

1)合同生效

除法律另有规定或者专用条件另有约定外,委托人和监理人的法定代表人或其授权代理人在协议书上签字并盖单位章后本合同生效。

2)合同变更

①任何一方提出变更请求时,双方经协商一致后可进行变更。

②除不可抗力外,因非监理人原因导致监理人履行合同期限延长、内容增加时,监理人应当将此情况与可能产生的影响及时通知委托人。增加的监理工作时间、工作内容应视为附加工作。附加工作酬金的确定方法在专用条件中约定。

③合同生效后,如果实际情况发生变化使得监理人不能完成全部或部分工作时,监理人应立即通知委托人。除不可抗力外,其善后工作以及恢复服务的准备工作应为附加工作,附加工作酬金的确定方法在专用条件中约定。监理人用于恢复服务的准备时间不应超过 28 天。

④合同签订后,遇有与工程相关的法律法规、标准颁布或修订的,双方应遵照执行。由此引起监理与相关服务的范围、时间、酬金变化的,双方应通过协商进行相应调整。

⑤因非监理人原因造成工程概算、投资额或建筑安装工程费增加时,正常工作酬金应作相应调整。调整方法在专用条件中约定。

⑥因工程规模、监理范围的变化导致监理人的正常工作量减少时,正常工作酬金应作相应调整。调整方法在专用条件中约定。

3)合同暂停与解除

除双方协商一致可以解除合同外,当一方无正当理由未履行合同约定的义务时,另一方

可以根据合同约定暂停履行合同直至解除合同。

①在合同有效期内,由于双方无法预见和控制的原因导致合同全部或部分无法继续履行或继续履行已无意义,经双方协商一致,可以解除合同或监理人的部分义务。在解除之前,监理人应作出合理安排,使开支减至最小。

因解除合同或解除监理人的部分义务导致监理人遭受的损失,除依法可以免除责任的情况外,应由委托人予以补偿,补偿金额由双方协商确定。

解除合同的协议必须采取书面形式,协议未达成之前,合同仍然有效。

②在合同有效期内,因非监理人的原因导致工程施工全部或部分暂停,委托人可通知监理人要求暂停全部或部分工作。监理人应立即安排停止工作,并将开支减至最小。除不可抗力外,由此导致监理人遭受的损失应由委托人予以补偿。

暂停部分监理与相关服务时间超过182天,监理人可发出解除本合同约定的该部分义务的通知;暂停全部工作时间超过182天,监理人可发出解除合同的通知,合同自通知到达委托人时解除。委托人应将监理与相关服务的酬金支付至合同解除日,且应承担约定的责任。

③当监理人无正当理由未履行合同约定的义务时,委托人应通知监理人限期改正。若委托人在监理人接到通知后的7天内未收到监理人书面形式的合理解释,则可在7天内发出解除本合同的通知,自通知到达监理人时本合同解除。委托人应将监理与相关服务的酬金支付至限期改正通知到达监理人之日,但监理人应承担约定的责任。

④监理人在专用条件中约定的支付之日起28天后仍未收到委托人按本合同约定应付的款项,可向委托人发出催付通知。委托人接到通知14天后仍未支付或未提出监理人可以接受的延期支付安排,监理人可向委托人发出暂停工作的通知并可自行暂停全部或部分工作。暂停工作后14天内监理人仍未获得委托人应付酬金或委托人的合理答复的,监理人可向委托人发出解除合同的通知,自通知到达委托人时合同解除。

⑤因不可抗力致使合同部分或全部不能履行时,一方应立即通知另一方,可暂停或解除本合同。

⑥本合同解除后,本合同约定的有关结算、清理、争议解决方式的条件仍然有效。

4)合同终止

以下条件全部满足时,合同即告终止:

①监理人完成本合同约定的全部工作;

②委托人与监理人结清并支付全部酬金。

【案例1】某工程实施过程中发生如下事件:

事件1:监理合同签订后,监理单位法定代表人要求项目监理机构在收到设计文件和施工组织设计后方可编制监理规划;同意监理单位技术负责人委托具有类似工程监理经验的副总工程师审批监理规划;不同意总监理工程师确定的担任总监理工程师代表的人选,理由是该人选仅具有工程师职称和5年工程实践经验,虽经监理业务培训,但不具有注册监理工程师资格。

事件2:施工过程中,总监理工程师安排专业监理工程师审批监理实施细则,并委托总监理工程师代表负责调配监理人员、检查监理人员工作和参与工程质量事故的调查。

事件3:专业监理工程师巡视施工现场时,发现正在施工的部位存在安全事故隐患,立即签发《监理通知单》,要求施工单位整改;施工单位拒不整改,总监理工程师拟签发《工程暂停令》,建设单位以工期紧为由不同意停工,总监理工程师便没有签发《工程暂停令》,也没有及时向有关主管部门报告。最终导致严重的生产安全事故。

问题:(1)指出事件1中监理单位法定代表人的做法有哪些不妥,分别写出正确做法。

(2)指出事件2中总监理工程师的做法有哪些不妥,分别写出正确做法。

(3)分别指出事件3中建设单位、施工单位和总监理工程师对该生产安全事故是否承担责任,并说明理由。

解析:(1)不妥之一:要求在收到施工单位的施工组织设计后编制监理规划。

正确做法:在收到设计文件后即可编制监理规划。

不妥之二:同意副总工程师审批监理规划。

正确做法:应由监理单位技术负责人审批监理规划。

不妥之三:不同意总监理工程师代表人选。

正确做法:总监理工程师代表的任职条件满足监理规范的要求,所以,应当同意总监理工程师确定的总监理工程师代表人选。

(2)不妥之一:安排专业监理工程师审批监理实施细则。

正确做法:应由总监理工程师审批监理实施细则。

不妥之二:委托总监理工程师代表调配监理人员。

正确做法:应由总监理工程师调配监理人员。

不妥之三:委托总监理工程师代表参与工程质量事故调查。

正确做法:应由总监理工程师参与工程质量事故调查。

(3)建设单位承担责任。理由:建设单位不同意总监理工程师签发《工程暂停令》。

施工单位承担责任。理由:施工单位收到《监理通知单》后拒不整改。

总监理工程师承担责任。理由:没有签发《工程暂停令》,也没有向有关主管部门报告。

【案例2】某工程实施过程中发生如下事件:

事件1:监理合同签订后,监理单位技术负责人组织编制了监理规划并报法定代表人审批,在第一次工地会议后,项目监理机构将监理规划报送建设单位。

事件2:总监理工程师委托总监理工程师代表完成下列工作:①组织召开监理例会;②组织审查施工组织设计;③组织审核分包单位资格;④组织审查工程变更;⑤签发工程款支付证书;⑥调解建设单位与施工单位的合同争议。

事件3:总监理工程师在巡视中发现,施工现场有一台起重机械安装后未经验收便投入使用,且存在严重安全事故隐患,总监理工程师即向施工单位签发《监理通知单》要求整改,并及时报告建设单位。

事件4:工程完工经自检合格后,施工单位向项目监理机构报送了工程竣工验收报审表及竣工资料,申请工程竣工验收。总监理工程师组织各专业监理工程师审查了竣工资料,认为施工过程中已对所有分部分项工程进行过验收且均合格,随即在工程竣工验收报审表中签署了预验收合格的意见。

问题:(1)指出事件1中的不妥之处,写出正确做法。

(2)逐条指出事件2中,总监理工程师可委托和不可委托总监理工程师代表完成的工作。

(3)指出事件3中总监理工程师做法的不妥之处,说明理由。写出要求施工单位整改的内容。

（4）指出事件4中总监理工程师做法的不妥之处。写出总监理工程师在工程竣工预验收中还应组织完成的工作。

解析：（1）不妥之一：监理单位技术负责人组织编制了监理规划。

正确做法：监理规划应由总监理工程师组织编制。

不妥之二：监理规划报法定代表人审批。

正确做法：监理规划报送监理单位技术负责人审批签字。

不妥之三：在第一次工地会议后，将监理规划报送建设单位。

正确做法：监理规划应在第一次工地会议7天前报送建设单位。

（2）①可以委托。②不可以委托。③可以委托。④可以委托。⑤不可以委托。⑥不可以委托。

（3）不妥之处：签发《监理通知单》要求整改。理由：存在严重安全事故隐患时，总监理工程师应签发《工程暂停令》，并及时报告建设单位。

整改内容：①要求施工单位组织起重机械安装后的验收。②要求施工单位在验收合格后，办理登记手续。③要求施工单位采取措施消除安全事故隐患。

（4）不妥之处：认为施工过程中均验收合格，随即在工程竣工验收报审表中签署了预验收合格的意见。还应完成工作内容：①组织相关人员对工程实体质量进行预验收。②发现问题，要求施工单位整改。③组织编写工程质量评估报告，并报送监理单位技术负责人签字。④经总监理工程师和监理单位技术负责人签字后的评估报告，报送建设单位。

思考与练习

一、单选题

1. 建设工程监理合同的标的是（　　）。

A. 工程项目　　B. 货币　　C. 服务　　D. 货物

2. 下列要求中，不属于监理工作规范化要求的是（　　）。

A. 工作的时序性　　B. 职责分工的严密性

C. 完成目标的准确性　　D. 工作目标的确定性

3. 下列建设工程监理委托模式中，要求监理单位具有较强的合同管理与组织协调能力的是（　　）。

A. 在采用设计或施工总分包模式时，建设单位委托一家监理单位提供实施阶段全过程的监理服务

B. 在采用设计或施工总分包模式时，建设单位按照设计阶段和施工阶段分别委托监理单位提供监理服务

C. 在采用平行承发包模式时，建设单位委托多家监理单位提供监理服务

D. 在采用平行承发包模式时，建设单位委托一家监理单位提供监理服务

4. 监理任务确定并签订委托监理合同后，工程监理单位首先要做的工作是（　　）。

A. 编制监理大纲　　B. 编制监理规划

C. 组建项目监理机构　　D. 编制监理实施细则

5. 某工程项目的建设单位通过招标与某监理单位签订了施工阶段委托监理合同，总监理工程师应根据(　　)组建项目监理机构。

A. 监理大纲和监理规划　　B. 监理大纲和委托监理合同

C. 委托监理合同和监理规划　　D. 监理规划和监理实施细则

二、多选题

1. 工程建设监理合同的当事人有(　　)

A. 施工单位　B. 总监理工程师　C. 监理人　D. 发包人　E. 质量监督站

2. 下列关于监理合同性质和特点的说法，正确的是(　　)。

A. 监理合同是委托合同的一种　　B. 监理合同是建设工程合同的一种

C. 监理合同的标的是服务　　D. 监理合同的标的是工程

E. 监理合同的工作内容必须符合工程项目建设程序

3. 根据《建设工程监理合同(示范文本)》，需要在协议书中约定的内容有(　　)。

A. 监理合同文件组成　　B. 总监理工程师

C. 监理与相关服务酬金支付方式　　D. 合理化建议奖励金额的确定方法

E. 监理与相关服务期限

4. 根据《建设工程监理合同(示范文本)》，附录 B 需要约定的内容有(　　)。

A. 委托人派遣的人员　　B. 相关服务范围和内容

C. 相关服务酬金　　D. 委托人提供的设备

E. 委托人提供的房屋

5. 根据建设工程委托监理合同示范文本的规定，委托人对监理人履行合同的监督事项包括(　　)。

A. 监理人选择的监理工作分包单位须征得委托人同意

B. 监理人调换总监理工程师须征得委托人同意

C. 批准监理人的监理工作实施细则

D. 审查监理人提交的监理报告

E. 要求更换不称职的监理人员

6. 根据《建设工程监理合同(示范文本)》，项目监理机构应向委托人提交的监理文件资料有(　　)。

A. 监理大纲　B. 监理规划　C. 监理实施细则

D. 监理月报　E. 监理专项报告

7. 根据《建设工程监理合同(示范文本)》，监理人未正确履行合同义务的过错行为有(　　)。

A. 对不可预见因素未实施风险防范，使工程受到损失

B. 未按规范程序进行监理

C. 施工单位擅自违规作业未被发现而出现质量不合格

D. 未按正确数据进行判断而向施工承包人发出错误指令

E. 未能及时发出相关指令，导致工程实施进程发生重大延误

三、案例题

某实施监理的工程,建设单位与甲施工单位按《建设工程施工合同(示范文本)》签订了合同,合同工期为2年。经建设单位同意,甲施工单位将其中的专业工程分包给乙施工单位。工程实施过程中发生以下事件:

事件1:甲施工单位在基础工程施工时发现,现场条件与施工图不符,遂向项目监理机构提出变更申请。总监理工程师指令甲施工单位暂停施工后,立即与设计单位联系,设计单位同意变更,但同时表示无法及时提交变更后的施工图。总监理工程师将此事报告建设单位,建设单位随即要求总监理工程师修改施工图并签署变更文件,交甲施工单位执行。

事件2:专业监理工程师巡视时发现,乙施工单位未按审查后的施工方案施工,存在工程质量、安全事故隐患。总监理工程师分别向甲、乙施工单位发出整改通知,甲、乙施工单位既不整改也未回函答复。

事件3:工程竣工结算时,甲施工单位将事件1中基础工程设计变更所增加的费用列入工程竣工结算申请,总监理工程师以甲施工单位未及时提出变更工程价款申请为由,拒绝变更基础工程价款。

问题:(1)分别指出事件1中总监理工程师和建设单位做法的不妥之处。写出该变更的正确处理程序。

(2)事件2中,总监理工程师分别向甲、乙施工单位发出整改通知是否正确?分别说明理由。在发出整改通知后,甲、乙施工单位既不整改也未回函答复,总监理工程师应采取什么措施?

(3)事件3中,总监理工程师的做法是否正确?说明理由。

8

建设工程合同索赔管理

【学习目标】

(1)了解建设工程合同索赔的概念、分类;

(2)了解索赔报告的内容及索赔依据;

(3)掌握工期索赔和费用索赔的计算;

(4)掌握索赔处理程序及典型索赔案例分析计算;

(5)掌握如何减少或转移工程风险,保护自身利益。

【案例导入】

低价中标,高价索赔

某承包单位在扬州承建一大型房地产项目,工程合同中标价格4 913万元。施工期间建筑材料大幅度涨价,钢材开工时的价格为3 500元/t,后来钢材涨到5 200元/t,涨幅达到48%;远远超过了承包商的承受能力。承包单位成功地通过工程索赔,向建设业主获得420万元索赔款。施工企业重视工程索赔,大部分的项目都配有专门负责工程索赔的专业人员“商务经理”。在施工企业流传这样的说法“中标靠低价、获利靠索赔”。

评析:合同管理贯穿工程实施的全过程,而索赔管理是合同管理的重要组成部分。索赔已成为许多承包商的经营策略之一,承包方应学会减少或转移工程风险,保护自身利益。要对合同中可索赔条款深刻认识,加强索赔的前瞻性预防,主动控制索赔事件的发生,确保建设工程项目的顺利完成,加强合同管理。

8.1 索赔概述

▶ 8.1.1 索赔的概念和特征

1)索赔的概念

索赔一词来源于“claim”,其原意表示“有权要求”,法律上称为“权利主张”,并没有赔偿的意思。工程索赔通常是指工程建设的施工过程中发承包双方在履行合同时,合同一方当事人因非己方的原因而遭受损失,按照合同约定或法律法规规定应由对方承担责任,从而向对方提出经济补偿和(或)工期顺延的要求。

索赔具有广义和狭义两种解释。广义的索赔是指合同一方向对方提出的索赔,既包括承包人向业主的索赔,也包括业主向承包人的索赔。狭义的索赔仅指承包人向业主的索赔。在狭义的索赔中,业主对于属于承包人应承担责任造成的,且实际发生了的损失,向承包人要求赔偿,则称为反索赔。

在工程实践中,发包人向承包人提出的索赔处理起来比较容易(往往可以通过扣除工程款或是没收履约保证金等方式来实现);而承包人对发包人的索赔范围较广,一般只要不是承包人自身责任,而是由于外界干扰造成工期延长或成本增加,都有可能提出索赔。承包人提出的索赔工作量大,处理起来十分困难,因此将承包人对发包人的索赔作为索赔管理的重点和主要对象。通常所说的索赔,如未特别指明,指的就是承包人向发包人提出的索赔。

对于施工合同双方来说,索赔是维护双方合法利益的权利,它与合同条件中双方的合同责任一样,构成严密的合同制约关系。在工程承包中,索赔已成为许多承包人的经营策略之一。“低价中标,高价索赔”是许多承包人的经验之谈。由于建筑市场竞争激烈,承包人为取得工程,只能压低报价,以低价中标。而发包人为节约投资,千方百计与承包人讨价还价,通过在招标文件中提出一些苛刻要求,使承包人处于不利地位。而承包人的主要对策之一就是通过工程索赔,减少或转移工程风险,避免亏本,赢得利润。

2)索赔的基本特征

(1)索赔是双向的

承包人可以向发包人索赔,发包人同样也可以向承包人索赔。由于实践中发包人向承包人索赔发生的频率相对较低,而且在索赔处理中,发包人始终处于主动和有利地位,因此在工程实践中,大量发生的是承包人向发包人的索赔,这也是进行合同管理的重点内容之一。

(2)只有实际发生了经济损失或权利损害,一方才能向对方索赔

经济损失是指因对方原因造成合同外的额外支出,如人工费、材料费、机械费、管理费等额外开支;权利损害是指虽然没有经济上的损失,但造成了一方权利上的损害,如恶劣气候条件对工程进度造成不利影响,承包人有权要求工期延长等。

发生了实际的经济损失或权利损害,是一方提出索赔的基本前提条件之一。有时上述两者同时存在,如发包人未及时交付合格的施工现场,既造成承包人的经济损失,又侵犯了承包人的工期权利,因此,承包人既有权要求经济赔偿,又有权要求工期延长。

(3)索赔是一种未经对方确认的单方行为

索赔要求能否得到最终实现,必须通过确认(如双方协商、谈判、调解或仲裁、诉讼)才能实现。

(4)索赔属于补偿行为,而不是惩罚

索赔属于正确履行合同的正当权利要求。索赔方所受到的损害,与被索赔方的行为并不一定存在因果上的关系。索赔事件的发生,可以是一定行为造成的,也可以是不可抗力事件引起的,可以是对方当事人的行为导致的,也可能是任何第三方行为所导致的。

【例题1】下列关于施工索赔的说法,错误的是(　　)。

A. 索赔是一种合法的正当权利要求,不是无理争利

B. 索赔是单向的

C. 索赔的依据是签订的合同和有关法律、法规和规章

D. 在工程施工中,索赔的目的是补偿索赔方在工期和经济上的损失

解析:索赔是双向的,承包人可以向发包人索赔,发包人同样也可以向承包人索赔。

答案:B

8.1.2 索赔的要求与成立条件

1)索赔的要求

承包商提出的索赔,以及索赔的最终解决应符合表8.1所列的要求。

表8.1 索赔的要求

序号	要求	内容
1	客观性	(1)干扰事件确实存在; (2)干扰事件的影响存在; (3)造成工程拖延,承包商损失; (4)有证据证明
2	合法性	按合同、法律或惯例规定应予补偿
3	合理性	(1)索赔要求符合合同要求; (2)符合实际情况; (3)索赔值的计算符合以下几方面: a. 符合合同规定的计算方法和计算基础; b. 符合公认的会计核算原则; c. 符合工程惯例; d. 干扰事件、责任、干扰事件的影响,索赔值之间有关系,索赔要求符合逻辑

2)索赔的成立条件

承包商提出的索赔要求成立必须同时具备以下条件:

①与合同比较,索赔事件已经造成了承包人直接经济损失和(或)工期延误。

②索赔事件不是由于承包人的原因发生的,也不是承包人应承担的责任或风险。

③承包人已按合同规定的期间和程序提交索赔意向通知、索赔报告及相关证明材料。

【例题2】下列关于建设工程索赔成立条件的说法,正确的是(　　)。

A. 导致索赔的事件必须是对方的过错,索赔才能成立

B. 主要对方存在过错,不管是否造成损失,索赔都能成立

C. 不按照合同规定的程序提交索赔报告,索赔不能成立

D. 只要索赔事件的事实存在,在合同有效期内任何时候提出索赔都能成立

解析:承包商提出的索赔要求成立必须同时具备以下条件:(1)与合同比较,索赔事件已经造成了承包人直接经济损失和(或)工期延误;(2)索赔事件不是由于承包人的原因发生的,也不是承包人应承担的责任或风险;(3)承包人已按合同规定的期间和程序提交索赔意向通知、索赔报告及相关证明材料。

答案:C

▶ 8.1.3　工程索赔的原因

与其他行业相比,建筑业是一个索赔多发的行业,这是由建筑产品、建筑生产过程、建筑产品市场经营方式决定的。在现代建设工程承包中,特别是在国际工程承包中,索赔经常发生,而且索赔额很大。这主要是由以下几方面决定的:

①合同中的工期和价格是相对于投标时的合同条件、工程环境和实施方案,即"合同状态"确定的;

②由上述这些内部的和外部的干扰因素引起"合同状态"中某些因素的变化,打破了"合同状态",造成工期延长和额外费用的增加;

③由于这些增量没有包括在原合同工期和价格中,或承包商不能通过原合同价格获得补偿,则产生了索赔要求。

引起工程索赔的主要原因和表现形式如表8.2所示。

表8.2　引起工程索赔的主要原因和表现形式

原因	分类	表现形式
当事人违约	发包人	常常表现为发包人没有按照合同约定履行自己的义务,如未能按合同约定的时间提供施工条件,发放图纸、指令;未能按合同约定及时和足额支付工程款等
	承包人	表现为承包人未能按照合同约定的质量、期限完工,或不当的行为给发包人造成了其他损失
不可抗力事件	自然事件	主要是不利的自然条件和客观障碍,如火灾、旱灾、地震、风灾、大雪、山崩等
	社会事件	社会原因引起的社会现象,如战争、动乱、政府干预、罢工、禁运,国家政策、法律、法令的变更等
施工条件变化	不利物质条件	承包人在施工现场遇到不可预见的自然物质条件(包括地下和水文条件)、非自然物质障碍和污染物
	现场条件不同	现场施工条件与合同约定的情况出入较大,通常表现为地质勘查资料上的数据错误或与实际地质情况大不相同

续表

原因	分类	表现形式
合同缺陷	表现为合同文件规定不严谨甚至矛盾、合同中存在遗漏或错误。在这种情况下，发包人应当给予解释，如果这种解释将导致成本增加或工期延长，发包人应当给予承包人补偿	
工程变更	业主有保留变更工程的权利，主要表现为设计变更、施工方法变更、追加或者取消某项工作、合同规定的其他变更等	

8.1.4 工程索赔的分类

工程索赔依据不同的标准可以进行不同的分类。

1)按索赔的合同依据分类

按索赔的合同依据可以将工程索赔分为合同中的明示索赔和合同中的默示索赔。

①合同中的明示索赔。合同中的明示索赔是指承包人所提出的索赔要求，在合同文件中有文字依据，承包人可以据此提出索赔要求，并取得经济补偿。

②合同中的默示索赔。合同中的默示索赔是指承包人的索赔要求，虽然在合同条款中没有专门的文字叙述，但是根据合同的某些条款的含义，可以推论出承包人有索赔权。

2)按索赔目的分类

按索赔目的可以将工程索赔分为工期索赔和费用索赔。

①工期索赔。由于非承包人原因导致施工进程延误，要求批准顺延合同工期的索赔，称为工期索赔。工期索赔形式上是对权利的要求，以避免在原定合同竣工日不能完工时，被发包人追究拖期违约责任。一旦获得批准，合同工期顺延后，承包人不仅免除了承担拖期违约赔偿费的严重风险，而且可能提前工期得到奖励，最终仍反映在经济收益上。

②费用(经济)索赔。费用索赔的目的是要求经济补偿。就是承包商向业主要求补偿不应该由承包商自己承担的经济损失或额外开支，也就是取得合理的经济补偿。

3)按索赔事件的性质分类

按索赔事件的性质可以将工程索赔分为工程延误索赔、工程变更索赔、合同被迫终止索赔、工程加速索赔、意外风险和不可预见因素索赔及其他索赔。

①工程延误索赔。因发包人未按合同要求提供施工条件，如未及时交付设计图纸、施工现场、道路等，或因发包人指令工程暂停或不可抗力事件等原因造成工期拖延所引起的索赔。

②工程变更索赔。由于发包人或监理工程师指令增加或减少工程量或增加附加工程、修改设计、变更工程顺序等，造成工期延长和费用增加引起的索赔。

③合同被迫终止的索赔。由于发包人或承包人违约以及不可抗力事件等造成合同非正常终止而引起的索赔。

④工程加速索赔。由于发包人或工程师指令承包人加快施工速度，缩短工期，引起承包人人、财、物的额外开支而引起的索赔。

⑤意外风险和不可预见因素索赔。在工程实施过程中，因人力不可抗拒的自然灾害、特殊风险以及一个有经验的承包人通常不能合理预见的不利施工条件或外界障碍，如地下水、

地质断层、溶洞、地下障碍物等引起的索赔。

⑥其他索赔。如因货币贬值、汇率变化、物价、工资上涨、政策法令变化等引起的索赔。

4）按索赔的处理方式分类

按索赔的处理方式可以将工程索赔分为单项索赔和综合索赔。

①单项索赔。单项索赔是一事一索赔的方式，即在每一件索赔事项发生后，报送索赔通知书，编报索赔报告书，要求单项解决支付，不与其他的索赔事项混在一起。

②综合索赔。综合索赔又称总索赔，俗称一揽子索赔，即对整个工程（或某项工程）中所发生的数起索赔事项，综合在一起进行索赔。它也是总成本索赔，是对整个工程（或某项工程）的实际总成本与原预算成本的差额提出索赔。

5）按索赔当事人分类

按索赔当事人可以将工程索赔分为承包人与业主之间的索赔、总承包人与分包人之间的索赔、承包人与供货人之间的索赔。

①承包人与业主之间的索赔。这是工程承包施工中最普遍的索赔形式。最常见的是承包人向业主提出的工期索赔和费用索赔，业主向承包人提出经济赔偿的要求称为反索赔。

②总承包人与分包人之间的索赔。总承包人和分包人按照所签订的分包合同，都有向对方提出索赔的权利，以维护自己的利益，获得额外开支的经济补偿。工程分包合同履行过程中，索赔事件发生后，无论是发包人的原因还是总承包人的原因所致，分包人都只能向总承包人提出索赔要求，而不能直接向发包人提出。

③承包人与供货人之间的索赔。承包人在中标以后，根据合同规定的机械设备和工期要求，向设备制造厂家或材料供应人询价订货，签订供货合同。供货合同一般规定供货商提供的设备的型号、数量、质量标准和供货时间等具体要求。供货人违反供货合同的规定，使承包人受到经济损失时，承包人有权向供货人提出索赔，反之亦然。

【例题3】某工程实行施工总承包模式，承包人将基础工程中的打桩工程分包给某专业分包单位施工，施工过程中发现地质情况与勘察报告不符而导致打桩施工工期拖延。在此情况下，（　　）可以提出索赔。

A. 承包人向发包人　　B. 承包人向勘察单位　　C. 分包人向发包人

D. 分包人向承包人　　E. 发包人向监理

解析：因为发包人未按合同要求提供施工条件，承包人可以向发包人提出索赔；由于非分包人的原因导致工期拖延，分包人可以向承包人提出索赔。

答案：AD

【例题4】在施工过程中，由于发包人或工程师指令修改设计、修改实施计划、变更施工顺序，造成工期延长和费用损失，承包商可提出索赔。这种索赔属于（　　）引起的索赔。

A. 地质条件的变化　　B. 不可抗力　　C. 工程变更　　D. 业主风险

解析：工程变更索赔是指由于发包人或监理工程师指令增加或减少工程量或增加附加工程、修改设计、变更工程顺序等，造成工期延长和费用增加引起的索赔。

答案：C

【例题5】承包商可以就（　　）的发生向业主提出索赔。

A. 施工中遇到地下文物被迫停工　　B. 施工机械大修，误工3天

C. 业主材料供应商延期交货　　　　D. 业主要求提前竣工,导致工程成本增加
E. 设计图纸错误,造成返工

【解析】施工机械大修,误工 3 天是由于承包人自身原因导致的,因此不能向业主提出索赔。

答案:ACDE

【例题 6】下列索赔事件中,属于按索赔目划分,索赔的是(　　)。

A. 工程延误索赔　　B. 工期索赔　　C. 汇率索赔　　D. 工程变更索赔

解析:本题考查的是建设工程施工合同索赔的分类。按索赔目划分,索赔可分为工期索赔、费用索赔。

答案:B

【例题 7】虽然在工程项目的合同条款中没有专门的文字描述,但可以根据该合同某些条款的含义,推论出承包人有索赔权,这种索赔称为(　　)。

A. 明文索赔　　B. 其他索赔　　C. 变更索赔　　D. 默示索赔

解析:本题考查的是工程索赔管理。合同中的默示索赔,即承包人的该项索赔要求虽然在工程项目的合同条款中没有专门的文字叙述,但可以根据该合同某些条款的含义,推论出承包人有索赔权。

答案:D

8.2　索赔的程序、依据及处理原则

8.2.1　索赔程序

1)承包人提出索赔要求

《建设工程施工合同(示范文本)》规定索赔程序如下:

①发出索赔意向通知。索赔事件发生后,承包人在知道或应当知道索赔事件发生后的 28 天内向监理人递交索赔意向通知,声明将对此事件提出索赔。该意向通知是承包人就具体的索赔事件向监理人和发包人表示的索赔愿望和要求。如果超过这个期限,监理人和发包人有权拒绝承包人的索赔要求。

索赔意向通知通常包括以下 4 个方面的内容:一是事件发生的时间和情况的简单描述;二是合同依据的条款和理由;三是有关后续资料的提供,包括及时记录和提供事件发展的动态;四是对工程成本和工期产生不利影响的严重程度。

②递交索赔报告。索赔意向通知提交后的 28 天内,承包人应递送正式的索赔报告。索赔报告是承包人向监理人提交的一份要求业主给予一定经济(费用)补偿和延长工期的正式报告,承包人应该在索赔事件对工程产生的影响结束后,在规定时限内向监理人提交正式的索赔报告。

索赔报告的基本要求包括以下内容:一是必须说明索赔的合同依据,即基于何种理由提出索赔要求。一种是根据合同条款规定,承包人有资格因合同变更或追加额外工作而取得费用补偿和(或)延长工期;另一种是业主或其代理人任何违反合同规定给承包商造成损失,承包人有权索取补偿。二是索赔报告中必须有详细准确的损失金额及时间的计算。三是证明

客观事物与损失之间的因果关系，说明索赔前因后果的关联性，要以合同为依据，说明业主违约或合同变更与引起索赔的必然性联系。四是索赔报告必须准确，其中包括责任分析应清楚、准确，索赔值的计算依据要正确，计算结果要准确，措辞要恰当。

索赔事件具有持续影响的，承包人应按合理时间间隔继续递交延续索赔通知，说明持续影响的实际情况和记录，列出累计的追加付款金额和（或）工期延长天数。

③在索赔事件影响结束 28 天内，承包人应向监理人递交最终索赔报告，说明最终要求索赔的追加付款金额和（或）延长的工期，并附必要的记录和证明材料。

2）监理人审核索赔报告

（1）监理人审核承包人的索赔申请

①监理人应在收到索赔报告后 14 天内完成审查并报送发包人。监理人对索赔报告存在异议的，有权要求承包人提交全部原始记录副本。

②发包人应在监理人收到索赔报告或有关索赔的进一步证明材料后的 28 天内，由监理人向承包人出具经发包人签认的索赔处理结果。发包人逾期答复的，则视为认可承包人的索赔要求。

（2）对索赔报告的审查

①事态调查，通过对合同实施的跟踪、分析了解事件经过、前因后果，掌握事件详细情况。

②损害事件原因分析，即分析索赔事件是由何种原因引起，责任应由谁来承担。

③分析索赔理由，主要依据合同文件判明索赔事件是否属于未履行合同规定义务或未正确履行合同义务导致，是否在合同规定的赔偿范围之内。只有符合合同规定的索赔要求才有合法性，才能成立。

④实际损失分析，即为索赔事件的影响分析，主要表现为工期的延长和费用的增加。

⑤证据资料分析，主要分析证据资料的有效性、合理性、正确性，这也是索赔要求有效的前提条件。如果监理人认为承包人提出的证据不足以说明其要求的合理性，可以要求承包人进一步提交索赔的证据资料。

3）确定合理的补偿额

①监理人与承包人协商补偿。监理人核查后初步确定应予补偿的额度，往往与承包人的索赔报告中要求的额度不一致，甚至差额较大。主要原因大多为对承担事件损害责任的界限划分不一致、索赔证据不充分、索赔计算的依据和方法分歧较大，因此双方应就索赔的处理进行协商。

②发包人审查索赔处理。当监理人确定的索赔额超过其权限范围时，必须报请发包人批准。发包人首先根据事件发生的原因、责任范围、合同条款审核承包人的索赔申请和监理人的处理报告，再根据工程建设的目的、投资控制、竣工投产日期要求以及针对承包人在施工中的缺陷或违反合同规定等有关情况，决定是否同意监理人的处理意见。索赔报告经发包人同意后，监理人即可签发有关证书。

4）最终索赔处理

承包人接受最终的索赔处理决定，索赔事件处理即告结束。索赔款项在当期进度款中进行支付；如果承包人不同意，就会导致合同争议。通过协商双方达到互谅互让的解决方案，是处理争议的最理想方式。如达不成谅解，承包人有权提交仲裁或诉讼解决。

【例题8】工程施工过程中索赔事件发生后，承包人首先要做的工作是(　　)。

A.向监理工程师提出索赔意向通知　　B.向监理工程师提交索赔证据

C.向监理工程师提交索赔报告　　D.与业主就索赔事项进行谈判

解析：索赔事件发生后，承包人在知道或应当知道索赔事件发生后的28天内向监理人递交索赔意向通知，声明将对此事件提出索赔。

答案：A

【例题9】根据《建设工程施工合同(示范文本)》(GF-2017-0201)，承包人必须在发出索赔意向通知后(　　)天内向工程师提交一份详细的索赔文件。

A.28　　B.30　　C.42　　D.56

解析：索赔意向通知提交后的28天内，承包人应递送正式的索赔报告。索赔报告是承包人向监理人提交的一份要求业主给予一定经济(费用)补偿和延长工期的正式报告。

答案：A

▶ 8.2.2　索赔文件与依据

1)索赔文件

索赔文件是承包商向业主索赔的正式书面材料，也是业主审核承包商索赔请求的主要依据。索赔文件一般由索赔意向通知书、索赔报告书及附件三部分组成。

(1)索赔意向通知书

索赔意向通知书是承包商致业主或其代表的一封简短信函，主要是提出索赔请求。索赔意向通知书要在合同规定的时间内提出，简明扼要地说明以下四方面的内容：

①索赔事件发生的时间、地点和简单描述事实情况；

②索赔事件的发展动态；

③索赔依据和理由，可加附件说明；

④索赔事件对工程成本和工期产生的不利影响，提出索赔要求。

索赔意向通知书示例

致发包人代表(或监理人)：

我方希望你方对工程地质条件变化问题引起重视。

1.在合同文件表明有松软石的地方未遇到松软石。

2.在合同文件未表明有坚硬岩石的地方遇到坚硬岩石。

由于第一条，我方实际施工进度提前。

由于第二条，我方实际生产率降低，引起进度拖延，并不得不在雨季施工。

上述施工条件变化，造成我方施工现场设计与原设计有很大不同，为此向你方提出工期索赔及费用索赔要求，具体工期索赔及费用索赔依据与计算书在随后的索赔报告中。

承包人：×××

项目经理：×××

××××年××月××日

(2)索赔报告

索赔报告的质量和水平，与索赔成败的关系极为密切。对于重大的索赔事项，有必要聘请合同专家或技术权威人士担任咨询，并邀请资深的专业人士参与索赔活动，才能保证索赔成功。

索赔报告的具体内容随索赔事项的性质和特点有所不同,但大致由以下四部分组成:

①总论部分。概要叙述索赔事件发生的日期和过程,承包商为该事件付出的努力和附加开支,承包商的具体索赔要求,主要包括序言、索赔事项概述、具体索赔要求(工期延长天数或索赔款额)、报告编写及审核人员。

②论证部分。论证部分是索赔报告的关键部分,也是索赔成立的基础。其目的是说明自己有索赔权和索赔理由,一般包括概述索赔事项的处理过程、发出索赔通知书的时间、论证索赔要求的合同条款、指明所附证据资料的名称及编号,以便查阅。

③索赔款项(或工期)计算部分。索赔款项(或工期)计算部分是索赔报告的主要部分,如果说论证部分是解决索赔权能否成立,索赔款项(或工期)计算部分则是为解决能得到多少补偿。前者定性,后者定量。

a.索赔款项计算部分。索赔款项计算部分主要包括由于索赔事项引起的额外开支的人工费、材料费、设备费、管理费、投资利息,税收、利润等。每一项费用开支,应附相应的证据或单据,并通过详细的论证和计算,使业主和工程师对索赔款的合理性有充分了解,这对索赔要求的迅速解决十分重要。

b.工期延长计算部分。在索赔报告中,计算工期的方法主要有横道图表法、关键路线法、进度评估法三种。承包商在索赔报告中,应该对工期延长、实际工期、理论工期等进行详细的论述,说明自己要求工期延长(天数)的根据。

④证据部分。证据部分通常以索赔报告书附件的形式出现,包括索赔事项所涉及的一切有关证据及对这些证据的说明。索赔证据资料的范围甚广,可能包括施工过程中所涉及的有关政治、经济、技术、财务、气象等许多方面的资料。对于重大的索赔事项,承包商还应提供直观记录资料,如录像、摄影等。

2)索赔依据

(1)施工合同及其附件

合同签订的会议纪要或备忘录是解决合同纠纷的一份重要依据。签订施工合同以前,合同双方对于中标价格、施工计划、合同条件等问题的讨论纪要文件中,如果对招标文件中的某个合同条款作了修改或解释,则这个纪要就是将来索赔计算的依据。

合同的附件特别是投标报价文件中,承包人对各主要清单项目的综合单价进行了分析计算,对各主要工程量的施工效率和进度进行了分析,并列出了施工所需的设备和材料数量和价值,所有这些文件都是正式合同文件的组成部分,也是施工索赔的基本依据。

(2)招标文件

招标文件是合同文件的基础,包括通用合同条件、专用合同条件、施工图、招标工程量清单、工程范围说明、现场水文地质资料等文本,这些都是招标控制价计算的基础资料。它们不仅是承包商投标报价的依据,也是索赔时计算附加成本的依据。

(3)往来函件

工程各项往来的文件、指令、信函、通知、答复等,如工程师(或业主)的工程变更指令、口头变更确认函、加速施工指令、施工单价变更通知、对承包商问题的书面回答等,这些信函(包括电子邮件、传真资料)都具有与合同文件同等的法律效力,是工程结算和索赔的依据资料。

(4)会议记录

会议记录包括标前会议纪要、施工协调会议纪要、施工进度变更会议纪要、施工技术讨论会议纪要、索赔会议纪要等。对于重要的会议纪要,要建立审阅制度,即由作纪要的一方写好纪要稿后,送交对方传阅核签,如有不同意见,可在纪要稿上修改,也可规定一个核签期限(如7天),如纪要稿送出后7天内不返回核签意见,即认为同意。这对会议纪要稿的合法性是很必要的。

(5)施工现场记录

施工现场记录主要包括施工日志、施工停水停电记录、施工检查记录、工时记录,质量检查与验收记录、设备或材料使用记录,施工进度记录以及工程照片、录像等。对于重要的施工现场记录,如质量检查与验收记录,还应有工程师派遣的监理员签名。

(6)现场气象记录

许多的工期拖延索赔与气象条件有关。施工现场应注意记录和收集气象资料,如每月降水量、风力、气温、河水水位、河水流量、洪水水位、基坑地下水状况等。

(7)工程财务记录

工程财务记录主要有工程进度款每月支付申请表,工人劳动计时卡和工资发放表,设备、材料和零配件采购清单及付款发票、收据,工程开支月报等。在索赔计算工作中,财务凭证十分重要。

(8)国家、省、市有关文件

国家、省、市有关文件是指国家、省、市有关影响工程造价、工期的文件、规定等。国际工程还要注意工程所在国家的政策法令文件,如货币汇兑限制指令,调整工资的决定、税收变更指令、工程仲裁规则等。对于重大的索赔事项,如遇到复杂的法律问题时,承包商还需要聘请律师,专门处理法律方面的问题。

(9)市场信息资料

对于大中型土建工程,一般工期长达数年,应系统地收集整理物价变动等资料,这对工程款的调价计算是必不可少的,对索赔也同等重要,如工程所在国官方出版的物价报道、外汇兑换率行情、工人工资调整等。

【案例1】某建设单位和某施工单位签订了工程施工合同。合同规定:钢材、木材、水泥由业主供货到现场仓库,其他材料由承包商自行采购。当工程施工到第三层框架梁钢筋绑扎时,因业主提供的钢筋未到,该项作业停工14天(该项作业的总时差为0)。

10月7日到10月9日因停电停水,第三层的砌砖停工(该项作业的总时差为4天)。为此,承包商于10月20日向监理工程师提交了一份索赔报告,并于10月25日交了一份工期、费用索赔计算书和索赔依据的详细材料。

请试写一份索赔文件。

【示例】

题目:××项目临时停工索赔

事件:业主供应材料未到,以及现场停电停水。

影响:造成现场停工,虽然安排部分工人做其他工作,但是仍然有热工停工、机械停工。

要求:延长工期14天,费用索赔7 875元。

其中:人工停工费在尽量安排工人从事其他工作之后,按补偿的工效差计算。机械停工费考虑是自有设备,仅按折旧台班费计算。本索赔事项双方同意不计取管理费和利润。

证据:相应的合同条款、施工现场情况记录、工人工资单等证据资料附在索赔报告之后。

附件：

1. 工期索赔

业主供应钢材未到，停工 14 天，属于关键工作，故要求延长工期 14 天；现场停电造成停工，因有 4 天的总时差，故不提出工期索赔要求，总计要求延长工期 14 天。

2. 费用索赔

索赔费用分类	索赔金额/元
人工费	
绑扎钢筋停工	35×10×14＝4 900
砌砖停工	30×10×3＝900
人工费合计	5 800
机具使用费	
塔吊一台	14×50＝700
混凝土搅拌机一台	14×30＝420
钢筋弯曲机一台	14×20＝280
钢筋切断机一台	14×20＝280
砂浆搅拌机一台	3×15＝45
机具使用费合计	1 725
保函损失费	350
各项费用总计	7 875

▶ 8.2.3 索赔的处理原则

工程索赔是极其重要的合同事件，除索赔的依据和程序之外，一些原则必不可少，这些原则是处理索赔的基本前提。

1）承包人责任事件的索赔不成立

承包人提出索赔的第一项原则是承包人对索赔事件无责任。无责任包括无直接责任、无间接责任和无推定责任 3 个方面。从发包人角度就是，若属于承包人的直接责任、间接责任和推定责任，则不可提出索赔，即索赔不成立。此时增加的费用和工期延长由承包人自行承担，工期的延误必须经过相应的计划调整，满足原有工期计划要求。

（1）直接责任

直接责任是指索赔事件的发生与承包人及其工作人员的行为有明确的因果关系。

（2）间接责任

间接责任是指索赔事件的发生与承包人及其工作人员的行为没有明确的直接关系，但属于承包人的分包单位的责任，不论分包工程是否得到发包人的认可或同意。根据我国相关法律规定，承包人就分包工程向发包人承担连带责任。

(3)推定责任

推定责任比较复杂,既非直接责任,又非间接责任,判定的一个重要原则是"作为一个合格的有经验的工程技术人员与管理人员"可以预见问题而采取相关措施而使问题得以解决。

2)发包人责任事件的索赔成立

如果发生发包人责任事件,则承包人可以提出索赔,包括经济补偿和工期补偿。发包人责任也包括直接责任、间接责任和推定责任 3 个方面。

(1)直接责任

直接责任就是根据合同约定,索赔事件应该由发包人负责,索赔事件的发生与发包人有着明确的因果关系。发包人的直接责任经常出现在下列几种情形中:

①发包人的错误指令事件;

②发包人要求的工程变更事件;

③发包人要求增加有关工作事件。

(2)间接责任

间接责任就是施工过程中与发包人直接缔约的有关各方的工作不当,导致承包人有关损失或工期延误。由于这些参与方与承包方没有直接缔约关系,无法构成索赔,因此要向发包人提出索赔要求。发包人的间接责任经常出现在下列几种情形中:

①监理人及发包人委托的其他工程技术指导人员的错误指令事件;

②与发包人直接缔约的其他承包人的影响导致承包人蒙受损失的事件。

(3)推定责任

推定责任是指因索赔事件的发生导致承包人损失,尽管合同中没有明确规定,但是根据合同的订立原则,推定应该由发包人承担。发包人的推定责任经常出现在下列几种情形中:

①提供满足正常施工要求的施工场地。当施工中由于各种原因导致场地无法满足要求时,发包人有义务恢复现场的施工条件。例如,地质条件所产生的特殊问题,这些并非发包人的责任造成的,但是发包人有提供正常施工场地的义务,因此发包人应当承担责任。

②提供满足正常施工要求的施工条件。市政部门原因导致的现场能源或交通中断属于发包人的责任,施工场地内由承包人引起的水、电,道路交通等出现故障,不属于发包人的责任范围。

3)不可抗力事件损失按产权归属各自承担,工期顺延

对于不可抗力事件的后果,在合同中有两种:一种是合理解除合同,另一种是延期履行合同。究竟如何处理,应视事故原因、性质以及所产生的实际影响程度而定。工程合同一般不采取解除合同的方式,除非在不可抗力事件的作用下,工程已无继续进行的必要。

①工期顺延。根据法律相关规定,不可抗力事件可以顺延工期,包括不可抗力事件的持续时间和恢复生产所需的必要时间。

②按产权归属承担不可抗力事件的经济损失。已建工程的损失、恢复生产的费用、现场的待安装材料和设备由发包人承担;承包人的施工机械、设备自行承担;人员伤亡发承包双方按各自归属单位承担,第三方人员伤亡由发包人承担。

③延迟履行合同期间遭遇不可抗力事件,不免除责任。当事人违约在先,延迟执行合同的义务,正是由于延迟,对方在执行合同时遭遇了不可抗力事件。

④当事人不采取措施,导致损失扩大,应承担责任。不可抗力事件发生后,各方当事人应该积极采取有效措施,防止事态扩大、损失增加。扩大的损失应该由失误方承担。

4)多个并列责任事件的索赔界定

工程自身和环境等都是复杂的,所遭遇的意外事件也是复杂的。那么,对两个及以上的责任事件在某个时间段同时发生,对各方造成的损失,应该如何界定责任,划分损失呢?

(1)连带相关责任事件

有些违约责任事件是相互连带的,具有一定的因果关系,这样的违约或事件的损失应归于先期发生的事件。如果后期事件是先期事件发生导致的,损失是后期事件产生的,只要后期事件产生方采取了积极的措施防止事件扩大,则损失也应归于先期发生的事件。

(2)非连带相关责任事件

多个违约责任事件没有因果关系、各自独立存在,对合同当事人不存在相互促进影响。对于非连带相关责任事件,应按照请求补偿一方的责任、对方的责任、意外(不可抗力)的先后顺序,决定责任承担先后顺序,因为索赔方提出索赔的基本前提是自身没有违约、自身对该事件无责任。

【例题10】下列事项中,承包方要求的费用索赔不成立的是(　　)。

A.建设单位未及时供应施工图纸　　B.施工单位施工机械损坏

C.业主原因要求暂停全部项目施工　　D.因设计变更而导致工程内容增加

解析:承包商自身原因索赔不成立。

答案:B

【例题11】《施工合同(示范文本)》规定,施工中遇到有价值的地下文物后,承包商应立即停止施工并采取有效保护措施,对打乱施工计划的后果责任是(　　)。

A.承包商承担保护费用,工期不予顺延　　B.承包商承担保护费用,工期予以顺延

C.业主承担保护措施费用,工期不予顺延　　D.业主承担保护措施费用,工期予以顺延

解析:非承包商原因,索赔成立。

答案:D

8.3 索赔额的计算

▶ 8.3.1 工期索赔

1)工期延长论证

工期延长是指施工过程中任何一项或多项干扰事件的出现导致工作时间完成情况迟于计划规定的完成要求,从而导致整个合同工期的延长。

承包人在施工索赔过程中,对工期的延长进行论证,一是可获得展延工期,使承包人免于承担误期的罚金,二是可以探讨承包人获得经济补偿的可能性。

在进行工期延长论证时,承包人要明确以下几个基本工期:

①合同计划工期。这是承包人在投标报价文件中所确定的施工期,是为了完成招标文件

中所规定的工作内容,承诺完成的工期。一般来说,合同计划工期是业主在招标文件中所提出的施工期,是从工程开工之日起到建成工程所需要的施工天数。

②实际施工工期。这是在工程项目的施工过程中,在具体的施工条件下,建成"全部工作内容"实际所花费的施工天数。实际施工工期因为会受到各种施工干扰因素的影响,超出合同计划工期。如果实际工期的增加是非承包人的原因造成的,则承包人有权利得到相应的工期补偿,即工期延长天数=实际工期-合同计划工期。

③理论工期。这是指在施工过程中,假定按照原定施工效率,完成"全部工作内容",理论上所需要的工作时间。在实际施工工期和理论工期中所讲的"全部工作内容"是指实际上完成的全部工作,既包括合同范围以内的工作,也包括工程量的增加和超出合同范围的工作。

如果在实际工作中,承包人完全按照合同原定的施工效率施工,则实际工期应该等于理论工期;如果承包人采取一些加速施工的措施,则实际工期要小于理论工期,这时:

加速施工挽回的工期=理论工期-合同计划工期

2)工期延误原因的分类

工期延误原因可以有以下几种分类方法:

(1)按工程延误原因划分

①因发包人及监理人自身原因或合同变更原因引起的延误。

《建设工程施工合同(示范文本)》确定的可以顺延工期的条件:在合同履行过程中,因下列情况导致工期延误和(或)费用增加的,由发包人承担由此延误的工期和(或)增加的费用,且发包人应支付承包人合理的利润:

a.发包人未能按合同约定提供图纸或所提供图纸不符合合同约定;

b.发包人未能按合同约定提供施工现场、施工条件、基础资料、许可、批准等开工条件;

c.发包人提供的测量基准点、基准线和水准点及其书面资料存在错误或疏漏;

d.发包人未能在计划开工日期之日起7天内同意下达开工通知;

e.发包人未能按合同约定日期支付工程预付款、进度款或竣工结算款;

f.监理人未按合同约定发出指示、批准等文件;

g.专用合同条款中约定的其他情形。

例如,某工程在主体砌筑工程中,因施工图设计有误导致返工,致使相应工序持续时间增加了15天,但发包人认为该工序不在关键线路上而加以拒绝。承包人在对工程网络计划进行分析后,证明了由于拖延15天使该工序从原来的非关键线路变成了关键线路,最后发包人同意了7天的工期顺延。

②因承包人原因引起的延误。

a.施工组织不当,如出现窝工或停工待料现象;

b.质量不符合合同要求而造成的返工;

c.资源配置不足,如劳动力不足、机械设备不足或不配套、技术力量薄弱、管理水平低、缺乏流动资金等;

d.开工延误;

e.劳动生产率低;

f.承包人雇用的分包人或供应商引起的延误。

上述延误难以得到发包人的谅解,也不可能得到发包人或监理人给予延长工期的补偿。

承包人若想避免或减少工程延误的罚款及由此产生的损失，只有通过加强内部管理或增加投入，或采取加速施工的措施。

③不可控制因素导致的延误。

a. 人力不可抗拒的自然灾害，如有记录可查的特殊反常的恶劣天气、不可抗力引起的工程损坏和修复。

例如，某工程进入雨季施工，恰逢20年一遇的大雨，工期增加了5天。承包人要求监理人予以顺延工期。监理人认为20年一遇的大雨是一个有经验的承包人无法预料的，因此同意延长工期5天。

b. 特殊风险，如战争、叛乱、革命、核装置污染等。

c. 不利的自然条件或客观障碍引起的延误等，如现场发现化石、古钱币或文物。

d. 施工现场中其他承包人的干扰。

e. 合同文件中某些内容的错误或互相矛盾。

f. 罢工及其他经济风险引起的延误，如政府抵制或禁运而造成的工程延误。

【案例2】某工程合同履行过程中，承包人因下述原因提出工期索赔13天：①建设单位提供图纸延误5天；②在同一范围内承包人的工人在两个高程上同时作业，监理人考虑施工安全，下令暂停上部工程施工而延误工期3天；③因下雨影响填筑工程质量，监理人下令工程全部停工5天，等填筑材料含水量降到符合要求后再进行作业。

问题：监理人应批准承包人顺延工期多少天？

【解析】①由于设计图纸延误5天停工不属于承包人的责任，因此应给予工期补偿。

②考虑到现场施工人员安全而下达的暂时停工令，责任在于承包人施工组织不合理，因此不应批准工期顺延。

③因下雨影响填筑工程的施工质量，要根据当时的降雨记录来划分责任归属。如果雨量和持续时间超过构成异常恶劣的气候影响或不可抗力标准，则应按有经验的承包人不可能合理预见到的异常恶劣自然条件的条款，批准顺延5天工期。如果没有超过合同内约定的标准，尽管监理人下达了暂停施工令，但责任原因属于承包人应承担的风险，即承包人报送监理人批准的施工进度计划，应充分估计到不利于施工的天数而进行施工组织。在这种情况下，不应批准该部分的顺延工期要求。

(2)按延误的结果划分

①可索赔延误。可索赔延误是指非承包人原因引起的工程延误，包括发包人或监理人的原因和双方不可控制的因素引起的延误，并且该延误工序或作业一般在关键线路上，此时承包人可提出补偿要求，发包人应给予相应的合理补偿。根据补偿内容的不同，可索赔延误可进一步分为以下3种情况。

a. 只可索赔工期的延误。这类延误是由发包人、承包人双方都不可预料、无法控制的原因造成的，如不可抗力、异常恶劣气候条件、特殊社会事件、其他第三方等原因引起的延误。对于这类延误，一般合同规定：发包人只给予承包人延长工期，不给予费用损失的补偿。

b. 只可索赔费用的延误。这类延误是指发包人或监理人的原因引起的延误，但发生延误的活动对总工期没有影响，而承包人却由于该项延误负担了额外的费用损失。在这种情况下，承包人不能要求延长工期，但可要求发包人补偿费用损失，前提是承包人必须能证明其受到了损失或产生了额外费用，如因延误造成的人工费增加、材料费增加、劳动生产率降低等。

c. 可索赔工期和费用的延误。这类延误主要是发包人或监理人的原因直接造成工期延误并导致经济损失。如发包人未及时交付合格的施工现场,既造成承包人的经济损失,又侵犯了承包人的工期权利。在这种情况下,承包人不仅有权向发包人索赔工期,还有权要求发包人补偿因延误而发生的、与延误时间相关的费用损失。

②不可索赔延误。不可索赔延误是指因可预见的条件或在承包人控制之内的情况或由于承包人自己的过错引起的延误。如果没有发包人或监理人的不合适行为,没有其他可索赔情况,则承包人必须无条件地按合同规定的时间实施和完成施工任务,没有资格获准延长工期,承包人不应向发包人提出任何索赔,发包人也不会给予工期或费用的补偿。相反,如果承包人未能按期竣工,还应支付误期损害赔偿费。

【例题 12】根据《标准施工招标文件》(2007 年版)通用合同条款,下列引起承包人索赔的事件中,只能获得费用补偿的是(　　)。

A. 发包人提前向承包人提供材料、工程设备

B. 因发包人提供的材料、工程设备造成工程不合格

C. 发包人在工程竣工前提前占用工程

D. 异常恶劣的气候条件,导致工期延误

解析: 本题考查的是索赔。选项 B、C 可索赔工期和费用+利润;选项 D 只能索赔工期。

答案:A

【例题 13】根据《建设工程施工合同(示范文本)》(GF-2017-0201),下列引起承包人索赔的事件中,只能获得工期补偿的是(　　)。

A. 发包人提前向承包人提供材料和工程设备

B. 工程暂停后因发包人原因导致无法按时复工

C. 因发包人原因导致工程试运行失败

D. 异常恶劣的气候条件导致工期延误

解析:选项 A,发包人提前向承包人提供材料和工程设备,只可索赔费用;选项 B,工程暂停后因发包人原因导致无法按时复工,可以索赔工期、费用、利润;选项 C,因发包人原因导致工程试运行失败,可索赔利润、费用;选项 D,异常恶劣的气候条件导致工期延误,只可进行工期索赔。

答案:D

【例题 14】设备安装完毕进行试车检验的结果表明,由于工程设计原因未能满足验收要求。承包人依据监理工程师的指示按照修改后的设计将设备拆除、修正施工并重新安装。合同责任应(　　)。

A. 追加合同价款但工期不予顺延

B. 由承包人承担费用和工期的损失

C. 追加合同价款并相应顺延合同工期

D. 工期相应顺延但不补偿承包人的费用

解析:工程设计原因属于非承包商原因,因此承包商可以提出费用和工期索赔。

答案:C

【例题 15】根据《行业标准施工招标文件》(2012 年版)中通用条款的内容,如果承包人在施工过程中发现文物、古迹而导致工期延误,承包人可以向发包人索赔(　　)。

A. 工期

B. 工期+费用

C. 利润

D. 费用

解析:《根据标准施工招标文件》中规定,如果承包人在施工过程中发现文物、古迹而导致

工期延误时,承包人可以向发包人索赔费用和工期。

答案:B

【例题 16】在导致现场发生暂停施工的下列情形中,承包人在执行监理人暂停施工的指示后,可以要求发包人追加合同价款并顺延工期的是(　　)。

A. 施工作业方法可能危及邻近建筑物的安全　B. 施工中遇到了有考古价值的文物

C. 发包人订购的设备不能按时到货　D. 施工作业危及人身安全

E. 发包人未能按时移交后续施工的现场

解析:由于非承包人原因造成的工期延误,承包人可以提出工期索赔。

答案:BCE

【例题 17】下列事件的发生,已经或将造成工期延误,则按照《行业标准施工招标文件》(2012 年版)中的相关合同条件,可以获得工期补偿的有(　　)。

A. 基准日后法律的变化

B. 监理人对已覆盖的隐蔽工程要求重新检查且检查结果不合格

C. 承包人的设备故障

D. 发包人提供工程设备不合格

E. 异常恶劣的气候条件

解析:选项 A 只需要赔偿费用。选项 B、C 都是承包人造成的损失,不予赔偿。

答案:DE

【例题 18】根据《行业标准施工招标文件》(2012 年版),下列事件中,既可索赔工期又可索赔费用的是(　　)。

A. 发包人要求承包人提前竣工　B. 发包人要求向承包人提前交付工程设备

C. 承包人遇到不利物质条件　D. 承包人遇到异常恶劣的气候条件

解析:选项 A 可获得费用索赔;选项 B 可获得费用补偿;选项 C 可获得工期补偿和费用补偿;选项 D 可获得费用补偿。

答案:C

(3)按延误发生的时间分布划分

①关键线路延误。关键线路延误是指发生在工程网络计划关键线路上活动的延误。由于在关键线路上全部工序的总持续时间即为总工期,所以任何工序的延误都会造成总工期的推迟。因此,如果延误工作位于关键线路上,则非承包方原因的延误均可索赔。

②非关键线路延误。由于非关键线路上的工序可能存在机动时间,所以延误工作在非关键线路上时,若延误时间小于该工作的总时差,建设单位一般不给予工期顺延;若延误时间大于该总时差,非关键线路会转化为关键线路,则可成为索赔延误。

【例题 19】关于采用网络图分析法处理可原谅延期,下列说法正确的是(　　)。

A. 只有在关键线路上的工作延误,才能索赔工期

B. 非关键线路上的工作延误,不应索赔工期

C. 如延误的工作为关键工作,则延误的时间为工期索赔值

D. 该方法不适用于多种干扰事件共同作用所引起的工期索赔

解析:选项 A、B,如果延误的工作为非关键工作,当该工作由于延误超过时差而成为关键工作时,可以索赔延误时间与时差的差值;若该工作延误后仍为非关键工作,则不存在工期索

赔问题。选项C,如果延误的工作为关键工作,则延误的时间为索赔的工期;选项D,该方法通过分析干扰事件发生前和发生后网络计划的计算工期之差来计算工期索赔值,可用于各种干扰事件和多种干扰事件共同作用所引起的工期索赔。

答案:C

3)工期延误的处理原则

根据工期索赔事件的复杂性,工期索赔的处理原则可分为以下两类。

(1)单一事件的工期索赔处理原则

工程拖期可以分为可原谅的拖期和不可原谅的拖期。可原谅的拖期是非承包商原因造成的工程拖期,不可原谅的拖期一般是承包商造成的工程拖期。

非承包商原因造成的工程拖期,是发包人的违约,发包人应当承担风险(含客观原因)。常见的承包商原因造成的工程拖期,有工效不高、施工方案有误、施工组织未优化、自有施工设备故障、自行负责采购的设备材料供应不及时等。

工期索赔处理原则见表8.3。

表8.3 工期索赔处理原则

索赔原因	是否原谅	责任者	处理原则	索赔结果
非承包商原因	可原谅	发包人责任/风险	可给予工期延长,可补偿经济损失	工期+经济补偿
		客观原因	可给予工期延长,不给予经济损失	工期
承包商原因	不可原谅	承包商	经济和工期均不补偿,向业主支付误期损失赔偿费	索赔失败

(2)多事件共同延误的工期索赔处理原则

在实际施工过程中,工期拖期很少是只由一方造成的,往往是两三种原因同时发生(或相互作用)而形成的,故称为共同延误。在这种情况下,应依据以下原则具体分析哪一种情况延误是有效的:

①首先判断造成拖期的哪一种原因是最先发生的,即确定初始延误者,它应对工程拖期负责。在初始延误发生作用期间,其他并发的延误者不承担拖期责任。

②如果初始延误者是业主,则在业主造成的延误期内,承包商既可得到工期延长,又可得到经济补偿。

③如果初始延误者是客观原因,则在客观因素发生影响的时间段内,承包商可以得到工期延长,但很难得到经济补偿。

【例题20】关于施工合同履行过程中共同延误的处理原则,下列说法正确的是(　　)。

A.在初始延误发生作用期间,其他并发延误者按比例承担责任

B.若初始延误者是发包人,则在其延误期内,承包人可得到经济补偿

C.若初始延误者是客观原因,则在其延误期内,承包人不能得到经济补偿

D.若初始延误者是承包人,则在其延误期内,承包人只能得到工期补偿

解析:选项A,初始延误者应对工程拖期负责,在初始延误发生作用期间,其他并发的延误者不承担拖期责任;选项B,如果初始延误者是发包人原因,则在发包人原因造成的延误期内,承包人既可得到工期延长,又可得到经济补偿;选项C,如果初始延误者是客观原因,则在客观因素发生影响的延误期内,承包人可以得到工期延长,但很难得到费用补偿;选项D,如果初始延误者是承包人原因,则在承包人原因造成的延误期内,承包人既不能得到工期补偿,也不能得到费用补偿。

答案:B

4)工期延误的计算方法

(1)直接法

如果某干扰事件直接发生在关键线路上,造成总工期的延误,则可以直接将该干扰事件的实际干扰时间(延误时间)作为工期索赔值。

(2)比例分析法

如果某干扰事件仅仅影响某单项工程、单位工程或分部分项工程的工期,要分析其对总工期的影响,可以采用比例分析法。比例分析法计算简单方便,但有时候不符合实际情况,不适于变更施工顺序、加速施工、删减工程量等事件的索赔。比例分析法计算公式如下:

①按造价进行比例类推:

$$工期索赔值=\frac{附加或新增工程造价}{原合同总价}\times原合同总工期$$

例如,某工程合同价为1 200万元,总工期为24个月,施工过程中业主增加额外工程200万元,则承包商提出的工期索赔值为:

工期索赔值=附加或新增工程造价/原合同总价×原合同工期= 24×200/1 200=4个月

②按工程量进行比例类推:

$$工期索赔值=\frac{额外增加的工程量的价格}{原工程量}\times原合同总工期$$

例如,某工程基础施工中出现了意外情况,导致工程量由原来的2 800 m^3 增加到3 500 m^3,原定工期是40天,则承包商可以提出的工期索赔值是:

工期索赔值=新增工程量/原工程量×原工期=40×(3 500-2 800)/2 800=10天

如果合同规定工程量增减10%为承包商应承担的风险,则工期索赔值应该是:

工期索赔值=40×(3 500-2 800×110%)/2 800=6天

(3)网络分析法

利用进度计划的网络图,分析其关键线路。如果计划工期等于计算工期,那么关键线路上工作的总时差为零。所以如果承包人延误的时间发生在关键线路上,且该责任应由发包人负责,那么承包人就可以向发包人提出工期索赔,可以索赔的工期为延误的时间。

如果承包人延误的时间发生在非关键线路上,且该责任由发包人负责,处理如下:

①延误的时间大于总时差,可以索赔的工期为延误的时间减去总时差所得的值;

②延误的时间小于等于总时差,可以索赔的工期等于0。

【案例3】在如图8.1所示的网络图中,A工作由于业主原因延误2天,C工作由于不可抗力因素延误3天,D工作由于业主原因延误1天,则上述工作分别可以索赔多少天工期?可

索赔总工期为多少天？

解析：原关键线路为①→②→③→④→⑤→⑥，工期=3+5+4+2=14（天），关键工作为：A、B、E、F。其中：A工作延误2天，发生在关键线路上，且是业主原因，故可以索赔的时间=延误的时间=2天；C工作延误发生在非关键线路上，不可抗力导致的工期延误由发包人负责，C工作的总时差为2天，延误时间3天>总时差2天，故可以索赔的工期=延误的时间-总时差=3-2=1（天）；D工作延误发生在非关键线路上，D工作的总时差为1天，延误时间=总时差，可以索赔的工期为0天。故可索赔总工期天数=2+1=3（天）。

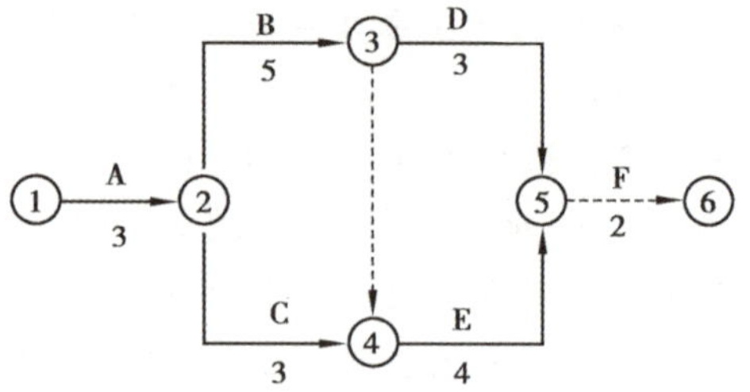

图8.1　某工程网络图

▶ 8.3.2　费用索赔

1）索赔费用的构成

①人工费。人工费包括施工人员的基本工资、工资性质的津贴、加班费、奖金以及法定的安全福利等费用。可以索赔的人工费包括：由于非承包人责任的工效降低所增加的人工费用；超过法定工作时间加班劳动；法定人工费增长以及非承包人责任工程延期导致的人员窝工费和工资上涨费等。其中增加工作内容的人工费应按照计日工费计算，而停工损失费和工作效率降低的损失费按窝工费计算，窝工费的标准双方应在合同中约定。

【例题21】某基础开挖工程，施工合同中约定的计日工费和窝工费的工资标准均为150元/工日，在基坑开挖过程中，由于业主未按合同约定履行与现场周边村民协调的职责，造成承包商7人窝工5天，而承包商由于劳动力计划安排不当导致5人窝工10天。承包商在基坑开挖中可提出的人工费索赔为（　　）元。

A.5 250　　B.7 500　　C.12 750　　D.索赔不成立

解析：7×150×5=5 250，承包商原因的不能索赔。

答案：A

②施工机具使用费。当工作内容增加引起设备费索赔时，设备费的标准按照机械台班费计算。因窝工引起的设备费索赔，当施工机械属于施工企业自有时，按照机械折旧费计算索赔费用。当施工机械是施工企业从外部租赁时，索赔费用的标准按照设备租赁费计算。

【例题22】某新校区抗震模拟实验室工程，主体部分采用钢架结构，施工合同约定钢材由业主供料，其余材料均委托承包商采购。但承包商在以自有机械设备进行主体钢结构制作吊装过程中，由于业主供应钢材不及时导致承包商停工7天，则承包商计算施工机械窝工费时，应按（　　）向业主提出索赔。

A.机械台班费　　B.机械租赁费　　C.机械使用费　　D.机械台班折旧费

解析：因窝工引起的设备费索赔，当施工机械属于施工企业自有时，按照机械折旧费计算索赔费用。

答案：D

【例题23】某建设工程施工过程中，发包人供应的材料没有及时到货，导致承包人的工人窝工5个工作日，每工日单价200元；承包人租赁的一台挖土机窝工5个台班，台班租赁费500元；承包人自卸汽车窝工2个台班，该自卸汽车折旧费每台300元，工作时燃油动力费每台班80元。则承包人可以索赔的费用是(　　)元。

A. 2 500　　B. 3 500　　C. 4 260　　D. 4 100

解析:发包人供应的材料没有及时到货,属于承包人可以索赔的事项。在索赔费用的组成中,承包人自有机械设备的窝工,只能计算折旧费(工作时的燃油动力费用,不能索赔)。因此,承包人可以索赔的费用=200×5+500×5+300×2=4 100(元)。

答案:D

③材料费。材料费的索赔包括:由于索赔事项材料实际用量超过计划用量而增加的材料费;由于客观原因材料价格大幅度上涨;非承包人责任工程延期导致的材料价格上涨和超期储存费用。材料费中应包括运输费、仓储费,以及合理的损耗费用。如果由于承包人管理不善,造成材料损坏失效,则不能列入索赔计价。

④管理费。此项又可分为现场管理费和企业管理费两部分。索赔款中的现场管理费是指承包人完成额外工程、索赔事项工作以及工期延长期间的现场管理费,包括管理人员工资、办公费、通信费、交通费等。索赔款中的企业管理费主要是工程延期期间所增加的管理费,包括总部职工工资、办公用品、财务管理、通信设备以及企业领导人员赴工地检查指导工作等开支。

⑤利润。一般来说,由于工程范围的变更、设计文件有缺陷或技术性错误、业主未能提供现场等引起的索赔,承包商可以列入利润。但对于工程暂停的索赔,由于利润通常是包括在每项实施工程内容的价格之内的,而延长工期并未影响削减某些项目的实施,也未导致利润减少,因此,一般监理工程师很难同意在工程暂停的费用索赔中加进利润损失。索赔利润的款额计算通常与原报价单中的利润比例保持一致。

⑥利息。可索赔利息包括:发包人拖延支付工程款利息;发包人迟延退还工程质量保证金的利息;承包人垫资施工的垫资利息;发包人错误扣款的利息等。利率计算按约定;无约定或约定不明的,可按中国人民银行发布的同期同类贷款利率计算。

⑦保险费。因发包人原因导致工程延期,承包人必须办理工程保险、施工人员意外伤害保险的延期手续而增加的费用。

⑧保函手续费。因发包人原因导致工程延期时,保函手续费相应增加的费用。

【例题24】下列关于索赔计算的说法,正确的是(　　)。

A. 人工费索赔包括新增加工作内容的人工费,不包括停工损失费

B. 发包人要求承包人提前竣工时,可以补偿承包人利润

C. 工程延期时,保函手续费不应增加

D. 发包人未按约定时间进行付款的,应按银行同期贷款利率支付迟延付款的利息

解析:选项A,人工费索赔包含停工损失费;选项B,承包人提前竣工时,不能补偿利润;选项C,发包人原因导致的工程延期,保函手续费相应增加。

答案:D

2)索赔费用的计算方法

索赔费用的计算方法有实际费用法、总费用法和修正的总费用法。

(1)实际费用法

实际费用法也称实际成本法,是工程施工索赔中最常用的计价方法,这种方法以承包商为某项索赔工作所支付的实际开支为依据,向业主提出经济赔偿。每一项工程索赔的费用仅

限于索赔事项引起的、超过原计划的费用，即额外费用，也就是该项目施工过程中所发生的额外人工费、材料费、机械设备费以及相应的管理费。

用实际费用法计价时，在直接费（人工费、材料费、机械设备费等）的额外费用基础上，再加上应得的间接费和利润，即承包商应得的索赔金额。因此，实际费用法客观地反映了承包商的额外开支或损失，为经济索赔提供了精确而合理的依据。

由于实际费用法所依据的是实际发生的成本记录或单据，所以，在施工过程中系统而准确地积累和记录资料是非常重要的。这些资料不仅是施工索赔必不可少的，也是工程项目施工总结的基础依据。

（2）总费用法

总费用法的基本思路是将固定总价合同转化为成本加酬金合同，或索赔值按成本加酬金的方法来计算。采用这个方法，往往是由于施工过程受到严重干扰，多个索赔事件混杂在一起，难以准确地进行分项记录和收集资料、证据，也不容易分项计算出具体的损失费用，只能采用总费用法进行索赔；它是以承包人额外增加的成本为基础，再加上管理费、利息甚至利润的计算方法。但是，总费用法在工程实践中采用得往往不多，不太容易被业主、仲裁员或律师等认可，应用该方法时应注意以下几点：

①工程项目实际发生的总费用应计算准确，合同生成的成本应符合普遍接受的会计原则，若需要分配成本，则分摊方法和基础选择要合理；

②承包人的报价合理，符合实际情况，不能是采取低价中标策略后过低的标价；

③合同总成本超支全是其他当事人行为所致，承包人在合同实施过程中没有任何失误，但这在一般工程实践中是不太可能的；

④因为实际发生的总费用中可能包括了因承包人的原因（如施工组织不善、浪费材料等）而增加的费用，同时投标报价估算的总费用由于想要中标而过低，所以这种方法只有在难以按其他方法计算索赔费用时才使用；

⑤该方法要求必须出具足够的证据，证明其全部费用的合理性，否则其索赔额将不容易被发包人接受。

（3）修正的总费用法

修正的总费用法是对总费用法的改进，在总费用计算的原则上，去掉一些不合理的因素，使其更合理。修正的内容如下：

①将计算索赔款的时段局限于受到外界影响的时间，而不是整个施工期；

②只计算受影响时段内的某项工作所受影响的损失，而不是计算该时段内所有施工工作所受影响的损失；

③与该项工作无关的费用不列入总费用中；

④对投标报价费用重新进行核算，即按受影响时段内该项工作的实际单价进行核算，乘以实际完成的该项工作的工程量，得出调整后的报价费用。

【案例4】某厂（甲方）与某建筑公司（乙方）订立了某工程项目施工合同，同时与某降水公司订立了工程降水合同。作业使用主导施工机械一台（机械台班费为800元/台班，机械租赁费400元/台班）。甲乙双方合同约定8月15日开工。工程施工中发生如下事件：

事件1：降水方案错误，致使工作C推迟2天，乙方人员配合用工5个工日，窝工6个工日；

事件2:8月21日至22日,因供电中断停工2天,造成人员窝工16个工日,机械窝工2个台班;

事件3:在工作D完成后,甲方指令增加一项临时工作K,导致后续工作E推迟1天。经核准,完成该工作需要机械1台班,人工10个工日。

上述事件中,C、D、E工作均为关键工作,没有机动时间。

问题:(1)乙方可以就以上哪些事件向甲方索赔,并给出理由。

(2)每项事件可索赔工期各是多少?总索赔工期是多少?

(3)假设人工工日单价为50元/工日,合同规定窝工人工费补偿标准为25元/工日。则每项事件可索赔费用各是多少?总索赔费用是多少?

解析:(1)事件1:可提出索赔要求,因为降水工程由甲方另行发包,是甲方的责任。

事件2:可提出索赔要求,因为因停水、停电造成的人员窝工是甲方的责任。

事件3:可提出索赔要求,因为甲方指令增加工作,是甲方的责任。

(2)事件1:可索赔工期2天;事件2:8月21日至22日停工,工期延长,可索赔工期2天;事件3:索赔工期1天。总计索赔工期:2+2+1=5(天)。

(3)事件1人工费:6×25+5×50=400(元)

事件2人工费:16×25=400(元)　机械费:2×400=800(元)

事件3人工费:10×50 =500(元)　机械费:1×800=800(元)

总索赔费:400+400+800+500+800=2 900(元)

【案例5】某商贸公司建造一幢营业大楼,采用公开招标方式选择施工单位。商贸公司(甲方)与中标单位(乙方)双方按规定签订了施工承包合同,合同约定开工日期为2022年9月16日。

工程开工后发生了如下几个事件。

事件1:因征收工作拖延,甲方于2022年9月18日才向乙方提供施工场地,导致乙方A、B两项工作延误了2天,并分别造成人工窝工6个和8个工日;但乙方C项工作未受影响。

事件2:乙方与机械设备租赁商约定,D项工作施工用的某机械应于2022年9月28日进场,但因出租方原因推迟到当月29日才进场,造成D项工作延误1天和人工窝工7个工日。

事件3:因甲方设计变更,乙方在E项工作施工时,导致人工增加14个工日,直接费用增加了1.5万元,并使施工时间增加了2天。

事件4:在F项工作施工时,因甲方供材出现质量缺陷,乙方施工用工增加6个工日,其他费用1 000元,并使H项工作时间延长1天,人工窝工24个工日。

上述事件中,A、D、H三项工作均为关键工作,没有机动时间,其余工作均有足够的机动时间。

问题:乙方能否就上述事件向甲方提出工期索赔和费用索赔?请分别说明理由。

解析:事件1可向甲方提出费用索赔和工期索赔。因为A、B工作延误是甲方原因造成的。可索赔A、B两项工作的窝工费及关键工作A的工期延误,B工作为非关键工作,工期未受影响,不予工期索赔。

事件2不可以向甲方提出费用和工期索赔。因为D项工作的工期延误及人工窝工是施工单位造成的,属施工单位责任。

事件3可向甲方提出费用索赔。因为乙方费用的增加是由甲方设计变更造成的,但因为

E 工作是非关键工作,有足够的机动时间,不可向甲方提出工期索赔。

事件 4 可向甲方提出费用和工期索赔。因为乙方 F、H 工作费用的增加及 H 关键工作工期的延长都是甲方原因造成的。

【案例 6】某办公楼由 12 层主楼和 3 层辅楼组成。施工单位(乙方)与建设单位(甲方)签订了承建该办公楼施工合同,合同工期为 41 周。合同约定,工期每提前(或拖后)1 天奖励(或罚款)2 500 元。乙方提交了施工网络进度计划,并得到了甲方的批准。该网络进度计划如图 8.2 所示。

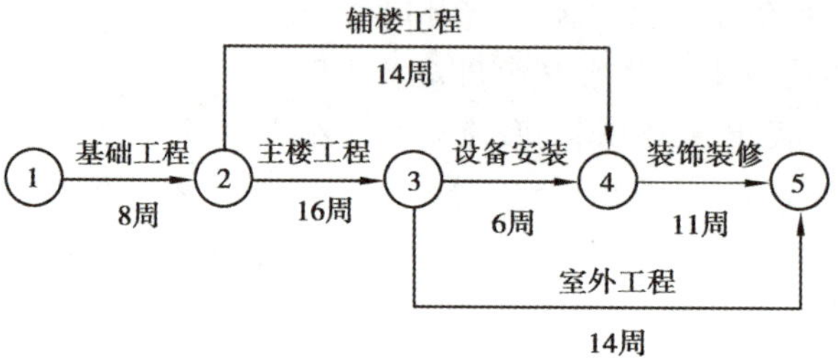

图 8.2　某办公楼施工网络进度计划

施工过程中发生了如下事件:

事件 1:在基坑开挖后,发现局部有软土层,乙方配合地质复查,配合用工 10 个工日。根据批准的地基处理方案,乙方增加直接费 5 万元。因地基复查使基础施工工期延长 3 天,人工窝工 15 个工日。

事件 2:辅楼施工时,因某处设计尺寸不当,甲方要求拆除已施工部分重新施工,因此造成用工增加 30 个工日,材料费、机械台班费计 2 万元,辅楼主体工作拖延 1 周。

事件 3:在主楼主体施工中,因施工机械故障,造成工人窝工 8 个工日,该工作工期延长 4 天。

事件 4:因乙方购买的室外工程管线材料质量不合格,甲方令乙方重新购买,因此造成该项工作多用人工 8 个工日,该项工作工期延长 4 天,材料损失费 1 万元。

事件 5:鉴于工期较紧,经甲方同意,乙方在装饰装修时采取了加快施工的技术措施,使得该项工作缩短了 1 周,该项技术组织措施费 0.6 万元。

其余各项工作实际作业工期和费用与原计划相符。

问题:(1)该网络计划中哪些工作是主要控制对象(关键工作),计划工期是多少?

(2)针对上述每一事件,分别简述乙方能否向甲方提出工期及费用索赔的理由。

(3)该工程可得到的工期补偿为多少天?工期奖(罚)款是多少?

(4)合同约定人工费标准是 30 元/工日,窝工人工费补偿标准是 18 元/工日,该项工程其他直接费、间接费等综合取费率为 30%(窝工不计取此费用)。在工程结算时,乙方应得到的索赔款是多少?

解析:(1)该网络计划中,主要控制对象(关键线路)有基础工程、主楼主体工程、设备安装、装饰装修。计划工期为 41 周。

(2)事件 1 可提出费用和工期索赔。因为地质条件变化是甲方应承担的责任。由此产生的费用及关键工作工期延误都可以提出索赔。

事件 2 可提出费用索赔。因为乙方费用的增加是甲方设计原因造成的,可提出费用索赔;但该项工作不是关键工作,它的总时差=41-33=8(周),故一周的工期延误不会影响到整个工期,不必提出工期索赔。

事件3不应提出任何索赔。因为是乙方自身原因造成的,索赔不成立。

事件4不应提出索赔。因为室外工程管线材料质量不合格是乙方自身的原因造成的,由此产生的费用和工期延误应由自己承担。

事件5不应提出任何索赔。因为乙方采取的加快施工的技术措施是为了赶工期作出的决策,属于自身原因。

(3)该工程的实际工期=41(周)+3(天)(事件1)+4(天)(事件3)-1(周)(事件5)=41周,其中可得到业主的工期补偿为3天,即业主同意的工期为:41周+3天。故工期奖励对应的天数为3天,工期奖励款为3天×2 500元/天=7 500元。

(4)乙方应得到的索赔额为:事件1的15个窝工、10个配合用工、5万元直接费;事件2的30个配合用工、材料费2万元。故:乙方在工程结算时,应得到的索赔款是15×18+[40(配合用工10+30)×30 +50 000+20 000]×(1+30%)=92 830(元)

8.4　反索赔与索赔防范

8.4.1　反索赔

依据工程承包人的惯例和实践,常见的发包人反索赔情形及具体内容主要有以下几种。

1)工程质量缺陷反索赔

工程质量直接与发包人的利益和工程的效益紧密相关。发包人只承担直接负责设计所造成的质量问题,监理人虽然对承包人的设计、施工方法、施工工艺工序以及材料进行过批准、监督、检查,但只是间接责任,并不能免除或减轻承包人对工程应负的责任。在工程施工过程中,若承包人所使用的材料或设备不符合合同规定或工程质量不符合施工技术规范和验收规范的要求,或出现缺陷而未在缺陷责任期满之前完成修复工作,发包人均有权追究承包人的责任,并提出由承包人所造成的工程质量缺陷所带来的经济损失的反索赔。另外,发包人向承包人提出工程质量缺陷的反索赔要求时,往往不仅包括工程缺陷所产生的直接经济损失,也包括该缺陷带来的间接经济损失。

常见的工程质量缺陷表现为:

①由承包人负责设计的部分永久工程和细部构造,尽管经过监理人的复核和审查批准,仍出现了质量缺陷或事故;

②承包人的临时工程或模板支架设计安排不当,造成施工后的永久工程的缺陷;

③承包人使用的工程材料和机械设备等不符合合同规定和质量要求,从而使工程质量产生缺陷;

④承包人没有完成按照合同条件规定的工作或隐含的工作,如对已完工程的保护和照管、安全及环境保护等。

2)拖延工期的反索赔

依据施工合同规定,承包人必须在合同规定的时间内完成工程的施工任务。如果由于承包人的原因造成不可原谅的完工日期拖延，则影响发包人对该工程的使用和运营生产计划，给发包人带来经济损失，此项发包人的索赔，并不是发包人对承包人的违约罚款，而是发包人要求承包人补偿拖期完工给发包人造成的经济损失。承包人则应按签订合同时双方约定的赔偿金额以及拖延时间长短向发包人支付这种赔偿金。

3）经济担保的反索赔

担保人要承诺在其委托人不适当履约的情况下代替委托人来承担赔偿责任或原合同所规定的权利与义务。在工程施工承包活动中，常见的经济担保是预付款担保和履约担保。

①预付款担保。预付款是指在合同规定开工前或工程款支付之前，由发包人预付给承包人的款项。预付款的实质是发包人向承包人发放的无息贷款。对预付款的偿还，一般是由发包人在应支付给承包人的工程进度款中直接扣还。为了保证承包人偿还发包人的预付款，施工合同中都规定承包人必须对预付款提供等额的经济担保。若承包人不能按期归还预付款，发包人就可以从相应的担保款额中取得补偿。

②履约担保。履约担保是承包人和担保方为了发包人的利益不受损害而作出的一种承诺，担保承包人按施工合同所规定的条件进行过程施工。履约担保有银行担保和担保公司担保的方法，其中银行担保较常见，担保金额一般为合同价的10%～20%，担保期限为工程竣工期或缺陷责任期满。当承包人违约或不能履行施工合同时，持有履约担保文件的发包人可以很方便地在承包人的担保人的银行中取得金钱补偿。

4）保留金的反索赔

一般的工程承包合同中都规定了保留金的数额，为合同价的3%左右，保留金是指从支付给承包人的月工程进度款中扣下一笔合同价百分比的基金，由发包人保留下来，以便在承包人一旦违约时直接补偿发包人的损失。保留金也是发包人向承包人索赔的手段之一。保留金一般应在整个工程完工时退还保留金款额的50%，最后在缺陷责任期满后再退还剩余的50%。

5）发包人其他损失的反索赔

依据合同规定，除上述发包人的反索赔外，当发包人在受到其他由于承包人原因造成的经济损失时，发包人仍然可以提出反索赔要求。

▶ 8.4.2 索赔防范

1）发包人预防和减少承包人索赔事件的发生

有经验的发包人总是预先采取措施防止索赔的发生，针对承包人提出的索赔为自己辩护，以减少责任。此外，发包人还经常主动提出反索赔，以抵销、反击承包人提出的索赔。在实际工程中，发包人方面可采取的措施如下。

（1）增加限制索赔的合同条款

发包人最常用的方式是通过对某些常用合同条件的修改，增加一些限制索赔条款，以减少责任，将工程中的风险转移到承包人一方，防止可能产生的索赔。由于招标文件和合同条件一般由发包人准备并提供，所以发包人往往聘请有经验的法律专家和工程咨询顾问起草合同，并在合同中加入限制索赔条款，如：发包人对招标文件中的地质资料和试验数据的准确性不负责任，要求承包人自己进行勘察和试验；发包人对不利的自然条件引起的工程延误的经济损失不承担责任等。

应该明确，当发包人将某些风险转移到承包人一方后，虽然减少了索赔，降低了建设成本的不确定性，但承包人在投标报价中必然会考虑这一风险因素。长期来看，这会使承包人报价提高，发包人的工程建设成本增大。因此，发包人往往在合同中规定，同意补偿有经验的承包人无法预见的不利现场条件给承包人造成的额外成本开支，并调整工期，而不补偿利润，这样，从长期来看可降低承包人的报价，减少发包人的工程成本。

(2)提高招标文件的质量

发包人要做好招标前的准备工作，提高招标文件的质量，委托技术力量强的咨询公司准备招标文件，以提高规范和图纸的质量，减少设计错误和缺陷，防止漏项，并减少规范和图纸的矛盾和冲突，避免承包人由此而提出的索赔。

发包人还要提高招标文件中工程量表中的工程数量的准确性，防止承包人提出的因实际工程量变化过大引起合同总价的变化超过合同规定的限度，而产生的要求调整合同价格的索赔。

(3)全面履行合同规定的义务

发包人要做好合同规定的工程施工前准备工作，如按时移交无障碍物的工地、支付预付款、移交图纸等，并按时履行合同规定的义务，按时向承包人提供应由发包人提供的设备、材料等，以防止和减少由于发包人的延误或违约而引起的索赔。发包人对自身的失误，通常及时采取补救措施，以减少承包人的损失，防止损失扩大出现重大索赔问题。

(4)改变工程建设承包方式和合同形式

在工程建设承包中，通常由发包人委托设计单位提供图纸，并委托监理人对项目实施过程进行监理，承包人只负责按照发包人提供的图纸和规范施工。在这种承包方式中，往往会因图纸变更和规范缺陷而产生大量索赔。发包人为了减少索赔，降低建设项目成本的不确定性，减少风险，往往将设计和施工一并委托一家承包人总承包，由承包人对设计和施工质量负责，达到预防和减少索赔，控制工程建设成本的目的。

2)承包人预防和减少反索赔事件的发生

承包人是索赔事件的发起者。为了承包人自身的利益和信誉，承包人应慎重使用自己的索赔权利。一方面要建好工程，加强合同管理和成本管理，控制好工程进度，预防发包人的反索赔；另一方面要善于申报和处理索赔事项，尽量减少索赔的数量，并实事求是地进行索赔。承包人在预防和减少索赔和反索赔方面，可以采取的措施如下。

(1)严肃认真对待投标报价

在工程投标与报价过程中，承包人都应仔细研究招标文件，全面细致地进行施工现场查勘，认真地进行投标估算，正确地决定报价。切不可疏忽大意进行报价，或者为了中标，故意压低标价，企图在中标后靠索赔弥补盈利。

(2)注意签订合同时的协商与谈判

承包人在中标以后，在与发包人正式签订合同的谈判过程中，应对工程项目合同中存在的疑问进行澄清，并对重大工程风险问题据理力争，促成对这些合同条款的修改，以“合同谈判纪要”的形式写成书面内容，作为合同文件的有效组成部分。这样，对合同中的问题都补充为明文条款，也可预防和避免施工中不必要的索赔争端。

(3)加强施工质量管理

承包人应严格按照合同文件中规定的设计、施工技术标准和规范进行工作，并注意按设计图纸施工，对原材料及各工艺工序严格把关，推行全面的质量管理，尽量避免和消除工程质量事故的缺陷，则可避免发包人对施工缺陷的反索赔事项发生。

(4)加强施工进度计划与控制

承包人应尽力做好施工组织与管理，从各个方面保证施工进度计划的实现，防止由于承包人自身管理不善而造成的工程进度拖延。若由于发包人或其他客观原因造成工程进度延误，承包人应及时申报延期索赔申请，以获得合理的工期延长，预防和减少发包人的因“拖期竣工赔偿金”的反索赔。

(5)发包人不得随意变更工程及扩大工程范围

承包人应注意发包人不能随意扩大工程范围。另外，所有的工程变更都必须有书面的工程变更指令，以便对变更工程进行计价。若发包人或监理人下达了口头变更指令，要求承包人执行变更工作，承包人可以予以书面记录，并请发包人或监理人签字确认，若监理人不予确认，承包人可以不执行该变更工程，以免得不到应有的经济补偿。

(6)加强工程成本的核算与控制

承包人自身要加强工程成本核算，严格控制工程开支，使施工成本不超过投标报价时的成本计划。当成本中某项直接费的支出款额超过计划成本时，要立即进行分析，查清原因，若属于自己方面原因，要对成本进行分指标、分工艺工序控制，熟悉和掌握索赔款具体计价的方法，采用实际工程成本法、总费用法或修正的总费用法等，使索赔款额的计算比较符合实际，切不可抬高过多，反而导致索赔失败或发包人的反索赔发生。

思考与练习

一、单选题

1. 索赔是指在合同的实施过程中，合同一方因对方不履行或未能正确履行合同所规定的义务或未能保证承诺的合同条件实现而(　　)，向对方提出的补偿要求。

A. 拖延工期后　　B. 遭受损失后　　C. 产生分歧后　　D. 提起公诉后

2. 承包人在索赔事项发生后的(　　)天以内，应向工程师正式提出索赔意向通知。

A. 14　　B. 7　　C. 28　　D. 21

3. 下列关于建设工程索赔的说法，正确的是(　　)。

A. 承包人可以向发包人索赔，发包人不可以向承包人索赔

B. 索赔按处理方式的不同分为工期索赔和费用索赔

C. 工程师在收到承包人送交的索赔报告的有关资料后 28 天未予答复或未对承包人作进一步要求，视为该项索赔已经认可

D. 索赔意向通知发出后的 14 天内，承包人必须向工程师提交索赔报告及有关资料

4. 索赔报告的关键部分是(　　)。

A. 索赔款项(和/或工期)计算部分　　B. 证据部分

C. 论证部分　　　　　　　　　　　D. 总述部分

5. 索赔可以从不同角度分类，如按索赔事件的性质分类，可分为(　　)。

A. 单项索赔和综合索赔

B. 工期延误索赔和工程变更索赔

C. 工期索赔和费用索赔

D. 发包人和承包人、承包人与分包人之间的索赔

6. 某施工合同履行时，因施工现场尚不具备开工条件，已进场的承包人不能按约定日期开工，则发包人(　　)。

A. 应赔偿承包人的损失，相应顺延工期

B. 应赔偿承包人的损失，但工期不予顺延

C. 不赔偿承包人的损失，但相应顺延工期

D. 不赔偿承包人的损失，工期不予顺延

7. 某工程施工过程中，由于施工单位的供货分包商提供的设备制造质量存在缺陷，导致返工造成损失。施工单位应向(　　)索赔，以补偿自己的损失。

A. 业主　　　　B. 工程师　　　　C. 设备生产商　　　　D. 设备供应商

8. 工程师在处理索赔时应注意自己的权利范围，下列情形中的(　　)不属于工程师的权力。

A. 检查承包人现场同期的记录

B. 指示承包人缩短合同工期

C. 当工程师与承包人就补偿达不成一致时，工程师单方面作出处理决定

D. 把批准的索赔要求纳入该月的工程进度款中

9. 施工中遇到连续10天超过合同约定等级的大暴雨天气而导致施工进度的延误，承包商为此事件提出的索赔应(　　)。

A. 由承包商承担的风险责任　　　　B. 给予费用补偿并顺延工期

C. 给予费用补偿但不顺延工期　　　D. 给予工期顺延但不给予补偿

10. 位于关键线路的基础开挖工作，施工中遇到的地质条件比技术规范中给出的条件差，导致工程量增加较多。承包商的索赔可以合理地要求包括(　　)方面的补偿要求。

A. 工期　　　　B. 工期和费用　　　　C. 费用和利润　　　　D. 费用

11. 某建筑工程，在地基基础土方回填过程中，承包人未通知发包人验收情况下即进行了土方回填。事后，发包人要求对已经隐藏的部位重新进行剥离检查，检查发现质量合格要求，在该情况下，所发生的费用应由(　　)承担，并应承担工期延误的责任。

A. 发包人　　　　　　　　　　　B. 承包人

C. 发包人和承包人共同　　　　　D. 监理单位

12. 由于业主提供的设计图纸错误导致分包人返工，因此分包人向承包商提出索赔。承包商可(　　)。

A. 因不属于自己的原因拒绝索赔要求

B. 认为索赔成立，先行支付后再向业主索赔

C. 不予支付，以自己的名义向监理人提交索赔通知

D. 不予支付，以分包人的名义向监理人提交索赔报告

13. 采用实际费用法计算索赔费用时，(　　)即是承包商应得的索赔金额。

A. 直接费的额外费用　　B. 直接费的额外费用+应得的利润

C. 直接费的额外费用+应得的间接费　　D. 直接费的额外费用+应得的间接费和利润

14. 某施工合同约定人工工资为 200 元/工日，窝工补贴按人工工资的 25% 计算，在施工过程中发生了如下事件：①出现异常恶劣天气导致工程停工 2 天，人员窝工 20 个工日；②因恶劣天气导致场外道路中断，抢修道路用工 20 个工日；③几天后，场外停电，停工 1 天，人员窝工 10 个工日。承包人可向发包人索赔的人工费为(　　)元。

A. 1 500　　B. 2 500　　C. 4 500　　D. 5 500

二、多选题

1. 常见的建设工程施工索赔有(　　)。

A. 因合同文件引起的索赔

B. 有关工程设计方案的索赔

C. 关于价款、工期和财务费用补偿方面的索赔

D. 关于工程暂停、终止合同的索赔

E. 特殊风险和人力不可抗拒灾害的索赔

2. 某土方开挖工程，合同约定工期 12 日历天(6 月 1—12 日)。承包方按约定日期开工后第二天因挖土机械故障停工 1 天，导致窝工 15 工日；6 月 4 日遇百年一遇特大暴雨延误 2 天，在此期间现场排水用工 10 工日，按工程师指令修复发包方相关设施用工 20 工日；6 月 7 日因发现局部区域有未预见软土层，按工程师指令停工进行地质复查，影响工期 1 天，配合用工 10 工日；6 月 8 日按工程师指令局部挖土加深，增加工程量 500 m^3。工程至 6 月 15 日完工。6 月 16 日承包方向工程师提交了索赔意向通知。该工程中构成工期索赔的事项有(　　)。

A. 因挖土机械故障停工　　B. 因百年一遇特大暴雨延误

C. 修复发包方相关设施　　D. 停工进行地质复查

E. 局部挖土加深增加工程量

3. 建设工程索赔成立应当同时具备的条件是(　　)。

A. 造成的费用增加数额已得到第三方核认

B. 与合同对照，事件已经造成承包人项目成本的额外支出

C. 造成费用增加的原因，按合同约定不属于承包人的行为责任

D. 发包人按合同规定的时间回复索赔报告

E. 承包人按合同规定的程序、时间提交索赔意向通知书和索赔报告

4. 可以作为施工合同索赔证据的工程资料有(　　)。

A. 业主的口头指示　　B. 施工标准和技术规范

C. 工程会议纪要　　D. 官方发布的物价指数

E. 施工技术交底书

5. 监理人依据施工现场的下列情况向承包人发布暂停施工指令时，其中应顺延合同工期的情况有(　　)。

A. 地基开挖遇到勘察资料未标明的断层，需要重新确定基础处理方案

B. 发包人订购的设备未能按时到货

C. 施工作业方法存在重大安全隐患

D. 后续施工现场未能按时完成移民拆迁工作

E. 施工中遇到有考古价值的文物需要采取保护措施予以保护

6. 下列在施工过程中因不可抗力事件导致的损失,应由发包人承担的有(　　)。

A. 施工现场待安装的设备损坏　　B. 承包人的人员伤亡

C. 在现场的第三方人员伤亡　　D. 承包人设备损失

E. 清理费用

7. 下列在施工过程发生的事件中,可以顺延工期的情况包括(　　)。

A. 不可抗力事件的影响　　B. 承包人采购的施工材料未按时交货

C. 施工许可证没有及时颁发　　D. 不具备合同约定的开工条件

E. 监理人未按合同约定提供所需指令

三、案例分析

1. 某建筑公司(乙方)于某年 4 月 20 日与某厂(甲方)签订了修建建筑面积为 3 000 m^2 工业厂房(带地下室)的施工合同。乙方编制的施工方案和进度计划已获监理工程师批准。该工程的基坑施工方案规定:土方工程采用租赁一台斗容量为 1 m^3 的反铲挖掘机施工。甲、乙双方合同约定 5 月 11 日开工,5 月 20 日完工。在实际施工中发生如下几项事件:

事件 1:因租赁的挖掘机大修,晚开工 2 天,造成人员窝工 10 个工日;

事件 2:基坑开挖后,因遇软土层,接到监理工程师 5 月 15 日停工的指令,进行地质复查,配合用工 15 个工日;

事件 3:5 月 19 日接到监理工程师于 5 月 20 日复工令,5 月 21—22 日,因罕见的大雨迫使基坑开挖暂停,造成人员窝工 10 个工日;

事件 4:5 月 23 日用 30 个工日修复冲坏的永久道路,5 月 24 日恢复正常挖掘工作,最终基坑于 5 月 30 日挖坑完毕。

上述事件中均为关键工作,没有机动时间。

问题:(1)简述工程施工索赔的程序。

(2)建筑公司可就上述哪些事件向乙方要求索赔,哪些事件不可以要求索赔,并说明原因。

(3)每项事件工期索赔各是多少天?总计工期索赔是多少天?

2. 某公司新建住宅楼,通过公开招标确定了施工单位,合同价款形式为可调价格合同,施工合同按建设工程施工合同示范文本为基础签署。

施工进度计划已经达成一致意见。合同规定由于甲方责任造成施工窝工时,窝工费用按原人工费、机械台班费 60% 计算。

在专用条款中明确 6 级以上大风、特大暴雨、大雪、地震等自然灾害按不可抗力因素处理。工程师应在收到索赔报告之日起 28 天内予以确认,工程师无正当理由不确认时,自索赔报告送达之日起 28 天后视为索赔已经被确认。

在施工过程中出现下列事件:

事件 1:因业主不能及时提供图纸,使工期延误 20 天,造成人工窝工 50 个工日,机械窝工 20 个台班;

事件2:因施工机械故障,工期延误10天,造成人工窝工20个工日,机械窝工10个台班;

事件3:因外部供电故障,工期延误2天,造成人工窝工10个工日,机械窝工5个台班;

事件4:因下特大暴雨,工期延误3天,造成人工窝工15个工日。

根据双方商定,人工费定额为50元/工日,机械台班费为2 000元/台班。

根据上述约定乙方提出工期补偿35天,费用44 850元(所有事件窝工费用及机械费用之和)索赔的要求。

问题:(1)乙方的要求是否合理?为什么?

(2)经工程师认定的索赔工期为多少天?费用补偿为多少?

(3)如果工程师未在收到报告后28天内给予答复意见或确认,工期延长多少天?结算时费用为多少?

9 建设工程合同风险管理

【学习目标】

(1)了解风险的概念及分类;

(2)熟悉建设工程合同风险的识别、分析、评估及处置;

(3)掌握风险管理的相关知识,培养风险意识。

【案例导入】

合理管控风险,科学合理决策

A 国因处理国内政治事件招致国际制裁。国际金融机构纷纷停止在 A 国的投资,导致该国资金短缺,投资环境恶化,外国投资商纷纷取消或终止原已承诺的投资项目。而就在这个时候,H 公司却大胆进入该国,以最优惠的价格购买了大面积的土地使用权,并承揽了数额巨大的工程。两年后,该国国际环境好转,土地使用价格上涨数倍,外商纷纷返回,加大投资力度。这时 H 公司将其两年前低价购买的地皮以高出买价数倍转让,获取了巨额利润。而且,其在两年前承揽的工程亦因信誉好,有合作诚意而深得业主好评。在索赔谈判中,业主也以高姿态回报,使其获得了巨额补偿。

评析:本案例所述的投资环境对 H 公司无疑是一重大风险因素。在投资大环境不利的情况下,通常很难保证较好的小环境。但 H 公司以其敏锐的洞察力,透过短暂的表面现象,认准了 A 国的未来市场形势,在别人纷纷退出的时候,踊跃投入,表现出了企业家的智慧和魄力,同时,通过良好的风险管理对策以及合理的应对措施赢得了巨额效益。

建设工程风险管理相关知识的学习,可以培养学生风险意识和保险理念,帮助学生理解风险管理在工程活动中的重要性。掌握工程风险管理相关知识,有利于在工作中采用科学系统的方法,管理和处置各种工程项目风险;有利于减少因项目组织决策失误所引起的风险,节约自然和社会资源,提升工程建设的效率。

9.1 建设工程合同风险的概念及种类

9.1.1 风险的概念

企业在实现其目标的经营活动中,会遇到各种不确定性事件,对经营活动产生影响,从而影响企业目标实现的程度,并且这些事件发生的概率及其影响程度是无法预知的。这种在一定环境下和一定限期内客观存在的、影响企业目标实现的各种不确定性事件就是风险。简单来说,风险就是指在一个特定的时间内和一定的环境条件下,不确定性因素对目标的影响。其定义可以从以下4个方面理解:

①影响是偏离预期的,可以是正面的或负面的;

②目标可以是不同方面(如财务、健康与安全、环境等)和层面(如战略、组织、项目、产品和过程等)的;

③通常用事件后果(包括情形的变化)和事件发生的可能性组合来表示风险;

④具备不确定性,是一种未来事件的选项,后果和价值都无法确定和判定。

9.1.2 建设工程合同风险的种类

合同风险是指合同中的以及由合同引起的不确定性。建设工程合同风险可能有如下3种。

1)由合同种类所定义的风险

合同风险首先与所签订合同的类型有关。如果签订的是固定总价合同,则承包商承担全部物价和工程量变化的风险;而对成本加酬金合同,承包商不承担任何风险;对于常见的单价合同,风险由双方共同承担。

2)合同中明确规定的应由一方承担的风险

对上述列举的工程项目中的几类风险,通过合同定义和分配,明确规定或隐含风险承担者,称为合同风险。

①工程承包合同明确规定业主风险,如工程变更的范围、承包商的索赔、业主风险和不可抗力等条款。

②承包商风险。工程施工合同中,关于承包商的风险规定比较具体。通常包括:

a.承包商对现场以及周围环境的调查负责,并对已取得的影响投标报价的风险、意外事件和其他情况的所有资料负责。承包商对环境条件应有一个合理的预测,只有出现有经验的承包商不能预测的情况,才能对其免责。

b.承包商经过认真阅读和研究招标文件,全面、正确地理解了合同精神,明确了自己责任和义务,对招标文件的理解自行负责。

c.承包商对投标书以及报价的正确性、完备性负责。报价已包括其履行全部合同责任的花费,如果出现报价问题,如错报、漏报,则均由承包商自己负责。

d.合同规定的其他承包商风险。业主为转嫁风险提出具有单方面约束的、过于苛刻的、责权利不平等的合同条款，这在合同中经常表现为“业主对……不负任何责任”，或“在……下不得调整合同价格”，或“在……情况下，一切损失由承包商负责”。

3）合同缺陷导致的风险

①条文不全面、不完整，没有将合同双方的责权利关系全面表达清楚，没有预计到合同实施过程中可能发生的各种情况。这样会导致合同执行过程中产生激烈争执，最终导致损失。例如，缺少工期拖延违约金的最高限额的条款或限额太高，缺少工期提前的奖励条款，缺少业主拖欠工程款的处罚条款。

②合同表述不清晰、不细致、不严密、有错误和矛盾等。

③合同签订、合同实施控制中的问题。对合同内容理解错误，不完善的沟通机制和不适宜的合同管理等导致的损失。

④招标文件的语言表达方式、表达能力、承包商的外语水平、专业理解能力或工作细致程度，以及投标期和评标期的长短等都可能导致合同风险。

9.2 建设工程合同风险识别

9.2.1 建设工程合同风险的识别

1）风险识别的概念

建设工程项目在整个建设过程中存在着很多风险，而管理者的主要任务之一就是识别、防范、化解和控制这些风险，将其对项目的负面影响降到最低。要做好风险的管理工作，首先就要了解项目存在哪些风险，而这是通过风险识别来完成的。

风险识别就是指对存在于项目中的各种风险源或不确定性因素按其产生的背景原因、表现特点和预期后果进行定义识别，对所有的风险因素进行科学分类的过程。这既是风险管理的第一步，也是最重要的一步。

2）风险识别的过程

风险识别主要是对风险进行定性分析，做好风险识别工作需要根据具体的对象，采取具有针对性的识别方法和手段。一般风险识别过程包括：确定风险因素、风险产生条件，描述风险特征和可能的后果，对识别出的风险进行分类。

风险识别的依据包括：

①项目的建议书、可行性研究报告、设计图纸或者其他文件一般是在若干假设、前提的基础上作出的。这些前提和假设在项目实施期间有可能成立，也有可能被破坏，因此项目的前提、假设和制约因素是风险识别时应参考的依据。

②项目规划中的项目目标、任务、范围、进度计划、费用计划、资源计划、采购计划以及利益相关方对项目的期望值等也是项目风险识别的依据。

③建设过程中的档案记录、工程总结、工程验收资料、工程质量与安全事故处理文件，以及工程变更和施工索赔资料等，记载着工程质量与安全事故、施工索赔等处理的全部情况，这对当前的风险识别是很有帮助的。

3)风险识别的步骤

风险识别包括确定风险的来源、风险产生的条件,描述风险特征和确定哪些风险会对本项目产生影响。风险识别可按以下步骤进行:

①状态分析。这是一个将项目原始状态与可能状态进行比较和分析的过程。项目原始状态是指项目立项、可行性研究及建设计划中的预想状态,是一种比较理想化的状态;可能状态则是一种基于现实、基于变化的估计。比较这两种状态下项目目标值的变化,如果这种变化是恶劣的,则算作风险。

②对项目进行结构分解。通过结构分解,可以使存在风险的环节和子项变得容易辨认。

③历史资料分析。对以前若干个类似项目的资料进行分析,有助于管理人员更全面地了解项目中存在的风险和潜在的风险。

④确认不确定性的客观存在。风险管理者不仅要辨识所发现或推测的因素存在的不确定性,而且要确认这种不确定性是客观存在的,只有符合这两个条件才被视作风险。

⑤建立风险清单。已确认的风险需一一列出,建立一个关于本项目的风险清单。开列清单必须做到科学、客观、全面,尤其不能遗漏主要风险。

⑥进行风险分类。将风险清单中的风险进行分类,可使风险管理者更彻底地了解风险,管理风险时更有目的性、更有效果,并为下一步评估风险作好准备。

4)风险识别的成果

风险识别的成果主要是通过风险目录摘要表现出来的。通过风险目录摘要将项目可能面临的风险汇总,让人们对风险有一个总体的概念,并能将全体人员所面临的风险联系起来,使个人不仅考虑自身所面临的风险,而且能自觉意识到其他人员所面临的风险,从而将自己与他人联系起来,预感到项目中各风险间的联系和可能发生的连锁反应。

风险目录摘要主要包括风险事件表中应罗列所有的风险。对于引起风险的因素要有文字说明,说明中还应包括风险特征、可能产生的后果、估计发生事件、预期发生的次数及不同风险事件间的联系。风险分类识别后,分类结果应为进行风险管理的其他步骤提供方便。

▶ 9.2.2 风险识别的方法

1)专家调查法

专家调查法是以专家为索取信息的重要对象,主要利用各领域专家的专业理论和丰富的实践经验,找出各种潜在的风险并对后果作出分析和估计。专家调查法的优点是在缺乏足够统计数据和原始资料的情况下,可以作出定量估计。缺点主要表现在易受心理因素的影响,主观性较强。专家调查法有十余种方法。其中,头脑风暴法(智暴法)和德尔菲法用途较广,最具代表性。

(1)头脑风暴法(智暴法)

头脑风暴法,简称BS,出自"头脑风暴"一词。所谓头脑风暴最早是精神病理学上的用语,是针对精神病患者的精神错乱状态而言的,如今转而表示无限制的自由联想和讨论,其目的在于产生新观念或激发创新设想。在群体决策中,由于群体成员的心理相互作用、影响,易屈服于权威或大多数人意见,形成所谓的"群体思维"。群体思维削弱了群体的批判精神和创造力,损害了决策的质量。为保证群体决策的创造性,提高决策质量,管理上发展了一系列改善群体决策的方法,即头脑风暴法。

头脑风暴法的实质就是一种特殊形式的小组会。它规定了一定的特殊规则和方法技巧,从而形成一种有利于激励创造力的环境氛围,使与会者能够自由地畅想,无拘无束地提出自己的各种新构想、新主意,并且因相互启发、联想而引起创新设想的连锁反应,通过会议方式去分析和识别项目风险。

(2)德尔菲法

德尔菲法又名专家意见法或专家函询调查法,该方法主要是由调查者拟订调查表,按照既定程序,以函件的方式分别向专家组成员进行征询;而专家组成员又以匿名的方式(函件)提交意见,即团队成员之间不得互相讨论,不发生横向联系,只能与调查人员发生关系。经过几次反复征询和反馈,专家组成员的意见逐步趋于集中,最后获得具有很高准确率的集体判断结果。

德尔菲法是一种利用函询形式进行的集体匿名思想交流过程。其优点是可以避免群体决策的一些可能的缺点,声音最大或地位最高的人没有机会控制群体意志,因为每个人的观点都会被收集。另外,管理者可以保证在征集意见以便作出决策时,没有忽视重要观点。

2)核对表法(检查表法)

对同类已完工项目的环境与实施过程进行归纳总结后,建立该类项目的基本风险结构体系,并以表格形式按照风险来源排列,该表称为风险识别核对表。

检查表是有关人员利用他们所掌握的丰富知识设计而成的。若把人们所经历过的风险事件及其来源罗列出来,写成一张检查表,则项目管理人员看了就容易开阔思路,容易想到本项目会有哪些潜在的风险。检查表可以包括多种内容,这些内容能够提醒人们还有哪些风险尚未考虑到。

使用核对表法的优点是:使人们能按照系统化、规范化的要求去识别风险,简单易行。其不足之处在于专业人员不可能编制一个包罗万象的检查表,因而检查表具有一定的局限性。

3)因果分析法

因果分析法是通过因果图表现出来的,又称为特性要因图、鱼骨图或石川图。它是1953年在日本川崎制铁公司,质量专家石川馨为寻找产生某种质量问题的原因,发动大家谈看法、作分析,并将群众的意见反映在一张图上而得到的方法。

使用该法首先要分清因果地位;其次,要注意因果对应,任何结果都是由一定的原因引起的,一定的原因产生一定的结果。因果常是一一对应的,不能混淆;最后,要循因导果,执果溯因,从不同的方面用不同的思维方式去进行因果分析,这也有利于发展多向性思维。

制作鱼骨图分两个步骤:分析问题原因/结构;绘制鱼骨图。

(1)分析问题原因/结构

a. 针对问题点,选择层别方法(如人、机、法、料、环、测等);

b. 用头脑风暴法对各层别类别找出所有可能的原因(因素);

c. 将找出的各类要素进行归类、整理,明确从属关系;

d. 分析选取重要因素;

e. 检查各要素的描述方法,确保语言简洁、意思明确。

(2)绘制鱼骨图

a. 填写鱼头(按为什么不好的方式描述),画出主骨;

b. 画出大骨,填写大要因;

c. 画出中骨、小骨,填写中小要因;

d. 用特殊符号标识重要因素。

绘制出的鱼骨图如图 9.1 所示。

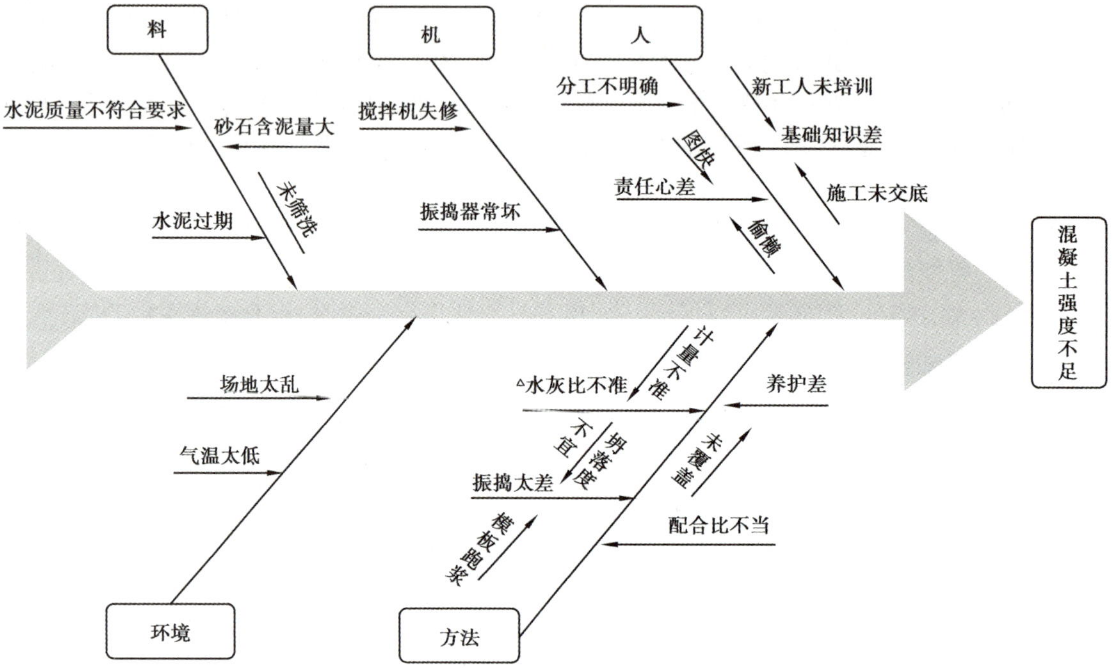

图 9.1　混凝土强度不足原因分析鱼骨图

4)工作-风险分解法(WBS-RBS 法)

工作-风险分解法(WBS-RBS 法)是将工作分解构成 WBS 树,风险分解形成 RBS 树,然后以工作分解树和风险分解树交叉构成的 WBS-RBS 矩阵进行风险识别的方法。该方法可通过 3 个步骤实现。

①工作分解,如图 9.2 所示。

②风险分解,把各层风险分解组合形成风险分解树,如图 9.3 所示。

③套用 WBS-RBS 矩阵判断风险是否存在。在工作分解(WBS)与风险分解(RBS)完成之后,将工作分解树与风险分解树交叉,构建风险辨别矩阵,如图 9.4 所示。

9.3　建设工程合同风险评估

建设工程风险评估可分为风险估计和风险评价。风险估计是以单个风险为对象的风险估计,风险评价则把注意力转向包括项目所有阶段的整体风险、各个风险之间的相互影响、相互作用以及对项目的总体影响、项目主体对风险的承受能力上。

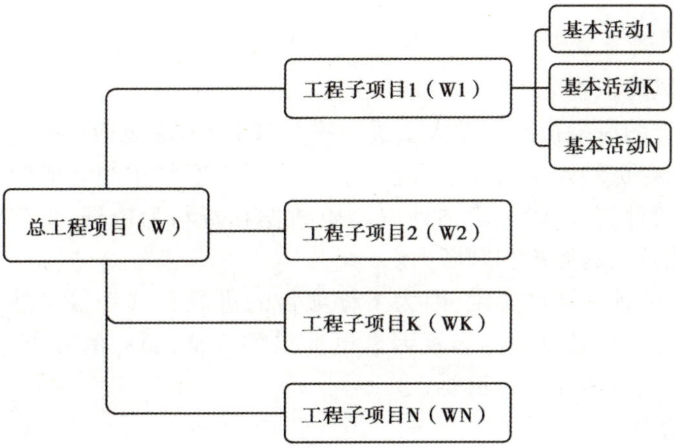

图 9.2　工程项目工作分解

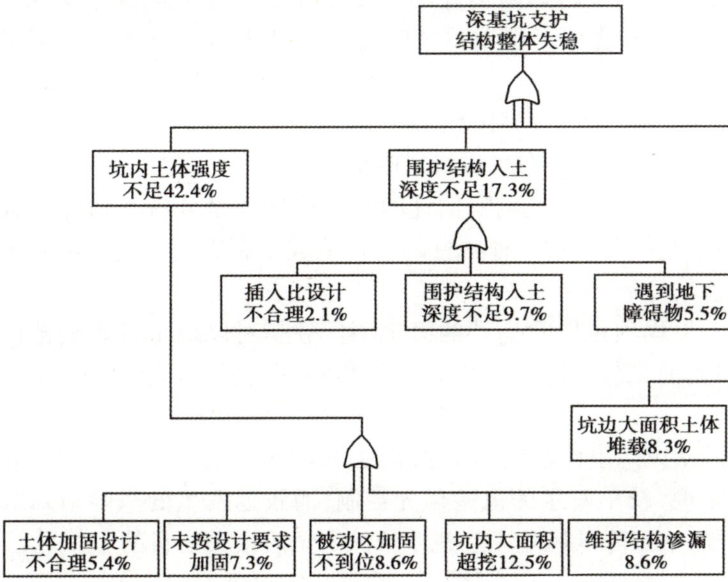

图 9.3　总项目风险事件

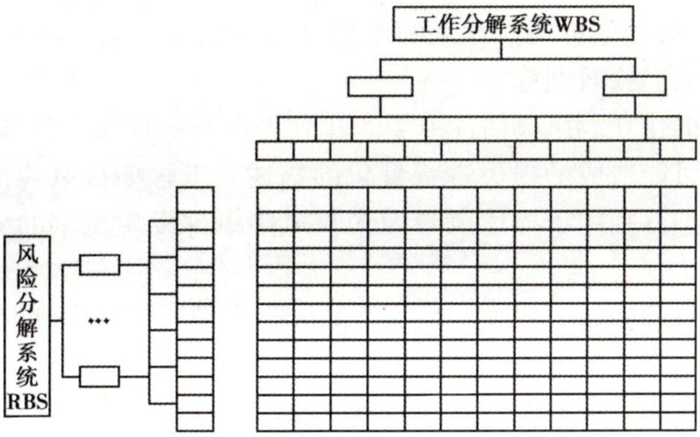

图 9.4　WBS-RBS 矩阵图

▶ 9.3.1 风险估计

风险估计是在风险识别之后,对工程项目风险的量化过程。它是指采取科学方法将其辨别出来并且经过分类的风险按照权重大小进行排列,综合考虑风险事件发生的概率和引起损失的后果,对于不同权重的风险,管理者应该给予不同程度的重视。风险因素的发生概率估计分为主观和客观两种,客观的风险估计以历史数据和资料为依据,主观的风险无历史数据和资料可参考,而凭借人的经验和判断力。

一般情况下,这两种估计都要做,因为工程项目的进展并非一目了然,而且新技术、新材料的应用使得影响建设项目进程的客观因素更加错综复杂,原有的数据过时较快。因此,在某些情况下,主观的风险估计尤为重要。

(1)风险估计的内容

风险估计的内容主要有以下几方面:

①风险事件发生可能性的估计。工程项目风险估计的首要任务是估计风险事件发生的概率,并统计分析风险事件的概率分布。这是工程项目风险分析估计中最为重要的一项工作,也是最困难的一项工作。

一般来讲,风险事件的概率分布应根据历史资料确定。当管理人员没有足够的资料来确定风险事件的概率分布时,可以利用理论概率分布来进行风险估计。

②风险事件后果严重程度的估计。工程项目风险估计的第二项任务是分析和估计工程项目风险事件可能带来的损失,而这些损失将对工程项目的实现造成不利影响。这些影响包括工期延误、费用超支、质量安全事故等。

③风险事件影响范围的估计。工程项目风险估计的第三项任务是对风险事件影响范围进行估计,既包括分析风险事件对当前工作和其他工作相关的影响,也包括风险事件对工程利益相关的各单位的影响。

④风险事件发生时间的估计。从风险事件控制的角度来说,风险事件的控制应根据风险发生的先后顺序进行控制。一般来说,较早发生的风险优先控制,而较迟发生的风险应对其进行跟踪、观察,并且适时进行干预,达到降低风险发生概率或减少风险损失的目的。

(2)工程风险估计的过程

①数据和资料的收集。收集项目风险估计所需资料和数据的途径有:通过对类似工程风险事件进行总结取得;通过分析项目背景的地理环境、社会环境、经济发展环境取得;在项目实施过程中总结得出的经验教训等。

②风险估计模型的建立。风险估计模型的建立是在分析现有资料和数据的基础上,对风险事件发生的概率和可能造成的损失进行量化的描述。工程项目风险模型分为概率模型和损失模型。这两种模型分别用于描述风险因素与风险事件发生概率的关系和风险事件可能造成损失的估计。

③风险概率和后果的估计。建立工程项目的风险模型后,运用风险估计方法和工具可以估计风险事件发生的概率及其可能造成的损失、后果。

④风险优先级的排序。根据风险事件的概率和对项目影响的后果,可对风险事件按照影响程度的优先级进行排序。

▶ 9.3.2 风险评价

工程风险评价是在工程风险辨识和估计的基础上，综合考虑风险属性、风险管理的目标和风险主体的风险承受能力，确定工程风险和风险处置措施对系统的影响程度的工作。通过建立相应的系统评价模型，用以估算各风险发生的概率及损失的大小，从而对项目风险进行分级排列，为如何处置这些风险提供科学的依据。

1）风险评价的目的

从整体上来看，风险评价有以下 4 个目的：

①对项目各风险进行比较和评价，确定它们的先后顺序。在风险估计的基础上，风险评价运用定性或者定量的方法对工程项目风险影响程度的先后顺序进行排列，为工程项目后续风险决策和风险应对监控提供依据。

②从表面上看，不相干的多个风险事件常常是由一个共同的风险来源造成的。风险评价就是要从项目整体出发，同时对项目的各个风险因素进行分解、剖析、挖掘风险事件的成因，弄清各个风险事件之间确切的因果关系，或者找到某一些共同的风险事件风险源，制订出系统的风险管理计划。

③考虑各种不同风险之间相互转化的条件，研究如何才能化风险为机会。同时也需要注意，原来的机会在什么条件下会转化为风险。

④进一步量化已识别风险的发生概率和后果，减小风险发生概率和后果估计中的不确定性。必要时依据项目形势的变化，重新分析风险发生的概率和可能的后果。

2）风险评价的步骤

①确定风险评价基准。风险评价基准就是项目主体针对每一种风险后果确定的可接受水平。单个风险和整体风险都要确定评价基准，可分别称为单个评价基准和整体评价基准。

②确定项目整体风险水平。项目整体风险水平是综合所有的单个风险之后确定的。一般项目的风险水平取决于项目中存在多少风险和风险对目标的影响程度。一般而言，项目中存在的风险越多或风险事件对项目的影响越大，项目的风险水平等级越高。

③比较工程风险水平与评价标准。将单个风险与单个评价基准、项目整体风险水平与整体评价基准对比，看一看项目风险是否在可接受的范围之内，进而确定该项目应该就此止步，还是继续进行。

④确定工程项目风险等级。根据风险发生的概率及对项目目标的影响程度，采用定性或定量的方法进行分析，确定不同风险对项目目标的重要性，按重要性的优先级进行排序，为项目决策提供依据，如图 9.5 所示。

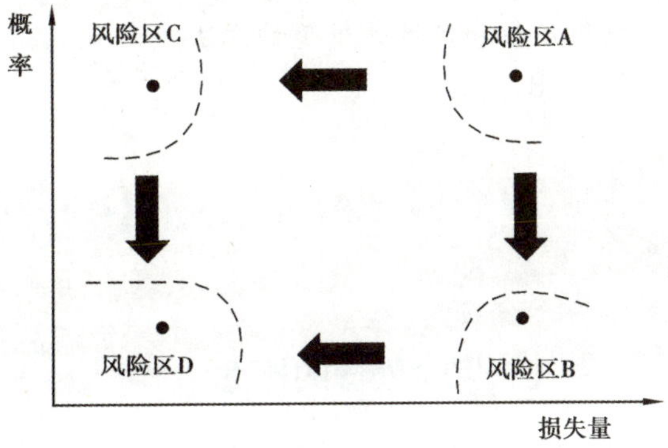

图 9.5 事件风险量的区域图

若某事件经过风险评估，它处于风险区 A，则应采取措施降低其概率，以使它移位至风险区 B；或采取措施降低其损失量，以使它移位至风险区 C。风险区 B 和 C 的事件则应采取措施,使其移位至风险区 D。

而风险等级的确定又可以通过表 9.1 作出判断。

表 9.1 风险等级评估

风险等级	轻度损失	中度损失	重大损失
很大	3	4	5
中等	2	3	4
很小	1	2	3

按照表 9.1 的风险等级划分,图 9.5 中各风险区的等级如下:风险区 A 为 5 级风险;风险区 B 为 3 级风险;风险区 C 为 3 级风险;风险区 D 为 1 级风险。

【例题 1】工程风险评价是在工程风险辨识和估计的基础上,综合考虑(　　),确定工程风险和风险处置措施对系统的影响程度的工作。

A. 风险属性

B. 估计风险事件发生的概率

C. 风险主体的风险承受能力

D. 统计分析风险事件的概率分布

E. 风险管理的目标

解析:选项 B、D 为风险评估的工作内容。

答案:ACE

【例题 2】下列关于项目风险等级的说法,正确的有(　　)

A. 某事件按照风险评估等级确定的风险损失为中度损失 3 级,则该事件的风险等级很大

B. 某事件经过风险评估,处于风险区 A,则应该采取措施,降低其风险概率和风险等级

C. 一般而言,项目中存在的风险越多或风险事件对项目影响越大,项目的风险水平就等级越低

D. 确定工程项目风险等级只能采用定量分析方法

解析:选项 A,风险损失为中度损失 3 级表明风险等级为中等;选项 C,项目中存在的风险越多或风险事件对项目影响越大,项目的风险水平等级越高;选项 D,确定工程项目风险等级可以采用定量和定性分析两种方法。

答案:B

9.4 建设工程合同风险处置

9.4.1 风险处置的概念

风险处置就是根据风险评估以及风险分析的结果,采取相应的措施,即制订并实施风险处置计划。通过风险评估以及风险分析,可以知道项目发生各种风险的可能性及其危害程度,将此与公认的安全指标相比较,就可确定项目的风险等级,从而采取相应的措施。在实施风险处置计划时,应随时反馈变化的情况,以便能及时地结合新的情况对项目风险进行预测、识别、评估和分析,并调整风险处置计划,实现风险的动态管理,使之能适应新的情况,尽量减

少风险所导致的损失。

9.4.2 常用的风险处置措施

常用的风险处置措施有风险回避、风险控制、风险转移和风险保留 4 种。

1)风险回避

风险回避就是在考虑到某项目的风险及其所致损失都很大时,主动放弃或终止该项目,以避免与该项目相联系的风险及其所致损失。它是一种最彻底的风险处置措施,在风险事件发生之前将风险因素完全消除,从而完全消除这些风险可能造成的各种损失。

风险回避存在一定的局限性:

①在工程项目管理的某些条件下,回避风险会丧失机会或妨碍创新;

②在工程项目实施中,风险回避的策略有时不太现实;

③风险回避策略的选择受信息不完整的制约;

④在工程项目实施中,风险回避策略实际上不可能完全回避风险,当前的风险避免了,新的风险可能又会出现。

风险回避是一种消极的风险处置方法,因为再大的风险也都只是一种可能,它既可能发生,也可能不发生。采取回避策略,当然能彻底消除风险,但同时也失去了实施项目可能带来的收益。因此,这种方法一般只在以下情况才会采用:

①某风险出现的概率和损失程度都相当高;

②应用其他风险管理方法的成本超过了其产生的效益。

2)风险控制

对损失小、概率大的风险,可采取控制措施来降低风险发生的概率。当风险事件已经发生,则尽可能降低风险事件的损失,也就是风险降低。因此,风险控制就是最大限度地降低风险事件发生的概率,减小损失幅度而采取的风险处置措施。为控制工程项目的风险,首先要对实施项目的人员进行风险教育以增强其风险意识,同时采取相应的技术措施。

①根据风险因素的特性,采取一定措施使其发生的概率降至接近于零,从而预防风险因素的产生。

②减少已存在的风险因素。

③防止已存在的风险因素释放能量。

④改善风险因素的空间分布,从而限制其释放破坏力的速度。

⑤在时间和空间上把风险因素与可能遭受损害的人、财、物隔离。

⑥借助人为设置的物质障碍将风险因素与人、财、物隔离。

⑦改变风险因素的基本性质,加强风险部门的防范能力。

⑧做好救护受损人、物的准备。

⑨制定严格的操作规程,减少错误作业造成的损失。

风险控制是一种最积极、最有效的处置方式,它不仅能有效地减少由风险造成的损失,而且能使全社会的物质财富少受损失。

3)风险转移

风险转移是指借用合同或协议,在风险事件发生时将损失的一部分或全部转移到有相互经济利益关系的另一方。对损失大、概率小的风险，可通过保险或合同条款将责任转移。风险转移主要有两种方式，即保险转移和非保险转移。

(1)保险转移

保险转移是最重要的风险转嫁方式，是指通过购买保险的办法将风险转移给保险公司或保险机构。

(2)非保险转移

非保险转移是指通过保险以外的其他手段将风险转移出去。非保险转移主要有担保合同、租赁合同、委托合同、分包合同、联营承包、无责任约定、合资经营、实行股份制等。

保险和担保是风险转移最有效、最常用的方法，是工程合同履约风险管理的重要手段，也是符合国际惯例的做法。工程保险着重解决"非预见的意外情况"，包括自然灾害或意外事故造成的物质损失或人身伤亡。通过转移方式处置风险，风险本身并没有减少，只是风险承担者发生了变化，因此转移出去的风险应尽可能让最有能力的承受者分担，否则就有可能给项目带来额外的损失。

4) 风险保留

对损失小、概率小的风险留给自己承担，这种方法通常在下列情况下采用：

①处理风险的成本大于承担风险所付出的代价；

②预计某一风险造成的最大损失可以安全承担；

③当风险降低、风险控制、风险转移等风险控制方法均不可行时；

④没有识别出风险，错过了采取积极措施处置风险的时机。

综上，不难看出风险保留有主动保留和被动保留之分。

主动保留是指在对项目风险进行预测、识别、评估和分析的基础上，明确风险的性质及其后果，风险管理者认为主动承担某些风险比其他处置方式更好，于是筹措资金将这些风险保留，如前 3 种情况。

被动保留则是指未能准确识别、评估风险及其损失后果的情况下，被迫采用自身承担风险的处置方式。被动保留是一种被动的、无意识的处置方式，往往造成严重的后果，使项目遭受巨大损失。

【例题 3】常用的风险处置措施主要有(　　)。

A. 风险回避　　B. 风险控制　　C. 风险转移　　D. 风险保留　　E. 风险调查

解析：常用的风险处置措施主要有风险回避、风险控制、风险转移和风险保留 4 种。

答案：ABCD

【例题 4】下列关于风险处置的说法错误的是(　　)。

A. 保险和担保是风险转移最有效、最常用的方法，是工程合同履约风险管理的重要手段，也是符合国际惯例的做法

B. 风险回避是一种最彻底的风险处置措施，在风险事件发生之前将风险因素完全消除，从而完全消除了这些风险可能造成的各种损失

C. 为控制工程项目的风险，首先采取相应的技术措施

D. 对损失大、概率小的风险，可采取风险控制措施来降低风险发生的概率

E. 可以采用风险保留措施来处置损失小、概率小的风险

解析：为控制工程项目的风险，首先要对实施项目的人员进行风险教育以增强其风险意

识,故选项C错误。对损失小、概率小的风险,通常采用风险保留的处置办法,故选项D错误。

答案:CD

9.5 建设工程合同风险的对策

对于合同双方,问题和风险总是存在的,没有不承担风险、绝对完美的合同。对分析出来的合同风险必须进行认真的对策研究,这常常关系到一个工程的成败,任何人都不能忽视这个问题。工程合同风险的对策可分为经济措施、合同措施等。

1)经济措施

(1)业主在投资预算中采取的措施

①业主在投资预算中考虑可能的风险,留有一定的风险准备金。由于业主通过合同委托工程设计、施工、采购、项目管理任务,预算价格不等于合同价,合同价也不等于最终结算价,所以在投资估算时应留有一定余地。

②在单价合同中专门列"暂定金额"项,以作为在本合同实施中可能有的遗漏或不确定工作的费用。

(2)承包商在报价中采取的措施

①提高报价的不可预见费。对风险大的合同,承包商可以提高报价中的风险附加费,为风险作资金准备,以弥补风险发生带来的部分损失,使合同价格与风险责任平衡。

②采取一些报价策略。承包商常采用一些报价策略,以转移或降低风险,例如:

a.多方案报价法。在报价单中注明,若业主修改某些苛刻的、对承包商不利的及风险大的条款,则可降低报价。按不同情况,分别提出多个报价供业主选择。

b.在报价单中,建议将一些花费大、风险大的分项工程按成本加酬金的方式结算。

③在法律和招标文件允许的条件下,在投标书中使用保留条件、附加或补充说明,这样可以给合同谈判和索赔留下伏笔。

2)合同措施

(1)合同中的保全措施

业主除通过合同严格规定承包商风险,设置科学的管理程序以控制工程外,还可以设置一些保全措施,以防止承包商风险。如:

①保留金。随着工程的进展,业主按照合同规定的保留金比例保留承包商的工程款。在工程竣工时,业主将保留金的一半归还给承包商,保修期结束时再归还剩下的一半。

②承包商材料进入现场就作为业主的财产,承包商不得再调出。当承包商出现严重违约时,业主在向承包商发出通知后,可以进驻现场。在不解除承包商的合同义务与责任、不影响业主或监理工程师合同权利和权力的情况下,终止对承包商的雇用。业主可自己完成该工程,或另雇他人去完成工程。这期间业主有权使用承包商的设备、临时工程和材料。当承包商的设备因需要临时调出现场时,业主可要求承包商提交相应的保函。

③工程担保。为了解决承包商的诚实信用问题,减少承包商风险,业主可采取担保措施。在工程合同的实施中,常见的担保有投标保函、预付款保函、履约保函等。

(2)通过谈判完善合同

合同双方都希望签订一个有利的、风险较小的合同。但在工程实施过程中,许多风险是客观存在的,风险由谁来承担、如何减少或避免风险,是承包合同谈判的重点。合同双方都希望推卸和转嫁风险,所以在合同谈判中常常经过多次磋商才能达成一致。通过合同谈判,完善合同条文,使合同能体现双方责权利关系的平等和公平合理,这是在实际工作中使用最广泛、也最有效的对策。

3)工程保险

工程保险是业主和承包商转移风险的一种重要手段。当出现合同范围内的风险,并造成财务损失时,承包商可以向保险公司索赔,以获得一定数额的赔偿。

一般在合同文件中,业主都已指定承包商投保的种类,并在工程开工后就承包商的保险作出审查和批准。

4)技术和组织措施

在承包合同的签订和实施过程中,采取技术的和组织的措施,以提高应变能力和对风险抵抗能力。例如:

①组织最得力的投标班子,进行详细的招标文件分析,作详细的环境调查,通过周密的计划和组织,作精细的报价以降低投标风险。

②对技术复杂的工程,采用新的同时又是成熟的工艺、设备和施工方法。

③对风险大的工程派遣最得力的项目经理、技术人员、合同管理人员等组成项目管理小组。

④选择资信好、能力强、能够圆满完成合同责任的承(分)包商、设计单位和供应商。

⑤施工企业对风险大的工程,在技术力量、机械装备、材料供应、资金供应、劳务安排等方面予以特殊对待,全力保证该合同实施。

⑥对风险大的工程,应作更周密的计划,采取有效的检查、监督和控制手段。

⑦风险大的工程应该作为施工企业各职能部门管理工作的重点,从各方面予以保证。

5)工程施工过程中加强索赔管理

用索赔和反索赔来弥补或减少损失,这是一个很好的也是被广泛采用的对策。通过索赔可以提高合同价格、增加工程收益、补偿风险造成的损失。许多有经验的承包商在分析招标文件时,就会关注其中的漏洞、矛盾和不完善的地方,考虑到可能的索赔,甚至在报价和合同谈判中为将来的索赔埋下伏笔。

6)采取合作措施,与其他方面共同承担风险

在总承包合同投标前,承包商必须就如何完成合同范围的工程作出决定。因为任何承包商都不可能自己独立完成全部工程(即使是很大的公司),一方面没有这个能力,另一方面也不经济。通过与其他企业合作不仅可以提高工程实施的效率,而且可以充分发挥各自的技术、管理、财力的优势,利用各方面核心竞争力的优势互补降低风险。

思考与练习

一、单选题

1. 下列为防范土方开挖过程中塌方风险而采取的措施,属于风险转移对策的是(　　)。

A. 投保建筑工程一切险　　B. 设置警示牌

C. 进行专题安全教育　　D. 设置边坡护壁

2. 根据《建设工程项目管理规范》，对应预计后果为中度损失和发生可能性中等的风险，应列为(　　)等风险。

A. 2　　B. 4　　C. 5　　D. 3

3. 在事件风险量的区域划分中，风险事件一旦发生，会造成重大损失，但发生的概率却极小的区域是(　　)。

A. 风险区 A　　B. 风险区 B　　C. 风险区 C　　D. 风险区 D

二、多选题

1. 建设工程施工风险管理过程中，风险识别的工作有(　　)。

A. 确定风险因素　　B. 收集与施工风险相关的信息

C. 分析各种风险的损失量　　D. 分析各种风险因素发生的概率

E. 建立风险清单

2. 若某事件经过风险评估，位于事件风险量区域图中的风险区 A，则应采取适当措施，降低其(　　)。

A. 发生概率，使它移位至风险区 D　　B. 损失量，使它移位至风险区 C

C. 发生概率，使它移位至风险区 C　　D. 损失量，使它移位至风险区 B

E. 发生概率，使它移位至风险区 B

三、简答题

(1)工程合同风险的对策有哪些?

(2)工程合同风险的处置措施有哪些?

参考文献

[1]《房屋建筑和市政工程标准施工招标文件》编制组.房屋建筑和市政工程标准施工招标文件[M].北京:中国建筑工业出版社,2010.

[2]《房屋建筑和市政工程标准施工招标资格预审文件》编制组.房屋建筑和市政工程标准施工招标资格预审文件[M].北京:中国建筑工业出版社,2010.

[3] 中国法制出版社.中华人民共和国招标投标法(含招标投标法实施条例)注解与配套[M].5版.北京:中国法制出版社,2020.

[4] 全国一级建造师执业资格考试用书编写委员会.建设工程法规及相关知识[M].北京:中国建筑工业出版社,2022.

[5] 全国一级建造师执业资格考试用书编写委员会.建设工程项目管理[M].北京:中国建筑工业出版社,2022.

[6] 中华人民共和国住房和城乡建设部.建设工程监理规范:GB/T 50319—2013[S].北京:中国建筑工业出版社,2014.

[7] 中国建设监理协会.建设工程监理概论[M].北京:知识产权出版社,2003.

[8] 常设中国建设工程法律论坛第十二工作组.建设工程勘察设计合同纠纷裁判指引[M].北京:法律出版社,2021.

[9] 黄聪普,白秀华.建设工程招投标与合同管理[M].重庆:重庆大学出版社,2017.

[10] 刘黎虹,刘晓旭,董晶.建设工程招投标与合同管理[M].2版.北京:化学工业出版社,2021.

[11] 王平.工程招投标与合同管理[M].2版.北京:清华大学出版社,2020.

[12] 王小召,李德杰.建筑工程招投标与合同管理[M].北京:清华大学出版社,2019.

[13] 沈中友,余嘉.工程招投标与合同管理[M].4版.武汉:武汉理工大学出版社,2022.

[14] 宋春岩.建设工程招投标与合同管理[M].3版.北京:北京大学出版社,2014.

[15] 王春宁. 建设工程招标投标与合同管理实务[M]. 2 版. 北京:中国建筑工业出版社,2018.
[16] 兰凤林. 工程项目招投标与合同管理[M]. 4 版. 北京:中国建筑工业出版社,2021.
[17] 杜月秋. 民法典条文对照与重点解读[M]. 北京:中国人民大学出版社,2020.
[18] 孙成双,韩双喜. 建设项目风险管理[M]. 北京:中国建筑工业出版社,2013.
[19] 刘俊颖. 工程项目风险管理[M]. 北京:中国建筑工业出版社,2021.